本书系国家社会科学基金项目"建国以来淮河流域水资源环境变迁与水事纠纷问题研究"（项目批准号14BZS071）的最终成果

淮河流域水资源环境变迁与水事纠纷研究

张崇旺◎著

科学出版社

北　京

内 容 简 介

　　本书以环境史、区域社会史为视角，从水资源环境变迁、行政区划分割性与淮河水系整体性矛盾、利益驱动机制与水事纠纷问题产生的内在逻辑入手，分析了中华人民共和国成立以来淮河流域水资源环境变迁的进程、动因、表现及其特点，研究了淮河流域水事纠纷的产生、类型及预防和解决，剖析了安徽霍邱城西湖围垦纠纷及其解决这一典型个案，总结了有利于改善当今淮河流域水资源环境，并有助于预防和解决流域水事纠纷的经验和启示。

　　本书可供水利史、环境史、中国近现代史方向的研究者参阅。

图书在版编目（CIP）数据

　　淮河流域水资源环境变迁与水事纠纷研究 / 张崇旺著.—北京：科学出版社，2022.8
　　ISBN 978-7-03-072632-2

　　Ⅰ.①淮… Ⅱ.①张… Ⅲ.①淮河流域-水环境-变迁-研究②淮河流域-水法-研究 Ⅳ.①X143②D927.540.266.4

　　中国版本图书馆 CIP 数据核字（2022）第 133988 号

责任编辑：杨　静　夏　霜 / 责任校对：张亚丹
责任印制：张　伟 / 封面设计：润一文化

科学出版社 出版
北京东黄城根北街 16 号
邮政编码：100717
http://www.sciencep.com
北京虎彩文化传播有限公司 印刷
科学出版社发行　各地新华书店经销
*
2022 年 8 月第 一 版　开本：720×1000　1/16
2022 年 8 月第一次印刷　印张：24 1/2
字数：427 000
定价：**138.00 元**
（如有印装质量问题，我社负责调换）

目　录

淮河流域地跨鄂、豫、皖、苏、鲁五省，西起桐柏山、伏牛山，东临黄海，北以黄河南堤和泰山为界，与黄河毗邻，南以大别山、江淮丘陵、通扬运河及如泰运河南堤与长江分界。12 世纪以前，淮河是一条尾闾通畅、独流入海的河，流域各地灾害较轻，流传有"走千走万，不如淮河两岸"之说。南宋以后，黄河夺淮入海，淮河流域水资源环境出现了恶化性变迁，大雨大灾，小雨小灾，无雨旱灾。严重的水旱灾害和一直未根本解决的水资源环境问题，是南宋以来淮河流域频发水事纠纷的根本原因，淮河流域也因之成了中国水事纠纷多发的地区之一。

一、研究意义

开展中华人民共和国成立以来淮河流域水资源环境变迁与水事纠纷问题的研究，具有重要的理论和现实意义。其理论意义主要在于以下两方面：

第一，中华人民共和国成立以来淮河流域水资源环境变迁与水事纠纷问题的研究，属于当代淮河流域史的专题研究，是淮河流域整体史的一个重要组成部分。对当代淮河流域水资源环境变迁与水事纠纷发生及其解决等问题的研究，既有利于推进淮河流域整体史及区域史研究进一步向纵深发展，也有助于人们深化对当代中国治水史、治淮史乃至当代中国史的全面理解，对贯彻落实学好"四史"（党史、新中国史、改革开放史、社会主义发展史）的指示也具有重要意义。

第二，学术界对西北、华北、江南及辽河、海河、汉江、珠江、鄱阳湖、洞庭湖等区域、流域水资源环境变迁与水事纠纷问题做过不少研究，但区域之间的比较研究尚未充分展开，因此，本书在一定程度上可为与其他区域水资源环境变迁与水事纠纷问题的横向比较，提供一个较有鲜明地域特色的区域范例。

英国历史学家 R. G. 柯林武德（R. G. Collingwood）说："史学则有可能

教导人类控制人类自身的行为。"①对当代淮河流域水资源环境变迁与水事纠纷问题的历史学研究，最重要的是让人们深刻认识人与自然共生的关系，从历史发展中汲取水资源环境管理和处理复杂水事关系、解决水事纠纷的经验教训，学会控制人类不合理的甚至是严重干扰和破坏自然的社会经济行为。具体的现实意义有二：

第一，近年来国家为了破解淮河流域生态环境脆弱、经济社会发展滞后这一难题，颁布和实施了《淮河生态经济带发展规划》，提出到 2035 年流域生态环境根本好转，建成美丽宜居、充满活力、和谐有序的生态经济带。而对当代淮河流域水资源环境变迁与水事纠纷问题的全方位剖析，对于推进淮河生态经济带建设，以及探索大河流域生态文明建设新模式，都有着重要的实践意义。

第二，淮河流域跨界水利矛盾和水污染纠纷问题突出，影响着社会的稳定和经济的可持续发展。淮河流域水资源环境的管理和建设，以及水利纠纷、水污染纠纷的预防和解决，是当代中国社会治理的重要内容。因此，本书中的研究有利于流域生态的系统治理，妥善化解社会矛盾冲突，最大限度增加和谐因素，增强社会活力，进而不断推进国家治理体系和治理能力的现代化。

二、学术前史

对中国历史上水资源环境、水利社会、水利与中央集权、水利共同体、宗族与水利、水利纠纷等问题，国外的一些学者早有研究。例如，美国戴维·艾伦·佩兹（David Allen Pietz）在考察中国近两千年的水利发展史基础上，重点探讨了民国时期淮河的治理，并以 1929 年建立的导淮委员会为中心，将其置于国民政府经济建设的背景之下，剖析了围绕淮河治理所引起的国民党内部的政治纷争及中央与地方政府的矛盾。②英国人类学家莫里斯·弗里德曼（Maurice Freedman）开始关注"村落—家族"，从侧面论及水利与区域社会的合作。③日本学者森田明则提出了

① 何兆武：《译序——评柯林武德的史学理论》，[英] R. G. 柯林武德：《历史的观念》，何兆武、张文杰译，北京：中国社会科学出版社，1986 年，第 27 页。
② [美] 戴维·艾伦·佩兹：《工程国家：民国时期（1927—1937）的淮河治理及国家建设》，姜智芹译，南京：江苏人民出版社，2011 年。
③ [英] 莫里斯·弗里德曼：《中国东南的宗族组织》，刘晓春译，王铭铭校，上海：上海人民出版社，2000 年。

"水利共同体论"①，并在其所著《清代水利与区域社会》②一书中考察了中国各地的灌溉、水利设施、水利管理过程与运营组织（体制）及它们同地方社会之间的关系，尤其是重点论述了民国时期湖南沅江流域垸田地区的水利纷争。法国国家高等社会科学研究院的魏丕信（Pierre-Etienne Will）以中华帝国晚期的湖北省为例，论述了水利基础设施管理中的国家干预问题。③

关于淮河流域水利技术与东亚区域史、淮河流域水污染及其对策问题的研究，日本学者村松弘一以安徽省芍陂为中心，探讨了淮河流域水利技术对东亚历史的影响。④大塚健司首先概览了中国河流流域的水污染问题，然后针对淮河流域的水污染问题，以其政策过程分析、媒体报道、公布的统计资料等为基础，对水污染治理的论点进行整理，并且特别从环境受害救济的视角，提出了今后必要的对策。⑤

民国以来，我国学术界非常重视历史上水资源环境变迁与水事纠纷问题的研究，在全国及区域水资源环境变迁与水事纠纷问题研究方面取得了重要进展。

（一）全国及其他区域水资源环境变迁与水事纠纷研究

1. 全国及其他区域水资源环境变迁研究

第一，华北地区。王培华⑥及郝平、高建国⑦以灾荒史的视角对华北地区关于水资源环境的问题进行了深入的探讨。行龙⑧以社会史视角，对近代山西水旱灾害与生存环境、水利开发与社会运行等问题展开了专题论

① 参见［日］森田明：《清代水利史研究》，东京：亚纪书房，1974 年；［日］森田明：《清代水利社会史研究》，东京：国书刊行会，1990 年；等等。
② ［日］森田明：《清代水利与区域社会》，雷国山译，济南：山东画报出版社，2008 年。
③ ［法］魏丕信：《水利基础设施管理中的国家干预——以中华帝国晚期的湖北省为例》，魏幼红译，陈锋主编：《明清以来长江流域社会发展史论》，武汉：武汉大学出版社，2006 年，第614—647 页。
④ ［日］村松弘一：《淮河流域的水利技术与东亚区域史——以安徽省芍陂为中心》，钞晓鸿主编：《海外中国水利史研究：日本学者论集》，北京：人民出版社，2014 年，第 201—207 页。
⑤ ［日］大塚健司：《急需重新研讨的中国淮河流域的水污染对策》，宋健敏译，张梓太主编：《环境纠纷处理前沿问题研究——中日韩学者谈》，北京：清华大学出版社，2007 年，第 43—54 页。
⑥ 王培华：《元代北方灾荒与救济》，北京：北京师范大学出版社，2010 年。
⑦ 郝平、高建国主编：《多学科视野下的华北灾荒与社会变迁研究》，太原：北岳文艺出版社，2010 年。
⑧ 行龙主编：《环境史视野下的近代山西社会》，太原：山西人民出版社，2007 年。

述。张亚辉①研究了晋中地区水利社会。王培华②梳理了晋祠灌区的灌溉历史及现状，以及村落在生活和仪式中的用水情况。张俊峰③探讨了明清以来山西洪洞水利与乡村社会变迁的关系，提出了"泉域社会"这一新概念，并赋予其实际的内容和意义。

第二，西北地区。钞晓鸿④重点探讨了清代汉中府、关中中部的渠堰灌溉及水利社会的变迁。卞建宁⑤对民国时期关中地区的水利制度进行了系统研究。李令福⑥系统分析了关中地区较为典型的农田水利、都市给水、漕运三者的关系。鲁西奇、林昌丈⑦则利用碑刻资料考察了五门堰、杨填堰、金洋堰及山河堰等汉中地区重要堰渠的创筑、灌溉系统的形成与演变历程、管理体制及其变化，以及灌区民众以水利事务为纽带而形成的社会关系网络。

第三，两湖地区。尹玲玲⑧研究了明清两湖平原的环境变迁与社会应对。杨果、陈曦⑨着重从河道变迁、堤防修筑、农田垦殖、资源利用诸方面探讨了宋元明清时期江汉平原经济开发与环境变迁的历史。鲁西奇、潘晟⑩论述了汉水中下游河道变迁与重要堤防。张建民、鲁西奇⑪对历史时期长江中游地区人地关系、气候状况、水旱灾害、围垸等问题做了探讨。

2. 全国及其他区域水事纠纷研究

关于历史上全国性的水权、水法、水事纠纷问题的研究，宁立波、靳孟贵⑫分析了我国古代各历史时期水权制度的变迁及其特点。王荣、郭

① 张亚辉：《水德配天：一个晋中水利社会的历史与道德》，北京：民族出版社，2008 年。
② 王培华：《元明清华北西北水利三论》，北京：商务印书馆，2009 年。
③ 张俊峰：《水利社会的类型：明清以来洪洞水利与乡村社会变迁》，北京：北京大学出版社，2012 年。
④ 钞晓鸿：《生态环境与明清社会经济》，合肥：黄山书社，2004 年；钞晓鸿：《灌溉、环境与水利共同体——基于清代关中部的分析》，《中国社会科学》2006 年第 4 期。
⑤ 卞建宁：《民国时期关中地区乡村水利制度的继承与革新——以龙洞—泾惠渠灌区为例进行研究》，《古今农业》2006 年第 2 期。
⑥ 李令福：《关中水利开发与环境》，北京：人民出版社，2004 年。
⑦ 鲁西奇、林昌丈：《汉中三堰：明清时期汉中地区的堰渠水利与社会变迁》，北京：中华书局，2011 年。
⑧ 尹玲玲：《明清两湖平原的环境变迁与社会应对》，上海：上海人民出版社，2008 年。
⑨ 杨果、陈曦：《经济开发与环境变迁研究——宋元明清时期的江汉平原》，武汉：武汉大学出版社，2008 年。
⑩ 鲁西奇、潘晟：《汉水中下游河道变迁与堤防》，武汉：武汉大学出版社，2004 年。
⑪ 张建民、鲁西奇主编：《历史时期长江中游地区人类活动与环境变迁专题研究》，武汉：武汉大学出版社，2011 年。
⑫ 宁立波、靳孟贵：《我国古代水权制度变迁分析》，《水利经济》2004 年第 6 期。

勇①考察了清代水权纠纷及农户在纠纷中的作用。田东奎②对近代中国水资源纠纷解决办法进行了法律研究，认为以调解机制为基础的民间解决机制在中国近代水权纠纷解决机制中仍占有重要地位，以行政处理为主导的国家解决机制在这一机制中居于主要地位。郭成伟、薛显林③则深入探讨了民国水利立法理念、立法体系、法律结构、水事纠纷的解决机制等问题。

第一，华北地区。胡英泽④考察了明清以来山西及河南等北方地区的滩案及水井习俗、争水纠纷、井汲规约。许杨帆⑤研究了明清以降滹沱河水利开发与水利纠纷。潘明涛⑥梳理了 17 世纪滏阳河流域因争夺灌溉用水而出现的诉讼案件。王建革⑦探讨了传统社会末期滏阳河流域上下游之间、运输与灌溉之间的水利纠纷。贾翠云⑧对近代冀南地区的滏阳河沿岸和大陆泽流域水利纠纷的产生原因、类型、解决机制进行了研究。宋开金⑨研究了清代京畿地区水利纠纷的类型、特点及解决措施。郭恒茂、刘峥⑩考察了清代和民国时期漳卫南运河的水事纠纷及其解决途径。刘燕宁⑪对清代南运河区域的水灾应对与水事纠纷进行了探讨。高元杰、郑民德⑫对会通河北段运西地区排涝纠纷问题进行了分析。王福林⑬对金堤河地区水事纠纷进行了研究。吴明晏⑭对中华人民共和国成立后漳卫新河的水利规划及水事纠纷进行了论

① 王荣、郭прив：《清代水权纠纷解决机制：模式与选择》，《甘肃社会科学》2007 年第 5 期。
② 田东奎：《中国近代水权纠纷解决机制研究》，北京：中国政法大学出版社，2006 年。
③ 郭成伟、薛显林主编：《民国时期水利法制研究》，北京：中国方正出版社，2004 年。
④ 胡英泽：《河道变动与界的表达——以清代至民国的山、陕滩案为中心》，常建华主编：《中国社会历史评论》第 7 卷，天津：天津古籍出版社，2006 年，第 199—220 页；胡英泽：《水井与北方乡村社会——基于山西、陕西、河南省部分地区乡村水井的田野考察》，《近代史研究》2006 年第 1 期。
⑤ 许杨帆：《明清以降滹沱河水利开发与水利纠纷——以山西省定襄县广济渠水案为例》，《经济研究导刊》2008 年第 18 期。
⑥ 潘明涛：《州县际水利纠纷与地方志书写——以 17 世纪滏水流域为中心》，《史林》2015 年第 5 期。
⑦ 王建革：《传统社会末期华北的生态与社会》，北京：生活·读书·新知三联书店，2009 年。
⑧ 贾翠云：《近代冀南地区水利纠纷研究》，河北师范大学硕士学位论文，2017 年。
⑨ 宋开金：《清代至民国京畿地区的水利纠纷及其解决措施》，《石家庄学院学报》2013 年第 2 期。
⑩ 郭恒茂、刘峥：《清代和民国时期漳卫南运河水事纠纷解决途径及其启示》，《海河水利》2018 年第 2 期。
⑪ 刘燕宁：《清代南运河区域的水灾应对与水事纠纷》，《华北水利水电大学学报（社会科学版）》2014 年第 6 期。
⑫ 高元杰、郑民德：《清代会通河北段运西地区排涝暨水事纠纷问题探析——以会通河护堤保运为中心》，《中国农史》2015 年第 6 期。
⑬ 王福林编著：《金堤河地区水事纠纷》，郑州：黄河水利出版社，1998 年。
⑭ 吴明晏：《建国后漳卫新河的水利规划及水事纠纷》，《华北水利水电大学学报（社会科学版）》2018 年第 3 期。

述。杨学新、宰波①对中华人民共和国成立初期冀豫两省因堤防归属问题而产生的纠纷及其治理过程进行了详析。

第二，西北地区。王培华②对元朝陕西泾渠渠系、"分水"、"用水则例"及清代河西走廊的水资源分配、渠坝、水利纷争进行了研究。李并成③对明清时期河西地区的水案进行了分析。潘春辉④对清代河西走廊的水事纠纷与政府应对做了考察。鲁靖康⑤考察了清代新疆农业用水纠纷及其原因、应对举措。一之、朱刚⑥对青海循化于光绪十二年（1886 年）发生的水利纠纷案进行了碑刻史料的考证。马成俊⑦对循化县清水乡两个村落之间的水利纠纷事件进行了探讨。赵淑清⑧对关中地区水利纠纷及民国《陕西水利月刊》中记载的 18 起水案进行了详细分析。

第三，西南地区。陈渭忠⑨探讨了近代成都平原的 13 例水事纠纷。陈桂权⑩分析了四川绵竹与什邡之间水利纷争的原因，总结了解决水利纷争的经验。马琦⑪对明清滇池流域的水利纠纷与基层社会治理进行了考察。王伟、张琦⑫对明代云南卫所水利纠纷进行了研究。刘建莉⑬对清代云南禄丰县水利纠纷及其解决进行了剖析。徐正蓉⑭对民国年间南盘江流域云南曲靖

① 杨学新、宰波：《新中国政区边界水利纠纷治理的实践与历史启示——以冀豫两省漳河堤防归属纠纷为中心的考察》，《学术探索》2018 年第 10 期。
② 王培华：《水资源再分配与西北农业可持续发展——元〈长安志图〉所载泾渠"用水则例"的启示》，《中国地方志》2000 年第 5 期；王培华：《清代河西走廊的水利纷争与水资源分配制度——黑河、石羊河流域的个案考察》，《古今农业》2004 年第 2 期；王培华：《清代河西走廊的水利纷争及其原因——黑河、石羊河流域水利纠纷的个案考察》，《清史研究》2004 年第 2 期。
③ 李并成：《明清时期河西地区"水案"史料的梳理研究》，《西北师大学报（社会科学版）》2002 年第 6 期。
④ 潘春辉：《水事纠纷与政府应对——以清代河西走廊为中心》，《西北师大学报（社会科学版）》2015 年第 2 期。
⑤ 鲁靖康：《清代新疆农耕区水利纠纷研究》，《伊犁师范学院学报（社会科学版）》2016 年第 3 期。
⑥ 一之、朱刚：《循化光绪十二年水案的重要史证》，《青海民族学院学报（社会科学版）》1982 年第 2 期。
⑦ 马成俊：《百年诉讼：村落水利资源的竞争与权力——对家藏村落文书的历史人类学研究之一》，《西北民族研究》2009 年第 2 期。
⑧ 赵淑清：《清末民初关中地区的农田水利纠纷及其解决途径》，陕西师范大学硕士学位论文，2009 年；赵淑清：《民国前期关中地区水利纠纷的特征及原因分析——基于〈陕西水利月刊〉中 18 起水案的分析》，《西安文理学院学报（社会科学版）》2009 年第 2 期。
⑨ 陈渭忠：《成都平原近代的水事纠纷》，《四川水利》2005 年第 5 期。
⑩ 陈桂权：《"一江三堰"与"三七分水"——兼论四川绵竹、什邡二县的百年水利纷争》，《古今农业》2011 年第 2 期。
⑪ 马琦：《明清时期滇池流域的水利纠纷与社会治理》，《思想战线》2016 年第 3 期。
⑫ 王伟、张琦：《明代云南的卫所与水利纠纷》，《云南民族大学学报（哲学社会科学版）》2017 年第 6 期。
⑬ 刘建莉：《水利集团与乡村社会：以清代云南禄丰县水利纠纷为例》，《楚雄师范学院学报》2020 年第 1 期。
⑭ 徐正蓉：《民国年间云南曲靖恭家坝水利纠纷——以档案为中心的考察》，《保山学院学报》2015 年第 3 期。

恭家坝水利纠纷做了梳理。

　　第四，两湖地区。张小也①对明清湖北汉川汈汊黄氏的"湖案"进行了解剖，揭示了区域社会民事法秩序的具体形态。照川②研究了湘鄂间的天祐垸悬案。叶惠芬③论述了洞庭湖地区的"天祐垸"问题与湘鄂水利之争。赵国壮④对晚清湖北的农田水利政策及其相关问题进行了探讨。肖启荣⑤对明清汉水下游州县关于小泽口、大泽口水利纷争的全貌进行了复原。王红⑥对明清时期以江汉平原为中心的两湖平原水事纠纷进行了分析。袁松⑦考察了鄂中拾桥镇水事纠纷。

　　第五，江南地区。钱杭⑧对历史上浙江萧山湘湖的水利与垦殖问题所引发的激烈利益斗争及水利集团进行了阐述。冯贤亮⑨着眼于环境社会史的角度，对浙西地区的环境、水利、城乡地方民生等方面，进行了比较充分的解读。熊元斌⑩探讨了清代江浙地区的水利纠纷状况及解决办法。郑俊华⑪对明清以来浙江衢州石室堰农商水利纠纷做了细致的考察。周红冰⑫对民国晚期江南地区水利纠纷解决过程中乡绅阶层的作用进行了分析。张根福、

① 张小也：《官、民与法：明清国家与基层社会》，北京：中华书局，2007年；张小也：《明清时期区域社会中的民事法秩序——以湖北汉川汈汊黄氏的〈湖案〉为中心》，《中国社会科学》2005年第6期。
② 照川：《天祐垸悬案——民国时期发生在湘鄂两省间的水利纠纷》，《文史精华》1999年第1期。
③ 叶惠芬：《洞庭湖"天祐垸"问题与湘鄂水利之争（1937—1947）》，《"国史馆"馆刊》复刊第28期，台北："国史馆"，2000年。
④ 赵国壮：《论晚清湖北的水利纠纷》，《华中师范大学研究生学报》2007年第3期。
⑤ 肖启荣：《明清时期汉水下游泗港、大小泽口水利纷争的个案研究——水利环境变化中地域集团之行为》，《中国历史地理论丛》2008年第4辑。
⑥ 王红：《明清两湖平原水事纠纷研究》，武汉大学博士学位论文，2010年；王红：《从明清时期泗港纠纷看江汉平原水事纠纷的特征》，陈锋主编：《中国经济与社会史评论（2014年卷）》，北京：中国社会科学出版社，2015年，第10—28页；王红：《从清代湖北监利县子贝渊纠纷看江汉平原水事纠纷的特征》，陈锋主编：《中国经济与社会史评论（2016年卷）》，北京：中国社会科学出版社，2017年，第128—134页。
⑦ 袁松：《"买水之争"：农业灌区的水市场运作和水利体制改革——鄂中拾桥镇水事纠纷考察》，《甘肃行政学院学报》2010年第6期。
⑧ 钱杭：《均包湖米：湘湖水利不了之局的开端》，唐力行主编：《国家、地方、民众的互动与社会变迁》，北京：商务印书馆，2004年，第98—111页；钱杭：《论湘湖水利集团的秩序规则》，《史林》2007年第6期；钱杭：《共同体理论视野下的湘湖水利集团——兼论"库域型"水利社会》，《中国社会科学》2008年第2期。
⑨ 冯贤亮：《近世浙西的环境、水利与社会》，北京：中国社会科学出版社，2010年。
⑩ 熊元斌：《清代浙江地区水利纠纷及其解决的方法》，《中国农史》1988年第3期。
⑪ 郑俊华：《当商业遇到农业——围绕浙江石室堰的水利纠纷》，《农业考古》2013年第1期。
⑫ 周红冰：《民国晚期江南地区的水利纠纷——以对乡绅的探讨为中心》，南京师范大学硕士学位论文，2017年；周红冰、郭爱民：《民国晚期江南乡绅主导下的地方水利纠纷——以江宁县拦江闸案为视角》，《古今农业》2016年第2期。

吴月芽①研究了20世纪50—60年代吴江县联圩引起的省际水利纠纷。

此外，曾睿②对清代台湾地区农田水利纠纷进行了分析；金颖③对近代奉天省水利纠纷进行了探讨；吴赘④、胡荣明⑤、廖艳彬⑥对清代和民国时期鄱阳湖区水利纠纷进行了梳理；衷海燕⑦对珠江三角洲的水事纠纷进行了考察；庄华峰、丁雨晴⑧对宋代长江下游圩区水事纠纷的类型、原因、应对进行了论述；赵崔莉⑨对清代皖江圩区水利纠纷的类型、原因及纠纷中的权利运作进行了考究；欧七斤、张爱华⑩对安徽省泾县青弋江最大的支流徽水河下游的新丰坝家族间水利纠纷进行了历史人类学的分析；吴金芳⑪选取了巢湖流域的蒋村作为个案，通过对其农田水利纠纷演变的分析解读了当前乡村社会秩序的变迁。

（二）古代、近代淮河流域水资源环境变迁与水事纠纷研究

1. 水资源环境变迁资料整理

中国水利水电科学研究院水利史研究室编校的《再续行水金鉴·淮河卷》《再续行水金鉴·运河卷》，以时间为序，介绍了嘉庆二十五年（1820年）至宣统三年（1911年）淮河及运河的变迁、治理、水利工程兴废情况。水利电力部水管司、水利水电科学研究院编写的《清代淮河流域洪涝档案史料》（中华书局，1988年版）利用了中国第一历史档案馆所保存的宫

---

① 张根福、吴月芽：《苏浙边界的水利纠纷与政府运作——以20世纪50—60年代吴江县联圩引起的省际纠纷为例》，《浙江社会科学》2012年第9期。

② 曾睿：《清代台湾地区农田水利纠纷探析》，《古今农业》2016年第1期。

③ 金颖：《近代奉天省农田水利纷争及政府调解原则》，《社会科学辑刊》2010年第6期。

④ 吴赘：《论民国以来鄱阳湖区的水利纠纷》，《江西社会科学》2011年第9期。

⑤ 胡荣明：《民国鄱阳湖区的水利纠纷研究（1928—1948）——以水利纠纷档案为中心的考察》，南昌大学硕士学位论文，2008年。

⑥ 廖艳彬：《鄱阳湖流域水利纠纷与地方秩序——以乾隆年间江西奉新、靖安两县洋壕堰文案为例》，冯天瑜主编：《人文论丛（2012年卷）》，北京：中国社会科学出版社，2012年，第182—192页；廖艳彬：《创建权之争：水利纠纷与地方社会——基于清代鄱阳湖流域的考察》，《南昌大学学报（人文社会科学版）》2014年第5期。

⑦ 衷海燕：《清代珠江三角洲的水事纠纷及其解决机制研究》，《史学集刊》2009年第6期。

⑧ 庄华峰、丁雨晴：《宋代长江下游圩区水事纠纷与政府对策》，《光明日报》2007年1月12日；庄华峰、丁雨晴：《宋代长江下游圩田开发与水事纠纷》，《中国农史》2007年第3期。

⑨ 赵崔莉：《清代皖江圩区水利纠纷及权力运作》，《哈尔滨工业大学学报（社会科学版）》2011年第2期。

⑩ 欧七斤、张爱华：《水利纠纷有解，抑或无解？——"水政治"视野下新丰坝水利纠纷的历史考察》，《中国社会历史评论》第16卷（上），天津：天津古籍出版社，2015年，第170—185页。

⑪ 吴金芳：《离土熟人社会：村落水利失序问题的一个解释框架——以水利纠纷为视角》，《盐城工学院学报（社会科学版）》2018年第2期。

中档、朱批、军机处录副档，对乾隆元年（1736 年）至宣统三年（1911 年）关于淮河流域的洪涝史料，以年为单位，按水系加以分类整理。《京杭运河（江苏）史料选编》（人民交通出版社，1997 年版）大量摘录了历代明清档案、文集、类书、方志等关于运河方面的文献资料，分门别类加以编排。

2. 水资源环境变迁研究

民国时期，武同举[1]、宗受于[2]、张含英[3]、胡焕庸[4]、郑肇经[5]、张念祖[6]、李书田[7]等学者，都对淮河流域水资源环境变迁做过深入研究，产生了一批重要成果。中华人民共和国成立后，淮河流域水资源环境变迁史研究以《中国水利史稿》（水利电力出版社，上册 1979 年，中册 1987 年，下册 1989 年）、《淮河水利简史》（水利电力出版社，1990 年版）、《黄河水利史述要》（黄河水利出版社，2003 年版）为代表，其他还有：徐近之[8]研究了淮北平原、淮河中游、洪泽湖与里下河洼地的地形地势地貌与淮河河道、湖泊变迁之间的关系；潘凤英[9]对晚全新世以来淮河下游的湖泊类型、分布与变迁及黄河夺淮后人为因素对湖沼变迁的影响进行了分析；韩昭庆[10]考察了黄河长期夺淮期间淮北平原湖泊、水系的变迁和背景；凌申[11]对黄河夺淮与射阳湖变迁之间的关系、射阳湖变迁过程、射阳湖变迁中的人类因素等问题进行了研究；王育民[12]分析了淮河由利转害的变迁、淮河流域湖泊的形成等问题；邹逸麟[13]从植被、灾害、水系、湖泊等方面探讨

① 武同举：《淮系年表全编》，1929 年，铅印本；武同举：《两轩賸语》，1927 年，复印本。
② 宗受于：《淮河流域地理与导淮问题》，南京：钟山书局，1933 年。
③ 张含英：《历代治河方略述要》，1947 年上海书店据商务印书馆 1946 年版影印。
④ 胡焕庸：《两淮水利》，南京：正中书局，1947 年。
⑤ 郑肇经：《中国水利史》，1984 年上海书店据商务印书馆 1939 年版复印。
⑥ 张念祖：《中国历代水利述要》，1947 年上海书店据华北水利委员会图书室 1932 年版影印。
⑦ 李书田：《中国水利问题》，上海：商务印书馆，1937 年。
⑧ 徐近之：《淮北平原与淮河中游的地文》，《地理学报》1953 年第 2 期。
⑨ 潘凤英：《晚全新世以来江淮之间湖泊的变迁》，《地理科学》1983 年第 4 期；潘凤英：《历史时期射阳湖的变迁及其成因探讨》，《湖泊科学》1989 年第 1 期。
⑩ 韩昭庆：《黄淮关系及其演变过程研究》，上海：复旦大学出版社，1999 年；韩昭庆：《洪泽湖演变的历史过程及其背景分析》，《中国历史地理论丛》1998 年第 2 辑；韩昭庆：《南四湖演变过程及其背景分析》，《地理科学》2000 年第 2 期。
⑪ 凌申：《射阳湖历史变迁研究》，《湖泊科学》1993 年第 3 期；凌申：《历史时期射阳湖演变模式研究》，《中国历史地理论丛》2005 年第 3 辑。
⑫ 王育民：《中国历史地理概论》上册，北京：人民教育出版社，1987 年。
⑬ 邹逸麟主编：《黄淮海平原历史地理》，合肥：安徽教育出版社，1997 年；邹逸麟：《山东运河历史地理问题初探》，《历史地理》创刊号，上海：上海人民出版社，1981 年；邹逸麟：《历史时期华北大平原湖沼变迁述略》，《历史地理》第 5 辑，上海：上海人民出版社，1987 年。

了黄淮海平原水资源环境的历史变迁；张义丰等①对流域水资源环境变迁进行了分专题研究；王均②探讨了淮河下游水系变迁的规律；吴必虎③分析了历史时期苏北平原包括地形地貌、河流沟洫、湖沼及水旱潮灾等在内的地理系统；张文华④论述了汉唐时期淮河流域的湖沼、水旱灾害等水资源环境问题；胡金明等⑤探讨了隋唐和北宋时期淮河流域湿地系统的宏观格局变化；程遂营⑥论述了 12 世纪以后黄河在开封地区的频繁决溢所导致的开封周边湖泊消失殆尽、土壤大面积沙化、盐碱化等问题；张秉伦、方兆本⑦讨论了厄尔尼诺、太阳黑子活动与淮河流域旱涝灾害的关系；陈业新⑧对明至民国时期皖北地区水旱灾害环境变迁与社会应对进行了系统的研究；卢勇⑨研究了明清淮河水患频发的深层原因及水患对当地生态和社会变迁的巨大影响；高升荣⑩对清代淮河流域的水旱灾害进行了量化分析；罗来兴、彭安玉、孟尔君、徐有礼和朱兰兰、李艳红、李高金、奚庆庆⑪集中探讨了黄河泛淮、夺淮给淮河中下游地区水资源环境、经济社会发展

---

① 张义丰、李良义、钮仲勋主编：《淮河地理研究》，北京：测绘出版社，1993 年；张义丰等编著：《淮河环境与治理》，北京：测绘出版社，1996 年；张义丰：《淮河流域两大湖群的兴衰与黄河夺淮的关系》，《河南大学学报（自然科学版）》1985 年第 1 期。

② 王均：《论淮河下游的水系变迁》，《地域研究与开发》1990 年第 2 期。

③ 吴必虎：《历史时期苏北平原地理系统研究》，上海：华东师范大学出版社，1996 年。

④ 张文华：《汉唐时期淮河流域历史地理研究》，上海：上海三联书店，2013 年。

⑤ 胡金明、邓伟、唐继华，等：《隋唐与北宋淮河流域湿地系统格局变迁》，《地理学报》2009 年第 1 期。

⑥ 程遂营：《唐宋开封生态环境研究》，北京：中国社会科学出版社，2002 年。

⑦ 张秉伦、方兆本主编：《淮河和长江中下游旱涝灾害年表与旱涝规律研究》，合肥：安徽教育出版社，1998 年。

⑧ 陈业新：《明至民国时期皖北地区灾害环境与社会应对研究》，上海：上海人民出版社，2008 年；陈业新：《1931 年淮河流域水灾及其影响研究——以皖北地区为对象》，《安徽史学》2007 年第 2 期；陈业新：《清代皖北地区洪涝灾害初步研究——兼及历史洪涝灾害等级划分的问题》，《中国历史地理论丛》2009 年第 2 辑。

⑨ 卢勇：《明清时期淮河水患与生态、社会关系研究》，北京：中国三峡出版社，2009 年；卢勇、王思明：《明清淮河流域生态变迁研究》，《云南师范大学学报（自然科学版）》2007 年第 6 期；卢勇、王思明：《明清时期淮河南下入江与周边环境演变》，《中国农学通报》2009 年第 23 期。

⑩ 高升荣：《清代淮河流域旱涝灾害的人为因素分析》，《中国历史地理论丛》2005 年第 3 辑。

⑪ 罗来兴：《1938—1947 年间的黄河南泛》，《地理学报》1953 年第 2 期；彭安玉：《试论黄河夺淮及其对苏北的负面影响》，《江苏社会科学》1997 年第 1 期；孟尔君：《历史时期黄河泛淮对江苏海岸线变迁的影响》，《中国历史地理论丛》2000 年第 4 辑；徐有礼、朱兰兰：《略论花园口决堤与泛区生态环境的恶化》，《抗日战争研究》2005 年第 2 期；李艳红：《1938—1947 年豫东黄泛区生态环境的恶化——水系紊乱与地貌改变》，《经济研究导刊》2010 年第 34 期；李高金：《黄河南徙对徐淮地区生态和社会经济环境影响研究》，中国矿业大学博士学位论文，2010 年；奚庆庆：《抗战时期黄河南泛与豫东黄泛区生态环境的变迁》，《河南大学学报（社会科学版）》2011 年第 2 期。

所带来的巨大变化；吴海涛①从水资源环境变迁等多方面探讨了历史上淮北地区由盛转衰的主要原因，分析了12—19世纪淮河流域的社会和环境变迁问题；胡惠芳②考察了民国各级政府与民间团体如何改善淮河中下游地区恶劣的生存环境问题；徐海亮③论述了黄淮地区水利衰落与环境变迁、中原森林植被被破坏与汝河变迁之间的关系；杨海蛟④讨论了缺木乏林的豫东平原"黄泛区"与区内严重水旱灾害之间的关系；李德楠⑤考察了明清黄运地区的河工及其给黄运地区的水系、生产生活环境带来的影响；黄丽生⑥考察了1912—1937年淮河流域的水利事业；王庆、王红艳⑦对历史时期黄河下游河道演变规律、淮河中下游水系变迁与灾害、淮河治理等问题进行了探讨；等等。

3. 水事纠纷研究

民国时期著名的水利专家胡雨人⑧、武同举⑨、宗受于⑩等曾在各自的著作中提到了苏北、淮北一些地方的水事纠纷问题，但大多没做专门的深入研究。当代学者马俊亚⑪重点分析了淮北治水事务中的地区冲突与政策偏向。夏明方⑫论及了1934年山东巨野县黄沙河东岸与西岸的居民因筑坝而大起纠纷事件，以及1932—1936年安徽宿县和江苏萧县（今属安徽）双方

---

① 吴海涛：《淮北的盛衰：成因的历史考察》，北京：社会科学文献出版社，2005年；吴海涛：《淮河流域环境变迁史》，合肥：黄山书社，2017年；吴海涛：《历史时期淮北地区涝灾原因探析》，《中国农史》2004年第3期；吴海涛：《元明清政府决策与淮河问题的产生》，《安徽史学》2012年第4期。
② 胡惠芳：《淮河中下游地区环境变动与社会控制（1912—1949）》，合肥：安徽人民出版社，2008年。
③ 徐海亮：《历史时期黄淮地区的水利衰落与环境变迁》，《武汉水利电力学院学报》1984年第4期；徐海亮：《历代中州森林变迁》，《中国农史》1988年第4期。
④ 杨海蛟：《明清时期河南林业研究》，北京林业大学博士学位论文，2007年。
⑤ 李德楠：《工程、环境、社会：明清黄运地区的河工及其影响研究》，复旦大学博士学位论文，2008年。
⑥ 黄丽生：《淮河流域的水利事业（1912—1937）：从公共工程看民初社会变迁之个案研究》，台北：台湾师范大学历史研究所，1986年。
⑦ 王庆、王红艳：《历史时期黄河下游河道演变规律与淮河灾害治理》，《灾害学》1998年第1期。
⑧ 胡雨人：《江淮水利调查笔记》，1911年，沈云龙主编：《中国水利要籍丛编》第3集，台北：文海出版社，1970年。
⑨ 武同举：《两轩賸语》，1927年，复印本。
⑩ 宗受于：《淮河流域地理与导淮问题》，南京：钟山书局，1933年。
⑪ 马俊亚：《被牺牲的"局部"：淮北社会生态变迁研究（1680—1949）》，台北：台湾大学出版中心，2010年；马俊亚：《治水政治与淮河下游地区的社会冲突（1579—1949）》，《淮阴师范学院学报（哲学社会科学版）》2011年第5期。
⑫ 夏明方：《民国时期自然灾害与乡村社会》，北京：中华书局，2000年。

民众就龙山、岱山两河疏浚问题发生的水利纠纷。汪汉忠[1]对苏北水利纠纷的性质、类型、特点、产生和难以解决的原因进行了专门的分析。胡其伟[2]探讨了清代苏鲁运河上的省际水利纠纷、民国以来沂沭泗流域水事纠纷的行政解决问题。王国民[3]对贾鲁河下游扶沟县张善口水利纠纷进行了考察。杜明鑫[4]研究了清代豫东南平原的水事纠纷。侯普慧[5]论及了南京国民政府十年期间河南尉氏、扶沟、鄢陵、洧川四县洪业河纠纷，郾城、西华两县民众在吴公渠注入颍河的入口地点问题上的纠纷，商水县境内的雷坡与龙塘河、大连湖村与林村之间的水利纠纷。关传友[6]对皖西地区历史上的水利纠纷与社会应对进行了探讨。彭剑[7]分析了晚清安徽淮河以南地区的水事纠纷。王琦[8]对民国濉河流域省际水事纠纷及其解决机制进行了考察。徐建平[9]对民国宿县、灵璧交界的青冢湖发生的苏皖省界纠纷及其处理过程进行了梳理，认为青冢湖纠纷是一个较为典型的边界水事纠纷与省界划界纠纷交织互动的案例。

（三）当代淮河流域水资源环境变迁与水事纠纷研究

宏观介绍淮河流域水资源环境变迁的成果，主要有：中华人民共和国成立初期，胡焕庸[10]、陈桥驿[11]、鞠继武[12]等以通俗的语言介绍了淮河水系、洪泽湖及淮河水灾、治淮工程的基本情况；改革开放新时期，水利部淮河

[1] 汪汉忠：《灾害、社会与现代化——以苏北民国时期为中心的考察》，北京：社会科学文献出版社，2005年。
[2] 胡其伟：《水利纠纷的省际博弈——以清代苏鲁运河流域为例》，《历史地理》第37辑，上海：复旦大学出版社，2018年，第151—159页；胡其伟：《行政权力在水利纠纷调处中的角色——以民国以来沂沭泗流域为例》，《中国矿业大学学报（社会科学版）》2017年第3期。
[3] 王国民：《从〈塞张善口碑〉看明代北方水利纠纷的解决模式》，《中州大学学报》2015年第6期。
[4] 杜明鑫：《清代豫东南平原的水事纠纷》，河南大学硕士学位论文，2019年。
[5] 侯普慧：《1927—1937年河南农田水利事业研究》，河南大学硕士学位论文，2007年。
[6] 关传友：《皖西地区历史上的水利纠纷与社会应对》，《皖西学院学报》2015年第6期。
[7] 彭剑：《晚清安徽南部地区水事纠纷研究——以淮河以南为主要对象》，《文化创新比较研究》2019年第12期。
[8] 王琦：《民国濉河流域省际水事纠纷及其解决机制——以苏皖两省疏浚龙岱湖（河）、奎河纠纷为中心》，《安徽理工大学学报（社会科学版）》2017年第6期。
[9] 徐建平：《湖滩争夺与省界成型——以皖北青冢湖为例》，《中国历史地理论丛》2008年第3辑。
[10] 胡焕庸：《淮河》，北京：开明书店，1952年；胡焕庸编著：《淮河水道志》（1952年初稿），水利电力部治淮委员会淮河志编纂办公室，1986年；胡焕庸：《淮河的改造》，上海：新知识出版社，1954年；胡焕庸：《一定要把淮河修好》，上海：新知识出版社，1956年。
[11] 陈桥驿：《淮河流域》，上海：春明出版社，1952年。
[12] 鞠继武编写：《洪泽湖》，北京：中国青年出版社，1963年。

水利委员会等编纂、科学出版社出版的七卷本《淮河志》[1]，淮委水文局（信息中心）编《淮河水文志（1991—2010 年）》（东南大学出版社，2014年版），水利部淮河水利委员会编著《淮河志（1991—2010 年）》（上、下册，科学出版社，2015 年版），安徽省地方志编纂委员会办公室编《安徽省志·淮河志（1986—2005）》（方志出版社，2016 年版），安徽省内河航运史编写委员会编《安徽省淮河航道志》（安徽人民出版社，1991 年版）等。宏观讨论中华人民共和国成立以来淮河流域水资源环境问题的代表性论文有郭鹏等《淮河流域水资源与水环境问题及对策研究》（《气象与环境科学》2011 年增刊）、王官勇等《近 50 年来淮河流域水资源与水环境变化》（《安徽师范大学学报（自然科学版）》2008 年第 1 期）等。

　　较为具体地讨论淮河流域水资源环境变迁的成果，主要体现在以下五个方面：一是水资源问题研究。姜国亭[2]、郑德生[3]、汪斌[4]讨论了淮河流域及山东沿海诸河水资源调查评价与利用问题；王玉太[5]研究了 21 世纪上半叶淮河流域可持续发展水战略；毛信康[6]探讨了淮河流域水资源可持续利用问题；刘猛等[7]考察了淮河中游枯水期水资源调度技术与实践；汪跃军等[8]研讨了淮河流域水资源系统模拟与调度；王发信等[9]开展了淮河平原区浅层地下水演变对地表生态作用及调控实践的全面研究。二是水环境问题研究。宋国君、谭炳卿等[10]对淮河流域水环境保护政策评估进行了研究；夏军

① 水利部淮河水利委员会、《淮河志》编纂委员会编：《淮河志 第 1 卷 淮河大事记》，北京：科学出版社，1997 年；《淮河志 第 2 卷 淮河综述志》，北京：科学出版社，2000 年；《淮河志 第 3 卷 淮河水文·勘测·科技志》，北京：科学出版社，2006 年；《淮河志 第 4 卷 淮河规划志》，北京：科学出版社，2005 年；《淮河志 第 5 卷 淮河治理与开发志》，北京：科学出版社，2004 年；《淮河志 第 6 卷 淮河水利管理志》，北京：科学出版社，2007 年；《淮河志 第 7 卷 淮河人文志》，北京：科学出版社，2007 年。
② 姜国亭：《淮河流域及山东沿海诸河水资源调查评价初步分析报告》，水利部治淮委员会，内部资料，1981 年。
③ 郑德生：《淮河及山东半岛水资源利用》，水利电力部治淮委员会，内部资料，1986 年。
④ 汪斌主编：《淮河流域及山东半岛水资源评价》，南京：河海大学出版社，2006 年。
⑤ 王玉太主编：《21 世纪上半叶淮河流域可持续发展水战略研究》，合肥：中国科学技术大学出版社，2001 年。
⑥ 毛信康：《淮河流域水资源可持续利用》，北京：科学出版社，2006 年。
⑦ 刘猛、王式成、陈竹青，等：《淮河中游枯水期水资源调度技术与实践》，合肥：中国科学技术大学出版社，2016 年。
⑧ 汪跃军等：《淮河流域水资源系统模拟与调度》，南京：东南大学出版社，2019 年。
⑨ 王发信、朱梅、杨智，等：《淮河平原区浅层地下水演变对地表生态作用及调控实践》，合肥：中国科学技术大学出版社，2019 年。
⑩ 宋国君、谭炳卿等编著：《中国淮河流域水环境保护政策评估》，北京：中国人民大学出版社，2007 年。

等①对淮河流域水环境综合承载能力及调控对策进行了分析；高超②分析了淮河流域气候水文要素变化及成因；蒋海兵③研究了江苏淮河流域水环境与工业化的空间关系；王文举等④讨论了淮河流域水污染治理与水资源可持续利用问题；程生平等⑤论述了河南淮河平原地下水污染问题；偶正涛⑥揭示了淮河流域水污染及其防治中存在的严重问题。三是水生态问题研究。张学俭、肖幼⑦研究了淮河流域土石山区水土保持问题；姚孝友等⑧讨论了淮河流域水土保持生态修复机理与技术问题；胡巍巍⑨考察了淮河流域中游湿地景观格局演变及优化调控问题；李叙勇等⑩对淮河流域生态系统进行了评估。四是水旱灾害及其应对研究。探讨灾害形成原因及其治理的成果有河南省地质矿产厅《河南省境内淮河流域旱涝灾害成因与治理》（地质出版社，1991 年版）、山东省抗旱防汛指挥部办公室《山东淮河流域防洪》（山东科学技术出版社，1993 年版）、陈远生等《淮河流域洪涝灾害与对策》（中国科学技术出版社，1995 年版）、杨勇《淮河流域徐州城市洪水治理研究》（中国矿业大学出版社，2005 年版）、陶长生《2007 年江苏淮河抗洪》（河海大学出版社，2012 年版）、叶正伟《淮河沿海地区水循环与洪涝灾害》（东南大学出版社，2015 年版）、王友贞等《淮河流域涝渍灾害及其治理》（科学出版社，2015 年版）、钱敏《淮河中游洪涝问题与对策》（中国水利水电出版社，2019 年版）等。五是治淮史、水利史研究。淮河治理方面的成果有王祖烈《淮河流域治理综述》（水利电力部治淮委员会《淮河志》编纂办公室，1987 年版）、刘玉年等《淮河中游河道特性与整治研究》（中国水利水电出版社，2012 年版）、李宗新等《淮河的治理与开发》（上海翻译出版公司，1990 年版）、顾洪《淮河流域规划与治理》（中国水利水电出版社，2019 年版）等；淮河水利工程及其环境影响的研究成果有潘轶敏等

---

① 夏军等：《淮河流域水环境综合承载能力及调控对策》，北京：科学出版社，2009 年。
② 高超：《淮河流域气候水文要素变化及成因分析研究》，芜湖：安徽师范大学出版社，2012 年。
③ 蒋海兵：《江苏淮河流域水环境与工业化的空间关系研究》，南京：南京大学出版社，2018 年。
④ 王文举等：《淮河流域水污染治理与水资源可持续利用研究》，合肥：合肥工业大学出版社，2009 年。
⑤ 程生平、赵云章、张良，等编著：《河南淮河平原地下水污染研究》，武汉：中国地质大学出版社，2011 年。
⑥ 偶正涛：《暗访淮河》，北京：新华出版社，2005 年。
⑦ 张学俭、肖幼主编：《淮河流域土石山区水土保持研究》，北京：中国水利水电出版社，2009 年。
⑧ 姚孝友等：《淮河流域水土保持生态修复机理与技术》，北京：中国水利水电出版社，2011 年。
⑨ 胡巍巍：《淮河流域中游湿地景观格局演变及优化调控研究》，芜湖：安徽师范大学出版社，2013 年。
⑩ 李叙勇等：《淮河流域生态系统评估》，北京：科学出版社，2017 年。

《淮河流域防洪排涝工程环境影响研究》（黄河水利出版社，2011 年版）、夏军等《淮河流域闸坝调度改善水质理论与实践》（河海大学出版社，2014 年版）、蒋艳等《淮河流域闸坝运行对河流生态与环境影响研究》（中国水利水电出版社，2014 年版）、张志松等《河南省淮河流域洼地治理工程与环境影响》（西安地图出版社，2018 年版）、淮河流域水资源与水利工程问题研究课题组《淮河流域水资源与水利工程问题研究》（中国水利水电出版社，2016 年版）等。新中国淮河水利史研究成果有王泽坤《变害为利：新中国开国之初的水利建设与淮河大战》（吉林出版集团有限责任公司，2010 年版）主要记述了中华人民共和国成立之初的水利建设与"淮河大战"。其他研究当代中国治水史、水利史的著作中有涉及淮河水利事业发展的，如高峻《新中国治水事业的起步：1949—1957》（福建教育出版社，2003 年版）、王拥军《中国当代水利事业发展概况（上、中、下）》（学苑音像出版社，2004 年版）、王瑞芳《当代中国水利史：1949—2011》（中国社会科学出版社，2014 年版）等。此外，淮河流域的河南、安徽、江苏、山东四省各自编写的水利史著作都有涉及流域水利的，如李日旭《当代河南的水利事业（1949—1992 年）》（当代中国出版社，1996 年版）、河南省水利厅《河南水利辉煌五十年》（黄河水利出版社，2000 年版）等；安徽省水利厅《安徽水利 50 年》（中国水利水电出版社，1999 年版）、安徽省水利厅等《"水利安徽"战略研究》（安徽大学出版社，2014 年版）等；赵筱侠《苏北地区重大水利建设研究：1949—1966》（合肥工业大学出版社，2016 年版）等；山东省水利史志编辑室《山东水利大事记》（山东科学技术出版社，1989 年版）、孙贻让《山东水利》（山东科学技术出版社，1997 年版）、楼建军等《山东的水利建设》（山东人民出版社，2006 年版）等。

当代淮河流域水事纠纷研究成果很多，其中代表性著作主要有：苏广智[1]对淮河流域省际边界水事矛盾基本情况做了简要介绍；赵来军[2]对淮河流域跨界水污染纠纷的协调机制进行了研究；胡其伟[3]则专门讨论了沂沭泗流域民国以来尤其是中华人民共和国成立初期环境变迁与水利纠纷的问题；范燕强[4]系统研究了微山湖边界纠纷调处的长效机制问题。代表性论文

---

[1] 苏广智编著：《淮河流域省际边界水事概况》，合肥：安徽科学技术出版社，1998 年。
[2] 赵来军：《我国流域跨界水污染纠纷协调机制研究——以淮河流域为例》，上海：复旦大学出版社，2007 年。
[3] 胡其伟：《环境变迁与水利纠纷：以民国以来沂沭泗流域为例》，上海：上海交通大学出版社，2018 年。
[4] 范燕强：《微山湖边界纠纷调处长效机制研究》，徐州：中国矿业大学出版社，2009 年。

有：王永新①分析了邳苍郯新地区水利矛盾产生的原因及解决办法；李秀雯等②探讨了淮河流域省际水事纠纷变化及对策；林道和③阐明了淮河流域省际边界水资源矛盾纠纷排查化解情况、成效及问题，并提出了一些颇有价值的对策建议；丁秀娟④研究了中华人民共和国成立后微山湖地区的省际湖田湖产纠纷；王义保、谢菁⑤讨论了苏鲁微山湖边界纠纷治理问题，认为由竞争到共治是府际关系和谐发展的理性之途。

回顾学术前史，我们发现学界对华北、西北、西南、两湖、长江中下游、珠江三角洲等区域的水资源环境变迁与水事纠纷进行了区域社会史、历史人类学、环境史、法制史等多学科的研究及个案考察，皆已取得了丰硕的成果，这些成果不仅打开了研究视野，启发了研究思路，而且为准确把握淮河流域水资源环境变迁与水事纠纷的自身特质提供了文本参照。就淮河流域水资源环境变迁与水事纠纷研究来说，学界既有南宋以来至民国时期中长时段的研究，也有宋、元、明、清或民国时期抑或民国以来较短时段的考察，但总体上看尚处于起步阶段，还需要更多的研究力量加入。

对中华人民共和国成立70余年以来淮河流域水资源环境变迁与水事纠纷的研究，不仅缺少历史学、法学、社会学、地理学、水资源学、环境科学等多学科的综合探讨，而且成果多集中于淮河流域水资源环境、水生态、水旱灾害、治水史、水利史等方面，水事纠纷问题的关注也只是做了一些基础性的资料整理和汇编工作，整体性研究较为薄弱，尚未见从水资源环境变迁角度系统探讨当代淮河流域水事纠纷产生的原因、类型和特点、预防和解决机制的研究成果。

三、研究思路和内容

本书以环境史、区域社会史为视角，运用水资源、水环境、水事纠纷、水事违法等概念工具，从水资源环境变迁、行政区划与水系的流域性矛盾、利益驱动机制与水事纠纷产生及预防和调处的内在理路入手，对中

① 王永新：《邳苍郯新地区水利矛盾产生的原因及对策》，《中国水利》1993年第8期。
② 李秀雯、洪怡静、李志鹏：《淮河流域省际水事纠纷变化及对策研究》，《治淮》2011年第2期。
③ 林道和：《淮河流域省际水资源矛盾纠纷排查化解成效、问题及对策研究》，《治淮》2014年第12期。
④ 丁秀娟：《建国后微山湖地区的省际湖田湖产纠纷情况研究》，山东大学硕士学位论文，2007年。
⑤ 王义保、谢菁：《府际关系视域下的边界治理——以苏鲁微山湖边界纠纷治理为例》，《社会主义研究》2012年第5期。

华人民共和国成立 70 余年来淮河流域水资源环境变迁与水事纠纷问题进行系统考察，并选取安徽霍邱城西湖围垦纠纷这个案例做纵深分析，以便正确把握淮河流域水事纠纷中纠纷主体之间的纷争和妥协、控制与抵制、互动与制衡的关系，冀以深入理解当今淮河流域环境与经济社会发展问题。

本书依据上述路径，对研究框架进行了精深设计。全书由绪论、正文六章、结语组成。具体内容分述如下：

绪论主要阐述了研究的缘起及价值和意义，梳理了当代淮河流域水资源环境变迁与水事纠纷研究的学术史，介绍了研究思路和内容、研究资料和方法。

第一章首先以治淮委员会成立、裁撤到复建及社会主义生态文明进入新时代为标志，梳理了中华人民共和国成立 70 余年来淮河流域水资源环境变迁的阶段性进程，并对当代淮河流域水资源环境变迁的动因做了深入的考察。接着，论述了当代淮河流域水资源环境变迁的表现及特征。淮河流域水资源环境变迁最显著的表现是水系的人工化改造，地下水因治淮与工农业生产而发生了变化，水灾频发，旱灾加剧，水土流失严峻，水环境污染严重。水旱灾肆虐、水资源短缺、水污染严峻、水生态退化的"四水"问题仍然是当前乃至今后一段时间内淮河流域水资源环境变迁中较为突出的问题。

第二章阐述了中华人民共和国成立以来淮河流域行政区划变动与水事纠纷产生的内在关系，行政区划的分割性和区域性，同淮河水系的整体性、流域性是存在一定矛盾的，当这两者的矛盾突破临界点，便会直接导致水事纠纷的发生。接着，从纠纷的本质乃至利益的冲突与对抗视角，进一步详解了当代淮河流域水事纠纷产生的内在动因，指出淮河流域频发水事纠纷，根本原因在于个人、单位、集体、地区之间受水事利益驱动，围绕水体纷纷展开了诸如阻水排水、抢占水资源及湖田湖产、非法圈圩与非法采砂、偷采地下水、修建利于己方的边界水利设施等各种趋利避害的活动。

第三章研究了中华人民共和国成立以来淮河流域水事纠纷的多样化类型，着重论述了跨行政区水资源纠纷和水环境纠纷，水资源纠纷主要是水利纠纷，水环境纠纷的代表性纠纷就是水污染纠纷。将跨行政区水利纠纷分为省际水利纠纷、省内地区（市）际水利纠纷、地区（市）内县（市）际水利纠纷、县（市）内乡（镇）际水利纠纷四种情况，并进行了细致描述和分析。跨行政区水污染纠纷主要有省际水污染纠纷和同一省内县际水污染纠纷两种类型。20世纪七八十年代以来，淮河流域水污染问题日益突出，淮河干流及沙颍河、涡河、亳宋河、漂潼河、沭河、沂河、中运河、骆马湖、天井湖、时湾水库等上下游时常发生省际水污染纠纷，包括有淮河干流上下游豫皖苏之间水污染纠纷，亳宋河、惠济河、沱河、浍河、新汴河、大沙河、小洪河的豫皖之间水污染纠纷，奎河、高邮湖水系白塔河、天长市时湾水库的皖苏之间水污染纠纷，中运河、沂河、沭河、新沭河及石梁河水库的苏鲁之间水污染纠纷，等等。跨行政区水污染纠纷一定程度上加重了当地尤其是下游行政区水产养殖、工业生产的损失，也给下游城乡居民日常饮水、生命健康等带来了严重影响。

第四章考察了中华人民共和国成立以来淮河流域逐渐形成和发展起来的包括以完善水资源环境法治建设、加强淮河流域水资源环境规划和治理等为内容的水事纠纷预防机制。完善淮河流域水资源环境法治建设，主要涉及国家层面的水资源环境法律法规的出台，国务院相关水资源环境部门和流域各省颁布的部门性、地方性水资源环境保护法规和规章，以及中央和地方各级政府颁布的水资源环境管理规范性文件等。加强淮河流域水资源环境规划与治理，主要遵守的是统一领导、统一规划、统一治理原则。中华人民共和国成立以来，国家曾先后进行过五次不同范围、不同深度的流域性综合规划，内容涉及水资源开发、利用和保护，水资源分配、防洪排涝、农村水利、水土保持、航运发电、流域综合管理等。此外，还出台了不少涉及淮河流域水资源环境的地区规划、专项规划、工程项目规划等。这些淮河流域规划起着协调和规范各利益主体水事活动、减少乃至抑制各利益主体水事活动摩擦的作用，是预防和化解淮河流域水事纠纷机制建设的重要内容。加强水资源环境治理，则是实现水资源环境总体规划目标的有效途径，包括实行淮河河道和水工程的管理，推动淮河清障工作，整治淮河非法采砂，做好流域水土保持工作，加大淮河治污力度，全面建立流域河长、湖长制，这些综合治理举措有利于在淮河流域各地形成人水和谐的水事秩序，为将淮河流域水事矛盾消解在萌芽状态提供了重要保障。

第五章探讨了以解决主体、解决方式、解决原则和措施为内容的当代淮河流域水事纠纷解决机制，并对这种解决机制所取得的成效和存在的问题进行了评析。淮河流域水事纠纷发生后，一般通过行政和司法两种方式解决。纠纷解决的主体，通常由各级党委和政府、流域统一管理机构、各级人民法院及民间水利、环保组织等构成。改革开放以前，淮河流域水事纠纷更多地是依赖行政权力的参与，采取协商、调解、裁决的方式加以解决；改革开放以后，淮河流域水事纠纷逐渐地加大了司法参与力度，出现了行政解决和司法解决并重的局面，同时民间水利、环保组织也开始成长，在解决水事纠纷中发挥着越来越重要的作用。在淮河流域水事纠纷预防和解决的过程中，逐渐形成了有助于水事纠纷解决的互谅互让、团结治水，尊重历史、恢复原状，统筹兼顾、公平合理，依法行政、联合执法的原则和经验。淮河流域水事纠纷的最终解决，除依照法律法规和政府规章、规范性文件进行诉讼和非诉讼方式调处外，还必须辅助于诸如调整行政区划、兴修边界水利工程、科学调度水资源、水资源环境信访等重要的政策措施。中华人民共和国成立以来的淮河流域水事纠纷解决机制所取得的成效十分明显，初期就使旧时频发的淮河流域水事纠纷问题得到了较好的解决，有些延续数十年甚至数百年的纠纷也因此而消失。近年来，淮河流域各地水事纠纷的调处率和水事案件的结案率都很高，1996 年山东淮河流域水事违法案件结案率为 98.9%，而 1997—2015 年河南省水事纠纷调处率和水事违法案件结案率大多在 90% 以上，其中 1998 年、2004 年、2005 年、2014 年、2015 年水事纠纷调处率都达 97.9%。当然，中华人民共和国成立以来淮河流域水事纠纷解决机制也经历了一个逐渐完善的过程，在 1949 年 10 月至 20 世纪 90 年代以前，由于解决机制的不成熟，淮河流域水事纠纷的解决还存在地方保护主义、对协商解决方式重视不够、涉水法律法规的立法建设和依法行政及公正司法还有待加强等不足。

第六章剖析了位于淮河中游的安徽霍邱县境内的城西湖围垦纠纷及其解决的个案。城西湖湖面广但积水不深，民国以来曾多次被官民围垦，以 20 世纪 30 年代中期至 40 年代初期的官垦规模最大。1966 年，南京军区党委决定围垦城西湖，建城西湖农场。城西湖围垦从 1966 年 9 月开始到 1967 年 11 月止，共围垦湖面 286 平方千米，军垦湖地高程 19 米以下洼地 13.2 万亩①，民圩 19 万亩，共 32.2 万亩。城西湖围垦确实增加了部队粮食供应，在一定程度上解决了城西湖区的防洪与航运问题，但引发了水环境恶化、水事矛盾和纠纷等问题。1986 年，军垦部队从城西湖全部撤出，城西湖退垦还湖，湖区水生态环境因此得以改善，这对淮河的综合施治、城西湖的合理开发及提高霍邱县城关居民的生产生活水平，都有着长久而深远的意义。

结语部分在总结正文各章的基础上，对中华人民共和国成立以来淮河流域水资源环境变迁与水事纠纷的产生、类型、预防及解决的内在逻辑做

---

① 1 亩≈666.7 平方米。

了进一步的分析，对流域水事纠纷产生的原因和特点、跨行政区水利纠纷和水污染纠纷的基本情况、流域水事纠纷频发的消极影响和积极功能，以及水事纠纷解决的路径和方式、原则和措施、成效和不足等问题，做了延伸论述和分析归纳，最后得出了有利于改善当今淮河流域水资源环境，并有助于预防和解决流域水事纠纷的几点启示。

四、研究资料和方法

本书的研究属于区域史和专题史范畴，历史研究首重文献资料的搜集和整理。本书的基础资料主要由以下几大部分组成。

一是中华人民共和国成立以来淮河流域各地编修的地方志。包括以行政区划为单位的省志、地区志、市志、县志、乡镇志；以河道、湖泊、水库为单位的河道志、湖泊志、水库志；以水利发展、环境保护为编修内容及以地区、市、县为行政区划单位的水利志、环境志。其中，流域各省志中的水利志、环境志及各省内的地区、市、县水利志，水利部淮河水利委员会等编纂的多卷本《淮河志》及《淮河志（1991—2010年）》是本书最为核心的支撑资料。《淮河志》共分七卷，各卷独自成书。其中，《淮河大事记》记述了历史上从夏代至1990年治理淮河的大事；《淮河综述志》介绍了淮河流域的自然地理、水系、社会经济、自然灾害；《淮河水文·勘测·科技志》记述了淮河流域水文、水利测绘、工程地质和水文地质勘查、水利科学技术方面的发展过程及现状；《淮河规划志》记述了淮河流域有史以来的治水方略、流域规划、专项规划及其时代背景、指导思想、方针政策、宏观决策、实施情况和工程效果等；《淮河治理与开发志》记述了治淮工程历经的史实，客观地反映了古今治淮历史，重点介绍了中华人民共和国成立以来治淮的巨大成就；《淮河水利管理志》记述了淮河水利管理方面的历史发展过程，客观地反映了古今淮河水利管理工作成就；《淮河人文志》记述了淮河流域历史文明和发展变迁，展示了淮河水利事关国家政权安危和社会经济兴衰的战略地位；《淮河志（1991—2010年）》分上、下两册，上册内容为淮河流域总述、大事记、规划与计划、建设与管理，下册内容为淮河流域防汛抗旱、水政、水资源管理、水资源保护、水土保持、水文气象、科学技术、信息化等，全面记述了20世纪90年代以来淮河流域水利事业取得的成就和经验教训。

二是水利部淮河水利委员会编写的治淮年鉴及流域各省编写的水利年

鉴。《治淮汇刊》第 1 辑（1951 年）至第 43 辑（2018 年）①收录了治淮法律法规及重要的文件，对一些重要治淮活动进行了特载，对流域水旱灾害、水文状况、水土流失、污染防治、水事纠纷及调处、水事案件的行政复议与诉讼等方面，都有较为全面的记述，具有很重要的资料价值。此外，河南、安徽、江苏、山东四省皆编有水利年鉴，其中有不少涉及各省淮河段水资源环境变迁与水事纠纷的资料。

三是水利部淮河水利委员会、山东省水利厅编写的关于淮河流域水事纠纷问题的资料汇编及江苏省水政监察总队编写的水事案例选编。资料价值颇高的有水利部淮河水利委员会编写的《淮河流域省际水事纠纷资料汇编》（1992 年）、《邳苍郯新地区历年文件、协议汇编》、《淮河流域省际边界矛盾热点地区图》等。其他如山东省民政厅编写的《山东省省际边界纠纷资料汇编》（1991 年）及江苏省水政监察总队编写的《江苏水事案例选编》（长江出版社，2005 年版）、《江苏水事案例选编（第 2 辑）》（长江出版社，2009 年版），其中不少水事纠纷资料和水事案例都选自山东、江苏两省淮河流域各地。此外，吴开贵主编的《水事案件查处》（东北大学出版社，1994 年版）、武慧明主编的《全国水事案例选编》（江苏人民出版社，2016 年版）及水利部政策法规司编的《水事案例选编（第 2 辑）》（中国民主法制出版社，2000 年版），收集评述了一些淮河流域各地水事纠纷、水事违法案例。

四是《人民日报》数据库和重要的网络资源。利用《人民日报》数据库检索功能，运用"水利纠纷""水污染纠纷""淮河水污染""淮河污染""沙颍河""涡河""沂水""沭河""奎河""濉河""洪泽湖""南四湖""微山湖"等主题词对 1949 年以后的《人民日报》数据库进行全面检索，从中挖掘、整理和利用了当代淮河流域水资源环境变迁与水事纠纷方面的资料。此外，还搜集、利用了国务院相关部委及流域各省人民政府、地方各级人大常委会、水利厅、生态环境保护厅等部门的门户网站收录的涉及淮河流域水资源环境、水事纠纷的法律、法规、规章、规范性文件，以及水事纠纷、水事违法案例。

除搜集、运用上述基础文献资料外，本书还搜集、整理了一些关于城西湖围垦纠纷的档案资料、流域各地文史资料中关于水资源环境和水事纠纷及其解决的回忆文献，运用了中共中央文献研究室编的《建国以来重要

---

① 说明：《治淮汇刊》从第 20 辑起改名为《治淮汇刊（年鉴）》。

文献选编》及中央档案馆、中共中央文献研究室编的《中共中央文件选集（1949 年 10 月—1966 年 5 月）》中涉及治淮方面的重要原始文献资料。

本书坚持以史料为基础，本着"上穷碧落下黄泉，动手动脚找东西"和"有一分史料，说一分话"的精神，在大量搜集中华人民共和国成立以来关于淮河流域水资源环境变迁与水事纠纷的文献资料的基础上，以辩证唯物主义和历史唯物主义为指导，以历史学的分析与综合、演绎与归纳等方法为支撑，借鉴历史地理学、环境史学、社会学、法学、管理学、水资源学、生态学、环境科学等学科的理论与方法，致力于社会科学与自然科学方法的交叉融合，立足把宏观考察与微观分析、理论分析与实证分析、定性分析与定量分析、历史文献与实地调查结合起来，对中华人民共和国成立以来的淮河流域水资源环境变迁与水事纠纷问题进行跨学科的综合研究。

第一章
淮河流域水资源环境变迁

南宋以前，淮河水系完整，独流入海。南宋以降，受黄河长期夺淮影响，淮河流域水资源环境日益脆弱乃至恶化。明清政府治理黄、淮、运，皆以保漕为目标，淮河流域成为"被牺牲的局部"；民国实行导淮计划，但囿于战乱的时代背景，功效甚微。因此，迄中华人民共和国成立前夕，淮河流域水资源环境变迁一直未出现根本的向好趋势。1950年淮河发生大水灾，促成了中华人民共和国成立以来第一次大规模治淮运动。此后，政府又掀起多次治淮高潮，并在淮河流域各地大力推进农业现代化、工业化和城镇化发展，使淮河流域水资源环境发生了重大的阶段性变迁。通过多年对淮河的综合治理，流域水资源环境逐步得到了改善，使南宋以来淮河流域水资源环境日益脆弱乃至恶化的变迁趋势得到了根本的抑制。然而，工业文明时代人类不合理的活动又严重干扰了淮河流域水资源环境，淮河水系呈现人工化变化，流域各地水旱灾害仍未减轻，水资源紧张、水污染形势严峻、水生态退化等问题又开始凸显。

第一节　水资源环境变迁的进程

淮河是中华人民共和国成立后第一条有计划地全面治理的大河，中华人民共和国成立以来淮河水资源环境的变迁主要是由治淮和现代化的发展推动的。为此，下文主要从中华人民共和国治淮、现代化发展、淮河治污切入，对中华人民共和国成立70多年来淮河水资源环境变迁的历史进程进行系统考察。

一、中华人民共和国成立之初大规模治淮时期

淮河流域的治水活动始于 4000 多年以前，经过了数千年，人类已在淮河流域先后兴建了大量的水利工程。但大规模、高强度的人类干预主要始于 20 世纪 50 年代。中华人民共和国成立后便开始大规模治淮，到 1958 年 7 月 8 日治淮委员会撤销，治淮工作由淮河流域四省分别负责，这是水系人工化改造促成淮河流域水资源环境发生重大变迁的第一个重要时期。

1950 年 1 月 26 日，政务院批准水利部重建黄泛区意见，决定在中央财政经济委员会下设立黄泛区复兴委员会，领导黄泛区复兴局工作。黄泛区复兴局以中南区（河南）为主，与华东区（皖北）共同组成，于 3 月 21 日在河南开封成立，吴芝圃任局长。按照黄泛区复兴委员会制订的计划及指示进行兴建工作，确定 1950 年水利工作是疏浚颍河、贾鲁河和双洎河，排除积水，先组织勘测队勘测河道情况，打吃水井 200 眼，解决群众吃水困难。同年 1 月，淮河水利工程总局为配合安徽淮河复堤工程，解决内水排泄问题，拟订兴建皖淮涵洞计划，决定第一期先兴建曹山脚、钱家沟、临淮关、横山咀、吴家沟、大柳巷 6 座涵洞，组织 6 个涵洞小组，分别负责实施。自 3 月 11 日先后动工，至 7 月 20 日全部完工。1950 年春，平原省湖西专署调集民工 10 余万人，修筑南四湖（南阳湖、独山湖、昭阳湖、微山湖）湖西大堤。当年麦收前，完成北起石佛、南至程子庙长 54 千米的湖西大堤。①

1950 年夏，淮河流域发生特大洪水。在周恩来总理的领导下，水利部在北京召开治淮会议，会上对淮河水情、治淮方针及 1951 年应办工程做了反复研讨。10 月 14 日，政务院发布《关于治理淮河的决定》，确定了蓄泄兼筹的治淮方针，以及 1951 年应办的工程项目、组织领导和经费等重大问题。同日，《人民日报》发表了题为《为根治淮河而斗争》的社论。10 月 21—31 日，河南省召开第一次治淮会议，会议根据中央治淮方针及河南省具体情况，讨论制定了 1950 年冬到 1951 年春施工方案。10 月 27 日，皖北行署与军区政治部联合发布《皖北治淮动员令》，号召全皖北人民、治淮干部及参加治淮的部队指战员紧急动员起来、团结起来，为实现毛主席根治淮河的指示和政务院《关于治理淮河的决定》而奋斗。11 月 6 日，治淮委员会在蚌埠成立，曾山为治淮委员会主任，曾希圣、吴芝圃、刘宠光、惠浴

---

① 水利部淮河水利委员会、《淮河志》编纂委员会编：《淮河志 第 1 卷 淮河大事记》，第 121—123 页。

宇为副主任。1952 年 11 月 22—29 日，治淮委员会在蚌埠召开河南、安徽、江苏三省治淮除涝代表会议，提出了"以蓄为主，以排为辅"的除涝方针；采取"尽量地蓄，适当地排，排中带蓄，蓄以抗旱"和"稳步前进，使防洪除涝、除涝与防旱相结合"的措施与实施步骤。①

这一时期防洪除涝兼防旱灌溉的大规模重点治淮工程主要有以下几方面。

其一，山东导沭整沂、苏北导沂整沭工程。1949 年 11 月 26—29 日，为统一山东导沭、苏北导沂的规划和施工，华东水利部在徐州召开沂、沭、汶、运治导会议，肯定了山东省提出的治沂必先治沭，而后泗运，沂、沭、泗分治，沂、沭分道入海的方针。导沭以山东为主，苏北为辅；导沂以苏北为主，山东为辅。12 月 1 日，山东省导沭第二期工程动工，开挖新沭河引河段石方工程，至 1950 年 1 月 3 日结束。1950 年 3 月 19 日，导沭第三期工程开工，继续开挖新沭河引河段石方工程，至 5 月 21 日完工。10 月 22 日，导沭第四期工程开工，至 12 月 28 日结束。第五期工程于 1951 年 3 月 25 日开工，至 8 月 20 日结束。第四、五期工程，主要是开挖新沭河引河及老沭河、新沭河筑堤。1951 年 4 月，山东省分沂入沭及整沂工程开工，分三期施工，至 1953 年底完工。1951 年 6 月 7 日，导沭第六期工程开工，于当年 12 月 30 日结束。1952 年 3 月 6 日，导沭第七期工程开工，继续为新、老沭河筑堤，还有临洪河堵坝、筑堤及裁弯，乌龙河改道，修筑老沭河拦河坝、溢流堰（后称人民胜利堰）等，于 7 月 23 日结束。11 月 25 日，导沭第八期工程开工，主要为新沭河开挖和筑堤，于 12 月 24 日结束。1953 年 3 月 15 日，导沭第九期工程开工，至 7 月 23 日结束。11 月 24 日，导沭第十期工程开工，至 12 月 7 日结束。至此，导沭整沂工程全部完工。山东省导沭整沂工程共分十期导沭与三期整沂，共挖河 85 千米，筑堤长 800 余千米，建各种建筑物 53 座，包括沭河拦河大坝、人民胜利堰及穿沭涵洞等大型建筑物。②

与山东导沭整沂工程相呼应、相配套的是苏北导沂整沭工程的开工建设。1949 年 11 月 17 日，中共苏北区党委、苏北行政公署、苏北军区联合颁布了《苏北大治水运动总动员令》。导沂整沭工程是中华人民共和国成立后苏北地区第一个大型水利工程，它与山东省导沭整沂工程相配合，为

① 水利部淮河水利委员会、《淮河志》编纂委员会编：《淮河志 第 1 卷 淮河大事记》，第 125—127、143 页。
② 水利部淮河水利委员会、《淮河志》编纂委员会编：《淮河志 第 1 卷 淮河大事记》，第 122、121、127、134—135、144 页。

泗、沂、沭河全面治理的重要组成部分，开辟了新沂河，打通了洪水入海出路。第一期工程自 1949 年 11 月 25 日开工，至 1950 年 6 月基本完工，主要是开挖嶂山至海口段新沂河，兴办嶂山切岭工程，兴建骆马湖大堤，修建皂河束水坝、中运河刘老涧坝、南六塘河三岔坝及五图河复堤和疏浚，兴建沂南小河。1950 年冬季，第二期工程开工，主要包括新沂河和骆马湖大堤培修及加固、嶂山切岭续建、龙埝至万公河段新沂河南偏泓开挖、滨海段中泓开挖及总六塘河、五图河、一帆河、南六塘河、柴米河、沂南小河、黄墩湖小河等河道疏浚整修，至 12 月底冬季工程结束。①

其二，淮河上中游的支流疏浚工程。在河南颍河段，1950 年 2 月，颍河杨门至孙咀（与沙河交汇处）段疏浚工程开工，于 7 月完成。1951 年春，许昌专区对颍河朱湾至合河口段 13 千米进行治理，于 5 月 25 日结束。1953 年 3 月 21 日，许昌专区再次对颍河合河口至杨门段 25.62 千米进行整治，至 5 月 15 日完工。在河南汝河河段，1950 年 12 月 7 日，信阳专区对汝河河道进行疏浚培堤，至 1951 年 5 月 20 日竣工。1951 年 11 月 5 日，又对汝河何坞至三岔口段 39 千米进行疏浚培堤，至 1952 年 5 月 28 日结束。在河南汾河段，治理工程分 1954 年与 1955 年两期实施，第一期工程从港口至东白马沟，长 86 千米，包括河道疏浚、铲堤及裁弯取直 3 处，堵口 10 处，改建扩建大车桥 15 座；第二期工程治理自港河口至直河头段及其支流泥河和上蔡县的杨河，共计大小干流 8 条，长 211.6 千米，于 1955 年 4 月上旬开工，至 12 月 15 日竣工。②

在安徽濉河段，1950 年 12 月 20 日，濉河疏浚工程开工，疏浚范围上起濉溪县房庄，经宿县、灵璧、泗县、泗洪至临淮头入洪泽湖，共长 220.8 千米，至 1951 年 6 月 19 日竣工。在西淝河流域，1950 年 12 月 25 日开始的西淝河疏浚工程，采取截源、疏浚河道、蓄洪、建立沟洫排水系统四项工程措施，将上游淝河口以上的来水，经油、沼河于义门集附近截入涡河；中游在母猪港堵塞茨河的串流；下游狭窄段拓宽与裁弯；河口疏浚，共疏浚开挖河道 108.93 千米，于 1951 年 12 月 10 日结束。在沱河流域，1951 年 11 月 15 日开工疏浚自河南永城县的朱场经安徽宿县至泗县大安集计 192 千米河段，至 1952 年 8 月底完工。在漴潼河流域，实施了河道疏浚

---

① 水利部淮河水利委员会、《淮河志》编纂委员会编：《淮河志 第 1 卷 淮河大事记》，第 120、130—131 页。
② 水利部淮河水利委员会、《淮河志》编纂委员会编：《淮河志 第 1 卷 淮河大事记》，第 122、129、151 页。

与峰山切岭工程。1951 年 11 月 16 日，开工疏浚漴潼河，在五河北店子以西开挖两条引河：一条接沱湖，长 2.5 千米；另一条在西坝口接浍河，长 3.5 千米。两条引河在北店子合并后，往东统称漴潼河，河底宽为 128 米；自北店子至杨庵子 7.2 千米，系循旧河疏浚；再往东则开新河直趋侯咀子，下接峰山切岭引河。在泥黑河流域，1954 年 3 月开始疏浚泥黑河的瓦沟口至老童集段河道，共长 65.77 千米。①

其三，淮河中下游的引河、入海水道工程。在中游安徽段，1951 年 10 月 15 日，下草湾引河开工。下草湾引河是漴、潼河内水排水系统的尾闾，位于泗洪县双沟镇南约 5 千米，长 4.59 千米。为治理漴、潼河水患，实行干支河分流：淮河由新辟的泊岗引河下泄，以让出一段弯道给支流排水；漴、潼两河合并，扩大后统称漴潼河，中段利用窑河、老淮河，首尾两段开挖新河，直接由溧河注入洪泽湖，使洪水行程缩短 63.9 千米，于 1952 年 7 月 13 日竣工。在下游江苏段，1951 年 11 月 2 日，苏北灌溉总渠开工，西起高良涧洪泽湖大堤，东经淮安，穿运河，过阜宁、滨海，至六垛经扁担港入黄海，全长 168 千米，设计总灌溉面积为 24.24 万公顷。该工程至 1952 年 5 月 10 日基本完成，1953 年 4 月全部竣工。②

其四，淮河中游的复堤工程。1950 年 11 月 15 日，淮河中游干支流复堤工程首先在淮南市淮河右岸老应段开工，其余复堤工程于 12 月 20 日左右全面开工，至 1951 年 5 月基本完成。按不同标准断面，修筑了淮河左右岸堤防和颍河、涡河、茨河、浍河、淠河等部分堤防险段。1951 年 11 月，蚌埠市圈堤开工，西起老虎山边，沿淮河至龙子湖与东面曹山相接，全长 12.6 千米，至 1951 年 7 月完成。③淮北大堤自正阳关至下草湾堵坝长 238 千米，连同支流颍河、西淝河、涡河等下段堤防形成的颍淝、淝涡、涡东三大防洪圈堤，总长约 700 千米，1955 年对之加高加固，从 1955 年起正式称颍河以东淮河左堤为淮北大堤。此后又几经除险加固，淮北大堤全长约 238 千米。从 1955 年冬至 1958 年汛前，先后以淮河左干堤同样的标准培筑了颍河、涡河、西淝河下游河段的堤防。至此，在颍河以东的淮北沿淮防洪区域内，已经基本形成淮北大堤堤圈，圈内分为颍淝堤圈、淝涡堤圈、

① 水利部淮河水利委员会、《淮河志》编纂委员会编：《淮河志 第 1 卷 淮河大事记》，第 130、138、145、150—151 页。
② 水利部淮河水利委员会、《淮河志》编纂委员会编：《淮河志 第 1 卷 淮河大事记》，第 136—137、123 页。
③ 水利部淮河水利委员会、《淮河志》编纂委员会编：《淮河志 第 1 卷 淮河大事记》，第 121、128、139 页。

涡东堤圈三大沿淮防洪区。颍泗堤圈由颍河左堤，颍、泗河段大堤，泗河右堤组成。泗涡堤圈由泗河左堤、泗涡大堤和涡河右堤组成。颍泗堤圈与泗涡堤圈又组合为颍涡堤圈，又称涡西堤圈。涡河左堤与涡东左堤组成涡东堤圈。由涡东与涡西两大堤圈组成了整个淮北大堤圈，总长达648.8千米。①

其五，淮河中下游的洪水控制工程。在中游安徽境内，1951年3月29日开工建设润河集分水闸枢纽工程。该工程位于润河集淮河干流上，南岸为霍邱县城西湖，是淮河干流上兴建的第一个大型蓄洪工程，控制正阳关以上淮河洪水，使相当于1950年洪水，正阳关下泄的最大流量削减为6500立方米每秒，正阳关水位不超过24.4米。枢纽工程由进湖闸、拦河闸、固定河床及拦河土坝组成。平时淮水经固定河床下泄，洪水时开放拦河闸，配合固定河床泄水，当正阳关来水超过6500立方米每秒时，开放进湖闸，分洪入城西湖。该工程由治淮委员会润河集闸坝工程指挥部负责设计施工，于1951年7月25日完成。临淮岗洪水控制工程兴建时，该工程被拆除。在下游江苏境内，1952年10月1日开工建设控制洪泽湖拦洪蓄水的三河闸工程。该闸位于苏北淮阴县（今属洪泽区）蒋坝镇三河头，为淮河洪水流经洪泽湖进入入江水道的口门，1953年7月26日竣工放水。②

其六，行蓄洪工程。在上游河南境内，1950年11月26日，开工建设老王坡蓄洪工程，该工程位于河南省西平县小洪河北岸，主要有洪河北堤和乾河南堤的培修，新建蓄洪区东大堤和洪河引洪堤，疏浚淤泥河和新沟河等，1951年8月10日竣工。1950年12月8日，开工建设吴宋湖洼地蓄洪工程，该工程位于河南省上蔡县洪河与汝河之间，主要包括新建单孔砖拱涵与双孔钢筋混凝土涵各1座，建裹头护底进水口1处，疏浚汝河及其堤防的培筑，1951年4月30日竣工。1950年12月19日，开工建设潼湖蓄洪工程，该工程位于河南省息县（今属淮滨县）洪河与淮河交汇处以上的三角地带，1951年5月28日竣工。1950年12月29日，开工建设蛟停湖蓄洪工程，该工程位于河南省汝南县汝河右岸，主要工程有新建单孔钢筋混凝土涵1座，双孔砖拱涵2座，疏浚进出水道及培筑堤防，1951年6月20日竣工。③

在中游安徽境内，1951年2月霍邱城西湖蓄洪区堤防工程开工，5月

---

① 水利部淮河水利委员会、《淮河志》编纂委员会编：《淮河志 第4卷 淮河规划志》，第85—367页。
② 水利部淮河水利委员会、《淮河志》编纂委员会编：《淮河志 第1卷 淮河大事记》，第132—133、142页。
③ 水利部淮河水利委员会、《淮河志》编纂委员会编：《淮河志 第1卷 淮河大事记》，第129—130页。

21 日竣工。1951 年 3 月 9 日，霍邱城东湖蓄洪区东湖坝土方工程开工，蓄洪工程由东湖闸、东湖坝、拦河堤组成，于 5 月 21 日完工。11 月，开始建设濛洼蓄洪区，该蓄洪区位于安徽省阜南县东部，淮河干流洪河口以下至南照集之间，总面积为 181.4 平方千米。蓄洪工程由蓄洪圈堤、进水闸、退水闸等组成，蓄洪圈堤长 95.25 千米，于 1953 年 7 月完成。王家坝进水闸共 13 孔，1953 年 1 月 10 日动工，于同年 7 月竣工。1951 年 12 月 20 日，瓦埠湖蓄洪区东淝河闸开工兴建，该闸位于寿县县城西北五里庙东淝河上，距入淮口 3 千米，于 1952 年 7 月 27 日建成。[①]

此外，在苏北沿海地区开工建设了滨海大堤。1949 年 12 月苏北盐城地区海堤工程开工，兴筑废黄河南王庄至射阳河及新洋港至斗龙港的两段海堤，共长 83.3 千米，1950 年 1 月初竣工。3 月 1 日又筑造斗龙港至王港海堤，长 33.4 千米，5 月 2 日竣工。后又经 1956 年、1957 年两次整修，盐城地区海堤基本完成。[②]

总的来说，中华人民共和国成立初期，淮河流域的治理与开发工作是在治淮委员会统一组织、统一领导下，会同各省按照"蓄泄兼筹"的治淮方针，在四省共保、统一规划、统一治理的原则下进行的，工程建得多、快、好、省，效益显著。

二、20世纪50年代末至70年代治淮及河网化改造时期

1958 年 7 月 8 日，经中共中央书记处批准，治淮委员会撤销，因而中断了统一规划、统一计划、统一政策、统一治理的治淮体制和功能，治淮工作转由各省分别负责进行。从此，全局性的和省际的治淮骨干工程就难以有计划地统一开展，或多或少地影响了治淮的进程。特别是 1958 年及以后的一段时间里，流域各地推广河南省浉河以蓄为主的治水经验，大力推进河网化改造。而河网化改造"以蓄为主"的指导思想实际上违背了中华人民共和国治淮之初既定的"蓄泄兼筹"的治淮方针，脱离了当地水资源的实际情况，过分地强调小型工程拦蓄径流的作用，过分地考虑蓄水灌溉、航运，盲目扩种水稻，造成河网过密、工程量过大、占地过多而难以实施完成。加以 1959 年淮北干旱，改种的近 500 万亩水稻大多缺水减产，

---

① 水利部淮河水利委员会、《淮河志》编纂委员会编：《淮河志　第 1 卷　淮河大事记》，第 132、138—139 页。

② 水利部淮河水利委员会、《淮河志》编纂委员会编：《淮河志　第 1 卷　淮河大事记》，第 121 页。

更加影响了农民的积极性。1960 年冬，由于自然灾害等原因，河网化工程被迫停办。安徽淮北地区由于水源不济，除部分大中型骨干河网可用以排水外，大多没有排灌效益，随即逐步平毁。河南周商永运河、许扶运河也先后平毁，贾鲁河梯级河网逐步淤废。①唯有江苏淮河段的河网化，经过及时地调整巩固充实提高，特别是利用了当地引江补源的独特优势，逐步解决了水资源不足的主要矛盾。

自 20 世纪 60 年代末期开始，规划的治淮骨干工程先由水利电力部直接领导、各省负责实施，后由治淮规划小组办公室、治淮委员会会同相关省份共同组织实施。截至 1980 年，业已按规划要求完成或基本完成的计有灌河鲇鱼山水库及其灌区工程、淮干上游部分圩区堤防加固工程、淠史杭灌区续建工程、淮河中游城西湖蓄洪区王截流进洪闸工程、濛洼蓄洪区曹台退水闸工程、淮河南照集至王截流段南堤退建及切滩工程、蚌埠闸分洪道扩大工程、淮河下游淮沭河续建工程和入江水道整治工程，以及里下河滨海区的射阳河、黄沙港、新洋港、斗龙港治理，淮安第一、第二抽水站工程，江都第四抽水站及三阳河部分扩大工程；沂沭泗区的南四湖治理及湖西洙赵新河、东鱼河北支、万福河、大沙河等排水河道的治理，韩庄运河韩庄闸闸下 9 千米河道扩挖，扩大分沂入沭彭家道口闸至大塘 8.5 千米水道，新建彭家道口闸及新沭河大官庄泄洪闸，扩挖新沭河大官庄以下 6.4 千米石方段河道，新建总干排黄庄倒虹吸工程，新沂河扩建工程。1975 年 8 月洪汝河、沙颍河特大暴雨洪水后，不仅及时、全面修复了相关堤防和涵闸等水毁工程，还对佛子岭、磨子潭、南湾、石山口、五岳、泼河、薄山、宿鸭湖、昭平台、白龟山、孤石滩、花山、小塔山、日照等防洪安全标准偏低、工程隐患较多的水库进行了不同程度的加固处理。②

可以说，20 世纪 50 年代末到 70 年代，治淮工程的基本布局较为合理，工程发挥的效益也较为明显。但是淮河流域当时的水旱灾害仍较频繁，在防洪、除涝、抗旱、治碱等方面还存在不少的问题。防洪方面的问题主要是淮河干支流尚有不少山谷水库尚未按规划要求适时修建；淮河上游沿淮圩区堤防及洪汝河中下游河道堤防抗洪能力很弱，尚未得到应有的治理；淮河中游堤防、堤距、堤高不足，难以满足中上游的排洪需求，致使沿淮地区洪涝灾害频繁的问题未能解决；淮河中游临淮岗洪水控制工程

---

① 水利部淮河水利委员会、《淮河志》编纂委员会编：《淮河志 第 4 卷 淮河规划志》，第 284 页。
② 水利部淮河水利委员会、《淮河志》编纂委员会编：《淮河志 第 4 卷 淮河规划志》，第 299—301 页。

尚未建成，而润河集拦洪枢纽却因防洪能力不足而被拆除，导致淮河中游洪水更加失控，加剧了洪水对淮北大堤的威胁；沿淮行蓄洪区的安全庄台和水利排灌设施建设长期被拖延，群众安全和生产条件迟迟未能得到保障；洪泽湖大堤、高良涧闸、三河闸和入江水道等防洪标准低，尚未及时加固提高；南四湖排洪出路仍未相应改善，嶂山切岭和中运河泄量依然不足。除涝方面的问题主要是排洪能力过弱，加上面上的沟渠、涵闸、桥梁配套不全，实际排涝效果更差；有些河道仍未治理，有些新开辟的河道如苏北灌溉总渠和分淮入沂河道，反而截断了渠北及分淮入沂河道以西地区的排水出路，涝灾问题依然严重。

1958 年以后，各地在平原地区采取不恰当的以蓄为主的措施，只讲蓄，不讲排，或者要别人蓄，让自己排，在一些地区，不论在省内或省界附近，上游乱挖沟渠，打乱排水系统，改变排水面积，下游大修边界堤闸、沟渠，加高路埂，并流改道，层层阻水，从而加重了涝渍和上下游的排水矛盾。豫、鲁两省沿黄大力发展引黄灌溉，不仅排水设施未做安排，而且灌渠截断了原有排水沟河，导致有灌无排，大大地抬高了地下水位，增加了涝碱灾害。河南省利用惠济河、涡河、贾鲁河作为输水干渠，层层建闸蓄水，发展灌溉，使严重的淤积破坏了原有的排水系统。安徽省在淮北开展河网化中，有些出土不当，形成了阻水。苏北里下河地区的圩堤一度失修，河道中残埂暗坝未除，排水缓慢，滨海挡潮闸严重淤积，所有这些做法都不同程度地加重了流域内的涝渍灾害。

当时，淮河流域的灌溉问题主要是水资源开发利用程度还很不够，灌溉面积仍然较少，抗旱减灾、灌溉增产能力仍然不足。截至 1964 年，流域内灌溉面积由 1949 年的 1200 万亩发展到 3400 万亩，仅占全部耕地面积的 16%；及至 1969 年灌溉面积进一步发展到 6100 万亩，约占当时总耕地面积的 1/3。土壤盐碱化问题方面，主要是因为 1958 年以后有些地区不适当的水利措施，使盐碱地面积有了较大的增加，盐碱程度也有加深。流域苏、皖、鲁、豫四省共计新增盐碱地面积近 900 万亩，新增加的盐碱地面积主要分布在河南贾鲁河、涡河、惠济河，山东南四湖湖西等引黄灌区，江苏新沂河以南及安徽萧县和砀山地区。[①]

---

① 水利部淮河水利委员会、《淮河志》编纂委员会编：《淮河志 第 4 卷 淮河规划志》，第 286—287 页。

三、20世纪80年代以来治水与治污并重的治淮新时期

1977 年 5 月，国务院批复水利电力部同意成立水利电力部治淮委员会，治淮规划小组办公室同时撤销。1980 年 12 月，水利部在北京召开治淮工作会议，明确了治淮的形势和任务，商定了治淮工作部署。次年 12 月，国务院召开治淮会议，就淮河治理方向、十年规划设想和加强统一领导等方面取得了一致意见。为了加强治淮工作的统一领导，国务院同意成立治淮领导小组，水利部治淮委员会兼作治淮领导小组的办事机构，负责日常统筹工作。为便于按流域统一治理，国务院决定将治淮工程列为国家专项，投资归水利部掌握，中央投资和地方投资统一安排；地方自筹资金的工程，纳入统一的治淮计划；与治淮工程紧密结合的航运工程也要统一规划，统一实施，其投资由治淮部门统一使用。自此，治淮工作再次走向统一领导、统一规划、统一治理的轨道。

改革开放新时期的淮河流域农田水利建设，主要是针对农田水利设施不足，抗灾能力弱；低产田面积大，改造任务重；投入不足，影响农业发展等问题，将水与改土相结合，水利措施与农业措施相结合，建设了一批必要的新的除涝、防渍、灌溉和水源工程，如江苏重点增建通榆河和泰州引江工程，豫东、皖北大力开发利用地下水，扩展井灌面积。到 1990 年，淮河、沂沭泗河干支流河道都进行了不同程度的治理。与此同时，还先后开辟了众多的人工排洪排涝河道，初步形成了比较完整的防洪排水系统；已建成的库塘灌区、河湖灌区和机电井灌区，有效灌溉面积已达 1.1 亿亩，实灌面积 8000 万亩，旱涝保收田已有 7000 多万亩。[①]随着这些农田水利建设事业的发展，流域内的农业生产得到了很大的发展。

在防洪除涝方面，1986—1990 年的"七五"计划期间，治淮委员会在水利（电力）部的支持下，会同豫、皖、苏、鲁四省，在淮河、沂沭泗河上游山丘区，对宿鸭湖、许家崖、陡山等水库进行了除险加固，并开始复建板桥水库。在淮河上游，开工建设谷堆等沿淮圩区的堤防加固和排灌站等工程。在史河下游，进行了堤防加固和大桥等圩区的治理。在扩大淮河中游排洪通道方面，完成了董峰湖、唐垛湖、姜家湖等行洪区退堤工程。在濛洼、邱家湖、姜家湖、唐垛湖、董峰湖、六坊堤、荆山湖等低标准行

---

① 水利部淮河水利委员会、《淮河志》编纂委员会编：《淮河志　第 4 卷　淮河规划志》，第 304 页。

蓄洪区的治理方面，完成了大部分庄台和排灌工程建设。在淮北支流治理方面，完成了河南省沙河南堤险工加固、泉河和洪河分洪道处理等工程，基本完成了黑茨河治理等工程。在沂沭泗地区，完成了新沂河扩大工程和南四湖渔民庄台建设。

1991年6—7月，淮河水系发生了约二十年一遇的大洪水。因受淮河洪水位长期居高不下的顶托影响，中游沿淮两侧大片湖洼地大量积水，历时两三个月，形成"关门淹"，导致洪涝水大面积漫溢，房屋大量倒塌，民众深受其害。为此，1991年9月，国务院召开了治理淮河和太湖会议，11月做出了《关于进一步治理淮河和太湖的决定》，要求坚持"蓄泄兼筹"的治淮方针，近期以泄为主，并决定从1991年冬起，用十年时间，完成1981年、1985年两次治淮会议确定的治淮任务，这是继20世纪50年代第一次治淮高潮后，掀起的第二次治淮高潮。在国家和地方的大力推动下，"八五""九五"计划期间，完成了淮河干流中上游河道整治及堤防加固、行蓄洪区安全建设、怀洪新河续建、入江水道巩固、分淮入沂续建、洪泽湖大堤除险加固、水库复建新建、沂沭泗河洪水东调南下工程续建、大型水库除险加固、入土保持工程、入海水道工程、临淮岗洪水控制工程、汾泉河治理、包浍河治理、涡河近期治理、奎濉河治理、洪汝河治理、沙颍河治理、湖洼治理这19项治淮骨干工程。

改革开放以后，尽管淮河的防洪除涝、灌溉航运等取得了重要成就，但水旱灾害问题一直没有得到根本解决。随着流域现代化建设的推进，淮河水污染问题开始凸显，水多、水少、水脏的水资源环境问题日益严重。20世纪80年代，淮河流域几乎无河不污，无水不黑。污染比较严重的有贾鲁河、颍河、汾泉河、惠济河、涡河、洪汝河、奎濉河、泖河、淮河、大运河、串场河、射阳河、通扬运河、安河、东鱼河等。据1981—1986年水质监测资料分析，超过地表水环境质量标准的河段平均每年递增4%，到80年代后期，已有2/3的河段水质不符合国家地表水环境质量标准，进入90年代以后污染情况更加严重，水污染事故经常发生，人畜中毒、疑难病症多发。从部分城镇地下水监测资料分析，有毒有害物质亦多有检出。开封、蚌埠、阜阳、淮阴、枣庄等市的地下水都受到不同程度的污染。[①]淮河流域水资源原本就短缺，水污染更加剧了水资源供需矛盾，进一步恶化了流域水生态环境。

---

① 水利部淮河水利委员会、《淮河志》编纂委员会编：《淮河志 第4卷 淮河规划志》，第360页。

面对淮河污染的严峻形势，国家和地方政府以国家颁布的法律法规为依据，从淮河流域的实际污染情况出发，本着"谁污染、谁治理"、因地制宜、综合防治、科学管理的原则，采取集中治理与分散治理相结合，防治与节水、节能相结合，工程治理与自然净化相结合，以防为主、防治结合的办法，采取对已有的治污设施加强监督管理，确保正常运转；杜绝新的污染源；各排污单位按国家规定达标排放；各工矿企业在坚持治污的同时加强生产管理，防止污染物跑、冒、滴、漏；对技术落后、工艺陈旧的生产线进行技术改造，引进净洁的工艺流程，消灭污染于生产过程之中；对污染大户及严重影响饮用水源地的企业优先限期治理甚至停止生产；对污染严重、治理难度大的亏损企业，及时调整产业结构，关、停、并、转、迁齐头并进；对于污染严重而不易处理的小造纸、小化肥、小制革等严禁兴办，已有的勒令限期停产；对于大型水库、新开河道、纳污较少的河湖和饮用水源地等水质良好的水域，规划保护范围，制定法规，安排保护措施，在保护范围内严禁新建污染环境的项目；对危害城镇饮用水源的企业，限期治理或关停；对地下水严防超采和污染等措施，使淮河流域水资源环境恶化趋势得到了初步扭转。

四、新时代淮河水生态文明建设时期

2012 年党的十八大提出："我们一定要更加自觉地珍爱自然，更加积极地保护生态，努力走向社会主义生态文明新时代。"①党的十八大以来，党中央一直高度重视生态文明制度建设。十九大报告再次强调"人与自然是生命共同体，人类必须尊重自然、顺应自然、保护自然"，"我们要建设的现代化是人与自然和谐共生的现代化"，"我们要牢固树立社会主义生态文明观，推动形成人与自然和谐发展现代化建设新格局"，"加快生态文明体制改革，建设美丽中国"。②努力走向生态文明新时代，人类才能把人为与自然之间的张力保持在安全限度内，从而实现社会的可持续发展。

要在淮河流域实现可持续发展，必须遵循自然规律，处理好湿地与防

---

① 胡锦涛：《坚定不移沿着中国特色社会主义道路前进 为全面建成小康社会而奋斗——在中国共产党第十八次全国代表大会上的报告》，《求是》2012 年第 22 期。
② 习近平：《决胜全面建成小康社会 夺取新时代中国特色社会主义伟大胜利——在中国共产党第十九次全国代表大会上的报告》，《理论学习》2017 年第 12 期。

洪、湿地与污染治理的关系，给洪水以出路，给生态以空间，大力推进水生态文明建设。据有关部门统计，2011—2015 年"十二五"规划期间，38 项治淮工程已经开工建设 23 项，基本完成了洪泽湖大堤加固、入江水道整治、平原洼地治理、分淮入沂整治、江苏省重要支流治理 5 项重点治淮工程；南水北调东线一期和中线工程建成运行；2500 多万农村人口饮水安全问题也得到了解决；对 62 个大型灌区更新改造了 34 座大型灌溉排水泵站；实施了中小河流治理工程 700 余项。淮河治污也成效显著，2015 年淮河流域全国重要江河湖泊水功能区水质达标率比 2010 年提高了 8.9%，主要污染物化学需氧量（chemical oxygen demand，COD）和氨氮入河排放量分别比 2010 年减少了 11.4 万吨、3.11 万吨，淮河水质明显好转。①

2016 年，引江济淮、江巷水库及进一步治淮中河南、安徽淮干一般堤防加固等工程开工建设，前坪水库工程成功截流，淮干蚌埠至浮山段行洪区调整和建设工程累计完成投资约占批复总投资的 70%，治淮 19 项骨干工程全部通过竣工验收。治污方面，加强了水功能区和入河排污口管理，2016 年未发生重大水污染事件，淮河流域全国重要江河湖泊水功能区水质达标率较 2015 年提高了 2.5%，淮河干流基本保持在 Ⅲ 类水质。②

2017 年，山东省淮河流域重点平原洼地南四湖片治理工程开工建设，出山店水库大坝主体工程完工，分淮入沂整治、洙赵新河治理、入江水道整治安徽段、重点平原洼地治理泰东河工程通过竣工验收。开工建设了进一步治淮 38 项工程中的 26 项，其中 5 项完成、2 项竣工验收。加大了重要入河排污口监督监测力度，全年核查和监测入河排污口 2319 个，超标排污情况得到有效遏制。强化水质监督管理，及时发现并处置 8 条跨省河流省界断面水质严重超标情况。加强水污染联防，流域全国重要江河湖泊水功能区水质达标率比 2016 年提高了 2.8%。③

2018 年，淮河治理取得重要进展，全面完成 6 项、竣工验收 4 项进一步治淮工程，国家 172 项重大节水供水工程中淮河流域 15 项已开工建设 12 项，完成了河南省淮河流域滞洪区建设、江苏省黄墩湖滞洪区调整与建

---

① 肖幼：《全面贯彻党的十八届五中全会精神 奋力开创"十三五"治淮事业发展新局面——在淮委 2016 年工作会议上的讲话》，《治淮》2016 年第 2 期。
② 肖幼：《坚决贯彻落实新发展理念 大力推进治淮事业实现更好发展——在淮委 2017 年工作会议上的讲话》，《治淮》2017 年第 2 期。
③ 肖幼：《全面贯彻落实党的十九大精神 奋力开创治淮事业发展新局面——在淮委 2018 年工作会议上的讲话》，《治淮》2018 年第 2 期。

设、入江水道整治、江苏省新汴河治理等工程任务。流域各省入河排污口整治已初见成效，淮河流域 COD 和氨氮入河排放量分别比 2017 年下降了 19.9%、27.8%，而流域的全国重要江河湖泊水功能区和省界断面水质达标率分别比 2017 年上升了 0.9%、7.9%。①2018 年 10 月 6 日，国务院批复了《淮河生态经济带发展规划》。淮河生态经济带以淮河干流、一级支流及下游沂沭泗水系流经的地区为规划范围，说明淮河生态经济带建设离不开淮河水资源环境的基础和保障。《淮河生态经济带发展规划》直接以"生态"冠名，与之前国家提出的长江经济带、珠江—西江经济带，在提法上有很大的不同，表明淮河生态经济带建设主要针对的是流域水污染防治及水资源保护和利用。淮河生态经济带建设，既是习近平生态文明思想在流域的重要实践，又是对大河流域生态文明建设新模式的一种探索。

　　总之，经过中华人民共和国治淮 70 多年来的历史发展，与以前相比，淮河流域水资源环境发生了人工化特征凸显的重大变迁。中华人民共和国成立以来，淮河流域已经建成由水库群、闸坝群、河道堤防、洪水控制工程、行蓄洪区、分洪河道和调蓄湖泊等组成的防洪工程体系，以及南水北调东中线、苏北江水北调、皖北淮水北调等大型长距离水资源配置工程体系组成的规模庞大的、人工化的、巨复杂的水资源环境系统。淮河流域也就成了我国水资源开发利用程度最高、受人类控制和管理程度最高的流域之一。因此，规范人类自身行为，大力推进淮河水生态文明建设，成为淮河水资源环境保护和建设的当务之急。

第二节　水资源环境变迁的动因

　　中华人民共和国成立以前，气候变迁、黄河夺淮等自然因素在推动淮河流域水资源环境变迁中起着主要作用，而中华人民共和国成立以来，淮河流域水资源环境变迁的主要推动力则是农业现代化、工业化和城镇化等社会因素，尤其是中华人民共和国成立 70 多年来对淮河的持续、全面、系统治理，使淮河流域水资源环境变迁的人工化倾向十分明显。

---

① 肖幼：《深入贯彻落实新时代水利工作总基调为加快推进治淮事业高质量发展共同奋斗——在淮委 2019 年工作会议上的讲话》，《治淮》2019 年第 2 期。

一、气候变化的影响

淮河流域地处我国南北气候过渡带，制约干旱与洪涝灾害的复杂气候作用得到了比较集中的体现：一是复杂多变的天气系统。淮河流域是我国南北气候、中低纬度和海陆相三种过渡带的重叠地区，影响流域的天气系统众多，既有北方的西风槽和冷涡，又有热带的台风和东风波，还有本地产生的江淮切变线和气旋。[①]而淮河流域产生暴雨的天气系统主要为台风（包括台风倒槽）、涡切变、南北向切变和冷式切变线，以前两种居多，在雨季前期，主要是涡切变型，后期则多以台风为主，切变线和低涡接连出现，易形成大范围持久性降水。淮河流域暴雨走向与天气系统的移动大体一致，冷锋暴雨多自西北向东南移动，低涡暴雨通常自西南向东北移动，随着南北气流交换，切变线或锋面作南北向、东南—西北向摆动，暴雨中心也作相应移动。例如，1954 年 7 月几次大暴雨都是由低涡切变线造成的，暴雨首先出现在淮河以南山区，然后向西北方向推进至洪汝河、沙颍河流域，再折向东移至淮北地区，最后在苏北地区消失，一次降水过程就遍及淮河全流域。由于暴雨移动方向接近河流方向，流域各地易发生洪涝灾害。[②]二是季风气候条件下梅雨期的长短和梅雨量的多少，与淮河流域旱涝关系极为密切。淮河流域梅雨平均入梅期在 6 月中旬，出梅期在 7 月中旬。梅雨期间，阴雨天多，湿度大，降水集中，常有大雨或暴雨出现。可以说，六七月份淮河流域以持久性大范围的梅雨天气为主，梅雨期长短、雨量的多寡基本上决定了流域全年的水情。例如，在 1954 年，6 月 4 日入梅，7 月 30 日出梅，梅雨期长达 57 天，此年因梅雨期长、雨量多而形成了全流域性大洪水。而在 1961 年，6 月 6 日入梅，6 月 15 日出梅，梅雨期仅10 天，非常短，干旱严重。另外，1958 年、1977 年、1978 年则是空梅，春夏旱情严重。[③]

淮河流域地处我国东部季风气候区，降水季节、年际、地区分布不均衡，导致气象灾害频繁发生。一是降水年内季节分布不均，夏季 6—8 月降水最多，春季次之，秋季较少，冬季最少。由于春夏之交，暖湿气流自南

---

① 胡巍巍：《淮河流域中游湿地景观格局演变及优化调控研究》，第 61 页。
② 高超：《淮河流域气候水文要素变化及成因分析研究》，第 20—21 页。
③ 安徽省地方志编纂委员会办公室编：《安徽省志·环境志》，北京：方志出版社，2016 年，第 35 页。

而北推进，淮北地区春季降水量占全年的 20%—25%，常有春旱发生，而夏季降水量占全年 50%以上[1]，易出现洪涝。在南四湖地区，各季节降水量也很不均匀，夏季降水多而集中，一般占全年降水总量的 59%—65%；冬季降水最少，平均只占全年降水总量的 4%—5%；春季占全年降水总量的 13%—18%；秋季降水略多于春季，占 17%—20%。[2]这种降水量年内季节分配不平衡造成了南四湖地区夏、秋季节地表水过多流失，甚至洪涝成灾，冬、春季节又严重缺水的突出矛盾。二是降水量年际变化大，"最大年雨量约 1300 余毫米，最小年雨量约 300 余毫米，相差约 3.5 倍"[3]。1954年是中华人民共和国成立以来江淮流域降水量最多的涝年，各地年降水量达 1480—2943 毫米，超过正常年份的 50%。1978 年是中华人民共和国成立以来江淮流域降水量最少的旱年，各地降水量为 560—1099 毫米，不足正常年份的 50%。[4]三是多年平均降水量地区分布极不均匀，总体分布趋势是南部多北部少，山区多平原少，东部多西部少，淮南大别山区降水为全流域最多，淮北沿黄河一带最少。淮河多年平均降水量约为 888 毫米，其中淮河水系 910 毫米，沂沭泗水系 836 毫米。淮河流域有三个年平均降水量高值区：一是大别山区，超过 1400 毫米；二是伏牛山区，为 1000 毫米以上；三是下游近海区，大于 1000 毫米。流域北部降水量最少，低于 700 毫米。[5]降水量地区不平衡决定了流域内局部地区易发生特大洪涝或全流域的洪涝灾害。

淮河流域复杂多变的气候是流域水资源环境变迁的自然驱动力，同时气候变化、水资源环境变迁又深深地影响着淮河流域经济社会系统，争利去害的水事矛盾和纠纷因之而发生。正如联合国政府间气候变化专门委员会（Intergovernmental Panel on Climate Change，IPCC）主席帕乔里（Rajendra Kumar Pachauri）在 IPCC 技术报告之六"气候与水"的序言中所指出的，"气候、淡水和各社会经济系统以错综复杂的方式相互影响。因而，其中某个系统的变化可引发另一个系统的变化。在判定关键的区域和行业脆弱性的过程中，与淡水有关的问题是至关重要的。因此，气候变化与淡水资源

① 安徽省地方志编纂委员会办公室编：《安徽省志·环境志》，第 35 页。
② 张祖陆、孙庆义：《南四湖地区水环境问题探析》，山东省环境保护局编：《山东省环境保护理论文集》，济南：山东省地图出版社，1999 年，第 283 页。
③ 吕炯等：《淮河流域的水灾和旱灾》（1951 年 12 月），《治淮汇刊》（1952），第 2 辑，1952 年，第 2 页。
④ 安徽省地方志编纂委员会办公室编：《安徽省志·环境志》，第 35 页。
⑤ 高超：《淮河流域气候水文要素变化及成因分析研究》，第 20 页。

的关系是人类社会关切的首要问题"[1]，气候变化对淮河流域水资源环境的影响，是关系到流域经济社会可持续发展的重要科学问题。

二、黄河夺淮的余响

淮河是古老的河流，有近 2 亿年的历史。南宋以前，淮河独流入海，河槽低而深，含沙量小，干支流水系较为稳定。其间虽有几次黄河南泛入淮，但因历朝官府皆着力修塞阻挡，未形成大河南行的局面，黄河干流仍以北流入渤海为主，"河淮皆天下之强水，所过郡邑无虑百数十，淮独更数千年无所变易"[2]。南宋建炎二年（1128 年），杜充在河南滑州以东掘开黄河，黄河浊水在豫东、鲁西地区漫流至今山东巨野、嘉祥一带注入泗水，再由泗入淮。[3]绍熙五年即金章宗明昌五年（1194 年），黄河决阳武（今河南原阳）故堤，灌封丘而东，"东注梁山泺又分为二派，一由北清河入海，一由南清河夺淮入海"，"由是而汲胙之流塞，此河之四大徙也"。[4]南派径直"南趋合泗，历鱼台经徐邳，至清口合淮，径安东云梯关入海"[5]。从此，黄河主流河道南徙，"黄淮并为一渎"[6]，自徐城以南，泗水悉为黄河所占，此为黄河长期夺泗夺淮的开端。

为防黄河北决影响漕运，元朝分黄河多股南流。元至元二十三年（1286 年），黄河在今原阳县境分为三股：主流经由涡水入淮水；北股大致沿古沭水流路，至徐州汇泗入淮；南股则夺颍水入淮。至元二十六年（1289 年），"会通河成，而北流渐微"[7]。明初，黄河仍以汴河、泗水、涡河、颍河为主要泛道。弘治八年（1495 年），都御使刘大夏为保漕运畅通和明皇陵祖陵不受淹浸之害，在皖北堵塞黄河决口，同时在黄河北岸筑堤迫使黄河水循古汴道经泗入淮，自此"北流永塞，遂以一淮受全河之水"[8]。

① 转引自高超：《淮河流域气候水文要素变化及成因分析研究》，第 4—5 页。
② 光绪《清河县志》卷 4《川渎上》，《中国方志丛书·华中地方·第四六五号》，台北：成文出版社有限公司，1983 年，第 26 页。
③《宋史》卷 25《高宗本纪二》，北京：中华书局，1977 年，第 459 页。
④ 光绪《祥符县志》卷 6《河渠志上·黄河·古今河道通塞考》，清光绪二十四年（1898 年）刻本。
⑤ 光绪《淮安府志》卷 5《河防·黄河》，《中国方志丛书·华中地方·第三九八号》，台北：成文出版社有限公司，1983 年，第 219—220 页。
⑥ 民国《泗阳县志》卷 3《表二·大事附灾祥》，《中国地方志集成·江苏府县志辑》第 56 册，南京：江苏古籍出版社，2008 年，第 163 页。
⑦ 光绪《祥符县志》卷 6《河渠志上·黄河》。
⑧ 光绪《祥符县志》卷 6《河渠志上·黄河·古今河道通塞考》。

后经潘季驯四次治河，筑堤束水，以水攻沙，黄河被约束于归德、虞城、徐州、宿迁一线，"南流故道始尽塞"①，"全河尽出徐、邳，夺泗入淮"②。

咸丰五年（1855 年），黄河在河南南阳铜瓦厢决口，"自是河势不复南行，徐淮下至海口，遂成平陆"③。其后，还有几次黄河大规模南泛入淮，以 1938 年黄河花园口扒口为大，黄河再次大规模夺淮，泛滥长达 9 年，又一次将大量的泥砂带到淮河流域。黄河夺淮数百年，严重扰乱和破坏了原先独流入海的淮河干支流水系。淮河入海尾闾被黄泛淤废后，淮河水入海不畅，便一再加高洪泽湖大堤。清咸丰元年（1851 年）大水，湖不足容，遂冲破蒋坝的三河，经黎城流入宝应、高邮、邵伯等湖，于邵伯镇下穿里运河，经芒稻河于三江营注入长江，从此结束了淮河独流入海的历史。淮河不复故道，沂沭泗也不能再入淮河，沂沭泗水系和淮河干流水系分立。黄河夺淮形成的沂沭泗水系和淮河干流水系分离的局面，既导致了沂沭泗流域洪涝灾害的频发，也构成了民国以来尤其是中华人民共和国成立初期江苏、山东两省之间频繁发生水事纠纷的重要诱因。

就黄河长期夺淮对淮河流域水资源环境变迁的深远影响，武同举指出，"河之未夺淮以前，淮之趋势为一递降之河床，南北诸水皆归之淮阴以下"，"中古以降，淮为黄占，流沙层积，地势中高而南北均下"，淮之中部"淮行逆势，皖以北乃无水利之可言"。原本深通的淮水故道，"今则旧黄河槽高仰，水无所归，沉灾屡告"；原本"容量不下于淮"的泗水故道，"今则淤槽横亘，仅以一区区交通之运河替而代之"；原无沂祸的沂水故道旧通下邳，"今则以窑湾竹络坝旧通湖引河为干道，沙壅水积，别于周家口分泄，由骆马湖尾闾，直趋六塘，移患于淮海"；"陂塘之利，不亚于淮南"的沭水故道，"今则支流遏绝，硕项高淤，涟河已湮，蔷薇亦沮，更罹沂祸，益为寇于沭、东、灌、赣之间"。综其大势，"淮北有水道而不能收水道之效用，与无水道同"，淮南则"远古有水利无水患，中古有水利有水患，近古无水利有水患"。④

黄河夺淮不仅造成淮河水系紊乱，水资源环境恶化，而且促使流域内湖沼地貌经历了沧桑巨变，水旱灾害加剧。一方面，黄河夺淮使豫东南和

---

① 《明史》卷 84《河渠志二》，北京：中华书局，1974 年，第 2064 页。
② （清）傅泽洪辑录：《行水金鉴》（第 3 册）卷 39 引《明神宗实录》卷 308 万历二十五年三月戊午条，上海：商务印书馆，1937 年，第 564 页。
③ 光绪《清河县志》卷 6《川渎下·工程》，《中国方志丛书·华中地方·第四六五号》，第 50 页。
④ 武同举：《江苏淮南水道变迁史》，孙燕京、张研主编：《民国史料丛刊续编 835：社会·社会救济》，郑州：大象出版社，2012 年，第 382、363 页。

苏北地区的众多湖沼被淤填甚至消亡，调蓄洪水的功能越来越弱；另一方面，随着淮河入海尾闾的淤塞和洪泽湖基准面的抬高，淮河中游的坡降减缓，形成了"倒比降"。淮河全长约 1000 千米，总落差约 200 米，平均比降约 0.02%。洪河口以上为上游，地面落差约 178 米，比降为 0.05%；洪河口以下至洪泽湖出口中渡为中游，地面落差约 16 米，比降为 0.003%；中渡以下至三江营为下游入江水道，地面落差约 6 米，比降为 0.004%。淮河中游河段出现的"倒比降"，致使其排洪能力严重降低，皖北洪涝灾害因此频繁发生。

　　黄河长期夺淮使淮河河道淤塞、入海无路、入江不畅、水旱灾害频发，进而影响到了中华人民共和国成立后淮河流域水资源环境的变迁。1950 年，淮河发生特大水灾，其中一个重要原因就是黄河夺淮造成的淮河干支流河道的普遍淤塞。华东局在 1950 年 8 月 12 日给中央的《关于治淮问题的意见请示》中指出："淮北各支流，除颍河外，都被黄泛淤塞，暴雨时雨水遍地漫流，亦不能减少入淮的洪水流量。普通雨量时，雨水都停积内地，不能下泄。"[1]1938 年花园口决堤，"因为是从淮河的上中游流入，影响所及的范围更为广阔。在河南淤平了很多较小的支流，使雨水不能宣泄，造成严重的涝灾，在皖北淤塞了很多较大支流入淮的口门，使支流洪水排泄不畅，并且淮河的干流在许多地方也被淤高很多"。以蚌埠为例，1950 年比 1931 年流量小 300 立方米每秒，而水位却高 0.98 米，河床淤高的情形可以想见。[2]曾山在《皖北灾情报告》中也说，淮河宽度本已不足，"黄泛后皖境淮河上游河床又淤高达四公尺，沿淮各支河河床河口亦淤浅，洪泽湖蓄水量估计约减五分之二以上，容量大减，流泄不畅"[3]。孙晓村在自己的文章中分析认为，1938 年开始"十年的汜滥，使淮河流域起了基本上的变化，以前只尾闾受病，到此则全流域上中下游都受病。原有沟洫系统普遍淤平，支流入干流处淤塞得更厉害，形成臌胀病。洪泽湖高仰，缩小蓄水容量几达一半，因此形成了'大雨大灾，小雨小灾，不雨旱灾'的局面"[4]。

　　1950 年淮河大水与 1931 年淮河大水相较，上中游灾情要比 1931 年严

---

[1] 水利部淮河水利委员会编：《新中国治淮事业的开拓者——纪念曾山治淮文集》，北京：中国水利水电出版社，2005 年，第 139 页。

[2] 中央水利部治淮通讯组：《一定要把淮河修好！把淮河千年的水患变成永远的水利》，《人民日报》1951 年 9 月 22 日，第 2 版。

[3] 水利部淮河水利委员会编：《新中国治淮事业的开拓者——纪念曾山治淮文集》，第 103 页。

[4] 孙晓村：《为彻底克服水患而奋斗》，《人民日报》1950 年 8 月 25 日，第 5 版。

重得多，蚌埠以上各地的洪水位，1950 年普遍高于 1931 年。而蚌埠以下的洪水位，却不及 1931 年，这说明淮河中游，由于黄泛淤垫的结果，水流不容易下泄。[①]正是 1950 年淮河大水所造成的严重灾情及对背后的原因分析，才促成了中华人民共和国成立后第一次大规模治淮运动的兴起，从此拉开了当代淮河流域水资源环境变迁的大幕。

三、中华人民共和国成立后治淮的影响

淮河流域由于受黄泛影响，洪涝矛盾突出。中华人民共和国成立后，在"蓄泄兼筹"治淮方针指导下，经长期持续治理，初步形成了一个比较完整的防洪、除涝、灌溉、供水等工程体系。在淮河流域山丘区，建设了大量水库拦蓄洪水，至 1990 年兴建并保存有大、中、小型水库 5378 座，总库容 262.5 亿立方米，兴利库容 129.6 亿立方米，兴建塘坝 605 895 座，总蓄水量为 35 亿立方米。[②]其中，大型水库 36 座（淮河和沂沭泗河两水系各 18 座），控制流域面积 3.45 万平方千米，占全流域山丘面积的 1/3，总库容 187 亿立方米，兴利库容达 74 亿立方米。[③]为了调蓄洪水和发展灌溉、航运事业，淮河干支流上还建有众多的水闸，全流域共建有各类水闸 5427座，其中大、中型水闸 600 多座。这些水闸建于 1949 年以前的很少，大多是 1949 年以后建成的。

在淮河干支流河道上，相继修筑了标准不同的比较完整的堤防体系。据宁远等《淮河流域水利手册》记述，全流域有堤防约 50 000 千米，主要堤防长 11 000 千米。其中，淮北大堤、洪泽湖大堤、里运河大堤、南四湖湖西大堤、新沂河大堤等一级堤防约 1725 千米；淮河干流一般堤防、沙颍河堤防、茨淮新河右堤、怀洪新河堤防、新沭河堤防、韩庄运河堤防、中运河堤防等二级堤防约 3000 千米。流域内堤坝工程历时悠久，据《管子·霸形》记载，始于淮北支流濉水、丹（汴）水筑堤。在春秋战国时期，淮北支流部分河段上就出现了堤坝。到了汉代，筑堤自荥阳东至千乘海口千余里。到隋唐北宋时期，淮河干流、支流修筑堤防增多。淮河中游沿淮低洼地区在明末清初开始修筑短坝堤，直至清末，涡河口以下至五河县之间，将五河至南湖堤段、涡河口至小蚌埠堤段等沿淮坝堤，陆续修筑

[①] 胡焕庸：《淮河的改造》，第 48 页。
[②] 胡巍巍：《淮河流域中游湿地景观格局演变及优化调控研究》，第 68 页。
[③] 高超：《淮河流域气候水文要素变化及成因分析研究》，第 23—24 页。

连接而成沿河低矮长堤。至此，淮河干流中游有涡河口至五河段及正阳关以上堤段。民国时期，以工代赈分段修筑堤防及部分沟口修建涵闸。中华人民共和国成立后，按保护对象和工程性质的不同，建成的淮河中段堤防有淮北大堤（西起颍河入淮口饶台子，东至江苏省泗洪县下草湾岗地）、工矿圈堤、一般河堤、蓄洪区及行洪区堤防，其中淮北大堤、城市工矿圈堤是沿淮最重要的堤防。

除修水闸、水库、堤防外，淮河流域干支流上自古至今进行过无数次的河道裁弯取直、人工新河、引水渠建设，特别是河道的裁弯取直。近年来，国家和地方政府对过去长期遭受黄河水淤积破坏的淮河干支流又进行了普遍整治，提高了防洪除涝标准。淮河干流中游正阳关至洪泽湖的排洪能力，已由过去5000—7000立方米每秒提高到接近10 000—13 000立方米每秒（包括行洪区）；洪泽湖以下开挖了苏北灌溉总渠和淮沭河，扩大了入江水道，排洪入江入海能力由8000立方米每秒提高到13 000—16 000立方米每秒，并且于1998年开始实施入海水道工程。沂沭泗河水系下游开挖了新沭河和新沂河，排洪入海能力由不到1000立方米每秒提高到12 000立方米每秒，且沂河洪水已能就近东调入海。[①]

中华人民共和国成立后的治淮大大改变了昔日淮河两岸"大雨大灾，小雨小灾，无雨旱灾"的局面。典型的例子就是1954年水情比1931年大，但灾情却小得多，一个很重要的原因就是得益于中华人民共和国成立初期淮河沿线许多水利工程的建设。几年的治淮工程，使淮北干堤已比历史上最高洪水位加高一米，兴建的各项蓄洪工程在拦蓄洪水、削减洪峰方面发挥了重要作用。[②]1954年汛期，淮河流域山区、平原，干流、支流差不多同时降雨，降雨范围广、历时长。自7月3日起，各地水位迅速上涨，姜家湖行洪，王家坝开闸，进洪入蒙河洼地。7月7日开启润河集进湖闸，放水入城西湖蓄洪区。7月11日在陈郢子南滩扒开城西湖蓄洪大堤进洪，城西湖内水位逐步上涨。7月12日开放城东湖闸蓄洪。7月14日，正阳关以上淮河左右两岸的行洪区均已行洪，各蓄洪区均已蓄洪，并已蓄满。为减少正阳关下泄流量，7月19日决定在寿西湖挖口进洪，至7月20日早上口门已冲宽500米左右，洪水从鲁口子方向直泄缺口。在1954年防汛抗洪中，实际城西湖蓄洪水位27.65米，蓄洪量（含内水蓄量，下同）34.8亿立

---

① 高超：《淮河流域气候水文要素变化及成因分析研究》，第24页。
② 《安徽日报》"述评"，1954年7月20日。

方米；城东湖蓄洪水位 26.44 米，蓄洪量 18.8 亿立方米；瓦埠湖蓄洪水位 25.92 米，蓄洪量 39.3 亿立方米；姜家湖洪水位 26.55 米，滞蓄水量 5.06 亿立方米；寿西湖洪水位 25.79 米，滞蓄水量 7 亿立方米。[①]这些行（滞）、蓄洪区，降低了上游水位，减少了下泄流量，延迟了下游洪峰出现的时间，减轻了对淮北大堤的威胁。

尽管中华人民共和国治淮一定意义上满足了流域各地防洪、发电、灌溉和供水的需要，众多的治淮工程为流域的社会经济发展带来了巨大利益，但也对淮河流域水资源环境造成了负面影响，主要表现在：

一是修筑大量的水库、闸坝造成了河流的非连续性，改变了河流生态系统，加重了河流污染。淮河流域建有 5700 多座水库，每条支流建有水库近 10 座，修建的水库库容与多年平均径流量比率高达 1.09，大大高于全国平均值 0.17。[②]流域干支流还建有闸坝 5427 座，这虽便于水资源管理者将自然变化的水流转变为按人类的需要而控制下泄的水流，但众多闸坝却使水文循环发生变化，对淡水生态系统及物种产生重大影响。河道上的闸坝通过影响径流总量、水质、季节性变化及变化的速率，改变了下游河道的水文情势。闸坝导致水文破碎化，河流系统的连续性被阻断，包括纵向上的上下游河段、侧向上的河道及其洪泛平原之间的连续性。这些也影响到洄游性鱼类及河岸带的生态组成，给本地物种带来了不利影响，使整个淡水生态系统生物多样性降低，渔业资源减少。以位于淮河中游的安徽蚌埠市西郊的蚌埠闸为例，闸上流域面积 12.1 万平方千米，具有防洪、灌溉、城镇供水、航运和发电等综合效益。蚌埠闸于 1959 年建成，在此之前，上游地区闸坝很少，但 20 世纪 60 年代以后，上游干支流陆续建起了许多闸坝。经胡巍巍研究，蚌埠闸建闸前没有断流现象，建闸后出现断流的年份占统计年份（蚌埠吴家渡水文站 1930—1990 年的日径流量）的 90%，这一变化非常大。[③]另外，为了保证农业灌溉，淮河流域大多数闸坝在枯水期基本上是关闭的，结果造成大量的工业和生活污水在闸坝内聚集。每当汛期来临必须开闸泄洪时，这些高浓度污水集中下泄，很容易造成淮河干支流沿线城镇供水中断、洪泽湖等水域鱼虾死亡的特大水污染事故。

二是治淮工程形成的河流渠道化，改变了河流水文特征，影响了淮河湿地生态系统的健康发展。20 世纪 50 年代至 1980 年，淮河中游共有 54.10

① 安徽省地方志办公室编著：《安徽水灾备忘录》，合肥：黄山书社，1991 年，第 62—63 页。
② 燕乃玲、虞孝感：《淮河流域生态系统退化问题与综合治理》，《资源与人居环境》2007 年第 10 期。
③ 胡巍巍：《淮河流域中游湿地景观格局演变及优化调控研究》，第 70、73、75 页。

平方千米的河道及湖面转变成了旱地、人居地和林地，主要是因为在此期间建设了大量的水利工程。在 20 世纪 50 年代建设堤防以前，由于平原地貌特征及没有天然的沿河河滩阶地，河道与洪泛区（包括泥沼、死水潭等湿地）之间具有良好的水流侧向连通性。闸坝、堤防和河道的裁弯取直使河流与洪泛湿地的水文连通性减弱，大量的河汊、小湖泊干涸消失，湿地萎缩。另外，随着人口的快速增长，人水争地的矛盾突出，居民用地、建设用地、道路用地侵占湿地水面；对粮食的需求压力增大，导致大量的河湖湿地被围垦成了水田、旱地，总面积达 117.93 平方千米。河流湖泊向旱地、人居地、林地、水田的转变都是在水利工程导致河湖湿地萎缩变干的基础上实现的。淮河中游还有河流湖泊演变成了草地，也是水利工程引起河湖湿地萎缩变干的结果。河道、湖泊演变为滩地，虽然有自然演替的过程，但水利工程大大加速了河流湖泊向滩地的转化，这期间共有 30.35 平方千米的河湖水面演变成了滩地。淮河中游还有大面积的河流湖泊转化成了水库坑塘，总面积达 210.61 平方千米，主要原因是水利工程导致河湖水面萎缩、破碎后，人类按照自身的利用目的进行干预，使其转变成了人工的水库坑塘，这期间河湖面积共损失 381.50 平方千米。①

四、现代化发展的影响

20 世纪 70 年代中后期以来，随着淮河流域农业现代化、工业化与城镇化的大力推进，人类的过度开发大大超出了流域水环境的自我修复和自净能力，人水关系日趋紧张，洪魔旱魃还远没赶走，又遭受了日益严重的污染困扰。可以说，中华人民共和国成立 70 余年来，因全面治淮、农业现代化、工业化和城镇化等人类活动所造成的淮河流域水资源环境的变化，在强度上甚至超过了自然因素引起的水资源环境变化，人类活动开始成为淮河流域水资源环境变化的主要因素。

人类不合理的农业开发利用，毁林开荒，导致淮河上游植被遭到极大破坏，而森林植被的减少改变了水文循环的方向与速率，影响到淮河河道汇流量及汇流时间等。随着淮河流域各地滞水能力的降低，河道汇流速度加快，洪峰流量也明显增加。此外，淮河流域各地人们所进行的工农业生产、基础设施建设和水土保持工作，一定程度上改变了流域的下垫面条

---

① 胡巍巍：《淮河流域中游湿地景观格局演变及优化调控研究》，第 127 页。

件，包括植被、耕地、土壤、水面、潜水位等因素，导致了淮河流域产汇流条件的变化，从而造成淮河干支流径流量的减少。

再者，随着农业现代化的发展，农药和化肥被大量地施用于淮河流域各地的农业生产。农田施用的化肥主要有碳酸氢铵、尿素、硝酸铵、硫酸铵和过磷酸钙，还有其他钾肥和复合肥。农药是广泛用作杀虫剂、灭菌剂、除锈剂等用途的有机氯化农药，包括 DDT、六六六和各种环戊二烯类。[①] 淮河流域 1979 年农药使用总量为 134 665.9 吨，其中有机氯类 97 147.93 吨，有机磷类 32 854.73 吨。全流域每亩耕地每年农药使用量为 0.67 千克。1985 年，全流域农药使用量为 163 755.8 吨，比 1979 年增长了约 21.6%。其中，有机氯类 99 801.5 吨，有机磷类 46 102.8 吨，每亩农田每年农药使用量为 0.81 千克。1985 年，全流域化肥使用总量为 2 048 679 吨，其中氮肥 1 584 457 吨，钾肥 55 732 吨，磷肥 408 490 吨，每亩农田化肥使用量为 10.15 千克。[②] 在山东淮河段，据统计，仅济宁市 1993 年全市化肥用量折纯为 28.5 万吨，氮肥约占 60%，磷肥约占 30%，钾肥、复合肥占 10%，比 1990 年增加了 36.7%。[③]

农民大量使用的农药、化肥等化学用品，80%—90%的农药及 60%—70%的化肥都会随着灌溉、降水下渗到地下水中，或通过雨水、灌溉流入河流、水库、池塘，导致地下水、河流、水库等水体污染。例如，合肥市卫生防疫站发现的董铺水库污染事件就是周边农民使用有机汞农药所致。1973 年 2 月，合肥市卫生防疫站发现董铺水库汞污染浓度较高，最高值达 0.024 毫克每升，超出国家生活饮用水水质标准近 24 倍。水库中鱼贝类和底泥也受到汞的污染，以董铺水库为水源的合肥市第二水厂出厂水和管网自来水汞的含量也较高。经省、市有关部门调查，查明主要是有机汞农药的普遍使用所致。经安徽省革委会环境保护办公室与安徽省农业生产资料公司研究决定，将六安、肥西、长丰县和合肥郊区库存的有机汞农药全部调出，并禁止这些地区使用有机汞农药。迄 1980 年，合肥市对董铺水库的水质监测，才最终确认符合地表水水质标准。[④] 又据王虎华《抗洪笔记》记载，2004 年江苏宝应县安宜镇的长沟、中港一带水面出现很多死螃蟹。询

---

① 山东省水文总站：《山东省淮河流域（片）水污染现状及水质评价》，《治淮汇刊（年鉴）》（1995），第 20 辑，1996 年，第 167 页。
② 水利部淮河水利委员会、《淮河志》编纂委员会编：《淮河志 第 6 卷 淮河水利管理志》，第 481 页。
③ 张祖陆、孙庆义：《南四湖地区水环境问题探析》，山东省环境保护局编：《山东省环境保护理论文集》，第 288 页。
④ 安徽省地方志编纂委员会办公室编：《安徽省志·环境志》，第 415—416 页。

问原因，村民回答说主要是连日排涝造成了水污染。由各村庄和农田排进河湖的水，被老百姓称为"洗庄水"，其中化肥与农药等各种污染成分严重超标。据村民介绍，水面上发现的死蟹大约只是 1/3，其余的还沉在水下，而死蟹散发的毒素又对活蟹造成了损害，加重了蟹群的疫情。[①]

除了农药和化肥导致淮河流域水体发生面源污染，淮河流域工业化、城镇化的快速发展也会导致流域严重的水污染。据专家调研分析，淮河流域的经济社会发展与水污染之间存在正相关。1990 年 11 月，淮河流域水资源保护局组织豫、皖、苏、鲁四省水利部门对各城镇的入河排污口进行了普查，对各排污口的污废水和污染物排放进行了实测。根据实测数据分析的结果是：在淮河水系，工业产值年增长比较快的河流有通扬运河、淮河上游和淮河下游等，年均增长率都在 25% 以上，而污废水量年平均增长率比较大的有涡河、苏北灌溉总渠、通扬运河和淮河下游，年均增长率都在 15% 以上；在沂沭泗水系，工业产值年均增长率比较大的有南四湖、新沭河等，年均增长率都在 30% 以上，而污废水量年均增长率比较大的有南四湖、骆马湖、新沭河，年均增长率都在 15% 以上。[②]1993 年污染源调查资料表明，山东省淮河流域平均日排废水约 341.9 万吨，年排废污水总量 124 799 万吨，其中工业废水年排放量为 77 485 万吨，约占废污水总量的 62.1%；生活污水排放量为 47 314 万吨，约占废污水总量的 37.9%。[③]这些废污水中，含有大量的有毒有害物质，主要有挥发酚、氰化物、硫化物等。

淮河水环境因工业化、城镇化发展而导致的污染由来已久。1974 年蚌埠市淮河自来水水源就受到酚和酒精废水污染；徐州市工业污水排入奎濉河，下泻洪泽湖溧河洼，造成 50 万公斤[④]鱼类死亡；郑州、淮阴等地发生多起工业废水污染农田万亩以上的事故，损失粮食数百万公斤。1978 年改革开放以来，淮河流域工业化水平不断提高，形成了造纸及纸制品制造业、化学原料和化学制品制造业、煤炭开采业、电力热力生产和供应业、食品制造业、纺织业、饮料制造业等高污染行业，这 7 个行业的污染物排

---

① 王虎华：《抗洪笔记》，扬州市政协文史和学习委员会编：《扬州文史资料》第 23 辑，内部资料，2003 年，第 350 页。
② 淮河流域水资源保护局：《淮河流域经济发展与水污染趋势分析（1984—1990）》，《治淮汇刊》（1993），第 19 辑，1993 年，第 105—107 页。
③ 山东省水文总站：《山东省淮河流域（片）水污染现状及水质评价》，《治淮汇刊（年鉴）》（1995），第 20 辑，第 166 页。
④ 1 公斤＝1 千克。

放量占全部废水总量的 80% 以上。①1980 年,《人民日报》记者就读者对淮河污染情况反映强烈问题进行了调查,认为安徽淮南市大小 400 多家工矿企业,"每年排出各种废气五亿多立(方)米,废渣二百五十万吨,每天约有二百万吨废水直接排入淮河。每年枯水季节,为保淮南电厂发电,淮河上下游闸门关闭,污水大量流入,淮河的淮南—蚌埠段成了死水一潭。水中严重缺氧,发出浓烈的腥臭味"②。1994 年淮河严重的水污染事故,据调查主要是因为"不少地方致力于发展乡镇企业,一些小型造纸、化工、制革等污染严重的工业企业纷纷上马。沿岸地区各类工厂已达上千家","急剧增长的乡镇企业排污,加上 30 多个城市排出的生活污水,目前每天排入淮河支流和干流的污水达到 700 万吨,其中工业污水占 2/3,生活污水占 1/3,为淮河增加了沉重的负担"。③2005 年 5 月,《人民日报》记者在河南对淮河的最大支流沙颍河进行采访时发现,"许多企业将排污管道直接插入河中,河面上漂浮着厚厚的白沫和成团的垃圾,散发出刺鼻的臭气,生活在沙颍河两岸的群众对此无可奈何"④。

淮河下游的苏北、苏中地区因靠近长三角核心区,苏南及上海、浙江纷纷加快工业升级换代步伐,提高产业的环保准入门槛,劳动密集型与水污染严重的行业逐渐向苏中、苏北地区转移,因此江苏淮河流域的工业化发展水平相对较高。但同时水污染工业数量急剧增长,化工、造纸等重污染产业日益增多,水污染工业空间转移带动了水污染负荷的空间转移,局部地区出现了重工业化,增加了当地环境压力,水环境污染风险增加,部分城市已发生了多起水污染事件。就 2008 年江苏盐城、宿迁、连云港、淮安、南通市工业污染源普查数据分析,造纸业排污大户多临海、临河、临湖布局,化工业排污大户多临海布局,医药业排污大户多临城布局,化工业排污大户多临海、临河、临城布局。重污染行业是水资源利用大户,对水资源环境依赖性强,这促使化工、医药、造纸等重污染行业集聚。⑤2003 年以后,江苏淮河段的化工、造纸与纺织工业增长迅猛,工业水污染压力持续增强。2005 年以后,苏北县域工业特别是县域经济增长较快,工业化力量加强对周边县区渗透。随着苏中与苏北乡镇企业发展和农村工业化发

① 李云生、王东、张晶主编:《淮河流域"十一五"水污染防治规划研究报告》,北京:中国环境科学出版社,2007 年,第 109—110 页。
② 《淮南市的污染为什么制止不住?》,《人民日报》1980 年 1 月 18 日,第 4 版。
③ 李丽辉:《淮河水清应有时》,《人民日报》1995 年 5 月 24 日,第 10 版。
④ 岳月伟:《哭泣的沙颍河》,《人民日报》2005 年 5 月 9 日,第 13 版。
⑤ 蒋海兵:《江苏淮河流域水环境与工业化的空间关系研究》,第 51—52 页。

展，农村河流水环境也开始遭到破坏。

在流域城市化进程不断加快和人民生活条件逐渐改善的条件下，淮河流域各地废水排放的组成和结构开始发生明显的变化，城市生活污水所占比例正逐步上升，甚至超过工业废水。流域豫、皖、苏、鲁四省的生活废水所占比例均已超过工业废水，尤其是经济较为发达的江苏省，生活废水占废水总量的 63%。[①]另据 2005 年的一份调查报道，"淮河治污之初，工业污染占 70%，生活污染占 30%"，而到 2005 年时，"这两个比例在沿淮流域的许多城市正好倒了过来。以河南省信阳市为例，据统计，该市工业污染的比例目前占 30%，而城镇生活污染、农业面源污染则攀升到 70%"。[②]

"五十年代淘米洗菜，六十年代洗衣灌溉，七十年代水质变坏，八十年代鱼虾绝代，九十年代身心受害"[③]，这首流传于淮河岸边的歌谣，道出了中华人民共和国成立以来淮河流域水资源环境的沧桑变迁。实现现代化是中国人的伟大梦想，在社会经济欠发达的淮河流域，人们加快发展的愿望尤为强烈。因此，在当前和可预见的将来，淮河流域仍将经历农业现代化、新型工业化和新型城镇化的深刻变革，经济发展、社会生活与水资源环境之间的矛盾还会长期存在，淮河流域水资源环境的保护与治理任重而道远。

第三节　水资源环境变迁的表现

工业文明时代，人类改造河流的能力大大提升，大规模的治淮使淮河水系得到了系统改造，淮河成了一条高度人工化的大河。我国著名的南水北调工程的东线、中线及国家批准、安徽实施的引江济淮工程都经过淮河流域，这种大规模的跨流域调水，在一定程度上改变了淮河水系的格局和发展方向。淮河的改造虽减轻了流域各地的水旱灾害，但不能根治水旱灾害。水旱灾频发、水土流失加剧依然是当代淮河流域各地面临的水资源环境问题。随着农业现代化、工业现代化和城市化的推进，淮河流域水资源

① 李云生、王东、张晶主编：《淮河流域"十一五"水污染防治规划研究报告》，第 109—110 页。
② 周益、孙磊：《我国水污染现状调查：3.6 亿人难寻安全饮用水》，https://www.h2o-china.com/news/36095.html，2005 年 4 月 6 日。
③ 陈桂棣：《淮河的警告》，北京：人民文学出版社，1999 年，第 4 页。

环境又出现了地下水资源异动、水环境污染严重等新问题。

一、水系人工化改造

1950 年 10 月，政务院颁布了《关于治理淮河的决定》，大规模治淮运动正式开启。治理淮河的方针是"蓄泄兼筹"，以达根治之目的。在淮河上游筹建水库，普遍推行水土保持，以拦蓄洪水、发展水利为长远目标。淮河中游则蓄泄并重，按照最大洪水来量，一方面利用湖泊洼地，拦蓄干支洪水；另一方面整理河槽，承泄拦蓄以外的全部洪水。在淮河下游，开辟入海水道，以利宣泄，同时巩固运河堤防，以策安全。洪泽湖仍作为中、下游调节水量之用。根据上述方针，淮河上游主要是在低洼地区举办临时蓄洪工程，整理淮、洪、汝、颍、双洎各河河道，包括堵口、复堤、放宽堤距及疏浚，以防泛滥；淮河中游湖泊洼地举办蓄洪工程。正阳关以上淮河干堤，堵口复堤，部分原有的堤向后移。正阳关以下，淮河北堤按最大洪水来量设计蓄洪。淮河干支流低水河槽的淤塞部分，在照顾下游的原则下，进行疏浚。下游主要着手开辟入海水道，加强运河堤防，建筑三河活动坝等工程。上述工程必须是河南、安徽、江苏三省相互配合，互相照顾，以确保工程安全。[①]

治淮的根本方针主要是在蓄水。蓄水不仅可以防洪，也可以免除水灾，还可以灌溉田亩、便利航运、水力发电等。政务院决定治淮的方针是上游要蓄水，中游要蓄泄兼顾，下游要注重泄水。淮河流域的蓄水主要是山谷水库和湖泊洼地蓄洪。首先在淮河干支流上游山谷建设大量水库进行蓄水。在河南淮河段，1951 年 4 月 1 日石漫滩水库开工，年底竣工。该水库位于河南省舞阳县洪河支流东滚河上游，集水面积 230 平方千米，总库容 6200 万立方米。1951 年 4 月 2 日，板桥水库工程开工，1952 年 6 月基本建成，1953 年 12 月全部竣工。该水库位于河南省泌阳县汝河上游，集水面积 762 平方千米，总库容 2.44 亿立方米。1951 年 4 月 12 日，白沙水库工程开工，1952 年 7 月基本建成，1953 年 8 月全部竣工。该水库位于河南省禹县白沙镇北的颍河上游，集水面积 985 平方千米，总库容 1.88 亿立方米。1952 年 10 月 9 日，薄山水库工程开工，1954 年 6 月底竣工。该水库位于河南省确山县汝河的支流臻头河上游，集水面积 580 平方千米，总库

---

① 胡焕庸：《淮河的改造》，第 55 页。

容 2.84 亿立方米。1952 年 12 月 18 日，南湾水库开工兴建，至 1957 年 7 月竣工。该水库位于河南省信阳市南湾村附近，集水面积 1100 平方千米。在安徽淮河段，1952 年 1 月 9 日，佛子岭水库工程开工，1954 年 11 月 5 日竣工。该水库位于安徽省霍山县城南 17 千米的淠河东源，集水面积 1840 平方千米，总库容为 4.96 亿立方米。1954 年 3 月 26 日，梅山水库工程开工，水库主体工程于 1956 年 4 月基本竣工。该水库位于皖西大别山金寨县境，淮河支流史河上游，流域面积 1970 平方千米，总库容 23.37 亿立方米。[①]

淮河干流自淮凤集至洪泽湖间，沿淮有一连串的湖泊洼地，面积共 4000 多平方千米，是历史上中游洪水行滞的场所。中华人民共和国成立后，这些地方被开辟为行、蓄洪区，成为淮河防洪工程体系的重要组成部分。沿淮现有寿西湖、汤渔湖、荆山湖等 18 处行洪区和濛洼、城西湖等 4 处蓄洪区。此外，在沙颍河、洪汝河、奎濉河和中运河上还有 6 个滞（蓄）洪区，分别是泥河洼、杨庄、老王坡、蛟停湖、老汪湖和黄墩湖。为保证行、蓄洪区使用时群众生命财产的安全，20 世纪 90 年代以来加大了安全建设力度，包括修建庄台、保庄圩、避洪楼、撤退道路和通信预警系统等。

1958 年治淮委员会撤销，治淮工作改由各省分别负责进行。据统计，至 1970 年，河南省先后建成了宿鸭湖、昭平台、白龟山、孤石滩、石山口、五岳、泼河这 7 座大型水库，完成了小颍河和班台以上的洪河、汝河治理工程，还建成或基本建成了梅山、石漫滩、板桥、薄山、宿鸭湖、昭平台、白龟山、南湾、石山口、五岳、泼河等水库灌区及诸多引黄灌区和井灌区，1969 年开始兴建鲇鱼山水库及其灌区。安徽省先后完成了淮北大堤及淮南、蚌埠等沿淮城市圈堤加高加固工程，蚌埠闸工程，磨子潭、响洪甸等水库及其电站工程，并初步建成淠史杭灌区工程。此外，河南、安徽两省还先后合作共同治理了大洪河和沱河。江苏省先后加固了洪泽湖大堤，按排洪 12 000 立方米每秒的标准整治扩大了入江水道，完成了苏北里下河等地区的排水挡潮工程和江都第一、第二、第三抽水站工程，整治了苏北大运河。[②]但因缺乏统一的治淮机构领导，有关两省以上的全局性的工程，实施完成的较少。特别是大批关系到治淮全局的战略性防洪骨干工程，如淮河上游的出山店水库、中游的临淮岗洪水控制工程和下游的入海

① 水利部淮河水利委员会、《淮河志》编纂委员会编：《淮河志 第 1 卷 淮河大事记》，第 133—134、142—144、139—140、151 页。
② 水利部淮河水利委员会、《淮河志》编纂委员会编：《淮河志 第 4 卷 淮河规划志》，第 194 页。

水道工程等，都未按要求适时建成。

20 世纪 70 年代，国家又完成了淮干上游部分圩区堤防加固工程、淠史杭灌区续建工程、淮河中游城西湖蓄洪区王截流进洪闸工程、濛洼蓄洪区曹台退水闸工程、淮河南照集至王截流段南堤退建及切滩工程、蚌埠闸分洪道扩大工程、淮河下游淮沭河续建工程和入江水道整治工程，以及里下河滨海区的射阳河、黄沙港、新洋港、斗龙港治理，淮安第一、第二抽水站工程，江都第四抽水站及三阳河部分扩大工程等大型治淮骨干工程。改革开放以后，又完成了淮河干流中上游河道整治及堤防加固、行蓄洪区安全建设等 19 项治淮骨干工程。进入新时代，洪泽湖大堤加固、入江水道整治、平原洼地治理、分淮入沂整治等进一步治淮的 38 项骨干工程、15 项重大节水供水工程进展顺利，绝大部分已经开工建设，少数治淮骨干工程已经全面完成。

20 世纪 50 年代后期至 70 年代，安徽、河南、江苏、山东四省开展了河网化改造和农田水利基本建设大会战，引起了淮河流域水资源环境的重大变化。河网化改造多以失败告终，但到 1975 年秋，山东淮河流域又开始了邹西农田基本建设大会战。会战区在南四湖湖东白马河流域中下游，参加会战的有济宁、邹县、滕县、曲阜、微山、兖州 6 个县（市）的 92 万民工。到 1978 年，经过 3 年时间，完成白马河治理挖河筑堤 44.5 千米，治理耕地 9.3 万公顷，建造大寨田 3300 多公顷，改造涝洼 2.53 万公顷，改造盐碱地 2000 公顷，深翻整平土地 2.8 万公顷，打机井 4100 眼，兴建、改善各种提水灌溉工程 136 项，扩大灌溉面积 2.9 万公顷，建设旱涝保收、高产稳产农田 3.4 万公顷。[1]

淮河流域水系最大的人工化改造当为跨流域调水工程。1952 年，毛泽东了解到江、淮、黄、海四大流域水资源不平衡的情况后，提出"南方水多、北方水少，如有可能，借点水来也是可以的"的宏伟设想。有关单位于 20 世纪 50 年代对南水北调东、中、西三条调水线路做了初步调查研究。其中的中线方案提出了两个引水源头：近期引汉，远期引江，主要解决北京和黄淮海平原西部地区缺水问题；东线方案是从长江下游引水，沿京杭运河逐级提水北送，过黄河后自流到天津，主要解决天津和黄淮海平原东部地区缺水问题。此外，在安徽境内的引江济淮工程，主要解决皖中和皖北地区的缺水问题，还可结合实施江淮运河工程；在江苏境内通过泰

---

[1] 水利部淮河水利委员会、《淮河志》编纂委员会编：《淮河志 第 1 卷 淮河大事记》，第 221 页。

州引江河和通榆河等工程，向里下河地区和滨海垦区补充水源。治淮委员会于 1956 年、1957 年还提出了引江、引黄以扩大灌溉水源的规划。这些跨流域调水工程在中华人民共和国成立之初，就得到了国家的高度重视，进行了长期的前期准备工作，现在多已在稳步推进，并初步取得了良好的水资源环境综合效益，是今后淮河流域生态经济带建设的重要保障。

二、水旱灾害肆虐

1951 年春，毛泽东主席发出了"一定要把淮河修好"的号召，治理淮河取得了很大成绩，对抵御水旱灾害发挥了重要作用。但由于淮河尚未根治，加上近二三十年来，人类活动对自然生态环境的破坏，流域各地暴雨洪灾、涝灾及少雨或无雨旱灾依然频繁，水旱灾害所造成的损失仍然惨重。

（一）洪涝灾情严重

暴雨和过境洪水是淮河流域发生洪涝灾害的主要原因。短历时强降水往往会给山区造成严重水灾，而暴雨形成的河流洪水，则会对河流两岸和中、下游的平原圩区造成水灾。淮河干流入境洪水及支流洪水都会造成水灾，如两者相遇，则会造成较大范围的水灾。淮河的过境洪水水位一旦高出两岸地面，将直接影响内河、湖泊的排水，以致洪、涝灾害往往同时发生。中华人民共和国成立以来，淮河流域属于较大或特大洪涝灾害年的有 1950 年、1954 年、1956 年、1957 年、1963 年、1974 年、1975 年、1991 年、2003 年、2007 年。

1950 年，淮河发生大水灾。从 6 月下旬开始，淮河干流出现第一场暴雨，雨区笼罩淮河上、中游地区，处在暴雨中心的正阳关，5 天降雨 150 毫米。7 月 1—6 日，连降第二场暴雨，暴雨中心信阳降雨达 313 毫米。7 月 7—16 日，淮河上、中、下游接连普降暴雨。6 月 17 日—8 月 15 日，洪泽湖以上地区平均降雨量达 664 毫米。[①] 自 7 月 1 日，淮河水位开始上涨，7 月 18 日，鲁台子最大流量达 12 770 立方米每秒。淮河中、上游支流先后漫决。[②] 此年水灾，以皖北淮河流域为最重，4 个专区 33 个县、2 个市中有 28

① 水利部淮河水利委员会、《淮河志》编纂委员会编：《淮河志 第 2 卷 淮河综述志》，第 298 页。
② 水利部淮河水利委员会、《淮河志》编纂委员会编：《淮河志 第 1 卷 淮河大事记》，第 124 页。

个县、2个市成灾,被淹重灾地区 2250 万亩,轻灾 900 万亩,合计约占皖北全部耕地面积的 60%。重灾人口 690 万人,轻灾人口 300 万人,合计约占皖北总人口的 50%。[①]皖北的严重灾情,从 1950 年 7 月华东水利部副部长刘宠光的《一九五〇年皖北淮河灾区视察报告》中可见一斑,该报告指出,"皖北在六月下旬以前,天久不雨,群众正在大力抗旱。到十九日至二十六日间各地先后连降大雨。七月六日淮河洪水暴发,五道河流(潢河,白鹭河,大、小洪河,淮河)的洪水经河南新蔡、息县等地在洪河口相遇,水头高丈余,波涛汹涌,如万马奔腾。沿淮群众闻声相率攀树登屋,呼号鸣枪求救,哭声震野。洪水在老观巷、邓郢子首先漫决,平地水深丈余。群众将小孩用布包起,牛用绳捆起挂在树上。广大农村或陆沉或冲成平地。继而破任王段寿县城西湖、庙垂段邱家湖等堤。正阳关至三河尖水面东西二百里,南北四十至八十里,一望渺无边际,电话、公路交通断绝,有些庄村仅见树顶","阜阳专区以阜南、颍上、凤台三县,六安专区以霍邱、寿县灾情最为严重,蚌埠以上仅八公山矿区数公里堤段经矿区大力抢救得以保存","宿县专区以五河、怀远、灵璧、宿县灾情最为惨重。七月四日连续大雨后,积水成灾,十四日后继降大雨,睢、唐、浍、沱、肥(淝)、黄等河先后漫决,二十日后灾面扩大,淮河水面高出平地二公尺,洪水下灌,庄村台子,高者成孤岛,低者被淹没"。[②]

1954 年,淮河发生特大洪水灾害。该年淮河流域汛期比往年提前了 1 个月,在 5 月中下旬,流域就发生了一次全面性的暴雨,其中淮河干流上游及淮南山区降雨量较大。淮河干流各地水位普遍涨得很高,超过了历年汛前的最高水位。[③]自 6 月 4 日开始,淮河流域再次普降大雨,其中以 7 月雨量最大,造成了全流域的特大洪水灾害。淮河特大洪水主要来自淮河上游及南支潢河、白露河、史灌河等支流。这一带大部分属山区,雨量大,来势猛,洪水起伏次数多,洪水涨落过程较快,淮河干流上游淮滨站 7 月 6 日第一次洪水即冲毁了堤坝,洪水漫溢。南支各河道均有溃口漫溢,固始县、蒋家集等地区洪水泛滥,平地行船一往无阻。北支的洪汝河、沙颍河中下游及淮河干流王家坝至正阳关一带洪水也很大。中游段的蓄洪工程濛洼、城东湖、城西湖、瓦埠湖均于 7 月 6—7 日相继开闸蓄

① 胡焕庸:《淮河》,第 75、77 页。
② 刘宠光:《一九五〇年皖北淮河灾区视察报告》,《治淮汇刊》,第 1 辑,1951 年,第 79、80 页。
③ 治淮委员会工程部:《一九五四年淮河流域洪水初步分析》,《治淮汇刊》(1954),第 4 辑,1954 年,第 11 页。

洪。①由于大面积持续降雨，淮河正阳关、蚌埠等地的水位都超过了历史最高水位，且退水慢、历时长，淮河超警戒水位达 100 多天。②淮北大堤在禹山坝和毛滩分别于 7 月 27 日和 31 日决口，形成了严重的洪涝灾害。③蚌埠市郊 80% 以上的农田被淹，凤阳县淹没田地 42 万多亩，倒塌房屋 2.4 万多间，损失粮食 3694 万斤。④淮南市属之凤台淹地 71.2 万亩，市郊 5 区淹地 60.02 万亩。在阜阳地区，由于雨量大，水位高，全区水淹 1523 个乡、1973 万多亩地，倒塌房屋 89 万多间。宿县地区 1560 万亩秋季作物均受到不同程度的灾害，轻重灾民合计为 326 万多人，占全区总人口的 78.5%。六安地区全年降雨量比常年偏多四至七成，受灾面积 238 万亩，受灾人口 63.6 万人，倒塌房屋 36.8 万间，损失牲畜 8 万头。⑤

1956 年，淮河发生大洪涝。6 月 2 日—8 月下旬，淮河流域先后出现多次暴雨。其中以 6 月 2—11 日的降雨量最大，面积最广，暴雨中心在淮河上游狮河、洪汝河及沙颍河下游地区，大庙畈一次雨量达 788.1 毫米。⑥6 月 20—24 日沙颍河支流沙河上游台庄降雨 576 毫米，6 月 27 日—7 月 1 日淮河上游支流狮河西双河站降雨 429.1 毫米。8 月初由于台风自南向北经过淮河流域，大片地区出现强度大、历时短的暴雨。8 月 21—22 日及 27—28 日，淮北地区及淮南部分山区先后出现二次暴雨，二次降雨一般都在 100—150 毫米不等。⑦暴雨洪水给豫、皖、苏三省带来了严重的洪涝灾害，且涝灾重于洪灾。据统计，全流域洪涝成灾面积为 6232 万亩，受灾人口 372 万人，其中死亡 453 人，洪水冲毁水利工程 22 103 处，损失粮食 22.4 亿斤。⑧

1957 年，沂沭泗流域发生特大洪水。7 月，山东省南部因不断出现黄淮气旋而连降暴雨。暴雨中心位于滕县、单县一带，雨量集中的 7 月 6—20 日，降雨量大于 400 毫米的雨区范围达 73 935 平方千米，最大雨量为 817 毫米。南四湖流域 7 月平均降雨 654 毫米，约为多年平均同期降雨量 208 毫米的 3 倍。兖州、曲阜、泗水、邹县、滕县的降雨量超过 700 毫米。暴

---

① 胡明思、骆承政主编：《中国历史大洪水》（下），北京：中国书店，1989 年，第 86 页。
② 安徽省地方志办公室编著：《安徽水灾备忘录》，第 50—51 页。
③ 水利部淮河水利委员会、《淮河志》编纂委员会编：《淮河志 第 1 卷 淮河大事记》，第 151 页。
④ 1 斤=0.5 千克。
⑤ 安徽省地方志办公室编著：《安徽水灾备忘录》，第 52—53、55—57、77 页。
⑥ 水利部淮河水利委员会、《淮河志》编纂委员会编：《淮河志 第 1 卷 淮河大事记》，第 160 页。
⑦ 治淮委员会水情处：《淮河流域历年大洪水简介·一九五六年洪水》，《治淮汇刊》（1986），第 12 辑，1986 年，第 179—180 页。
⑧ 水利部淮河水利委员会、《淮河志》编纂委员会编：《淮河志 第 2 卷 淮河综述志》，第 300 页。

雨后形成地面径流，山洪暴发，河水陡涨，上游客水涌入南四湖，最高入湖流量达 1 万立方米每秒，南四湖流域 30 天洪水总量达 110 亿立方米，远超过南四湖的防洪能力，南四湖湖堤及湖西各河河堤普遍漫溢，湖西平原一片汪洋。微山县境内除微山、郗山、独山、东单几个山头和个别高地未淹外，其余全部没于水中。全县 436 个自然村，全部被水包围或进水的达 360 个；18 万余间房屋，倒塌 14.5 万多间；20 万亩芦苇、22 万亩湖草、约年产 200 万斤的湖藕及鸡头等湖产植物全部被毁，损失约 200 万元；41 万余亩土地，除 3 万余亩山坡地外，其余全部被淹没；22 万渔、湖、农民有 13 万余人迁往邻县。①菏泽地区巨野、菏泽、成武、单县、曹县、定陶 6 县的县城，城外积水高于城内，济宁地区的滕县县城两度被洪水包围。据临沂、济宁、菏泽 3 个地区 34 个县（市）的不完全统计，洪水成灾面积 2004 万亩，减产粮食 13.39 亿公斤，水围村庄 10 222 个，倒塌房屋 260.5 万间，1070 人死亡。②

　　1963 年，淮河发生特大洪涝。4—5 月淮河流域连续阴雨 40 余天，豫东、皖北、苏北、鲁西南广大平原洼地积水，地下水位高，正值农作物春播育苗及越冬作物生长关键时期，连续阴雨天气，土壤湿热，农作物伤苗、烂种和三麦赤霉病，造成大面积农作物减产失收。③7—8 月，淮河流域连降暴雨，7 月安徽淮北、江苏徐州地区及山东沂沭河，月雨量均超过 400 毫米，沂蒙山区蒙阴前城子月雨量高达 1021.1 毫米。8 月淮河上游、洪汝河、沙颍河及南四湖、邳苍地区月降雨量均在 300 毫米以上，淮河和沂沭泗水系 7、8 两个月总雨量为历年最大。④在淮河上游大型水库超限拦洪和中游行蓄洪区启用调度洪水条件下，淮河中下游持续高水位，王家坝 7 月 30 日—9 月 18 日，洪水历时 51 天，形成大面积内水难排，雨涝严重。淮河中游午秋两季雨涝成灾面积达 3427 万亩，比常年减产粮食 18.8 亿斤，洪涝灾害造成房屋倒塌 160 万间，死亡 540 多人。⑤是年应是 1949 年以来淮河涝灾最重的一年，全流域受灾面积的情况为：安徽省 253 万公顷、河南省 228 万公顷、山东省 134 万公顷、江苏省 60 万公顷。⑥

---

① 曾庆臣、吴修杰：《1935 年和 1957 年大水灾简述》，济宁市政协文史资料委员会、微山县政协文史资料委员会编：《微山湖（微山湖资料专辑）》，1990 年，第 36—37 页。
② 胡明思、骆承政主编：《中国历史大洪水》（下），第 98 页。
③ 水利部淮河水利委员会、《淮河志》编纂委员会编：《淮河志 第 2 卷 淮河综述志》，第 314 页。
④ 水利部淮河水利委员会、《淮河志》编纂委员会编：《淮河志 第 1 卷 淮河大事记》，第 192 页。
⑤ 水利部淮河水利委员会、《淮河志》编纂委员会编：《淮河志 第 2 卷 淮河综述志》，第 314 页。
⑥ 水利部淮河水利委员会、《淮河志》编纂委员会编：《淮河志 第 1 卷 淮河大事记》，第 192 页。

1974 年，沂沭河流域发生暴雨洪水。当年入汛以后，临沭地区连续阴雨，自 7 月 11 日—8 月 10 日，沂沭河流域平均降雨 409 毫米，为同期多年平均雨量的 178%。[1]8 月 12—13 日，沂沭河流域连降暴雨，雨量一般在 200 毫米以上，一次降雨量大于 300 毫米的雨区面积为 1.77 万平方千米，造成沂、沭河大洪水。临沂地区 44 座大中型水库，有 40 座蓄满溢洪，经水库拦蓄后，8 月 14 日沂河临沂站出现洪峰流量为 10 600 立方米每秒，沭河大官庄站新沭河流量为 4250 立方米每秒，老沭河溢流堰为 1150 立方米每秒，相当于百年一遇。[2]这次暴雨洪水造成沭河上游沿岸堤防决口 68 处；沂河上游各支流河道普遍漫决、分沂入沭水道黄庄右堤决口，支流黄白沟决口 11 处，冲垮小型水库 300 多座。[3]山东临沂地区受灾农田 371 万亩，其中绝产 98 万亩，房屋倒塌 21.4 万间，死亡 92 人，伤 4705 人，冲走粮食 83.6 万斤，损坏霉烂变质粮食 3309 万斤。[4]江苏徐州地区受涝面积达 428 万亩，倒塌房屋 20.9 万间，死亡 35 人，陇海铁路一度中断；淮阴地区受涝面积达 344 万亩。[5]

1975 年，洪汝河、沙颍河发生特大暴雨洪水。8 月上旬，由于 3 号台风在福建登陆后变为台风低气压，深入内陆到达河南省驻马店地区，停滞少动，4—8 日连降暴雨，暴雨中心在汝河上游的泌阳县林庄、沙颍河支流澧河的郭林，总降雨量以林庄为最大，达到 1631.1 毫米，郭林为 1517 毫米。其中 5—7 日这 3 天降雨量占总雨量的 95%。林庄 24 小时和 6 小时最大降雨分别达 1060.3 毫米和 830.1 毫米，其中 6 小时降雨量为当时世界最高纪录。洪汝河新蔡班台以上产水量达 57 亿立方米；沙颍河安徽阜阳以上水量达 56 亿立方米。[6]淮河干流蚌埠以上 2 个蓄洪区、11 个行洪区在相继行蓄洪情况下，蚌埠最大流量为 6900 立方米每秒，正阳关以上产水总量达 129 亿立方米，其中洪汝河 57 亿立方米、颍河 56 亿立方米。[7]8 月 8 日 0 时后，河南省板桥、石漫滩两座大型水库和两座中型水库相继垮坝失事，

① 孙贻让、孙太先、陈锟玲：《山东省一九七四年沂沭河洪水与灾害调查纪实》，《治淮汇刊》（1984），第 10 辑下册，1986 年，第 36 页。
② 水利部淮河水利委员会、《淮河志》编纂委员会编：《淮河志 第 1 卷 淮河大事记》，第 217 页；水利部淮河水利委员会、《淮河志》编纂委员会编：《淮河志 第 2 卷 淮河综述志》，第 302 页。
③ 水利部淮河水利委员会、《淮河志》编纂委员会编：《淮河志 第 2 卷 淮河综述志》，第 302 页。
④ 孙贻让、孙太先、陈锟玲：《山东省一九七四年沂沭河洪水与灾害调查纪实》，《治淮汇刊》（1984），第 10 辑下册，第 39 页。
⑤ 胡明思、骆承政主编：《中国历史大洪水》（下），第 121 页。
⑥ 水利部淮河水利委员会、《淮河志》编纂委员会编：《淮河志 第 1 卷 淮河大事记》，第 220 页。
⑦ 水利部淮河水利委员会、《淮河志》编纂委员会编：《淮河志 第 2 卷 淮河综述志》，第 315 页。

汝河板桥水库最大垮坝流量达 78 100 立方米每秒,洪河石漫滩水库最大垮坝流量 30 000 立方米每秒[①],造成长 45 千米、宽 10 千米范围内的毁灭性灾害,班台、阜阳以上洪汝河、颍河洪水一片汪洋,淮河中下游最大积水面积 12 000 平方千米。河南省 29 县(市)、1100 万人、1700 万亩耕地遭受水灾,重灾地区受灾耕地 1100 万亩,受灾人口 550 万人,倒塌房屋 560 万间,死伤牲畜 44 万头,洪水冲走、水浸粮食 20 亿斤,淹溺死亡 2.6 万人。有的灾民逃生他处,困在水中的灾民达 100 万人,全靠空投食物维持生命,"白天烈日烤炙,夜晚寒冷侵袭","有的灾民为求生爬到树上,有的只能站在水中,老弱妇女儿童,体力不支,坠入水中死去"。[②]

1991 年,淮河发生特大洪水。5 月 21 日入梅,梅雨较常年提前一个月,7 月 15 日出梅,梅雨期长达 56 天,雨带长时间停留在江淮流域。据测算,1991 年安徽淮河干流区间和淮南地区 30 天降雨产水量均超过 1954 年。其中,淮河干流王家坝至正阳关区间 30 天降雨产水量比 1954 年多 5%,正阳关到蚌埠区间 30 天降雨产水量比 1954 年多 4.5%。由于暴雨强度大,地域集中,持续时间长,洪水来势迅猛,外洪内涝,险情不断。6 月 15 日王家坝开闸泄洪,濛洼蓄洪区 18 万亩土地被淹没,蓄洪所造成的经济损失达 1.1 亿多元,粮食 2900 多万公斤。6 月 16 日邱家湖炸坝分洪,吞没邱家湖 4 万亩良田。7 月 11 日霍邱县城西湖大闸开闸泄洪,使 54 万亩麦田、22 个乡镇的 149 个村庄沉没于洪涛之中,22 万人无家可归,挤居在窄窄的淮堤上。6 月 15 日—7 月 11 日,沿淮先后共启用 15 个行蓄洪区,淹没耕地 161 万亩,受灾和转移人口 81 万人。[③]据统计,1991 年水灾使豫、皖、苏三省农田成灾面积达 5954 万亩,占耕地面积的 30%,减产粮食 145.4 亿公斤,倒塌房屋 186.7 万间,灾民死亡 556 人,大牲畜死亡 13 189 头,直接经济损失达 282 亿元。[④]

2003 年,淮河发生大洪水。是年淮河干流洪水仅次于中华人民共和国成立以来的 1954 年大洪水。与此同时,沂沭泗水系也出现了较大洪水,以致淮、沂洪水遭遇。汛期降雨主要集中于大别山区、淮河干流中下游北部诸支流的中下游及新沂河一带,总雨量超过 1000 毫米,局地超过 1300 毫米。当年淮河流域暴雨出现较早,汛前 3 月中旬和 5 月上旬就出现了局部

① 骆承政主编:《中国历史大洪水调查资料汇编》,北京:中国书店,2006 年,第 543 页。
② 水利部淮河水利委员会、《淮河志》编纂委员会编:《淮河志 第 2 卷 淮河综述志》,第 317 页。
③ 安徽省地方志办公室编著:《安徽水灾备忘录》,第 81—82、103—105 页。
④ 水利部淮河水利委员会、《淮河志》编纂委员会编:《淮河志 第 2 卷 淮河综述志》,第 319 页。

暴雨。6月中下旬至7月中旬的数次暴雨，造成淮河水系最大洪水。8月中旬至9月初，全流域又出现多次暴雨，造成淮河干流第二场洪水和沂沭泗水系最大洪水。9月底至10月中旬，全流域又出现范围较大的暴雨，造成淮河干流汛后较大的洪水。[①]洪水来势凶猛，给河南、安徽、江苏三省沿淮地区造成了严重的洪涝灾害。据统计，沿淮三省20个市115个县受灾，农作物洪涝受灾面积5770万亩，受灾人口3728万人，因灾死亡29人，倒塌房屋74万间，直接经济总损失达285亿元，其中水利工程水毁损失34.7亿元。重灾区主要分布在淮河中下游沿淮地区、淮北各支流中下游地区、淮南部分支流中下游地区和里下河地区；受灾严重地区有安徽省的阜阳、蚌埠、亳州、六安和江苏省的淮安、宿迁、扬州、泰州及河南信阳等地。[②]当年的内涝也很严重，与1991年相比，"关门淹"的现象没有得到明显改善，一些分洪河道配套设施不完善，排涝不畅，一定程度上也增加了涝灾损失。

2007年，淮河发生了洪水量级与2003年洪水量级相当、仅次于1954年的大洪水。6—9月，淮河流域普降暴雨，降雨量721毫米，较常年同期偏多27%，其中淮河水系717毫米、沂沭泗水系725毫米，分别较常年同期偏多26%和29%。淮河上游沿淮以南、洪汝河和沙颍河上游局部、淮河干流润河集以下沿淮以南及北部各支流中下游、里下河中西部地区、泗河上中游、邳苍地区大部、沂沭河中下游、骆马湖周边及新沂河两岸地区雨量大于800毫米。淮河上游淮南山区局部、淮河干流蚌埠至洪泽湖沿淮及北部各支流中下游地区、沂沭河中游局部雨量超过1000毫米。当年从6月19日入梅，7月26日出梅，历时37天，比常年梅雨时间长14天。最大30天降雨就出现在梅雨期内的6月26日—7月25日，淮河流域绝大部分地区雨量超过300毫米，淮南山区、洪汝河、淮河中游沿淮、洪泽湖周边及北部支流的中下游地区雨量超过500毫米。沿淮上、中、下游均出现了600毫米以上的暴雨中心，石山口水库上游涩港店站雨量达到919毫米。沂沭泗水系雨量为200—300毫米，其中邳苍地区大部在300毫米以上，骆马湖及新沂河两岸局部地区超过400毫米。汛期暴雨洪水，使润河集至汪集河段水位创历史新高，王家坝、鲁台子最高水位均居历史第二位，王家坝水

① 淮委水文局：《2003年淮河洪水分析》，《治淮汇刊（年鉴）》（2004），第29辑，2004年，第309—311页。
② 水利部淮河水利委员会：《淮河流域2003年防汛工作总结》，《治淮汇刊（年鉴）》（2004），第29辑，第156—157页。

位为 1968 年以来最高。沂沭泗水系的中运河、新沂河于 8 月上中旬再次出现超警戒水位洪水,尼山水库、西苇水库水位超过历史最高。[①]是年大洪水给流域各地带来了严重损失,全流域水灾总受灾面积 262.7 万余公顷,成灾面积 105.3 万余公顷。[②]

(二)旱灾灾情惨烈

历史上淮河流域为我国旱灾最频繁的地区之一,从 16 世纪至中华人民共和国成立后 50 年,共发生旱灾 260 多次,旱灾出现的频次为 1.7 年发生一次。[③]中华人民共和国成立后,虽然对河道进行了整治,修建了大量的水利工程,抵御水旱灾害的能力有较大的提高,但是干旱仍然是农业生产的大敌。1949—1990 年,全流域干旱成灾面积达 7.6 亿亩,粮食受灾减产达 493 亿公斤。[④]旱灾严重威胁着淮河流域的经济社会发展。

中华人民共和国成立以来,淮河流域的大旱灾多连续两年或三年同时发生,具有连发性特征,共出现了 1959—1961 年、1966—1967 年、1976—1978 年、1986—1988 年、1991—1992 年、1994 年、2000—2001 年等大旱年份。

1959—1961 年,淮河流域连续干旱。1959 年春、夏,淮河流域降雨偏少,7—10 月,淮河上、中、下游降雨普遍比常年少 50% 以上,出现多年少有的夏、秋连旱现象,气温高达 40℃ 左右,蒸发量大。7—9 月,淮河流域降雨量分别为 89 毫米、112 毫米、80 毫米,其中王家坝站 7 月降雨量仅为 1.9 毫米,8 月为 16 毫米。淮河干流淮滨站月平均流量为 6.26 立方米每秒,洪泽湖水位已接近死水位,许多地方人畜饮水困难。淮河干支流几乎全部断流。全流域受旱成灾面积多达 398 万公顷,其中安徽省 176 万公顷,河南省 95 万公顷,江苏省 68 万公顷,山东省 59 万公顷,受灾人口 1750 万人,粮食减产 173.5 亿公斤。[⑤]1959 年大旱后,淮河流域接连出现 1960 年、1961 年大旱。豫、皖两省旱情最严重。1960 年 10 月—1961 年 7 月,河南省周口、开封、许昌三地连续干旱少雨,10 个月降雨量只有同期

① 孙勇、王嘉涛:《淮河流域 2007 年汛期水情》,《治淮汇刊(年鉴)》(2008),第 33 辑,2008 年,第 103—104、102—103 页。
② 《统计资料·淮河流域水旱灾害统计表(2007)》,《治淮汇刊(年鉴)》(2008),第 33 辑,第 424 页。
③ 高超:《淮河流域气候水文要素变化及成因分析研究》,第 23 页。
④ 水利部淮河水利委员会、《淮河志》编纂委员会编:《淮河志 第 2 卷 淮河综述志》,第 376 页。
⑤ 水利部淮河水利委员会、《淮河志》编纂委员会编:《淮河志 第 1 卷 淮河大事记》,第 181 页;水利部淮河水利委员会、《淮河志》编纂委员会编:《淮河志 第 2 卷 淮河综述志》,第 392 页。

平均降雨量的 54%—68%。由于降雨少，气温高，蒸发量大，淮河干支流河道流量小，有的甚至断流。安徽省全省雨水稀少，1960 年 1—7 月，江淮之间和淮北降雨比常年偏少 150—300 毫米。7 月旱情最重，六安、滁县两地丘陵地区的水稻全部枯黄，点火可燃，肥东等县人畜吃水困难。[1]

1966—1967 年，淮河流域连发特大干旱。据资料记载，1966 年 6 月—11 月上旬，淮河流域大旱 160 天，造成稻田干裂，河沟断流，塘堰干涸，山丘地区人畜吃水困难。8—10 月，淮河中游降雨量比常年同期偏少七八成；下游降雨量比常年同期偏少四成多。春、夏、秋三季连旱。淮河上、中、下游地区出现河道断流，土地干裂，农作物枯死。1966 年冬，洪泽湖最低水位降至死水位以下 1 米多，南四湖整个汛期几乎没有来水，骆马湖长期在死水位以下，许多大、中型水库水位降至死水位以下或空库无水，塘坝绝大部分干涸。旱情严重的地方，井泉枯竭，人畜饮水困难。"1966年，全流域旱灾面积达 226.3 万公顷，其中河南省 62.6 万公顷，安徽省 67.4 万公顷，江苏 17.3 万公顷，山东省 78.9 万公顷"，减产粮食 19.2 亿公斤，受灾人口 2207 万人。[2]此次干旱从 1966 年夏一直持续到 1967 年冬，河南省汛期降雨量只有同期的 54%，信阳、驻马店汛期降雨量只有多年平均值的 30%。[3]1966 年安徽江淮北部、淮北少雨，至 1967 年 4 月下旬至 6 月中旬，淮北依然少雨，午季减产三至七成，淮河以南夏秋连旱，1967 年 7 月中旬—10 月仍持续少雨。[4]

1976—1978 年，淮河流域发生三年连旱，尤以 1976 年、1978 年为重。1976 年 9 月中旬—1977 年 3 月中旬，安徽持续少雨，淮北尤其。宿县地区近 170 天无雨，田地龟裂，播种困难。[5]1978 年，淮河流域冬无雪，春少雨，夏秋干热，岁末干旱。梅雨期无梅雨，淮河中游降雨量比常年偏少四至六成，全流域平均降雨量为 601 毫米，为多年平均值的 66%。3—5 月，雨量特少，仅有 89.8 毫米，为正常年份的 47%。[6]地表径流只占多年平均值的 33%。汛期无汛，连续干旱 250 多天。淮河干流从 1978 年 6 月到

---

[1] 水利部淮河水利委员会、《淮河志》编纂委员会编：《淮河志 第 2 卷 淮河综述志》，第 392—393 页。

[2] 水利部淮河水利委员会、《淮河志》编纂委员会编：《淮河志 第 2 卷 淮河综述志》，第 393—394 页；水利部淮河水利委员会、《淮河志》编纂委员会编：《淮河志 第 1 卷 淮河大事记》，第 198 页。

[3] 水利部淮河水利委员会、《淮河志》编纂委员会编：《淮河志 第 2 卷 淮河综述志》，第 393 页。

[4] 安徽省地方志办公室编著：《安徽水灾备忘录》，第 171 页。

[5] 安徽省地方志办公室编著：《安徽水灾备忘录》，第 173 页。

[6] 水利部淮河水利委员会、《淮河志》编纂委员会编：《淮河志 第 1 卷 淮河大事记》，第 231 页。

第二年 4 月上旬，是连续 10 个月的枯水阶段，蚌埠闸关闭 8 个月，全年下泄水量不到 27 亿立方米，不足多年平均值的 1/10。1978 年 6 月，淠史杭灌区的梅山、佛子岭、响洪甸、磨子潭等大型水库蓄水已经放空，中小水库、塘坝基本干枯。河湖出现历史最枯水位，淮河及中小支流出现断流。1978 年淮河流域受旱成灾面积达 273.2 万公顷，其中以安徽省受旱成灾面积最多，达到 119.6 万公顷，仅次于 1959 年。减产粮食 31.9 亿公斤，受灾人口 1997 万人。[①]河南省豫东、豫南春季大旱，缺水率达 50%—60%；信阳地区成灾面积为 26.7 万多公顷；周口地区成灾面积达 33.6 万公顷。江苏淮河流域受旱成灾面积达 61.5 万公顷。山东沂、沭流域受旱土地达 93.3 万公顷，6.27 万公顷小麦绝收。山东省淮河流域受旱成灾面积达 33.26 万公顷。[②]

　　1986—1988 年淮河流域发生的三年连旱，是中华人民共和国成立后流域最为严重的一次旱灾。它开始于 1985 年的冬旱，1986 年春、夏连旱，主要旱区在淮河上游，汛期无汛，大型水库蓄水不足，中小型水库干涸，沙颍河、洪汝河洪水流量为历年同期流量均值的 1%—7%，涡河断流。河南省周口、平顶山、漯河、商丘地区地表水和地下水源严重短缺。平顶山市 9 座大中型水库中有 3 座无水，小型水库全部干涸，18 万人缺水吃。商丘地区地下水位深达 9 米，机井抽提无水，秋种缺水，无法播种。郑州市秋种作物旱死 70 万亩，41 万人、10 万头大牲畜缺水饮用。虽经旱区军民奋力抗旱，夏粮仍严重减产失收，开封、商丘、驻马店地区夏粮减产 21.5 万吨，秋作物减产 343.5 万吨。沂沭泗地区，1986 年 6 月沂沭河基本断流。[③]1987 年河南省许昌、漯河、周口、平顶山等地的春、夏、秋季又连遭干旱。[④]同年 6 月下旬起，安徽萧县、濉溪一带及淮北东北部的一些区乡雨水偏少，特别是八九月在玉米、黄豆、棉花作物决定收成的关键时期久旱不雨。例如，萧县 7—9 月的雨量只有 154 毫米，比多年平均值 466 毫米少约 67%。因而全县绝大部分严重受旱，当时秋季作物即有 110 多万亩受

① 水利部淮河水利委员会、《淮河志》编纂委员会编：《淮河志 第 1 卷 淮河大事记》，第 231、394 页。

② 水利部淮河水利委员会、《淮河志》编纂委员会编：《淮河志 第 1 卷 淮河大事记》，第 230—231 页。

③ 水利部淮河水利委员会、《淮河志》编纂委员会编：《淮河志 第 2 卷 淮河综述志》，第 399—400 页。

④ 河南省抗旱指挥部办公室：《河南省一九八七年抗旱总结》，《治淮汇刊》（1987），第 13 辑，1989 年，第 431 页。

旱（占秋庄稼的 78%），其中严重减产面积达 78 万亩，内有 19 万亩基本绝收，并有 77 个村 12 万人口、2.5 万头牲畜吃水用水困难。全县秋粮减产 1 亿公斤左右。濉溪县有 38 万亩玉米减产 30% 左右，其他作物 50 多万亩不同程度地因旱减产。此外，还有砀山、宿县、灵璧等县部分区乡也有不同程度的旱情。当时宿县地区和淮北市汇报秋季作物的受旱面积为 294 万亩，其中严重的有 134 万亩。[①]1988 年淮河全流域严重干旱，河南省 5 月下旬以后干旱加重，6—11 月雨水偏少，降水量比多年平均值偏少 20%—35%。淮河干流长台关河段几次断流，淮滨河段大汛期的 7 月 21 日流量仅有 8 立方米每秒，沙颍河周口段流量仅 1 立方米每秒，地下无水可抽，仅舞阳县就有 11 万人吃水困难。河南省的周口、驻马店、商丘、信阳四个地区灾情重，减产粮食达 7 亿公斤。安徽省冬春少雨，梅雨期空梅无雨，早春作物干旱严重，伏旱特重，秋种作物无法播种，190 万人吃水困难。山东省 6 月中下旬空梅无雨，农业灌溉高峰期无水灌田，1/3 的稻田改种旱地，秋种季节连续 60 天无雨。南四湖上级湖干涸，下级湖水位在死水位以下，河床龟裂，地下水位深达 20 米以下，6—7 月干旱缺水期长达 40 多天，百万人一度吃水困难。江苏省淮北地区，5—9 月播种期干旱成灾率高达 70%，徐州地区严重缺水，除农业受旱外，314 家乡镇企业因缺水而停产或半停产，15 万工人停工，工业损失达 1.5 亿元。[②]

1991—1992 年，淮河流域发生秋冬旱连春夏旱的大旱灾。1991 年，淮河流域洪水刚过，就遇到了持续 3 个多月的干旱少雨天气。河南豫西地区春夏秋连旱，干旱时间长达 150—200 天以上，80% 以上的小型水库、坑塘、河道都已干涸、断流。[③]安徽淮北土壤严重失墒，阜阳地区已腾出的茬口 894 万亩全部受旱，不能下种；宿县地区已种的小麦、油菜 557 万亩中出苗不齐的达 205 万亩，不出苗的有 84 万亩，另有 100 万亩因旱无法下种，被迫从兴修工地撤回部分劳力投入抗旱抢种。据 1991 年 11 月 20 日的统计，安徽淮河流域最高受旱面积达 3460 万亩。[④]在江苏淮河流域，8 月下

---

① 安徽省防汛抗旱指挥部：《安徽省一九八七年防汛总结和抗旱情况》，《治淮汇刊》（1987），第 13 辑，第 437—438 页。
② 水利部淮河水利委员会、《淮河志》编纂委员会编：《淮河志 第 2 卷 淮河综述志》，第 399—400 页。
③ 河南省防汛抗旱指挥部：《河南省一九九一年抗旱工作总结》，《治淮汇刊》（1991），第 17 辑，1993 年，第 296 页。
④ 安徽省防汛抗旱指挥部办公室：《安徽省一九九一年抗旱工作总结》，《治淮汇刊》（1991），第 17 辑，第 305 页。

旬，淮北地区的徐州、连云港两市出现旱情，到 9 月中旬，受旱面积即达 470 多万亩。[1]1992 年淮河流域梅雨期不明显，进入 5 月以后，全流域自南向北陆续进入灌溉用水高峰期，旱情开始出现，给各地的水稻栽插和旱作物下种带来很大困难，有的地方因缺水而无法完成夏种计划。汛期的 6—9 月降雨又偏少，平均降雨 421 毫米，比常年偏少近 3 成，其中淮河水系平均降雨 415 毫米，比常年偏少近 3 成，沂沭泗水系平均降雨 434 毫米，比常年偏少 2 成多。水源日渐短缺，旱情日趋严重。至 7 月上旬末，全流域受旱面积达 5000 万亩以上，部分山区及丘陵地区旱情严重，人畜饮水困难，洪泽湖、骆马湖、微山湖长时间在死水位下运行，洪泽湖 7 月 11 日水位跌落至 10.41 米，低于死水位 0.89 米；7 月 13 日骆马湖水位和 7 月 4 日微山湖水位分别仅为 19.88 米和 30.11 米，处于死水位以下 0.82 米和 1.39 米；蚌埠闸以下淮河断流，中小河基本断流。许多湖洼和中小型水库相继见底。[2]

1994 年夏季，我国气候出现异常，发生了南北涝、中部干旱的严重自然灾害。淮河流域汛期无汛、降水明显偏少，出现了历史罕见的夏旱连伏旱的严重干旱状况，受旱范围之大，旱情之重，持续时间之长，为中华人民共和国成立以来所罕见。在河南，当年入春以后，除南部的信阳、驻马店两地降雨稍多外，其他地方降雨量极少，与常年同期相比偏少 3—6 成。进入 5 月后，除信阳地区降水量接近常年同期外，其他地市只有常年同期雨量的 2—5 成。6 月中旬以来，大部分地区持续出现高温少雨天气，尤其是周口、商丘、驻马店、信阳一带降雨更少，平均降雨量比常年同期少 6—7 成，特别是入伏以来的近两个月全流域基本无雨。河南大部分水库水位下降，其中五岳水库接近死库容，石山口水库到死水位以下，13 座中型水库有 7 座到死水位及死水位以下。据 8 月上旬统计，有近 10 万眼机井出水量不足，商丘、周口、漯河、平顶山、驻马店一带地下水位普遍下降 1—3 米。平顶山市地下水位较 1993 年同期平均下降 2.5 米，严重的下降 5—6 米，4000 多眼机井抽不出水。长期的高温少雨，还导致许昌、漯河、商丘、周口等地形成了地下水漏斗区，原有许昌市、许昌县、临颍县三个漏斗区相连成片，形成了一个面积达 1480 平方千米的中型漏斗区。旱灾造成的工农业生产损失巨大，据统计，河南淮河流域夏、秋两季共有 2677 万亩

---

[1] 江苏省防汛防旱办公室：《江苏省一九九一年抗旱工作总结》，《治淮汇刊》（1991），第 17 辑，第 314 页。

[2] 水利部淮河水利委员会：《淮河流域 1992 年防汛抗旱工作总结》，《治淮汇刊》（1992），第 18 辑，1994 年，第 279—281 页。

土地成灾，其中有 900 万亩土地绝收。此外，严重的干旱也加剧了农村饮水困难，饮水困难人数达 170 万人、大牲畜 45 万头。信阳地区因旱死亡大牲畜 419 头、生猪 100 多头，部分厂矿企业因缺水被迫停产。信阳县明港镇，因红石咀水库无水可供，附近河道全部断流，使明港钢铁厂、铁合金厂等大中型企业停产，工业企业日减产产值达 120 万元，4 万多名城镇居民用水告急。据不完全统计，因旱灾缺粮人口达 1500 万人，缺粮在 78 万吨以上。[1]安徽在 1994 年 1—4 月降雨量比常年同期均偏少，其中淮北、大别山区、江南东部偏少 2—3 成。汛期 5—9 月降雨，全省大部分县（市）较常年偏少 1—3 成，滁州市偏少 6 成，灵璧、泗县、亳州、霍邱、来安等地偏少 5 成，宿州、蚌埠等地偏少 4 成。6 月中旬淮北北部首先出现旱象，给适时夏种带来困难。6 月下旬，淮北南部、淮河以南和皖东地区有半个多月基本无雨。[2]江苏省淮北地区在 1994 年 4 月下旬出现旱情，至 6 月下旬的 60 天内累计降雨量 98 毫米，比常年同期少 5 成，其中西部降雨更少，丰县降雨 27 毫米，沛县 34 毫米，均较常年同期少 7 成以上，地面沟河全部干涸，井水位下降 8—10 米，机电井抽水量逐日减少，影响了夏种和水稻栽插进度，有 150 万亩土地无法播种，200 万亩旱作物凋萎，50 万人饮水困难。7 月上旬，全省旱情自北向南迅猛发展，尤其是沿海垦区和丘陵山区最为突出，旱作物大面积凋萎，一些田块枯死，近百万人饮水困难，京杭运河徐州段航运和电厂用水仅靠抽骆马湖底水维持。淮北干流断流，污染加重，沿海垦区水质恶化，含盐度 5%以上，在田作物大面积严重缺水。徐州、淮阴等地交通航运和电厂发电受到影响，一些企业因旱缺水而停产。[3]总的来说，1994 年苏皖两省旱情更为严重，为 1949 年以来伏旱最严重的年份之一，详情见表 1-1。

表 1-1 1994 年淮河流域各省旱情统计表

省份	农作物受旱面积（万亩）			因旱人畜饮水困难	
	受旱	重旱	干枯	人口（万人）	大牲畜（万头）
河南	3142.23	900.00	94.35	170.00	45.00

① 河南省抗旱办公室：《河南省淮河流域 1994 年旱灾分析》，《治淮汇刊（年鉴）》（1995），第 20 辑，第 107—108 页。
② 安徽省防汛抗旱办公室：《安徽省 1994 年防汛抗旱工作》，《治淮汇刊（年鉴）》（1995），第 20 辑，第 320—321 页。
③ 江苏省防汛防旱指挥部办公室：《江苏省 1994 年抗旱工作》，《治淮汇刊（年鉴）》（1995），第 20 辑，第 322—323 页。

续表

省份	农作物受旱面积（万亩）			因旱人畜饮水困难	
	受旱	重旱	干枯	人口（万人）	大牲畜（万头）
安徽	4099.12	1901.60	743.50	169.00	38.90
江苏	4130.40	1408.47	300.00	387.90	133.85
山东	408.66	71.40	8.10		
全流域合计	11 780.41	4281.47	1145.95	726.90	217.75

注：原文献中数据有误，本书引用时做了修正

资料来源：水利部淮河水利委员会：《1994年夏季淮河流域干旱及环流特征》，《治淮汇刊（年鉴）》（1995），第20辑，第105页

2000—2001年淮河流域连续两年遭遇严重旱灾。2000年1月25日—5月7日长达100余天里，河南淮河流域大部分地区出现了有气象记录以来同期从未有过的持续少雨、高温、多风天气。特别是信阳、驻马店、周口、南阳等地大部分县市降水量比常年同期偏少90%以上。与此同时，在多次大风和偏高气温的影响下，土壤失墒快，旱情十分严重。旱灾造成的损失巨大，据统计，河南省淮河流域粮食作物实际播种面积3 633 170公顷，经济作物播种面积1 434 650公顷，因旱少种60 460公顷。作物受旱面积2 277 920公顷，受灾1 394 440公顷，成灾740 710公顷，绝收169 830公顷。因旱减收粮食195.35万吨，经济作物损失6.93亿元。[1]当年安徽淮河流域发生了严重的春旱，1999年11月—2000年5月底，7个月总降水量与常年同期相比，合肥以北偏少5—6成。2月下旬—5月底100天降水量，合肥以北比常年同期少7成，其中沿淮北和江淮之间北部为有资料记载以来降水量最少。淮河干流自1999年冬季到2000年春季，来水量偏少，水位持续偏枯，蚌埠吴家渡出现了自1916年有记录以来的最低水位。2000年6月下旬至8月上旬，淮河以南出现夏旱，严重的干旱给工农业生产造成了巨大损失。据统计，安徽省淮河流域受灾农作物面积达84.5万公顷，成灾面积75.2万公顷，因旱损失粮食90.1万吨，经济作物直接损失13.7亿元。[2]江苏省淮北地区2000年2月以后降雨异常偏少，湖库蓄水严重不足，发生了较为严重的春旱。2月1日—5月7日，淮北地区平均降雨量为55毫米，仅占常年同期的37%，降雨量之少为中华人民共和国成立以

---

[1] 刘玉洁：《河南省淮河流域2000年抗旱工作》，《治淮汇刊（年鉴）》（2001），第26辑，2001年，第144页。

[2] 时思梅、范智：《安徽省淮河流域2000年抗旱工作》，《治淮汇刊（年鉴）》（2001），第26辑，第145页。

来同期少见。严重旱情导致徐州、连云港水厂、电厂等重点单位用水一度面临严重威胁，徐州、连云港、宿迁、淮阴、盐城五市夏收作物受旱面积达 2224 万亩，作物和渔业生产损失较大，54.6 万人、13.9 万头牲畜饮水困难。①2000 年山东淮河流域的菏泽、日照、临沂、济宁、枣庄降雨偏少，平均降雨 757 毫米，且分布极其不均。由于长时间干旱少雨，地下水位下降，大部分河流断流。济宁市 700 多万亩农作物普遍受旱，其中重旱达 300 多万亩，300 多个村庄、20 多万人饮水困难；临沂市受旱农作物面积达 600 多万亩，重旱 301 万亩，受旱果树 300 余万亩，345 个村庄、21.94 万人、9.18 万头牲畜饮水困难，损失粮食 3.3 亿公斤；菏泽市春夏连旱，因旱减产粮食 2.15 亿公斤，农作物损失 1.72 亿元；日照市农作物受旱面积达 157 万亩，147 个村庄、7.2 万人、1.15 万头牲畜饮水困难；枣庄市农作物受旱面积 220 万亩，重旱 85 万亩，绝产 35 万亩，因旱造成 14.59 万人、6.9 万头牲畜饮水困难。②

继 2000 年春旱后，2001 年淮河流域又一次遭受春夏连旱的特大旱灾，灾情之重是历史上少见的。3 月 1 日—6 月 15 日，河南省大部分地区 100 多天无有效降水，平均降水量仅 30.9 毫米，较常年同期偏少 81%。截至 9 月 29 日，河南淮河流域秋作物受旱面积 260 多万公顷，其中严重受旱面积 150 多万公顷，干枯 46 万多公顷，有 168 万人、48 万头牲畜发生严重饮水困难。特别是信阳市受灾时间之长、损失之重是历史上罕见的，全市秋作物成灾面积 32.4 万公顷，绝收面积达 16.3 万公顷，造成粮食作物减产 20.99 亿公斤，直接经济损失达 36 亿元。③此年，安徽淮河段发生春、夏、秋三季连旱。降雨量与常年同期相比，3—4 月偏少 50%—90%，5—9 月偏少 50%—60%。3—10 月，河道来水总量与常年同期相比，淮河干流偏少 90%，淮河支流偏少 20%—90%。淮河干流王家坝、润河集分别断流 9 天和 11 天。淠史杭灌区 5 大水库总来水量 11.8 亿立方米，比常年同期偏少 60%。淮河流域受旱面积 272.365 万公顷，成灾面积 172.806 万公顷。④当年 3—7 月上旬，江苏淮北地区降雨严重偏少，淮沂沭泗干流先后断流，洪泽湖汛期来水量比大旱的 1978 年还少，淮北主要湖库水位长期低于死水

① 钱俊：《江苏省淮河流域 2000 年抗旱工作》，《治淮汇刊（年鉴）》（2001），第 26 辑，第 148 页。
② 佚名：《山东省淮河流域 2000 年抗旱工作》，《治淮汇刊（年鉴）》（2001），第 26 辑，第 152 页。
③ 李立新：《河南省淮河流域 2001 年抗旱工作》，《治淮汇刊（年鉴）》（2002），第 27 辑，2002 年，第 153 页。
④ 程建：《安徽省淮河流域 2001 年抗旱工作》，《治淮汇刊（年鉴）》（2002），第 27 辑，第 154 页。

位。据统计，当年 5—9 月江苏淮河段农作物受旱面积为 2324 万亩，其中成灾面积 638 万亩、绝收面积 45 万亩、少种面积 49 万亩，有 52 万人、32 万头牲畜饮水困难，直接经济损失 14.76 亿元。[①]

三、地下水位下降

淮河流域地下水可分为平原区土壤孔隙水、山丘区基岩断裂构造裂隙水和灰岩裂隙溶洞水三种类型。平原区浅层地下水是淮河流域地下水资源的主体。流域西部为古淮水系堆积区，厚度在 10—60 米，地下水埋深一般为 2—6 米；流域东部历史上受黄泛影响，为黄河冲积平原的一部分，沙层厚度一般为 10—35 米，自西向东渐减，地下水埋深为 1—5 米。苏北淮安、兴化一带冲积、湖积平原区，大部分为淤泥质、沙质黏土，夹有沙土地层，地下水埋深一般为 1—2 米。苏鲁滨海平原地区在沿海 5—22 千米范围内属海相沉积区，岩性为亚砂土，地下水埋深 1—2 米，为氯化钠型微咸水或咸水。基岩断裂构造裂隙水主要分布于桐柏山、伏牛山和大别山区，另外在鲁东南山丘区有变质岩风化裂隙，但裂隙水弱，连通性差。裂隙溶洞水主要分布在豫西、鲁东南灰岩溶洞山丘区，在条件适宜的情况下，可以富集有价值的水源。[②]

淮河流域平原地带人口稠密，自然环境受人类活动的影响强烈，地表水体污染仍然严重，工农业发展对水资源的需求量不断增大，不得不大量开发利用地下水资源。安徽淮北平原有深厚的松散沉积层，是良好的蓄水体。淮北平原地下水为平原区土壤孔隙水，按埋藏深度可分为浅层地下水和中、深层承压地下水。浅层地下水受气候、水文、地形地貌、植被等因素影响，降水量是主要因素，水利工程及灌溉方式是影响地下水补给、径流、排泄的重要条件。地下水位随季节变化，具有可恢复、可更新的特点。从整个安徽淮北地区看，淮北地区多年平均地下水埋深 2.35 米，1980—1989 年地下水年均埋深较浅、变幅较小，1990 年以后地下水埋深变幅加大，且埋深有明显的加深趋势。1980 年后淮北平原多年平均降水量呈上升趋势，蒸发量呈下降趋势，由此判断淮北平原地下水位应该呈上升趋势，但实际情况却与此相反，说明降水量和蒸发量不是导致淮北平原地下水埋深变化的主要因素。地下水埋深变化主要是人类活动影响的结果。①

第一，不合理的地下水资源开采，导致了淮北平原地下水资源的异动。随着农业灌溉和人民生活水平的提高，对地下水资源量的需求也不断加大。例如，河南"沈丘县过去群众打井无习惯，浇地无基础，自一九五二年以来通过党委号召，依靠互助合作为基础，党团为骨干，带动个体农民，领导深入重点，摸索经验，组织参观，以增产实例教育农民，今年群众自筹资金一千零三十五万元，贷款一千一百八十三万元，共推广水车一千三百一十八部，水井水车工作已开展起来"；"河南许昌县为了推广竹井经验，县委号召县、区、乡干部都要学会打竹井技术，具体帮助群众开展打井抗旱工作。通过办训练班，组织参观及派出技术员指导打井带徒弟等办法，全县一百九十二个区干部中有一百七十个掌握了打竹井技术，对传授技术，推动打井工作起了很大作用，全县共打成竹井四百三十眼。今春为了做好水车推广工作，集训了农民技术员四百九十六人，建立十三个修配站、二十三个传授站，对加强技术指导和技术传授收效很大。全县自六月至七月上旬共推贷水车四千七百七十部"。②1978 年安徽淮河流域遭遇大旱，北京市援皖抗旱打井队从 12 月起分赴江淮之间的寿县、六安、霍邱、长丰、肥东、定远、凤阳、嘉山 8 个县和合肥、蚌埠、淮南 3 个市郊打井抗旱，共打井 1410 眼，进尺 57 100 多米。③1985 年以前，淮河干流以北广大平原地区，已打机、电井 71 万多眼，其中配套机、电井 51 万多眼，是淮北平原地区农田灌溉的主要供水工程，多年开采地下水量均在 90 亿立方米左右。④

淮北地区地下水资源开发利用主要有以下几个方面的特点：一是淮北地区地下水用水量的年增长率比总用水量的年增长率高，淮北地区 1980—2006 年总用水量的年增长率为 4.08%，而地下水用水量的年增长率为 4.32%，而深层承压水用水量占地下水用水量的比例是下降的。淮北地区地下水用水量占总用水量的比例从 1980 年的 49.13% 提高到 2006 年的 52.69%，最低为 1990 年的 41.04%。淮北地区深层承压用水量占地下水用水量的比例从 1980 年的 20.63% 下降到 2006 年的 16.25%，最高值在 1985

① 胡巍巍：《淮河流域中游湿地景观格局演变及优化调控研究》，第 82、84 页。
② 中央档案馆、中共中央文献研究室编：《中共中央文件选集（一九四九年十月——一九六六年五月）》第 20 册，北京：人民出版社，2013 年，第 438、439 页。
③ 水利部淮河水利委员会、《淮河志》编纂委员会编：《淮河志 第 1 卷 淮河大事记》，第 232 页。
④ 水利部淮河水利委员会、《淮河志》编纂委员会编：《淮河志 第 4 卷 淮河规划志》，第 380 页。

年，达 27.56%，其次为 1990 年的 26.56%。不过，1980—2006 年，北部亳州市、淮北市的深层承压水用水量占地下水用水量的比例是提高的。二是淮北地区的地下水开采极不合理，存在着地区集中、时间集中、层位集中的"三集中"现象。中层、深层地下水在城镇及工矿业集中区域，已形成超采漏斗。至 2006 年底，主要城市和主要工矿区的超采漏斗面积已达 6961 平方千米。严重超采区主要分布在阜阳市、淮北市（包括濉溪县县城）、宿州市、界首市、亳州市及砀山、蒙城县的城区，淮北市区更是形成了上覆孔隙水与下伏岩溶水的双层漏斗。[①]可以说，不科学地开发利用地下水、过量开采地下水，是导致淮北地区地下水埋深持续下降的主要原因。

第二，土地利用形式的变化造成了地下水补给量的逐渐减少。20 世纪 50 年代以来，淮北平原地区耕地大量减少，而人居地大量增加。安徽淮北平原地区在当时耕地为 28 690 平方千米，到 2000 年时耕地面积为 25 010 平方千米。人口的增长，城市化的快速发展，城镇规模不断扩大，建设用地、道路用地等人居地的增加，以不透水地面铺砌代替原有透水土壤和植被，造成下渗水的显著减少，使同强度暴雨的地表径流量增大，减少了地表径流在流域内的滞留时间，造成地下水垂直方向补给量减少。在多年平均埋深及降雨情况下，淮北地区平均每减少 1 平方千米的透水面积，其降水入渗补给量减少 19.8 万平方千米。[②]另外，湿地的萎缩也使流域滞留地表水的容量和时间减少，地下水补给量减少。

第三，中华人民共和国成立以来大规模治淮工程对地下水的变动也产生了重要影响。大量水闸和水库的修建使流域蓄水量增加，蓄水量增加导致蓄水区域蒸发量相对加大，地表径流量减少，下渗量加大。引水、提水量的增加改善了区域水资源的可利用状况，增加了地表水对地下水的补给量。堤防建设、河道裁弯取直使地表水循环速度加快，妨碍了河流的侧向连通性，河道与地下水的水文连通性减弱，减少了地表水对地下水的补给量。而导致淮北地区地下水位下降的主要原因虽然是过量开采地下水，但水利工程对其也有一定的影响。堤防建设、裁弯取直、河道渠道化都使河流与地下水之间的垂向联系减弱，河流补给地下水量减少，从而引起了地下水位的下降。

---

① 胡巍巍：《淮河流域中游湿地景观格局演变及优化调控研究》，第 84—85 页。
② 胡巍巍：《淮河流域中游湿地景观格局演变及优化调控研究》，第 86 页。

四、水土流失加剧

影响水土流失的两大因素分别是自然和人类活动。自然因素主要包括地形、气候、土壤及地表岩性等。淮河流域山区丘陵区包括东北部的沂蒙山区及苏北淮北丘陵区、西部的豫西山区、西南的桐柏、大别山区和南面的淮南丘陵，如安徽金寨县 572 万亩土地，70.8%土地坡度在 25 度以上，说明水土流失的潜在危险很大。气候中的降水量和雨型，也是影响水土流失的重要因素，特别是 24 小时降水量大于等于 500 毫米的暴雨强度、次数、暴雨量及时空分布。淮河流域山区不少地方都是暴雨中心，如安徽金寨、河南鲁山、山东蒙阴。据金寨县梅山站统计，年平均暴雨日 4.4 天，一日降水量达 101—250 毫米的暴雨日每年 0.5 天；鲁山县坪沟暴雨中心，平均年暴雨量达 478.5 毫米，占年降水量的 36%，平均暴雨日数为 5 天；鸡冢暴雨中心年平均暴雨量为 380.9 毫米，占年降水量的 36.5%，平均暴雨日数 4.3 天。[1] 暴雨集中，地表径流加大，加上西部伏牛山区主要为棕壤和褐土，丘陵区主要为褐土，土层深厚，质地疏松，易受侵蚀冲刷；沂蒙山区多为粗骨性褐土和粗骨性棕壤，土层浅薄，多夹砾石，蓄水能力差，容易造成大量的水土流失。[2]

影响淮河流域水土流失的人为因素主要是乱砍滥伐、过度垦殖及盖房、开矿、筑路等经济社会活动。中华人民共和国成立初期，淮河流域的许多地方诸如河南商城、新县、信阳、桐柏、确山、鲁山、嵩县、禹县、登封的森林植被都比较好，乱砍滥伐森林现象较少。但随着人口的增加，工矿企业和交通建设中弃土废渣的不合理堆放及人为破坏山林，陡坡开荒，使水土流失愈演愈烈，主要分布在淮河以北的洪汝河、沙颍河等上游陡坡开荒严重地段及淮南白露河流域的花岗岩、片麻岩地带和荥阳的黄土区等地。光山县 1957 年前有林面积 90 万亩，到 1959 年只剩下 18.2 万亩。潢川县 1957 年前有林面积 17.7 万亩，到 1959 年只剩下 0.13 万亩。交通不便的商城县，1957 年前有林面积 170 万亩，到 1959 年只剩下 109 万亩。[3] 在安徽，1958 年伐林烧炭，大量原始森林被毁。据 1982 年秋冬安徽金寨县

---

[1] 水电部治淮委员会编：《淮河流域重点县水土保持调查报告》，内部资料，1984 年，第 11—12 页。
[2] 胡巍巍：《淮河流域中游湿地景观格局演变及优化调控研究》，第 52 页。
[3] 河南省水土保持委员会办公室：《河南省淮河流域水土保持规划报告（概要）》，《治淮汇刊》（1986），第 12 辑，第 443—445 页。

调查，1957 年有森林面积 370 万亩，大部分为成熟林，覆盖率为 64%，蓄积量为 1600 万立方米，可伐量达 800 万立方米，到 1976 年森林面积下降到 199 万亩，约减少了 46%，蓄积量减少了 68.4%，可伐量减少了 80%。1949—1976 年采伐面积 171 万亩，同期内造林保存面积仅 30 万亩，荒山秃岭和灌丛面积增加到 191 万亩。[①]在山东淮河流域，临沂地区 1975—1979 年毁林毁草开荒 90 万亩，陡坡开荒 20 万亩，破地堰种植 27 万亩。沂源县从 1958 年以来，林木经过三次大破坏，覆盖率由 36.2%下降到 20%，其中 1981 年前后毁林开荒 18 万亩，当地群众称"山上开荒，山下遭殃"。[②]

淮河流域的荒山陡坡开荒造田有三个高潮，分别是 1960 年前后、1966—1976 年和改革开放初期政策放宽以后，大部分地区可开垦的土地都被开垦。仅 20 世纪 60 年代安徽开垦荒山就达 6.7 万公顷以上。特别是皖西山区，由于兴建大型水库占用耕地和移民回迁，要靠伐木、樵薪和开荒耕种为生，仅六安地区开垦面积就达 4.6 万公顷，其中金寨县开荒 1.86 万公顷，占该县耕地面积的 83%。大别山区的许多县开荒面积多在数千乃至上万公顷以上。[③]在河南鲁山县，据 1982 年秋冬鲁山县重点调查，丘陵山区每人开荒 0.61 亩，最多达每人 2.5 亩。1978 年全县开荒面积 18 万余亩，后来政府动员退耕还林，有的栽了树，但树小坡陡，水土流失仍很严重。有的继续开荒，安徽金寨县每人开荒约 0.5 亩，共 29.7 万亩，其中 25 度以上的坡荒地被开垦的有 18.3 万亩。有的开山到顶，有的毁平地埝，有的连渠道、堤坡也开垦。鲁山县在 1950—1978 年修了大中型水库 3 座，小型水库 36 座，渠道 131 千米，铁路 43 千米，公路 355 千米，三线工程多处。[④]虽然这些工程很必要，但部分工程规划设计、施工管理不当，过多地破坏了植被，而未及时恢复，任意倾倒弃土废石，加重了水土流失。

由于以上自然因素和人为因素的作用，淮河流域水土流失情况比较严重。流域丘陵山区面积占整个流域面积的 1/3，有水土流失面积 52 700 平方千米，占丘陵山区的 61.2%。平原面积占流域面积 2/3，其中豫东黄河故道一带，有风蚀面积 6400 平方千米，苏北沙土区约 8000 平方千米，也有水土流失问题。平原合计有水蚀、风蚀面积 14 400 平方千米，全流域共水蚀、

① 水电部治淮委员会编：《淮河流域重点县水土保持调查报告》，第 12—13 页。
② 山东省水土保持委员会办公室：《山东省淮河流域山丘地区水土保持普查、区划、规划报告（概要）》，《治淮汇刊》（1986），第 12 辑，第 462 页。
③ 安徽省地方志编纂委员会办公室编：《安徽省志·环境志》，第 313 页。
④ 水电部治淮委员会编：《淮河流域重点县水土保持调查报告》，第 12—13 页。

风蚀面积约 67 100 平方千米。根据 1956 年淮河流域规划报告，当时年土壤侵蚀量约 2 亿吨。[①]另据 1982 年秋冬对江苏东海、安徽金寨、山东泗水、山东蒙阴、河南鲁山 5 个县的调查，5 个县水土流失面积达 66.83%，土壤侵蚀模数每平方千米 3100 吨，以蒙阴县最为严重，水土流失面积达 85.85%，土壤侵蚀模数每平方千米 4200 吨。各水土流失县调查情况如表 1-2 所示。

表 1-2 1982 年淮河流域水土流失县面积分级统计表

县别	东海		金寨		泗水		蒙阴		鲁山		合计	
	面积(万亩)	占比(%)	面积(万亩)	占比(%)	面积(万亩)	占比(%)	面积(万亩)	占比(%)	面积(万亩)	占比(%)	面积(万亩)	占比(%)
总面积	337.20	100	572.12	100	163.77	100	237.00	100	364.85	100	1674.94	100
无明显度(微度)流失（Ⅰ）	131.55	39.01	215.12	37.60	34.23	20.90	33.54	14.15	141.22	38.71	555.66	33.17
轻度流失（Ⅱ）	87.00	25.80	228.71	39.98	19.59	11.96	40.56	17.11	50.70	13.90	426.56	25.47
中度流失（Ⅲ）	92.85	27.54	86.97	15.20	31.27	19.09	61.10	25.78	47.06	12.90	319.25	19.06
强度流失（Ⅳ）	21.75	6.45	38.93	6.80	28.37	17.32	72.50	30.59	101.79	27.90	263.34	15.72
剧烈流失（Ⅴ）	4.05	1.20	2.39	0.42	50.31	30.72	29.30	12.36	24.08	6.60	110.13	6.58
水土流失面积[(1)]	205.65	60.99	357.00	62.40	129.54	79.10	203.46	85.85	223.63	61.29	119.28	66.83
年侵蚀量（万吨）	226.00		678.00		276.00		569.50		538.30		2287.80	
土壤侵蚀模数[(2)][吨/(平方千米·年)]	1650		2850		3200		4200		3600		3100	
年侵蚀深度（毫米）	1.1		1.9		2.1		2.8		2.4		2.1	

注：（1）水土流失面积=Ⅱ+Ⅲ+Ⅳ+Ⅴ；（2）土壤侵蚀模数=年侵蚀量/水土流失面积；表中部分数据进行了四舍五入，所以相加不等于100%；原文献中部分数据有误，引用时做了修正

资料来源：水电部治淮委员会编：《淮河流域重点县水土保持调查报告》，第 5 页

从表 1-2 来看，淮河流域因降水集中，暴雨大，林草覆盖率低，凡是稍有坡度的地方就会发生土壤侵蚀，水土流失面积广，即便是地势低缓的江苏东海县，水土流失面积仍达 61%，其他丘陵山区的金寨、泗水、蒙阴、鲁山四县水土流失面积占比都很高，分别达到 62.4%、79.1%、85.8%、61.3%。

---

① 水电部治淮委员会编：《淮河流域重点县水土保持调查报告》，第 1 页。

改革开放初期，因贯彻责任制，劳力多，副业少，所以开荒以增加收入成为山区农民的普遍做法，"上封山，下封水，就是封不住嘴"。因此，水土流失仍在加剧。据金寨县调查，1982 年水土流失面积比 1957 年增加 50%以上，其他各县也有类似趋势，而且继续扩展。①1985 年，安徽省水土保持办公室组织力量，对全省水土流失情况采用卫星影像技术进行调查。调查结果表明，安徽淮河流域的水土流失面积达 6327 平方千米，占省境流域面积的 21.9%。水土流失面积大于全县总面积 50%以上的有金寨县、霍山县等，是安徽省和中国南方丘陵山区中水土流失最严重的地区之一。另据 1991 年荒漠化土地普查，安徽全省荒漠化土地面积达 77.66 万公顷，主要分布于砀山、萧县、亳州、太和、界首 5 个县（市），其中沙化土地面积 12.88 万公顷，约占荒漠化面积的 16.6%。②1999 年，淮河流域水土流失面积具体情况为：流域河南段 2 503 740 公顷、流域安徽段 725 270 公顷、流域江苏段 703 390 公顷、流域山东段 1 837 800 公顷。③

淮河流域水土流失日趋严重，既是流域水资源环境变迁的重要内容，也对流域水资源环境产生了重要影响，最严重的后果便是淤塞河道，抬高河床，淤浅水库，缩短水利工程的寿命。据 1982 年秋冬调查，东海、金寨、泗水、蒙阴、鲁山 5 县大小河道多数遭受淤积，鲁山县沙河支流荡泽河，中华人民共和国成立前宽二三百米，后拓宽到七八百米。两岸原有农田成了卵石滩。淤高河床 1—2 米，原来为沙砾质河床被淤满了大卵石。该县 1980 年 12 个公社水冲沙压农田 5.5 万亩，占耕地的一半。蒙阴县 43 条河沟，有 28 条淤高，泄水不畅，常年有 1.5 万亩农田渍涝成灾，因洪水漫溢，常年水冲沙压农田 1 万余亩。1980 年大水成灾，河堤决口 316 处，长 1.8 万余米，倒塌房屋 140 余间，全县 1/4 农田受灾。沂河 1957 年水位 64 米，流量 6750 立方米每秒，1974 年水位相同，减少流量 850 立方米每秒，行洪能力降低 13%。④水土流失淤积水库、塘坝情况也较为严重，1955 年佛子岭水库泥砂淤积量已达 920 万立方米。⑤1982 年，鲁山等地泥石流暴发，人畜伤亡，侵蚀量特别大。鲁山县二郎庙公社华眉沟流域面积 6 平方千米，七八月间一次大雨，13.6 万立方米的小水库被淤满，侵蚀模数每平

① 水电部治淮委员会编：《淮河流域重点县水土保持调查报告》，第 6 页。
② 安徽省地方志编纂委员会办公室编：《安徽省志·环境志》，第 316、313 页。
③ 石景华：《1999 年淮河流域水土流失治理情况表》，《治淮汇刊（年鉴）》（2000），第 25 辑，2000 年，第 297 页。
④ 水电部治淮委员会编：《淮河流域重点县水土保持调查报告》，第 8 页。
⑤ 安徽省地方志编纂委员会办公室编：《安徽省志·环境志》，第 316 页。

方千米达 4 万吨以上。①据 1982 年泗水县调查，全县 2 座中型水库 20 年共淤积 491.3 万立方米，分别占总库量的 3.5%和 4.1%。该县有 74 座小型水库，兴利库容 990.5 万立方米，截至 1980 年已淤积 381 万立方米，约占 38.5%，减少灌溉面积 1 万余亩。据 1982 年金寨县调查，1975 年修建的 5 座水库，库容为 30 万—70 万立方米不等，都已淤成沙库。东海、金寨、泗水、蒙阴、鲁山 5 个调查县中有 8 座大型水库，其中有 4 座水库测过淤积量，都很惊人，如表 1-3 所示。

表 1-3　1982 年东海、金寨、泗水、蒙阴、鲁山 5 个调查县大型水库淤积情况调查表

水库名称	地点	流域面积（平方千米）	总库容（亿立方米）	兴利库容（亿立方米）	测定淤积量（万立方米）	淤积年限	年平均淤积量（万立方米）	累计淤积量（万立方米）（1982年）	占兴利库容（%）	输沙模数[吨/（平方千米·年）]
岸堤水库	蒙阴县	1324	7.63	4.95	3600	1960—1972 年（13 年）	276.9	6370	12.9	3138
昭平台水库	鲁山县	1500	6.45	2.69	2275	1959—1978 年（20 年）	113.8	2731	10.2	1140
梅山水库	金寨县	2100	22.75	7.80	1337.5	1957—1972 年（16 年）	83.6	2173	2.8	600
响洪甸水库	金寨县	1400	26.32	7.70	1729.3	1959—1972 年（14 年）	123.5	2964.5	3.9	1323
合计	/	6324	63.15	23.14	/	/	597.8	14 238.5	6.2	1550

注：原文献中部分数据有误，本书引用时做了修正

资料来源：水电部治淮委员会编：《淮河流域重点县水土保持调查报告》，第 8 页

据表 1-3 中的数据，按年平均淤积量推算，到 1982 年 4 座大型水库共淤积 1.424 亿立方米，约占兴利库容的 6.2%。蒙阴岸堤水库淤积最多，达 6370 万立方米，约占兴利库容的 12.9%。

中华人民共和国成立后重视全面治理淮河，但是由于长期对生物措施重视不够，水土流失面积反而不断增多。迄 1985 年，9 万平方千米的丘陵山地，水土流失面积达 52 000 平方千米。据测算，全流域每年淤积到河、库、塘、湖的泥砂达 1 亿多立方米，减少的蓄量相当于一座大型水库的库容。山东、河南沿黄河一带农民引黄淤灌，改土种粮，已见成效。但是地

---

① 水电部治淮委员会编：《淮河流域重点县水土保持调查报告》，第 5—6 页。

表沙土遇到暴雨，便会淤塞河库。淮河第二大支流涡河，河床抬高了几尺。山东菏泽地区 30 多年修了 1600 个流量的泄洪工程，由于引黄等原因已减少了流量。[①]

五、水污染形势严峻

由于工业化、城市化的发展，向淮河水系排污量的逐步加大，加上流域内地表径流的年内分配极不均匀，淮河干支流水系在枯水期易发严重的水污染事故。淮河流域水污染问题在 20 世纪 70 年代就开始出现。当时治淮委员会水源保护办公室收集了淮河流域重要河段包括 400 多个观测点的水质资料，经过分析，挥发酚超过最高允许浓度的河段占 35%，溶解氧超标的河段占 13.5%，氰超标的河段占 26.24%，砷超标的河段占 21.7%，化学耗氧量（称高锰酸盐指数）超标的河段占 13.5%，总体评价是淮河水污染已经比较普遍，局部甚至很严重。比如，1970 年，信阳化工厂有机磷废水污染浉河致人畜中毒，耕牛中毒 28 头，死亡 10 头；1973 年，沙颍河支流湛河受造纸厂污水污染，平顶山后城生产队用河水浇地 200 亩，170 亩发黄，粮食减产 1/3；165 部队浇麦 200 亩，全部枯死。1974 年 8 月，信阳化工厂有机磷废水污染浉河，导致信阳三个生产队中毒 19 人，死亡 1 人；牛中毒 10 头，死亡 3 头，死鸭子 300 只、猪 1 头。1975—1977 年，蚌埠工业及城市污水污染淮河，导致 1975 年市区段死鱼、1976 年 4 月淮河河面死鱼飘浮、1977 年 10 千米河段死鱼。1977 年 3 月，淮南市因造纸废水倒灌入自来水厂取水口，长时间污染饮用水。[②]

从 20 世纪 70 年代末起，淮河干流水质严重污染呈周期性发展，且范围大，持续时间长。据治淮委员会水源保护办公室的调研数据分析，1980 年淮河水污染问题就已经开始突出。在流域片评价河段（湖库区）310 个、控制河段河长 8893 千米、湖库面积 6355.52 平方千米中，污染情况分析评价如下：第一，年平均情况下，有 53.9% 的河段（湖库区）、51.8% 的河长、19% 的湖库水面不符合饮用水标准；年最不利情况下，则有 86.1% 的河段（湖库区）、83.9% 的河长、83% 的湖库水面不符合饮用水标准。第二，不符

---

① 沈祖润、田学祥、郭君正：《重视淮河流域水土流失问题》，《人民日报》1985 年 10 月 5 日，第 2 版。
② 水利部淮河水利委员会、《淮河志》编纂委员会编：《淮河志 第 6 卷 淮河水利管理志》，第 452、457—458 页。

合渔业水质标准的河段（湖库区）占 48.1%、河长占 47.1%、湖库水面占 27.3%；年最不利情况下，不符合渔业水质标准的河段（湖库区）占 76.5%、河长占 72.9%、湖库水面占 82.6%。第三，不符合地表水标准的河段（湖库区）占 36.5%、河长占 33.7%、湖库水面占 17.3%；年最不利情况下，不符合地表水标准的河段（湖库区）占 71.3%、河长占 66.8%、湖库水面占 55.9%。第四，不符合农灌水质标准的河段（湖库区）占 23.2%、河长占 21.9%、湖库水面占 15.9%；年最不利情况下，不符合农灌水质标准的河段（湖库区）占 53.9%、河长占 48.5%、湖库水面占 53.5%。就地表水污染分布的区域看，在平均情况下，淮河下游平原区水源不可利用比率最大，不符合饮用、渔业水质标准的河段（湖库区）数、河长、湖库水面积所占比率均在 60% 以上，不符合地表水、农灌水质标准的河段（湖库区）数、河长、湖库水面积所占比率在 50% 以上。[①]截至 1982 年，河南周口市工业废水和生活污水日排放量约 3 万吨，主要是造纸、印染、制革、电镀、印刷制版、食品加工和医院排污等污水，经化验，废水中含有氯化物、挥发性酚、砷、六价铬、红矾钠、酸、碱、油类和致病菌等有毒有害物质。对十几个排放量大的工厂调查，工业废水未经处理，就近排入了市内坑塘、河流或沟井，不仅污染水域，也严重污染地下水源。全市大小坑塘 40 多个，近 400 亩水面，90% 以上被污染，有些坑塘生物不存，鱼虾绝迹，水产队被迫停产。[②]1987 年，河南新郑县化工厂废水注入双洎河上的陆庄水库，导致库水报废，周围土壤遭到破坏，粮食连年减产，地下水受污染。[③]

20 世纪 90 年代以来，淮河水污染愈加严重，污染事故频发。据统计，1990—1992 年河南省辖淮河流域共发生水污染事故 100 多起。[④]20 世纪 90 年代中期，安徽境内的淮河、泗河、颍河、泉河、涡河、济河、西淝河、浍河、濉河、沱河、奎河、新汴河都受到严重污染。淮河干流即使在丰水期，通过淮南市段和蚌埠市段的水质也很差，在枯水期，水质更差。[⑤]1995

① 水利电力部治淮委员会水源保护办公室：《一九八〇年淮河流域片地表水源污染状况》，《治淮汇刊》（1982），第 8 辑下册，1982 年，第 163—164 页。
② 刘耀华、申庚保：《周口市环境保护工作概述》，中国人民政治协商会议周口市委员会文史资料委员会编：《周口文史资料》第 13 辑，1996 年，第 113—114 页。
③ 水利部淮河水利委员会、《淮河志》编纂委员会编：《淮河志 第 6 卷 淮河水利管理志》，第 456—457 页。
④ 淮河流域水资源保护局：《淮河流域经济发展与水污染趋势分析（1984—1990）》，《治淮汇刊》（1993），第 19 辑，第 108 页。
⑤ 安徽省水利厅：《安徽省 1994 年淮河污染防治工作》，《治淮汇刊（年鉴）》（1995），第 20 辑，第 160 页。

年 9 月—1996 年春的淮河蚌埠段污染严重时，"（自）来水虽经自来水厂深度处理，然有害物质仍超标 10—20 倍。蚌埠人只好靠买矿泉水度日，一时间，矿泉水成为最好销的商品，拎水过市成为蚌埠街头无奈的一景"①。水利部淮河水利委员会淮河流域水环境监测中心提供的数据显示，2010 年 1—4 月，"淮委淮河流域水环境监测中心共 8 次对淮河流域跨省河流 50 个左右的省界断面水质进行了 21 项内容的监测。监测结果显示：1 月份水质受污染的 V 类断面和水质严重污染的劣 V 类断面分别占 8.2% 和 22.4%，2 月份为 10.2% 和 24.5%，3 月份为 4.1% 和 29.2%，4 月份则达到 17% 和 27.6%，水污染情况呈加重趋势"②。根据《2017 年河南省环境状况公报》，省辖淮河流域 COD、五日生化需氧量、高锰酸盐指数皆超标，其中包河水质级别为中度污染，双洎河、惠济河水质级别为重度污染。③可以说，淮河干支流每年枯水期几乎都会发生或大或小的水污染事故。

随着工业化和城市化的发展，淮北平原地下水也受到了很大的污染。自 20 世纪 80 年代末开始，郑州、开封、漯河、许昌、周口等地工业废水和生活污水全都被排放到沙颍河支流，在周口汇入沙颍河。此后，淮河 10 年间整治关闭了大量的小型重污染企业，沙颍河的污染有所改善。但一些效益较好、规模较大的大中企业，如项城莲花集团、漯河银鸽造纸厂、周口丁集德杰皮革厂等多家企业依然在排放污水，再加上日渐增多的城市生活污水，使沙颍河的污染无法根治。沙颍河严重污染导致沙颍河地下水水质较差，一般为Ⅳ类水或 V 类水。就河南淮河流域的部分城市地下水水质来看，污染都比较严重。郑州自 20 世纪 80 年代后地下水水质逐年变差，以Ⅳ类、V 类水为主，地下水无机因子超标率越来越高，因子含量越来越高，深层地下水因浅层地下水的影响，水质有所恶化。开封地下水无论是浅层地下水还是深层地下水，其综合水质均较差，以Ⅳ类、V 类水为主，主要分布于城区附近，城区外围水质稍好，沿马家河水质极差，以 V 类水为主。④其他如商丘、漯河、平顶山等城市地下水都不同程度地受到污染，水质逐渐恶化，对人们的生命健康产生了巨大威胁。

正因为 20 世纪 90 年代以来淮河污染日益严重，豫皖边界一带开始流

① 王慧敏：《矿泉水做饭几时休》，《人民日报》1996 年 5 月 27 日，第 2 版。
② 钱伟：《淮河流域省界断面水质持续下降——进入主汛期后污染防控压力大增》，《人民日报》2010 年 5 月 25 日，第 9 版。
③ 宋浩静、宋贤萍：《基于河长制视角的河南农村水生态文明建设思考》，《陕西水利》2019 年第 11 期。
④ 程生平、赵云章、张良，等编著：《河南淮河平原地下水污染研究》，第 228—234、256、259 页。

行一首新渔歌:"吃水有污染,洗澡身起癣;大鱼光,小鱼完,青蛙老鳖爬上岸。"[1]

第四节　水资源环境变迁的特征

中华人民共和国成立以来治淮的不断推进,虽极大地提高了流域防洪除涝抗旱减灾和供水保障能力,但并没有彻底改变流域的孕灾环境,除了前文述及的水资源环境变迁呈现的人工化改造正向效益,水资源环境变迁也出现了负向效益的新特征,即水旱灾害风险依然存在,近年来更是出现了水资源短缺、水环境恶化、水生态退化等新问题。

一、水旱灾频发

淮河流域过渡性地理气候条件和复杂的水系特征,是水旱灾害频发的客观因素,同时不合理的人类社会活动进一步加剧了灾害程度,加上黄河长期夺淮的影响难以在短期内彻底消除,所以当代淮河流域频繁发生水旱灾害仍不可避免。

首先,水旱灾害频次增加。淮河流域汛期天气多变,往往多雨则洪涝,少雨则干旱。淮北平原因地势平坦,河沟量少,排水不畅,蓄水困难而易涝易旱;丘陵地区是水稻的主产区,但地势较高,岗冲交错,坡度较陡,排水容易,蓄水较难,而经常易旱成灾;山区因山高坡陡,蓄水困难,易受山洪及旱灾危害。从发生的水灾来看,中华人民共和国成立以来淮河流域洪涝灾害频繁,以20世纪50年代最为严重,洪涝灾害较大的有4年,即1950年、1954年、1956年、1957年。20世纪60年代以平原涝灾为主,这是当时推行"以蓄为主"的治水方针导致的恶果。再加上降雨时空分布不均的气候因素,使1962—1965年连续四年发生大涝。20世纪70年代流域内雨量偏少,洪涝灾害相对较轻,以1974年、1975年、1979年较重。20世纪80年代,洪涝灾害年份相应又增多,这个时段主要有1980年、1982年、1983年、1984年、1985年、1989年,其中1982年和1984

---

[1] 陈桂棣:《淮河的警告》,第27页。

年水灾最大。从发生的旱灾来看，旱灾已成为淮河流域的主要自然灾害。中华人民共和国成立以来，淮河流域先后出现了 18 个大旱年份，大旱出现的频次为 4 年出现一次。从受灾程度分析，淮河 1991—1998 年旱灾年均成灾农田 2.07 万平方千米，占全流域耕地面积的 16%，较淮河 20 世纪 80 年代旱灾成灾农田占耕地面积比重高 3 个百分点，更较 20 世纪 50 年代、60 年代和 70 年代旱灾成灾农田占耕地比重高 8—9 个百分点。淮河旱灾呈逐年加剧之趋势，且旱灾重于水灾。①

　　其次，旱涝交替。洪涝与干旱交替发生，时空分布不均匀。一年之内经常出现旱涝交替或南涝北旱现象。淮北的中、东部多涝，涝和偏涝年占 65%左右，淮北的西部和淮南丘陵区多旱，旱和偏旱年占 55%以上。流域水旱灾害的时空组合十分复杂，夏涝秋旱和流域东北旱、西南涝为最常见的组合形式。②比如，1950 年、1965 年、1979 年、1982 年、1991 年都是旱涝急转的典型年份。1950 年 6 月下旬以前，淮河流域久旱不雨，广大群众大力抗旱，6 月底 7 月初，淮河上中游及江苏徐淮地区普降大到暴雨，造成严重的洪涝灾害。1964 年汛后到 1965 年 6 月底，江苏里下河及沿海地区持续大旱，淮河干流来水极少，洪泽湖水位降至死水位以下，1965 年 6 月 29 日跌至 10.86 米。从 6 月 30 日开始，连降暴雨、大暴雨，三天之内形成旱涝急转之势，至 8 月 23 日，苏北降雨总量相当于正常年份的全年降雨量，苏北里下河地区一片汪洋。1979 年，苏北春旱接夏旱，夏旱又转涝，秋冬连旱。1978 年 8 月下旬—1979 年 6 月底，淮河断流 290 多天。1979 年 6 月中旬以后，旱涝急转，多次降大到暴雨，洪泽湖水位迅速升至 13.19 米，沿淮及苏北大面积农田受涝渍灾害。9—12 月又长期少雨，出现了大面积干旱现象。1982 年是淮河流域南涝北旱年，1—6 月干旱少雨，各地降雨量较常年同期偏少 5—8 成，河、湖出现同期最低水位。淮河干流洪泽湖以上 1—6 月来水总量仅有 20.9 亿立方米，为常年同期的 1/3，因此 1982 年是仅次于 1978 年的第二个枯水年。沂沭泗地区旱情严重，1982 年 7 月 12 日，淮河上游普降暴雨，7 月底—8 月初，暴雨区北移。由于降雨范围大，淮河干支流洪水大、水位高，淮北平原内涝严重。1991 年夏出现大洪涝，大水过后，洪涝旱急转，8 月流域北部出现旱情，并由北向南发展，9—12 月，全流域降雨量与常年相比偏少 5—9 成，各地普遍出现旱情。10 月，安徽省受

① 胡巍巍：《淮河流域中游湿地景观格局演变及优化调控研究》，第 62 页。
② 许炯心：《淮河洪涝灾害的地貌学分析》，《灾害学》1992 年第 1 期。

旱面积达 3460 万亩。[①]

最后，水旱灾害呈现连发性。一是年内跨季节连发旱灾。安徽旱灾的季节分布以夏季最多，秋季次之，冬春季节较少。有时出现夏秋连续干旱或春夏秋三季连续干旱。连续干旱的情况，以江淮之间最多。安徽省淮河以南地区，5 月、6 月少雨，栽秧用水困难，7 月、8 月伏旱，对水旱作物的收成影响都很大。淮北地区 6 月缺雨，严重影响麦茬水稻、夏玉米及大豆等的适时栽插播种，伏旱、秋旱的出现，对秋季粮经作物危害严重。夏季的麦类、油菜，在播种阶段、盘根分蘖、开花灌浆等关键生长时期，如缺雨干旱，对其收成的好坏关系极大。夏季作物主要怕秋冬连旱或冬春季节的长期干旱。淮南地区平均每 3 年就有一次秋旱或冬旱抑或两季连旱；淮北地区平均每 2.5—3 年就有一次夏旱或秋旱，或冬春连旱。[②]二是跨年连发水旱灾害。比如，1962 年、1963 年淮河流域连年涝灾。1962 年全流域成灾面积为 4080 万亩，苏、皖两省成灾面积都在 1000 万亩以上，豫、鲁两省涝灾较轻。1962 年冬春两季干旱，汛期 6—9 月各地连降暴雨，江苏徐淮地区、里下河地区降雨量分别达 800 毫米、1120 毫米，降雨总量比 1954 年大水时还多 100 多毫米，因此涝灾严重。[③]与水灾连发情况相较，淮河流域旱灾的连发性特征更为明显，如 1959 年大旱后，淮河流域又接连出现 1960年、1961 年、1962 年三年大旱。安徽淮河流域共发生 5 次 2—4 年的连续干旱。江淮之间曾发生 1965—1968 年连续四年的干旱。[④]

二、水资源短缺

淮河流域水资源总量在地区分布上，是南部多北部少，山区多平原少，沿海多内陆少。占淮河流域 1/3 面积的山丘区，人口稀少，经济欠发达，水资源却相对丰富，人均占有水资源量约 900 立方米，而占流域面积2/3、流域耕地和人口 80% 以上的平原区，人口非常密集，但水资源占有量反而不到全流域的 50%，人均不足 350 立方米。[⑤]属于湿润带的淮河以南及

---

① 水利部淮河水利委员会、《淮河志》编纂委员会编：《淮河志　第 2 卷　淮河综述志》，第 297—298 页。
② 安徽省地方志编纂委员会办公室编：《安徽省志·环境志》，第 76 页。
③ 水利部淮河水利委员会、《淮河志》编纂委员会编：《淮河志　第 2 卷　淮河综述志》，第 300—301 页。
④ 安徽省地方志编纂委员会办公室编：《安徽省志·环境志》，第 76 页。
⑤ 淮河水利委员会调研组：《淮河流域省际水事纠纷情况调查报告》（2005 年 12 月），《水利系统优秀调研报告》第 5 辑，北京：中国水利水电出版社，2006 年，第 308 页。

上游山丘区，年径流深为 300—1000 毫米；而属于过渡带的淮河以北地区，年径流深为 50—300 毫米，并自南向北递减。流域南部的大别山区，是年径流深最大的地区，年径流深超过 1000 毫米，北部沿黄地区为径流深最小的地区，年径流深仅 50—100 毫米，南北相差 10—20 倍；西部伏牛山区年径流深为 400 毫米，而东部沿海地区年径流深为 250 毫米，东西相差 1.6 倍多。山丘区为淮河流域年径流深的高值区，最高区位于大别山白马尖顶峰的东南坡，年径流深达 1000 毫米，其中潢河上游的黄尾河站，多年平均年径流深为 1054 毫米，次高区位于伏牛山顶峰石人山的东南坡，多年平均径流深为 400 毫米，其中沙河上游的中汤站，多年平均年径流深达 497 毫米。平原区为年径流深的低值区，豫东平原北部沿黄一带和南四湖湖西平原区，年径流深仅 50—100 毫米，为淮河流域年径流深的最低区；淮河王家坝以下沿淮圩区，淮北及淮河下游平原，年径流深 100—250 毫米，为年径流深的次低区。淮河流域地表水资源区域分布失衡的状况，与流域人口、耕地及工农业分布极不相适应，年径流深的低值区——淮河以北广大平原地区，是淮河流域社会经济的中心，全流域 80% 左右的人口、耕地、粮、棉、油产量，主要城市、工矿企业及煤电能源基地等均位于该区域，但地表水资源却十分紧张。特别是南四湖湖西平原人均水资源仅有 108 立方米，亩均 76 立方米，王家坝—蚌埠区间淮北平原人均水资源 226 立方米，亩均水资源 169 立方米，而这两个地区拥有全流域 40% 左右的耕地，地表水资源量仅占全流域的 18%，为全流域水资源最贫乏地区之一。

淮河流域地表径流的年际变化也很大，最大年与最小年径流相差悬殊，其比值，淮河以南地区各河流一般达 3—10 倍不等，淮河以北地区各河流一般达 10—30 倍，最大的超过 40 倍，且呈北部大于南部、平原大于山丘区的分布规律。全流域丰水年径流量最大可超过 1000 亿立方米，1956 年为 1120 亿立方米，1963 年为 1160 亿立方米，为多年均值的 1.9 倍。而枯水年年径流量不及 200 亿立方米，仅为多年均值的 29%，1966 年为 184 亿立方米，1978 年为 191 亿立方米，还不到现状需水量的 40%。最大年与最小年径流量的比值约为 6.3。[①]淮河干支流枯水流量很小。蚌埠站在 1958 年以前年最小流量曾有 20 立方米每秒，由于上中游水库及沿河节制闸的拦蓄，1966 年以后淮河干流多次断流。可见，在枯水年份，淮河流域水资源

---

① 水利部淮河水利委员会、《淮河志》编纂委员会编：《淮河志 第 2 卷 淮河综述志》，第 65—66 页。

短缺问题非常突出。而且淮河流域旱灾存在逐渐加重的趋势,从 1999 年之后,蚌埠水文站极端枯水日数有所增加,甚至达到 300 天左右,反映流量下降幅度很快,淮河干流径流量下降迅速,直接导致流域水资源紧张,淮河供水能力不足,反过来,也极其容易导致流域性大旱的发生。[1]

淮河流域径流还呈现汛期十分集中、季节径流变化大、最大与最小月径流相差悬殊等特点。全年径流量主要集中在汛期 6—9 月,各地区河流汛期径流量占全年径流量的 53%—80%,其中淮南地区占 53%,淮北地区占 70% 左右,沂沭泗地区占 80% 左右。各季河流径流以夏季最大,占全年径流量的 46%—70%,其中淮南地区占 46%、淮北地区占 57%、沂沭泗地区占 70%;秋季径流量次于夏季,占全年径流量的 14%—21%,其中淮南地区占 14%、淮北地区占 21%、沂沭泗地区占 19%;春季径流量居全年第三位,占年径流量的 6%—32%;冬季径流最小,只占年径流量的 5%—9%,其地区差别很小。最大、最小月径流量相差悬殊,最大月径流量占年径流量的比例为 20%—37%,而最小月径流仅为年径流量的 1%—5%。[2]淮河流域年径流量年内分配的极不均匀性,经常形成汛期水多,造成洪涝灾害,枯水季节又感水源不足,常发生旱灾。

淮河流域水资源总量为 794 亿立方米,人均水资源不足 500 立方米,为全国人均的 21%、世界人均的 6%,属于水资源严重短缺地区。现状流域多年平均缺水量达 51 亿立方米,缺水率达 8.6%,遇到干旱年份缺水形势更加严峻。[3]而随着现代化的发展,淮河流域各地工农业生产和城乡居民生活用水量却呈现逐年增长的态势,水资源短缺问题日渐突出。据 1985 年统计,淮河流域总用水量为 380 亿—490 亿立方米。农业灌溉用水量在 320 亿立方米以上,占全流域总用水量的 85% 以上,用水量最大的 1978 年达 452 亿立方米,最小的 1985 年为 324 亿立方米;工业用水量已由 1980 年的 28 亿立方米上升到 1985 年的 53 亿立方米,占全流域总用水量的 13% 以上;城镇生活用水量由 1980 年的 3.9 亿立方米上升到 1985 年的 5.3 亿立方米,占全流域总用水量的 2% 左右。[4]又据安徽省的调查数据统计,2005 年全省水资源总量中淮河流域水资源总量为 353.8 亿立方米,人均水资源量 948.4

---

[1] 高超:《淮河流域气候水文要素变化及成因分析研究》,第 53 页。
[2] 水利部淮河水利委员会、《淮河志》编纂委员会编:《淮河志 第 2 卷 淮河综述志》,第 67—68 页。
[3] 肖幼:《聚焦淮河流域水安全重大问题 引领新时代治淮事业更好发展——在新时代治淮科技问题研讨会暨淮委科学技术委员会会议上的讲话》,《治淮》2018 年第 11 期。
[4] 水利部淮河水利委员会、《淮河志》编纂委员会编:《淮河志 第 4 卷 淮河规划志》,第 380 页。

立方米，低于国际公认的人均 1000 立方米水资源紧张警戒线。①又如，江苏赣榆县水资源匮乏，人均占有量是全国平均水平的 1/5。水资源利用率较低，万元工业增加值取水量为 135 立方米，是节水先进国家的 4 倍，工业用水重复利用率仅为 25%左右，农业灌溉水量损失率达 65%，水资源供需矛盾日益加剧，形成资源型、水质型、工程型缺水。②

三、水环境恶化

淮河流域水环境恶化的最突出标志是严重的水污染，淮河是我国七大江河中污染最严重的河流。根据 1998 年全流域 143 个主要水质站点的 1335 次监测资料的水质现状评价结果，符合国家Ⅲ类水质标准测次仅占总监测次数的 30.6%，不能用作饮用水源的占监测资料的 70%以上。而 2004 年 1—5 月主要河段Ⅴ劣类水占 46.5%—48.0%，优于Ⅲ类水仅占 18.5%—29%。其干流 13 个主要监测断面，2004 年 3 月以前均没有Ⅲ类水，4 月仅老坝头断面为Ⅲ类水、王家坝为Ⅳ类水，其余全部为劣Ⅴ类水和Ⅴ类水；5 月也仅有老坝头等 6 个断面为Ⅲ类水。淮河干流从淮南大涧沟到盱眙水文站，淮河支流颍河、涡河、沭河和新沂河等河流，除局部河段水质较好外，基本上均为劣Ⅴ类水和Ⅴ类水，已造成一定程度的生态灾难。③因此，淮河在汛期前向下游下泄上亿立方米的水基本上是污水，极易造成水污染事故。据《淮河志》对有资料记载的污染事件进行统计，截至 1992 年，淮河流域较大水污染事故有 160 余起；淮河干流自 1979 年以来，发生较大污染事故有 6 次，属于饮用水告急、人畜中毒的有 30 起，死鱼事故 63 起，禾苗烧死与粮食绝收 42 起，因油污染水面起火 11 起，其他 14 起。④频发的水污染事故造成的直接经济损失、间接损失都很巨大。

当然，我们应该看到，淮河水污染是人类自身不合理的开发活动所造成的，经过国家和地方社会大力推进淮河治污行动，淮河水环境污染恶化趋势已经逐步得到了控制。根据 1997—2006 年《中国环境统计年鉴》统计，淮河流域各省 1996—2005 年发生的污染事故及水污染事故次数（表 1-4），江苏省为污染事故最多的省份，除 1996 年、2001—2003 年、2005 年

① 安徽省地方志编纂委员会办公室编：《安徽省志·环境志》，第 197 页。
② 祁德超、邹跃、邱凤翔：《浅析赣榆水资源的综合利用与水污染防治》，《治淮》2018 年第 1 期。
③ 胡巍巍：《淮河流域中游湿地景观格局演变及优化调控研究》，第 62—63 页。
④ 水利部淮河水利委员会、《淮河志》编纂委员会编：《淮河志 第 6 卷 淮河水利管理志》，第 455 页。

外，年污染事故均在 50 起及以上；就变化趋势而言，山东省污染事故基本呈逐年降低趋势，而其余省份各年份污染事故发生次数有所变动。总的来说，"九五"期间发生的污染事故较多，"十五"期间除 2004 年有所反弹外，基本呈减少趋势。

表 1-4　1996—2005 年淮河流域河南、安徽、江苏、山东发生的水污染事故次数

地区	1996年	1997年	1998年	1999年	2000年	2001年	2002年	2003年	2004年	2005年
河南	7	15	13	10	9	5	9	3	38	7
安徽	53	45	29	39	43	40	28	39	2	16
江苏	/	62	55	61	67	19	26	20	50	18
山东	61	38	/	36	51	34	31	10	6	11
合计	121	160	97	146	170	98	94	72	96	52

注：原文献中数据有误，本书引用时做了修正
资料来源：李云生、王东、张晶主编：《淮河流域"十一五"水污染防治规划研究报告》，第 1 页

2006—2010 年"十一五"期间，安徽淮河流域总体水质状况由重度污染好转为中度污染。与"十五"末相比，总体水质状况明显好转，Ⅰ—Ⅲ类水质断面比例上升了 17.1 个百分点，劣Ⅴ类断面比例下降了 20.1 个百分点；与"十五"末相比，淮河干流水质由Ⅳ类好转为Ⅲ类，综合污染指数均值下降 32.3%；支流污染程度有所减轻，23 条主要支流中，涡河水质明显好转，19 条支流综合污染指数有所下降，其中池河、白塔河、颍河、茨淮新河、黑茨河、奎河、涡河、东淝河、沣河和史河 10 条支流综合污染指数均值下降幅度在 20% 以上，与"十五"末相比，水质为劣Ⅴ类的支流由 12 条减少为 6 条。[1]特别是近年来，经过长期的水污染综合整治，淮河流域河湖水质总体上继续呈好转趋势，淮河干流水质基本常年保持Ⅲ类。

然而，我们也要看到，淮河水环境污染恶化趋势尚未得到根本扭转，沙颍河、涡河、沱河等淮北重要支流还不时发生水污染事故，部分河流水质还未达到水功能区管理目标要求，主要污染物入河量仍然超过水功能区纳污能力。2017 年，淮河流域入河废污水排放总量约 64.90 亿吨，流域全年期水质评价Ⅴ类和劣Ⅴ类水质河长约占 17.9%，流域 47 条跨省河流 51 个省界断面水质监测不达标测次比例约为 56.2%，重要江河湖泊水功能区水质达标率约 70.7%，低于全国 76.9% 的水平。[2]

[1] 安徽省地方志编纂委员会办公室编：《安徽省志·环境志》，第 135 页。
[2] 肖幼：《聚焦淮河流域水安全重大问题 引领新时代治淮事业更好发展——在新时代治淮科技问题研讨会暨淮委科学技术委员会会议上的讲话》，《治淮》2018 年第 11 期。

四、水生态退化

随着人口的增长，为解决粮食问题，从 1958 年开始，淮河流域一些山丘区陡坡被开垦。随后，在淮河流域山区所进行的开矿、建厂、修路等现代工业和交通运输业活动，又造成大量森林被毁，地貌遭侵蚀，土层流失严重。据治淮委员会 1990 年遥感普查，全流域水土流失面积 5.9 万平方千米，土壤年流失量 2.3 亿吨。①水土流失是造成淮河流域洪涝、干旱灾害和水资源短缺的重要原因之一。

淮河流域地表水利用率约为 44.4%，地下水利用率约为 58.4%，部分地区水资源开发利用程度已超过当地水资源环境承载能力。由于过度开发利用有限的水资源，淮河流域河湖生态用水日趋紧张，出现了河道断流或有水无流、湖泊湿地萎缩甚至干涸、地下水漏斗、海水入侵等水生态问题。近几十年来，淮河干流及沙颍河、涡河、沂河、沭河、淠河等主要支流都曾出现过河道断流的现象。另外，流域内的湖泊数量和水面面积也在较大幅度地减少。现状淮河、沂沭河水系最小生态用水的满足程度分别为 68% 和 60%，2017 年淮河流域 7 条主要跨省河流 14 个控制断面年内生态流量监测评价结果显示，5 个断面不达标。其中，涡河沿岸的亳州、蒙城断面全年生态流量日满足程度仅有 26.3% 和 43.8%，沭河大官庄、山东和江苏省界断面生态流量日满足程度皆达不到 20%。②

防洪、除涝、灌溉等工程建设虽取得了重大成就，但依然存在淮河上游拦蓄能力不足，防洪标准仅十年一遇；中游行洪不畅，行蓄洪区安全问题突出，特别是遇中小洪水行洪能力不足，汛期高水位持续时间长，防汛压力大；行蓄洪区人口多，区内群众安全居住问题尚未得到解决，难以及时启用等问题。水利工程抗旱保收、保障生态需水方面仍然未取得重大进展，2002 年、2014 年南四湖两度遭遇严重干旱，几近干涸，敲响了生态危机的警钟。水利工程群的建设及运行改变了流域的水文情势，形成了大量的季节性静态水体，其对污染物降解能力弱，水质容易恶化。闸坝建设和人为调控对流域河湖生态系统影响较大，流域水体格局破碎化严重。

---

① 唐元海：《研究与治理水环境是 21 世纪治淮的战略任务》，《面向新世纪的中国历史地理学——2000 年国际中国历史地理学术讨论会论文集》，济南：齐鲁书社，2001 年，第 81 页。
② 肖幼：《聚焦淮河流域水安全重大问题 引领新时代治淮事业更好发展——在新时代治淮科技问题研讨会暨淮委科学技术委员会会议上的讲话》，《治淮》2018 年第 11 期。

淮河流域水资源总量少、水环境容量下降及自净能力降低，过半水质存在不同程度污染，1/3 左右水质重度污染，跨界水污染事件频发。地下水氟化物超标现象普遍，集中式饮用水达标率偏低。水污染使部分水体功能弱化甚至丧失，水生态系统破坏严重，生态环保面临着极大挑战。

淮河流域是我国水资源开发利用程度高、水生态环境较为脆弱的地区。流域各地政府要以国家颁布《淮河生态经济带发展规划》为契机，落实最严格的水资源管理和环境保护制度，着力保护水资源环境，构筑起具有防洪、水土保持、水源涵养等复合功能的沿淮综合植被防护体系。要坚持绿色思维，大力推进流域节水型社会建设，推动产业布局优化调整、经济结构转型升级。要积极探索建立流域生态补偿机制，促进河源区的水土保持和水源涵养。要严格管控河流湖泊水域岸线，重塑自然健康的河湾、岸滩，营造流域多样化生物生境。要强化流域水功能区和入河排污口监管，加强饮用水水源地保护，实施地下水超采区综合治理，努力实现流域水资源环境质量的全面提升。

第二章
淮河流域水事纠纷的产生

　　水事纠纷系指在开发、利用、节约、保护、管理水资源和防治水旱灾害的过程中及由水环境污染行为、水工程活动所引发的与水事有关的各种矛盾冲突。水事纠纷的产生实质上是特定区域内水事关系失衡的结果，而这种水事关系从相对平衡到失衡，既与区域内气候变化、地形水系状况、水旱灾害严重与否等客观地理环境有关，又与区域经济开发、行政区划管理、民间社会争夺各种水事利益等社会活动紧密相连。淮河水系的整体性与流域行政区划的分割性之间的矛盾，以及人们围绕排水、灌溉、垦种湖田湖产、圈圩垦殖和养殖、开采河砂湖砂、修建水利工程等水事利益展开的争夺，既是当代淮河流域水事纠纷频发的重要原因，也是流域水事纠纷类型多样化的主要表现。

第一节　行政区域与水系流域的矛盾

　　淮河流域分为淮河与沂沭泗两大水系，现跨河南、安徽、江苏、山东四省，在流域的西南角还有湖北省随州市和孝感市的一小部分。中华人民共和国成立以来，淮河流域的省、市、县、乡镇各级行政区的形成和调整是行政区划变迁的结果，行政区划的变动既是国家社会经济发展的需要，也是对流域水资源环境进行管理和综合治理的需要。不过，淮河流域水资源环境的变迁具有流域性、整体性特征，而流域行政区划有人为的区域性、分割性，淮河水系与行政区划并不能保持一致，两者的矛盾时常发生，水事纠纷也因此而产生。

一、行政区划沿革

中华人民共和国成立以来，国家行政区划根据政治、经济形势发展变化的需要，适时地进行了相应的调整和变动。国民经济恢复时期，先后将全国划分为华北、东北、西北、华东、中南、西南 6 个大行政区，并分别设置相应的地方政权机构——大行政区人民政府（军政委员会）领导各省、自治区、直辖市。1952 年 11 月，大行政区人民政府（军政委员会）改为大区行政委员会，作为代表中央人民政府在各地区进行领导与监督地方政府的派出机关。1954 年 6 月，撤销了 6 个大区行政委员会。从此，省、自治区、直辖市成为中华人民共和国较为稳定的一级行政区单位。

在省级之下，一般是县、市。至于专区，只是省的派出机构，而不是正式政区单位。1970 年专区改地区，设地区革命委员会，才一度变成省县之间的政区单位，然至 1978 年按地区设立行政公署后，又恢复为省的派出机构。地区之下是县，县是中国地方行政区承上启下的重要环节和密切联系人民群众的基本行政区域单位。根据《中华人民共和国宪法》的规定，县是省、自治区、直辖市和乡、民族乡、镇之间第二级行政区域，在自治州和较大的市领导下的县则为第三级行政区域。改革开放后，为适应城市化和以城市为中心的经济体制改革的需要，普遍开始推行市管县的新行政区划制度。市就处于省、县之间而成为二级行政区单位，或成为较大市领导下的三级行政区单位。市建制的设置，均同县建制的存废、县行政区域界线的变动紧密相连。市的设置和撤销，有时导致县建制的撤销或恢复，有时导致县行政区域的改变，故市建制的设立、撤销在县行政区划变更中占重要地位。

县之下有区有乡。乡是中国广大农村的基层行政区域单位。中华人民共和国成立初期，农村基层行政区域单位有两种：华北区、东北区各省和内蒙古自治区的行政村；华东、中南、西南、西北区各省的乡。区在 1954 年撤销，1958 年兴起的"人民公社化运动"，使原有的乡发生了根本的变化。人民公社开始是由高级农业生产合作社合并组成的集体所有制的经济组织，后逐渐发展形成政社合一的基层行政区域单位，取代了原来乡的行政地位。党的十一届三中全会以后，中央根据农村实行家庭联产承包责任制出现的新情况，决定实行政社分开，建立乡政府。1983 年 10 月中共中央、国务院联合发出《关于实行政社分开建立乡政府的通知》，规定建乡的规模"一般以原有公社的管辖范围为基础,如原有公社范围过大的也可以适当划小"。据此,各地普遍进行了恢复建立乡政府的工作。从此,乡的建置又得到恢复,并取代公社而成为地方上最基层的行政区划单位。

淮河流域行政区随全国与流域各省行政区调整及淮河流域部分水系的变迁,与原来淮河流域行政区划相比,发生了较大变化。1949 年 4 月,根据江苏、安徽两省北部是老解放区,南部是新区,南、北工作基础和工作任务各异,为适应不同形势的需要,将两省分别划分为苏北、苏南、皖北、皖南 4 个行署区,各设立省级政权机关人民行政公署(简称行署)领导。皖北行署区的地域为今安徽省江北地区,治所在合肥市;苏北行署区的地域为今江苏省江北地区,初治泰州市,后治扬州市。1949 年 8 月,以冀鲁豫解放区的地域为基础,又析民国时河南、山东、河北三省的部分地区组建平原省,治新乡市,当时属华北人民政府管辖,1950 年 11 月 13 日属中央人民政府华北事务部管辖。至 1949 年底,淮河流域(含汶水区)跨平原、山东、河南、湖北 4 省和皖北、苏北 2 行署区。1949 年底淮河流域省、省辖市、专区、市、县情况,如表 2-1 所示。

表 2-1　1949 年底淮河流域行政区一览表

省、行署	市、专区	市县名	市、县数
河南省	郑州市		
	开封市		
	郑州专区	郑县、新郑、成皋、登封、密县、荥阳	6 县
	陈留专区	陈留、尉氏、开封、中牟、洧川、兰封、杞县、通许、考城	9 县
	商丘专区	朱集市,商丘、睢县、柘城、宁陵、民权、虞城、夏邑	1 市 7 县
	淮阳专区	周口市,淮阳、鹿邑、商水、沈丘、项城、扶沟、西华、太康	1 市 8 县
	许昌专区	许昌市、漯河市,许昌、长葛、鄢陵、临颍、郾城、舞阳、叶县、襄城、禹县、郏县、宝丰、临汝、鲁山	2 市 13 县
	信阳专区	信阳市、驻马店市,信阳、确山、遂平、西平、上蔡、正阳、新蔡、汝南	2 市 8 县
	潢川专区	潢川、光山、新县(原经扶县改称)、商城、固始、罗山、息县	7 县
	南阳专区	桐柏(部分)、方城(部分)、泌阳(部分)	3 县
	洛阳专区	伊阳	1 县
	小计	2 省辖市,9 专区	6 市 62 县
皖北行署区	蚌埠市		
	淮南矿区		
	肥西县	(部分,由合肥县析置)	
	宿县专区	宿城市,宿县、灵璧、泗县、泗洪(由洪县析置)、五河、怀远、砀山、萧县、永城	1 市 9 县

续表

省、行署	市、专区	市县名	市、县数
皖北行署区	阜阳专区	界首市、阜城市、亳城市，阜阳、太和、亳县、涡阳、蒙城、凤台、颍上、阜南（由阜阳县析置）、临泉	3市9县
	六安专区	六安、霍山、金寨（原立煌县改称）、霍邱、寿县	5县
	滁县专区	定远、凤阳、嘉山、盱眙、炳辉（原天长县改称）、来安（部分）	6县
	巢湖专区	肥东（部分，由合肥析置）	1县
	小计	1省辖市，1矿区，1省辖县，5专区	4市30县
苏北行署区	淮北盐区		
	淮阴专区	淮阴、淮宝（原淮安、宝应2县运淮以西部分组成，驻岔河镇）、泗阳、沭阳、灌云、宿迁、睢宁、新安（由沭阳、宿迁2县析置）、邳睢（原邳县陇海路南部及睢宁县北部组成，驻土山）、涟水	10县
	盐城专区	盐城、射阳（原阜宁、盐城之串场河以东、射阳河以南部分组成）、建阳（原阜宁、盐城之串场河以西及皮岔河以北部分组成，驻湖垛镇）、阜宁、滨海（原阜宁、涟水、灌云3县析出）、涟东（涟水县盐河以东部分）、淮安、东台、台北（原东台县北部，驻大中集）	9县
	泰州专区	扬州市、泰州市，江都、高邮、宝应、兴化、泰县（部分）、仪征（部分）、六合（部分）	2市7县
	南通专区	海安（部分，由泰县、东台、如皋3县析置）、如皋（部分）、如东（部分）	3县
	小计	1直辖盐区，4专区	2市29县
山东省	徐州市		
	铜山县	（受省与徐州市双重领导）	
	鲁中南行署		
	新海连市		
	济宁市		
	滨海专区	莒县、日照、东海、临沂、郯城、莒南（由莒县析置）、竹庭（原赣榆县，为纪念抗日战争中在此牺牲的东进挺进纵队政治部主任傅竹庭同志而命名）、临沭（由临沂、郯城2县析置）	8县
	沂蒙专区	沂水、沂南（由原沂水县析置）、蒙阴、蒙山（原费县析置）、沂源（由沂水、蒙阴2县析置）、莒沂（由莒县、沂水2县析置）	6县
	尼山专区	泗水、曲阜、邹县、滕县、滋阳、平邑（由费县析置）、凫山（由邹县、滕县、济宁等县析置）、白彦（由费县、邹县、滕县3县析置）、济宁（由济宁北部新设）	9县
	台枣专区	邳县、峄县、费县、临城（由滕县、沛县2县析置）、赵镈（由临沂、费县、峄县析置，为纪念中共鲁南区党委书记赵镈同志而命名）、苍山（由临沂、郯城2县析置，以纪念苍山暴动而得名）、麓水（平邑南、滕县东新设，为纪念滕县战役中牺牲的王麓水同志而命名）、兰陵（由峄县、邳县2县析置）、铜北（由铜山县析置）、丰县、沛县、华山（丰县、沛县、砀山3县析置）及枣庄、湖上2办事处	12县2办事处

续表

省、行署	市、专区	市县名	市、县数
山东省	泰山专区	泰安、莱芜、泰宁（由泰安、宁阳2县析置）、新泰	4县
	泰西专区	肥城、平阴、东平、汶上、宁阳	5县
	小计	1省辖市，1省辖县，1行署区（辖2市、6专区）	44个县 2个办事处
平原省	菏泽专区	菏泽、定陶、曹县、东明、鄄城（由濮阳县析置）、郓城（由东平、寿张、郓城3县析置）、梁山（由东平、寿张、郓城3县析置）、南旺（由汶上、郓城2县析置），菏泽城关区	8县1区
	湖西专区	金乡、单县、鱼台、巨野、城武、嘉祥、复程（由曹县、城武2县析置）、单县城关区	7县1区
	小计	2专区	15县2区
湖北省	孝感专区	礼山（部分）、随县（部分）、应山（部分）	3县
	小计	1专区	3县

注：仅一部分位于淮河流域的县、市，表中在该县、市后面注明"部分"

资料来源：根据唐涌源：《建国后淮河流域行政区沿革（1949—1983）》表1《一九四九年淮河流域行政区表》改制而成，参见《淮河志通讯》1985年第2期

  1950—1954年，淮河流域行政区划跟随全国形势发展，有较大幅度的变化。1950年河南省、湖北省由中南军政委员会领导，皖北行署区、苏北行署区、山东省由华东军政委员会领导，平原省由华北军政委员会领导。1952年8月7日，中央人民政府委员会第十七次会议通过了《关于调整地方人民政府机构的决议》，先后撤销了皖北、皖南2个行署区，合并恢复安徽省，省人民政府驻合肥市；安徽省将宿县专区的萧县、砀山划归江苏省的徐州专区；撤销巢湖专区，肥西县划入六安专区，肥东县划入滁县专区。属淮河流域的有蚌埠、淮南2市与宿县、阜阳、六安、滁县、安庆5专区，共2市30县。1952年11月15日，中央人民政府委员会第十九次会议通过了《关于调整省区建制的决议》，决定撤销平原、察哈尔2省和苏北、苏南2行署区的建制。撤销平原省，原属山东省的菏泽、湖西、聊城3个专区29个县仍划归山东省，原属河南省的2市、22县、1矿区及原属河北省的南乐、清丰、濮阳、东明、长垣5县，为便于治理黄河，均划归河南省；撤销苏北、苏南2行署区，合并恢复江苏省，省人民政府驻南京市，南京市由直辖市改为江苏省辖市，并将原属江苏省、现属山东省的新海连、徐州2市及丰县、沛县、华山、铜北、赣榆、邳县、东海7县和现属安徽省的江浦、萧县、砀山3县划归江苏省。[①]于是，江苏省属淮河流域的有徐州市与徐州、淮阴、盐城、扬州、南通5专区，共5市36县1盐

---

① 区界名：《中国行政区划》，北京：北京出版社，1994年，第21—22页。

区。河南省属淮河流域的有郑州、开封 2 省辖市，以及郑州、商丘、淮阳、许昌、信阳、南阳、洛阳 7 个专区，共 3 个市 65 县。山东省属淮河流域的有临沂、滕县、菏泽、湖西、泰安 5 专区，共 1 市 45 县。湖北省原属孝感专区领导的随县，划入襄阳专区。全流域共 5 省辖市、24 专区，11 市 179 县 1 盐区。

1955—1970 年，流域各省下辖的专区、市县、乡镇行政区划变动较为频繁。1967—1971 年全国将专区改为地区，地区设立革命委员会和人民代表大会，作为一级政权。河南省属淮河流域的有 3 省辖市、8 地区，共 4 个地辖市、62 县。安徽省属淮河流域的有合肥（辖长丰县）、淮南、濉溪、蚌埠 4 市与宿县、阜阳、六安、滁县、巢湖、安庆 6 个地区，共 34 县。江苏省属淮河流域的有徐州、连云港 2 市与徐州、淮阴、盐城、扬州、南通、六合 6 个地区，共 3 个地辖市、39 县。山东省属淮河流域的有枣庄市与济宁、菏泽、临沂、泰安 4 个地区，共 1 市 38 县。湖北省属淮河流域的有孝感、襄阳 2 个地区，共 3 县。全流域共有 5 省，10 个省辖市、26 个地区，8 个地辖市、176 县。

1971—1983 年，流域各省、地区、市县、乡镇各级行政区划比较稳定，变动幅度较小。1983 年开始了全国行政体制改革，撤销部分地区改设为市，实行市管县。1984 年以来流域行政区划的变动，基本上延续了 1983 年开始的市管县制度改革方向。截至 2016 年，淮河流域行政区划范围涉及 5 省 40 个市（地级）、149 个县（市）、82 个区（县级），详情如表 2-2 所示。

表 2-2　2016 年淮河流域行政区一览表

省	市（地级）	县（市）	区（县级）
河南	洛阳市（部分）	嵩县（部分）、汝阳县	
	南阳市（部分）	方城县（部分）、桐柏县	
	平顶山市	鲁山县、宝丰县、郏县、叶县、汝州市、舞钢市	湛河区、卫东区、新华区、石龙区
	漯河市	临颍县、舞阳县	源汇区、郾城区、召陵区
	许昌市	鄢陵县、襄城县、长葛市、禹州市	魏都区、建安区
	郑州市	中牟县、新密市、登封市、荥阳市、新郑市	二七区、中原区、金水区、管城回族区、上街区、惠济区
	开封市	尉氏县、通许县、杞县、兰考县	禹王台区、祥符区
	信阳市	新县、商城县、光山县、潢川县、罗山县、息县、固始县、淮滨县	平桥区、浉河区
	商丘市	民权县、睢县、宁陵县、柘城县、虞城县、夏邑县、永城市	梁园区、睢阳区

续表

省	市（地级）	县（市）	区（县级）
河南	驻马店市	泌阳县（部分）、确山县、遂平县、西平县、上蔡县、新蔡县、汝南县、平舆县、正阳县	驿城区
	周口市	沈丘县、商水县、西华县、扶沟县、太康县、淮阳县、鹿邑县、郸城县、项城市	川汇区
安徽	安庆市（部分）	岳西县（部分）	
	合肥市（部分）	肥东县（部分）、肥西县（部分）、长丰县	
	滁州市（部分）	定远县、凤阳县、来安县（部分）、明光市、天长市	
	淮南市	凤台县、寿县	田家庵区、大通区、八公山区、谢家集区、潘集区
	蚌埠市	怀远县、固镇县、五河县	蚌山区、龙子湖区、禹会区、淮上区
	淮北市	濉溪县	相山区、烈山区、杜集区
	阜阳市	太和县、临泉县、阜南县、颍上县、界首市	颍东区、颍泉区、颍州区
	亳州市	利辛县、蒙城县、涡阳县	谯城区
	宿州市	萧县、砀山县、泗县、灵璧县	埇桥区
	六安市	霍山县、金寨县、霍邱县	金安区、裕安区、叶集区
江苏	徐州市	丰县、沛县、睢宁县、新沂市、邳州市	贾汪区、泉山区、云龙区、鼓楼区、铜山区
	连云港市	东海县、灌云县、灌南县	赣榆区、海州区、连云区
	淮安市	涟水县、盱眙县、金湖县	清江浦区、淮阴区、淮安区、洪泽区
	宿迁市	沭阳县、泗阳县、泗洪县	宿城区、宿豫区
	盐城市	响水县、滨海县、阜宁县、射阳县、建湖县、东台市	盐都区、亭湖区、大丰区
	扬州市	宝应县、高邮市、仪征市（部分）	广陵区、邗江区、江都区
	泰州市	兴化市	海陵区、姜堰区
	南通市（部分）	如东县、海安县、如皋市（部分）	
	南京市（部分）		六合区（部分）
	镇江市（部分）		京口区（部分）、丹徒区（部分）
山东	菏泽市	单县、曹县、成武县、巨野县、郓城县、鄄城县、东明县	牡丹区、定陶区
	济宁市	金乡县、鱼台县、嘉祥县、梁山县、汶上县、泗水县、微山县、曲阜市、邹城市	任城区、兖州区
	枣庄市	滕州市	峄城区、薛城区、山亭区、台儿庄区、市中区

续表

省	市（地级）	县（市）	区（县级）
山东	临沂市	兰陵县、郯城县、平邑县、费县、蒙阴县、临沭县、沂水县、沂南县、莒南县	兰山区、河东区、罗庄区
	日照市	莒县、五莲县（部分）	东港区、岚山区
	淄博市（部分）	沂源县	
	泰安市（部分）	东平县（部分）、宁阳县	
湖北	随州市（部分）	广水市（部分）、随县（部分）	
	孝感市（部分）	大悟县（部分）	

资料来源：根据行政区划网（http://www.xzqh.org）资料整理而成

二、区域分割与流域整体的对立

淮河流域首先是一个流域区划概念，流域指的是一个源头到河口的天然集水单元。流域区划是以河流为中心，大致以分水岭为界线而进行区域划分。流域区划是一个多层次的区划系统，因为任何水系都是由多级干支流组成的，干流以下有支流，支流以下有更小的支流，直至小溪沟渠。每条支流都有其流域范围，它们彼此之间也存在着分水岭，围绕这样的多层次干支流水系就可以进行多层次的流域区划。流域区内由干流及其支流组成的复杂的多级水道系统，称为水系。流域区内水资源环境系统具有明显的流域性、整体性和跨行政区的区域性、分割性矛盾，河流上下游的不同区域之间在资源、环境、经济、社会等方面也因水形成了相互联系、相互制约和相互影响的关系。

淮河流域既是流域区概念，也是行政区概念。淮河流域地跨豫、皖、苏、鲁、鄂五省，由众多不同层级的行政区组成。行政区划的设置和调整主要是出于施政、管理、生产、决策、服务、反馈、控制等方面的需要，因此多因时因地而经常发生变动，所谓"州县之设有时而更"即是。中国历史上行政区划一般遵守"山川形便"的原则，即以山川（平原地区主要是河流沟洫、冈脊路埂等）的大体走向作为经界，但为了防止地方坐大，便于统治，从唐代以来又更多地遵循了"犬牙交错"原则，即人为地把同一地理单元分割成若干行政区。如此一来，"山川形便"和"犬牙交错"原则的交替运用，使行政区划变迁和调整历史地形成了疆界错壤的复杂区界关系，如行政区的插花地和飞地，这种情况在淮河流域历史上就有很多，有的一直延续到中华人民共和国成立之后。

还有一种复杂的行政区界关系，即一村属两县。例如，现属长葛市的水磨河村，是一个地跨当时禹县、长葛两县的大集镇。全村寨内面积 78 亩，400 多户，1800 口人。其中，寨内东、南、西三隅 61 亩、310 户、1400 口人归禹县，约占全村宅基、户数、人口的 80%。只有北门附近的一小部分（约占全村宅基、人口的 20%）归长葛县。其北寨门上还镌刻有"葛邑"二字。中华人民共和国成立后，经禹县、长葛两县领导协商，呈报原许昌专员公署批准，于 1950 年 7 月将两县所辖的水磨河村划归一处，统归长葛县后河区管辖，结束了"一村跨两县"的历史。又如王庄村原来也是"一村属两县"的"两不管"村子。据王庄村的邢福才回忆，原来的王庄村从村中大街一分为二，南边属原禹县，北边属长葛县。1953 年对粮食实行"统购统销"之后，该村属长葛县部分的群众向省政府申请，划归禹县。河南省政府批转原许昌专署解决，经许昌专署与长葛县、禹县研究批准，于 1954 年 11 月将该村全部划归原禹县山货乡管辖。[①]

根据"山川形便"划定的行政区，往往与流域区具有高度的重合性，在实行行政区管理时，往往能保持河流水系的完整性和整体性。但是唐以后的行政区划实行的多是"犬牙交错"原则，结果造成行政区之间关系复杂，矛盾重重。在行政分割的状态下，流域内不同的行政区域是作为独立的经济实体而存在的，有着追求自身利益最大化和片面追求经济增长的倾向，不同的行政区各自对辖区内的水资源环境开发和治理负责，行政区人为地分割了流域区和河流水系，打破了流域的完整性和整体性，这是造成省界、市县界、乡镇界乃至村界的水事矛盾多、水事纠纷频发的重要原因。我们先看省内县界行政区插花而导致水事纠纷的三个典型事例。

河南上蔡县与商水县之间的八尺沟水事纠纷。1952 年 8 月中旬，商水县接到固墙区的报告："上蔡县前桥乡苏庄村与本县后刘乡肖庄村的群众，在 8 月 13 日因排水引起纠纷……"具体原因是上蔡县苏庄与商水县肖庄两村土地犬牙交错，特别是肖庄村的一块土地卖给了苏庄村，这块地经清朝的秀才戚如美写的契约，契约明文记载有一条名为"八尺沟"的排水沟。苏庄村人称其为耙齿沟。两村年年因排水发生矛盾。1952 年雨水多而大，上游客水压境，使肖庄村的庄稼被淹没，村子里进水，房舍受到浸泡。肖庄村的群众将水向八尺沟排泄，但苏庄村的群众不同意，进而产生

---

① 高根离：《禹、长交界区划变动追忆》，中国人民政治协商会议河南省禹州市委员会文史资料委员会编：《禹州文史资料》第 11 辑，2000 年，第 86—87 页。

了纠纷。①

　　安徽五河县与嘉山县之间的水事纠纷。起因是相浮段下柳沟闸西一段堤防，原属嘉山县管理，后为解决防汛纠纷，经省人民委员会同意，将浮山以西堤防划归五河县管理。由于嘉山县柳巷公社浮山大队有七个生产队尚有 1800 余亩土地在浮山以西，堤防及护堤地形成插花形式，一直未解决，因此该段堤防在管理和绿化方面存在不少矛盾和纠纷。后来在省淮河修防局、宿州专区协调下，经五河县柳湖人民公社管理委员会和嘉山县柳巷人民公社管理委员会双方代表协商，于 1965 年 10 月 5 日达成如下协议：一是下柳沟闸原属嘉山县经营的堤防护堤地约 2.5 千米长，外滩 30 米，内滩 20 米及取土塘外侧以内的方塘一律交五河县柳湖公社经营管理；二是在防汛期间由五河县柳湖公社负责并筹备器材，在抢险时应以柳湖器材为主，柳湖公社器材用完应事先协商方可动用嘉山县的农作物；三是柳湖公社接管后，在护堤地上应发展对堤防有益的经济作物和植树造林工作，加强堤防抗洪能力；四是护堤地严禁种植农作物，已耕种的午季作物，由接管单位予以铲除，在铲除时先柳湖公社，后柳巷公社（包括护堤员的在内）；五是在绿化期间为了方便生产，应留适当路口；六是汛期应在护堤地以外方塘取土，如方塘有水，应顺堤开挖土塘，遇有场地可尽量照顾不取土，取土顺序应先外滩后内滩；七是双方社队应加强对社员的宣传教育，禁止在堤身及防堤地放牧牲畜、砍伐树木、割草、盖屋等一切有害于堤防的行为，如有违犯者管理人员有权制止，并建议社队按管理条例进行处理。②最后特别强调，为了保持双方睦邻关系，双方对一切有关问题可随时相互联系，交换意见，及时解决。

　　安徽蚌埠市与五河县之间的水事纠纷。起因是淮北大堤西门度25+660以东一段堤防及护堤地原为五河县沫河口公社管理经营，由于蚌埠市吴小街公社的一部分土地插花在五河县管理堤防界线以东，在堤防管理、绿化、防汛等工作方面存在许多矛盾和纠纷。后经双方协商，于 1965 年 10 月 7 日达成如下协议：一是淮北大堤西门度 25+660 以东原属五河县沫河口公社管理的 247 米长段堤防及护堤地，移交蚌埠市吴小街公社管理经营；二是经双方协商在 25+907 处会同埋立界牌，界牌的作用是标志堤防和护堤

① 邱友功：《对处理两起水利纠纷的回忆》，中国人民政治协商会议河南省商水县委员会学习文史委员会编：《商水文史资料》第 4 辑，1992 年，第 30—31 页。
② 《附录 4-2：五河县柳湖公社、嘉山县柳巷公社关于相浮段下柳沟闸以西插花护堤地交接协议书》，五河县水利局史志编撰委员会编：《五河县水利志》，内部资料，1999 年，第 151 页。

地的范围内滩交的 247 米一段，外滩到淮河水面，内滩到方塘外口，但包产地界线不包括在本协议之内；三是为保证堤防安全，堤防上及护堤地严禁放牧牲畜、砍伐树木、割草、盖屋和耕种农作物等一切不利的行为，双方应加强对社员的宣传教育，如有违犯者，应按各管理单位制定的办法处理；四是移交的 247 米堤防，由蚌埠市吴小街公社负责岁修防汛；五是在 247 米一段堤防范围内，前由五河县沫河口公社姚宋大队投资的树苗，计有柳树 173 棵、白杨 750 棵，不再移植，由蚌埠市修防所负责调换树苗；六是为了双方睦邻关系，双方对一切有关问题可随时相互联系，交换意见，及时解决。①

我们再以淮河流域省界为例，淮河流域省界西自淮河源头——桐柏山太白顶开始，东到黄海边为止，省际边界全长近 3000 千米。鄂豫边界除西段局部很短一段以淮河为界外，基本上是以桐柏山和大别山的江淮分水岭为界；豫皖边界南段很短一段以江淮分水岭为界，其后绝大部分在淮北平原；豫鲁边界不长，东段基本上以废黄河为界；皖苏边界大部分在淮北平原，小部分在淮南丘陵，最后到天长市与六合县之间的江淮分水岭为止；皖鲁边界较短；苏鲁边界在沂沭河流域，西段基本上以京杭运河为界，东段在沂蒙山区南麓丘陵与苏北平原之间，直到黄海边。淮河流域省际边界共涉及 5 省 26 地（市）70 县（市、郊区），因流域内省际边界线长，横跨省界的河道多（流域面积在 20 平方千米以上的河道就有 169 条②），涉及的县（市）多，故有史以来就是边界水事矛盾、水事纠纷较多的地方，历代官府一直未能根除。中华人民共和国成立后，既延续历史传统，又因时而变，在淮河流域设置了省、专区（地区、市）、县等各层级行政区，由于行政区本身有自己的区域利益，行政区对流域水资源环境实行分割式行政管理，相互之间负外部性的跨界水事矛盾和纠纷冲突因而时有发生。

这种行政分割式的水资源环境管理和综合治理，到 1957 年之后一段时间因治淮委员会撤销而得到了加强，流域各地方政府贯彻"以蓄为主"的方针，进而激化了行政区之间的水事矛盾。例如，在河南民权县，1957 年冬—1960 年提出一亩地对一亩田，降雨则水不出村不出社不出县，滴水不排；要求平原一次降雨 200 毫米不成灾，就地消化，全县打大围 43 条、中小围 813 条，加上干支斗农渠，纵横交错的边界围、边界堤、边界渠、边

---

① 《附录 4-3：蚌埠市吴小街公社、五河县沫河口公社关于淮北大堤西门渡以东一段堤防及护堤地交接协议书》，五河县水利局史志编撰委员会编：《五河县水利志》，第 152 页。

② 苏广智编著：《淮河流域省际边界水事概况》，第 247—260 页表格。

界路基、拦河坝，把原属一个排水系统的水流人为地按行政区划割开，众多的阻水工程使县与县、乡与乡、队与队之间都有纠纷。[①]再如河南永城县地处豫东与皖北的结合部，包河、浍河、沱河、王引河、碱河等 34 条沟河经永城县流入萧县、濉溪县、涡阳县，历史上就屡次发生排水纠纷。中华人民共和国成立后，永城县与各邻县贯彻上下游兼顾、团结治水方针，使边界排水纠纷不断得到解决。但自 1957 年以后，边界排水纠纷一度加剧，处于上游的砀山、夏邑、亳县诸县平地开沟，擅自加大边界河道上游的排涝泄洪标准，沟河串流；处于下游的萧县、濉溪、涡阳诸县则在边界处筑堤打圩，抬高路基，兴建束水建筑物；永城县在上排下堵的情况下，也在与砀山、夏邑、亳县诸县边界处筑堤打圩。[②]及至 1963 年大水，上下游的永城县与萧县、濉溪县、涡阳县，均因水事矛盾冲突而遭受巨灾。

第二节　水利益的争夺

马克思说："人们奋斗所争取的一切，都同他们的利益有关。"[③]水是一种公共资源，具有自然资源与自然环境要素双重属性，水事纠纷主体争夺的对象就是与水有关的利益和权利。水资源纠纷或水利纠纷争夺的就是水资源使用权，包括汲水权、引水权、蓄水权、排水权等一系列权益。水环境纠纷主要是水污染纠纷，争夺的是水环境权，即在不被污染和破坏的水环境中生存和利用水环境资源的权利。可以说，水事纠纷就是纠纷主体之间争夺水资源使用权、环境权的一种冲突状态。而因为水这种公共资源没有产权的界定，所以水事纠纷往往会引起人们对水资源的无序开发和不计后果地尽可能掠夺。淮河流域历史上频繁出现行政区划之间、上下游之间、左右岸之间、集体和集体之间、个人和集体之间、个人和个人之间的水事纠纷，根本原因就在于纠纷主体受经济利益的驱动，围绕水体而进行着包括以邻为壑、争夺水资源、抢占湖田湖产、非法围垦圈圩、非法采砂等各种活动。

---

① 民权县水利志领导编辑小组编纂：《民权县水利志》，内部资料，1986 年，第 127 页。
② 永城县地方史志编纂委员会主编：《永城县志》，北京：新华出版社，1991 年，第 132 页。
③ 《马克思恩格斯全集》第 1 卷，北京：人民出版社，1956 年，第 82 页。

一、以邻为壑

"以邻为壑"的成语故事,出自《孟子》,曰:"子过矣,禹之治水,水之道也,是故禹以四海为壑。今吾子以邻国为壑,水逆行谓之洚水。洚水者,洪水也,仁人之所恶也。吾子过矣。"[①]说的是战国时魏国大臣白圭修筑堤坝,阻挡洪水流入国内,然后自我标榜治水之功胜过大禹。孟子则说大禹治水是以海为壑,而白圭是以邻为壑,把洪灾推给了邻国。历代的曲防之争,以及淮河流域历史上跨行政区上下游之水纠纷,其实就是上排下堵、扒堤放水之纠纷,就是筑堤挡上游来水,以邻为壑的趋利避害的私利行为。

中华人民共和国成立后,淮河流域省界上下游之间、左右岸之间在洪水涝灾之年,经常发生这种以邻为壑的排水纠纷。例如,1952 年夏季洪涝期间,河南郸城县与安徽太和县因沙河和茨河之间的芦草沟等排水问题而发生分歧,上游扒口放水,下游洪水下泄慢,河道两岸农田受淹,因此产生纠纷。1954 年夏季汛期,郸城县擅自扒开东洺河南堤放水,又给太和县造成了很大损失。沙颍河左岸常胜沟是豫皖两省的郸城、沈丘和界首三县边界河道,是洪涝灾害多发地区,界首一侧地面较低,灾情较重。1952 年汛期,上游河南省境群众扒口放水,下游安徽界首县境受灾严重,水事纠纷不断。[②]

1963 年 8 月上旬,涡河流域普降大雨,团结河沿岸积水成灾。8 月 9 日,河南商丘县群众越河扒堤,安徽亳县张瓦房村村民发现有人扒堤后前去制止,双方发生纠纷。河南省项城市、沈丘县与安徽省临泉县边界线上有汾泉河、泥河、皂河等,上游为了加快排水而拓宽挖深河道,下游为了免除洪涝而筑坝或缩窄河道以图限制来水流量,因此边界水事纠纷连年迭起。1969 年冬—1970 年春,河南省许昌和周口地区对上自周口的孙嘴下至郾城的吴公渠口长 79 千米的颍河进行了治理,1973 年周口地区又对泥河口以上的汾河、泥河及其支流进行了治理,上游洪水下泄快,下游受到压力,于是产生了排泄纠纷。[③]1975 年 8 月,淮河流域发生特大洪水,河南境内宿鸭湖实行有计划的爆破分洪,"宿鸭湖水虽然稳步下降,但由于下游河

① 朱熹注:《孟子集注》卷 12《告子章句下》,上海:上海古籍出版社,1987 年,第 98 页。
② 苏广智编著:《淮河流域省际边界水事概况》,第 61、58 页。
③ 苏广智编著:《淮河流域省际边界水事概况》,第 78—79、49、53—54 页。

道窄小，加之安徽、河南交界之处的群众闹水利纠纷，他们筑坝不让泄洪，致使上游洪水迟迟的泄不下去，由于洪水长期积存在驻马店以东各县和周口地区，大面积的房屋倒塌，大量粮食物资泡在水里，秋季庄稼也被淹死"①。

　　淮河流域同一省内县际边界上下游地区洪涝灾害发生时的以邻为壑事例，也比较多。例如，河南商水县与邻县郾城、项城、上蔡交界处，以及县内乡、村之间，坡洼地交错，沟河相接，一遇汛期，积水成灾。群众为减轻本地水患，擅自挖沟排水，利己损邻，酿成纠纷。黑河在上蔡境内河床狭浅，宣泄不下，因而造成交界处商水境内河水顺堤内坡回流，在唐桥乡坡小庄一带酿成水灾，商水县未经协议在回水处修起土堤以挡河水西流，上蔡县坚决不同意，形成两县纠纷。经数次协议未获解决，两县共20万亩耕地遭受着水灾的威胁。②河南沈丘、项城两县交界处有吴沟，吴沟以东为沈丘境，以西属项城境。此处地势低洼，每遇大雨积水成灾，唯一出路是由吴沟闸泄入吴沟。1956年，沈丘县担心加大吴沟流量，遂将吴沟闸堵死，两县为此纠纷不已。③1984年秋，"大雨成灾，由西部鄢陵而流经扶沟的双洎河，河水漫溢，即将决口，严重威胁着县境西部秋季作物的生长"，"为保秋作物不被水淹，鄢陵县的人要扒河堤，让滚坡水流入扶沟"④，为此两县群众产生了排水纠纷。

　　县内乡、公社之间的以邻为壑行为引发的水事纠纷，也不胜枚举。例如，1957年7月中旬，河南太康县漳岗寺头乡的二社六个村的土地大部分被洪水淹没，房屋倒塌150余间，平地积水三四尺深，且水势仍在猛涨。水势快速上涨的原因在于六个村南部东西横堤阻隔，原来横堤有缺口，但该年水涨前乡政府主持堵住。7月17日，这六个村的村民到东西横堤扒口放水，以便使水南流，救出被淹土地。而堤南独塘集、漳岗两乡的三社十二村村民到决口处堵堤，双方发生纠纷。⑤1957年7月，沂沭泗流域暴雨成灾，造成泗、沂、蓼河多处决口，洪水漫溢，大部分农田受淹，许多房屋倒塌，不少人畜伤亡。由于雨量大又缺乏较系统的防洪排涝网络，加之群

---

① 李世贤：《"七五·八"特大洪水见闻录》，中国人民政治协商会议河南省汝南县委员会文史委员会编：《汝南文史资料选编》第1卷，内部资料，2002年，第800—801页。

② 《信阳专区上蔡县与许昌专区商水县关于黑河纠纷协议》（1953年9月11日），上蔡县水利渔业局水利志纂办公室编：《上蔡县水利志》，内部资料，1989年，第286页。

③ 周口地区地方史志编纂办公室编：《周口地区志》，郑州：中州古籍出版社，1993年，第368页。

④ 郝万章编：《扶沟历代职官传略》，"叶昭仪"，内部资料，1999年，第163页。

⑤ 冀丰：《深入了解人民之间的矛盾，正确解决了水利纠纷》，《河南公安》1957年第19期。

众排除灾害的心情迫切，一些相邻地区、单位、个人之间，在抗洪排涝时发生了以邻为壑的排水纠纷。①

二、争夺水资源

水资源在工农业生产、城乡居民生活，以及生态修复、环境保护等方面占据举足轻重的地位。前文已经谈到，淮河流域降水年际、年内季节分布不平衡，地区之间降水分布不均，加上水污染加剧，导致水资源日趋短缺，地区之间、工农业生产部门之间为争夺紧缺的水资源而矛盾重重。例如，在河南郏县与宝丰县之间，1957 年郏县未与宝丰县协商，便在史庄西边钱庄南边开一临时抗旱渠，因影响宝丰县用水，宝丰县群众表示反对。经双方协商于同年 10 月 7 日达成协议，规定：为了支持抗旱种麦，在满足宝丰县用水的原则下，由宝丰县第一渠道管理所主持，将渠口扒开，让郏县浇地，水量不超过一半，种完麦及时把闸前渠填平；今后如水量大，郏县用水时，得经过双方协商，在满足宝丰县任寨渠用水的原则下，准郏县用水；今后郏县开钱庄渠用水，管理权归宝丰县第一渠道管理所，原则是先满足南岸任寨渠用水需要，适当照顾北岸。后来因河道自然变迁，老渠道被淤，1965 年冬在下游开挖渠口，而郏县的史庄于 1966 年冬在渠口上游建一电灌站。由于气候干旱，河水流量减小，不能满足两县的灌溉需要，在抗旱用水时经常发生矛盾纠纷。后经双方协商，于 1967 年 6 月 26 日达成协议：宝丰县任寨灌区引水渠改道，自郏县新建顺河坝端以上约 50 米处，新开挖引水渠，渠底低于原河床 0.5 米。渠线按自然河沟流向，但不能影响顺河坝的安全。同时也不允许郏县私自扒堰。今后两县如若需要在汝河内新建抽水站，开挖新渠，修护岸工程，必须经过双方协商，并经许昌专区批准后方能动工；如若河床发生自然变化，影响双方用水，可由两县协商后另行解决。②

淮河流域争夺水资源问题比较突出的地方，当数江苏、山东边界的南四湖地区。20 世纪 50 年代末，由于农业灌溉事业发展较快，而南四湖蓄水量有限，周边地区用水矛盾日益凸显。1960 年 4 月 9 日，中共中央批复了江苏、山东两省，徐州、济宁两专区共同达成的《关于江苏、山东两省微

---

① 曲阜水利志编写组：《曲阜水利志》，内部资料，1989 年，第 147 页。
② 河南省郏县水利局编：《郏县水利志（1949—1985）》，内部资料，1987 年，第 170、174—175 页。

山湖地区水利问题的协议书》，有关南四湖用水问题涉及第二、第六、第七条，其中第二条考虑南四湖水量有限，在南水北调前，上级湖曲房枢纽建成后湖西江苏境内在蓄水影响范围之 20 万亩农田，灌溉水源应由上级湖供水解决；第六条在有利于排灌、航运原则下，沿湖各河口可建闸控制；第七条鉴于本地区缺水情况比较严重，所需水量主要依靠引长江水源来补充，为此双方均希望能尽早完成南水北调工程，以彻底改变本区自然面貌。[1]

　　但是 1960 年二级坝建成后，改变了过去南四湖的蓄水情况。按照水利部 1970 年、1974 年规定，多次提出上级湖蓄水位由 33.5 米抬高到 34.5 米，下级湖水位由 32.5 米抬高到 33.5 米。但由于人为控制，上级湖经常多蓄，下级湖经常少蓄，很不均衡。据统计，上级湖蓄水位在 20 世纪 60 年代大部分在 33.5 米以上，70 年代在 34.5 米左右，70 年代比 60 年代已经有所提高。而下级湖 1970—1979 年的 10 年中，有 8 年 11 个月水位在 32.5 米以下，其中有水不蓄的有 7 年。1981 年上游来水几乎全部蓄到上级湖，下级湖水位长期在 31 米以下，这严重影响了江苏沛县、铜山两县农业生产，徐州市工业生产，以及京杭运河的航运和电厂发电供电的用水。同时，随着南四湖地区工农业生产的发展，水稻面积的扩大，工业、航运和城镇生活用水的增加，用水范围也不断扩大。1970 年以后，山东在邹西会战中，大搞引水上山，多级提水十几个流量到 70—80 米的高程，扩大灌溉面积 10 余万亩；下级湖又发展枣庄灌区 50 万亩；同时在滨湖建多级提水站，扩大引用下级湖水，这些提水站及韩庄、刘桥灌区、伊家河、老运河、潘庄引河等，可引用湖水 100 多立方米每秒。由于长期以来两湖蓄水不平衡，用水分配不合理，沛县用水困难。为此，沛县于 1971 年建杨屯河南闸，1979 年建徐沛河大王庄闸，将上级湖水引到下级湖灌区。山东为限制沛县用水，于 1978 年、1979 年两次堵杨屯河口，一次堵五段河口，用水矛盾逐渐尖锐。[2]

　　1980 年 2 月 3 日起，山东鱼台县为控制江苏丰县引取上级湖水，未经许可在复新河下游距苏鲁省界 1.5 千米的张堰桥以南处拦河打坝，准备建闸，纠纷随之而起。同年 4 月，水利部召开两省农办、水利厅（局）和有关地区的负责人参加的南四湖地区边界水利问题会议，研究两省分水及其控制运用管理问题。4 月 15 日水利部以《关于处理苏鲁南四湖地区边界水

① 丰县水利局编：《丰县水利志》，南京：江苏人民出版社，2009 年，第 390 页。
② 姚念礼主编：《沛县水利志》，徐州：中国矿业大学出版社，1990 年，第 179、180 页。

利问题的报告》报国家农委，对南四湖分水及其分水的控制运用、在复新河两省边界附近的张堰建闸、二级坝管理及抽引长江水接济南四湖水源等问题提出了意见。水利部在该报告第一条"关于南四湖分水问题"部分中明确两省同意下列分水原则："上级湖蓄水位 34.5 米时，江苏可引用 1.5 亿立方米；下级湖蓄水位 32.5 米时，山东可引用 1.5 亿立方米。"从 1980 年开始，两省即本着这一分水原则实行计划用水。同年 5 月，国家农委将这个报告批转苏、鲁两省人民政府执行，并要求由治淮委员会负责监督检查。但下级湖来水受到二级坝控制，韩庄、伊家河闸由山东管理，蓄水位不能抬高，湖西引水河道又不让挖深到湖中深水区，下级湖用水虽说以江苏为主，实际上却无法实现。1982 年 5 月 13 日，水电部根据前两年南四湖用水的实践，做出《关于南四湖分水及其控制运用管理的补充规定》，规定指出：每年汛后分水一次，由治淮委员会召集两省水利厅及有关地区人员研究商定。同时对引用死水位以下的水量问题也做了规定：上级湖死水位为 33 米，下级湖死水位为 31.5 米。当湖水位降至死水位时，为保证湖鱼生产的需要，原则上不得再引用。如遇特殊干旱，需要动用死水位以下的水时，由治淮委员会召集两省协商解决。1983 年复新河张堰闸等南四湖边界工程由治淮委员会沂沭泗水利工程管理局接管，南四湖用水由治淮委员会进行统一管理，用水矛盾得到缓解。1990 年 4 月，正值水稻落谷时节，而上级湖水源匮乏，鱼台县部分水稻无法落谷，鱼台县请求丰县给予水源支持。当时丰县南线调水线路已经打通，大沙河华山闸上河川水库贮水待用。为解鱼台县缺水的燃眉之急，丰县县委同意开启华山套闸、丰城闸、李楼闸，将大沙河部分贮水北调，放至复新河下游鱼台县境内，帮助鱼台县渡过了缺水难关。[①]

三、抢占湖田湖产

微山湖位于江苏、山东交界，广义上的微山湖就是指南四湖。南四湖，为自北向南串联在一起的南阳湖、独山湖、昭阳湖和微山湖四湖的总称，因位于山东省西南部的济宁以南故名。微山湖沿湖地区有大片可供耕种的湖田，以及菱、藕、芦苇等湖产，清代以来苏、鲁两省居民为争夺湖田湖产不断产生纠纷。抗日战争和解放战争时期，南四湖地区原省区县的

---

① 丰县水利局编：《丰县水利志》，第 390、391 页。

管辖范围进行了调整。徐州所属各县（区）分别被划入山东和安徽两省管辖。1948年南四湖地区解放，1949年将江苏省丰县、沛县、华山县、铜山县划归山东省领导，并先后建立了鲁南军区湖区剿匪指挥部、中共湖区工委、办事处、公安局，进行剿匪治安、生产救灾，配合沿湖各县进行土改、镇反等工作。1952年，恢复江苏省建制，徐州市及所属县（区）划回江苏省（沛县原湖东第七区没有划归）。1953年8月政务院下达《关于同意山东省以微山湖等四湖湖区为基础，将湖内纯渔村及沿湖半渔村划设为微山县》的批复，县治暂设于夏镇。微山县与沛县的具体界线，基本上以湖田为界。如以上划归微山县领导之村庄，有突出于湖田之外者，则以村庄为界。湖田、湖产之管理均由微山县负责。1956年7月，国务院下达的《关于同意山东省将峄县、微山二县所属的35个村划归江苏省徐州市领导的批复》中，明确微山湖湖面由山东省微山县统一管理。[①]

　　1953—1958年，微山县与沛、铜山两县在湖区基本上没有发生纠纷。1959年二级坝、韩庄节制闸的兴建，京杭运河开挖砌土，形成了新的湖西大堤，使下级湖的自然条件发生了较大变化，加之气候干旱，水位下降，下级湖沿京杭运河东岸涸出了部分湖田，微山县沿湖村庄的群众开始在此种植湖麦。同年9月，沛县群众到微山县境内抢种湖麦，与微山县沿湖群众发生纠纷。江苏省委、徐州地委对此处理及时，沛县县委做了《关于违犯协议种植湖田的检查报告》。微山县遵照山东省委"互谅互让"的指示精神，对沛县种植的湖麦同意当季让给沛县群众收获，当时徐州地委汤海南同志表示："下不为例，麦收后将湖田交给微山县。"[②]沛县抢种湖麦问题得到了较好的解决。

四、非法围垦圈圩

　　水是人类生命的源泉，是万物生长的根基，因此在水资源有限的条件下，国家、地区和个人之间就会出现争夺水资源、抢占湖田湖产的冲突。同样，随着经济社会发展和人口的增多，要解决生存的口粮问题，扩大耕地以增加粮食产量，圈围湖面发展水产养殖就成了当务之急。于是，与水争地，向山林、湖泊要地，成了农业生产发展的不二法宝。

---

① 济宁市水利志编纂委员会编：《济宁市水利志》，内部资料，1997年，第336页。
② 山东省民政厅编：《山东省省际边界纠纷资料汇编》，内部资料，1991年，第206—207页。

淮河流域在南宋以后因黄河夺淮而长期生态环境脆弱、经济社会发展凋敝，人口一直处于大量逃亡、死徙的状态，因此到明万历年间流域人口仅有 900 万人。清代经历康乾盛世的恢复，至嘉庆二十五年（1820 年），流域人口猛增到 4320 万人，全流域人口密度普遍升高。到民国时期，据水利界须恺先生在 1936 年出版的《导淮问题》一书中统计，淮河流域人口总数为 5761.75 万余人。中华人民共和国成立以后，随着社会安定和生产恢复发展，流域人口也快速增加，到 1957 年时总人口已达 8000 多万人。1959—1961 年因自然灾害，人民生活水平下降，流域人口处于缓慢增长状态，局部地区甚至出现了负增长。1962—1974 年全流域总人口突破 1.1 亿人，人口出生率高达 30‰以上，自然增长率一般在 20‰以上。1975 年以后因计划生育国策的实施，流域人口出现较慢增长，到 1990 年流域内人口总数为 1.5 亿人。[1]与中华人民共和国成立初期相比，流域内人口增长是十分迅猛的，总人数增多了 8000 多万。

随着人口的迅猛增长，淮河流域人地矛盾开始激化，出现了在沿淮河道修建生产圩、抢种河滩、围垦湖泊和洼地及圈圩养殖等人水争地现象。改革开放以前，群众在淮河滩地兴筑了不少生产圩，如安徽凤台的老婆湾、马家湾、姚家湖、灯草窝孜，市区的田东圩、架河外圩等。[2]20 世纪 70 年代初期，淮河左岸的江苏泗洪县沿淮河筑生产圩一道，与安徽五河县东卡圩相接，堤高 1.0—1.5 米，几经铲除后于 1981 年恢复。鲍集圩长 33 千米，其中龙窝以上 17 千米与安徽潘村湖圩堤隔河相对，该圩兴建于 1943 年，1964 年堤顶高程达 17—17.5 米，同时横向沿岗地引水渠筑格堤 6 道。江苏洪泽县有 5 处生产圩，流量达 5000 立方米每秒以上，漫圩泄洪，三河乡及共和乡在三河北堤滩面圩堤伸入河床达 300 米，高出滩地面 1.5—2 米，并逐年加高，现圩高程已达 9—10 米。高邮新民滩至里运河之间宽 1.3 千米堤防，社队逐渐加高保圩。[3]这些生产圩堤，一方面形成河流挑流，造成相邻地区的灾情；另一方面缩窄河道，形成河流阻水，进而影响行洪，引发边界水事纠纷。例如，淮河上中游的河南固始、淮滨县与安徽阜南县之间，就因生产圩堤阻水问题而发生了多年难以解决的边界水事纠纷。

---

① 水利部淮河水利委员会、《淮河志》编纂委员会编：《淮河志 第 2 卷 淮河综述志》，第 209—212 页。
② 淮南市水利局水利志写办公室编：《淮南市水利志》，内部资料，1997 年，第 256 页。
③ 水利部淮河水利委员会、《淮河志》编纂委员会编：《淮河志 第 6 卷 淮河水利管理志》，第 372 页。

　　河南固始县与安徽阜南县以淮河为界,上自白露河口,下至三河尖以下邰台子,沿河两侧原有生产圩堤阻水严重。20世纪50年代,生产圩堤的大部分已被铲除。但自60年代开始,又逐步加高培厚,有的由于修筑庄台,超过原有标准,缩窄了过水断面,抬高了水位,阻碍了行洪,增加了濛洼王家坝闸行洪概率,威胁到蒙洼堤防安全。为此,两省、地、县曾多次派代表进行协商处理,1963年5月双方签订了协议,但问题没有得到根本解决。1964年4月18日,信阳地区、阜阳地区双方通过协商签订了《关于边界水利纠纷协商意见》。1964年6月20—23日,双方专署、县水利局代表对两县边界十多个圈堤及淮河两岸外滩的荻柴、芦苇的铲除情况进行了检查,并签署了《关于固始、阜南两县边界水利工程的执行情况检查》。9月8—12日,双方代表又对沿淮边界进行第二次检查,形成了《关于固始阜南两县沿淮边界水利工程第二次检查验收的座谈纪要》。1965年元月中旬,水利部代表会同双方省、地、县代表对上述工程进行检查验收,阜南县基本合格,要求固始县继续执行协议。1967年5月2日,阜南县向国务院报送《关于解决淮河白露河以下至三河尖一带行洪区阻水工程影响防汛安全的几个问题的请示报告》,要求固始县执行原协议并请中央立即派员来处理边界问题。6月10日,水利电力部要求河南省军区、安徽省军管会生产委员会研究并督促有关单位进行处理。另外,河南淮滨县与安徽阜南县因多以大洪河为界,大洪河河口附近阜南县一侧原建有官沙湖生产堤,长期影响淮河泄洪,历来也是两省水事纠纷的焦点。1953年,濛洼蓄洪区建成的同时,铲平了该生产堤。①

　　在苏、鲁两省交界的沂沭泗流域,20世纪60年代末至70年代初,农田基本建设中缩河造地及林业部门向河滩进军、植树造林的现象比较普遍。济宁林业局在梁济运河造林近3000亩,几乎栽满了行洪滩地,直接威胁着防洪安全。1984年沂河发生大洪水,沂源县一些小河道由于缩河造地,河滩营造丰产林,洪水排泄不畅,被洪水冲毁林木1.3万亩,冲毁所造土地1万多亩。沂河、沭河内共建有12处国有林场,占地1万多亩;沿河公社大队也争相在河道内植树,使沂、沭河内植树面积一度多达9万亩,其中有4万多亩树种在河槽中。②1985年,据治淮委员会防汛检查组向中央防汛总指挥部办公室汇报,沭河滩面植树达23 000多亩,占行洪滩地的

---

① 苏广智编著:《淮河流域省际边界水事概况》,第34—36页。
② 水利部淮河水利委员会、《淮河志》编纂委员会编:《淮河志 第6卷 淮河水利管理志》,第374页。

30%。临沭县境内后项庄在沭河滩面宽 1300 米处植树宽达 890 米，约占行洪滩面的 68%。新沭河赣榆县宋庄乡、台北盐场、驻连云港部队盐场及连云港群众在滩地内筑圩打埝，修建对虾塘，其横向圩堤高达 1.2 米，有的河段滩地几乎都被占用，仅留中泓。沂河李石河林场在主河槽宽 1200 米处植树宽达 255 米；岔河林场在河宽 1625 米处造林，占去 600 米。[①]

除了在河道修建生产圩、植树阻水，还有围垦湖荡、湿地、湖泊，与水争地。安徽天长市与江苏金湖县边界东段由吴家河村往东南方向 10 多千米与高邮湖相通连的百家荡，1969 年春季，金湖县金南乡在铜龙河入口附近筑堤圈圩，影响泄洪，引起纠纷。[②]江苏淮安、宝应两县边界沿绿草荡圩区治理工程是 1966 年的水利基建项目，但在施工期间，淮安县工程建设单位未经批准，擅自改变设计，穿荡筑堤 2.2 千米，圈圩 1.2 平方千米，移建排水涵闸一座，影响湖荡排水和滞蓄能力，并违反国家征用土地办法，挖压占用宝应县太仓大队柴滩地 162 亩，引起两县水利矛盾。[③]

苏北射阳湖位于里下河西北部，总面积 1900 平方千米，分属淮安、宝应、阜宁、建湖县及盐城市郊区。射阳湖地区原有湖荡总面积 426 平方千米，据调查，已圈圩 320 平方千米，约占湖荡总面积的 75%，其中绿草荡已围 80%、射阳湖已围 80%、马家荡已围 49%，约减少滞蓄水量 4.8 亿立方米，如按 7 天抽水排出要求，则相当于建 800 个流量的抽水站。[④]对射阳湖荡大面积圈圩，一方面减少了湖荡调蓄库容，束窄了河道行水滩面，如白马湖地涵下游引河穿过绿草荡部分原行水滩面宽一般在 2 千米左右，但至 20 世纪 90 年代已有 80%以上滩面被圈圩侵占。另一方面，圈圩湖荡后，人们为了便于生产、交通，往往在部分排水河道上打坝，设立鱼簖和渔坞，使排水通道严重受阻。据调查，阻水坝埝主要有 14 条，即宝应县射阳湖隔堤、水泗乡矮坝、刘家舍穿荡路、射阳镇沿河上三条矮坝；建湖县戴莫庄沿河上两条坝、恒济乡穿荡路；建湖县与盐城郊区界河——横塘河施工坝；兴化县官庄西塘河两条坝；阜宁县马家荡乡串港河两道坝。除上述坝埝阻水外，射阳湖地区排水河道上还有许多大小不等的鱼簖和渔坞也严重影响排水。由于湖荡面积大幅度减少，排水河道障碍增多，水利矛盾

---

① 中央防汛办公室：《淮河阻水障碍加剧，河道堤防破坏严重》，《防汛简报》1985 年第 22 期，参见《治淮汇刊》（1985），第 11 辑，1985 年，第 456 页。
② 苏广智编著：《淮河流域省际边界水事情况》，第 159 页。
③ 扬州市水利史志编纂委员会编著：《扬州水利志》，北京：中华书局，1999 年，第 476 页。
④ 《江苏省人民政府办公厅转发〈关于里下河射阳湖地区水利问题处理意见的请示〉的通知》（苏政办发〔1987〕59 号）（1987 年 6 月 1 日），《治淮汇刊》（1987），第 13 辑，第 446 页。

比较尖锐，水情日趋恶化。①1998 年 7 月，汛期下了两场暴雨，降雨量比往年小，绿草荡的水位却超过了历史最高水位，造成严重损失，根本原因就是湖荡被大量圈垦，减少了滞涝库容，束窄了行水通道。

淮河流域湖泊遭遇围垦比较严重的地方，当数安徽沿淮湖泊，以及江苏的洪泽湖、骆马湖和苏鲁边界的南四湖。1966 年南京军区部队围垦安徽霍邱城西湖 20 年之久，本书最后一章专门做了论述。安徽淮河流域历史上是湿地分布广泛的区域之一，但由于围垦、淤积等多种因素的影响，天然湿地面积大范围萎缩。湖泊水面由 20 世纪 50 年代的 30 万公顷减少到 90 年代的 10.32 万公顷，约减少了 2/3。仅安徽淮河流域损失天然湿地总面积就在 15 万公顷以上，按平均水深 1 米计算，相当于损失 15 亿立方米的调节水量。②

江苏洪泽湖的盲目围垦始于 20 世纪六七十年代，非法圈圩养殖则始于 20 世纪八九十年代。根据相关资料统计，从 20 世纪 60 年代起，废黄河零点高程 11.5—16.0 米内洪泽湖滩地已被围垦围养 1000 多平方千米，其中废黄河零点高程 12.5 米以下被围垦围养 198 平方千米。③所谓圈圩，就是在湖泊中挖泥筑堤形成一个封闭圈，以进行水产养殖。20 世纪 50 年代，主要是利用废沟塘进行整理后投放鱼苗进行散养，但收益不高。20 世纪 80 年代，沿湖居民、渔民发展出了"水下坝，水上网"的围网养殖模式。20 世纪 90 年代，因圈圩养殖产生了很高的经济效益，所以得到了地方政府、渔业部门的重视和支持，围网养殖面积因之逐年增大。而为了保水、防风浪、防污水，养殖户又逐年加高加宽水下坝，使水下坝渐渐露出湖面，并逐渐形成封闭的养殖塘口，形成阻水圈圩。在江苏泗洪县，圈圩拥有洪泽湖水面 973 平方千米，占洪泽湖总水面的 47%；湖岸长达 165 千米，占总湖岸线的 46.6%。1983—1985 年，泗洪县境内非法圈圩就有 30 处，圈圩面积达 22.63 平方千米，涉及 19 个乡（场）镇和部门单位。④有关部门通过卫星遥感和巡查发现，2010—2012 年，洪泽湖新增非法圈圩 86 处，面积达 41 358 亩。⑤2015 年江苏省水利科学研究院开展了洪泽湖圩区调查，结果表明，位于洪泽湖蓄水范围线内在废黄河零点高程 14.0—15.0 米之间的圈圩约有 2

---

① 扬州市水利史志编纂委员会编著：《扬州水利志》，第 480—481 页。
② 安徽省地方志编纂委员会办公室编：《安徽省志·环境志》，第 249 页。
③ 朱卫彬、赵伟：《清除洪泽湖非法圈圩的实践及启示》，《中国水利》2015 年第 4 期。
④ 泗洪县水利局：《狠刹盲目圈圩 巩固清障成果》，《治淮》1998 年第 4 期。
⑤ 朱卫彬、赵伟：《清除洪泽湖非法圈圩的实践及启示》，《中国水利》2015 年第 4 期。

万个，面积约 330 平方千米。①

江苏宿迁境内的骆马湖、苏鲁边界的南四湖是沂沭泗流域的两大重要湖泊，在苏北、鲁南地区的工农业生产、城乡居民生活、通航等方面发挥着巨大的保障作用。但 20 世纪八九十年代特别是 1994 年以来，两湖周边的县、乡居民只顾眼前及局部利益，盲目在湖泊内圈圩养殖或种植。在骆马湖区内，1995 年圈圩面积达 4.7 万亩，其中新沂市林场等三单位圈圩就达 1.1 万亩，有些围堤顶高程高于防洪水位。新沂、宿迁两市其他乡镇在骆马湖圈圩养鱼有 3.6 万亩，围堤顶高程均高出蓄水位 1.0—1.5 米。在中运河入骆马湖口段，有圈圩 3950 亩，堤顶高程 24.0—24.5 米。在沂河入骆马湖口段，保麦围堤长达 5 千米。②迄 2017 年，骆马湖圈圩共计 1340 个，其中养殖圩 1175 个、种植圩 165 个，圈圩总面积为 40.9 平方千米，另外还有围网 1542 个，总面积达 59.9 平方千米。③而在南四湖区内，圈圩面积总计 12.41 万亩，其中山东一方圈圩 7.12 万亩，约占 57.37%；江苏一方圈圩 5.19 万亩，约占 41.82%；某农场 1995 年元月以来新增 0.1 万亩，约占 0.81%。有些圈圩位于主泓道上，共有 0.67 万亩，其中南阳岛上下就占 0.44 万亩，二级坝上有 0.23 万亩。还有一些圈圩处于非主泓道上，面积共 7.48 万亩。在湖东周边规划堤线未确定的区域内也有圈圩 4.26 万亩。以上南四湖内三种圈圩的堤顶高程，一般都高出蓄水位 1.0—2.0 米。④

对湖泊洼地水面的盲目围垦圈圩，严重削弱了湖泊、洼地的调蓄能力，加剧了洪涝灾害。根据水利部淮河水利委员会的测算，1970 年蓄水位 12.5 米的洪泽湖湖面面积为 2069 平方千米，1988 年同等水位时湖面面积仅有 1597 平方千米，比 1970 年缩小了近 1/4。到 2005 年，同等水位的湖面面积减少到 1497 平方千米，比 1970 年时减少面积超过 500 平方千米。⑤里下河地区也因盲目围垦圈圩，湖荡大面积缩小，1965 年为 992 平方千米，1979 年减少到 497 平方千米，1991 年大水前仅有 216 平方千米，减少了近 80%。⑥宝应湖水面因盲目圈圩由原 192 平方千米降至 40 平方千米，白马湖水面违

① 张祯、徐佳培、李帆：《洪泽湖圈圩的现状与对策思考》，《治淮》2016 年第 12 期。
② 王润海：《骆马湖 南四湖违章圈圩急需处理》，《治淮》1995 年第 6 期。
③ 王金东：《骆马湖管理现状及其对策研究》，辽宁师范大学硕士学位论文，2017 年，第 13 页。
④ 王润海：《骆马湖 南四湖违章圈圩急需处理》，《治淮》1995 年第 6 期。
⑤ 张祯、徐佳培、李帆：《洪泽湖圈圩的现状与对策思考》，《治淮》2016 年第 12 期；朱卫彬、赵伟：《清除洪泽湖非法圈圩的实践及启示》，《中国水利》2015 年第 4 期。
⑥ 唐元海：《研究与治理水环境是 21 世纪治淮的战略任务》，《面向新世纪的中国历史地理学——2000 年国际中国历史地理学术讨论会论文集》，第 79—80 页。

章圈圩有 80 平方千米。湖面库容的减小降低了湖泊的蓄洪能力,直接增加了防洪压力。在上游同量来水情况下,洪泽湖因水面缩小导致水位上涨很快,造成了上游及周边地区严重内涝和下游防洪准备时间的减少。宝应湖、白马湖湖面缩小后,24 小时降雨 100 毫米情况下的水位分别比过去多上涨 0.5 米和 0.3 米。[①]在骆马湖区,当圈圩堤顶的高程均高于 24.5 米时,骆马湖防洪容积将减少 6300 万立方米,水位约增高 0.2 米。若骆马湖出现了小洪水,那么湖水位将提前达到 24.5 米,严重威胁徐州及淮阴(今淮安)两市安全。当骆马湖内有 1.5 万亩圈圩堤顶高程高于防洪水位 26.0 米时,将影响防洪容积约 3000 万立方米,进而抬高骆马湖水位约 0.1 米。如此一来,黄墩湖不得不提前滞洪,同时因骆马湖水位提前达 25.0 米,上游南四湖韩庄出口要反控制,又影响南四湖洪水下泄[②],这都势必影响苏鲁两省水事关系,引发和加剧苏鲁边界水事矛盾和纠纷。

五、非法采砂

河湖砂石资源是基建行业的重要材料,随着区域现代化的推进,市场对砂石的需求量越来越大。开采河湖砂石的技术门槛不高,成本较低,交通运输便利,偷采更是可逃避交纳国家有关税费,因此,非法采砂的利润空间巨大。据 2004 年调查,在淮河正阳关以上开采 100 吨河砂运到蚌埠出售,售价约为 3000 元,而每船 100 吨河砂的成本约 1000 元,可赚取的利润就是 2000 元左右。若是利用自家农船在当地非法采砂,然后就地出售,利润更加可观。[③]在南四湖地区采砂,利润也是非常丰厚。据有关资料统计,每个砂眼可采数百立方米的湖砂,每艘价值 4 万多元的 30 马力[④]的水泥船一夜可净赚 3000—4000 元;如果是用价值 50 万元的大吨位吸砂王进行非法采砂,一夜可采上万吨黄砂,按照粗砂价格每吨 50—60 元计算,一夜就可以净赚 40 多万元。[⑤]因此,在巨大利益的诱惑下,淮河上中游河道及下游洪泽湖、骆马湖、南四湖等大湖地区的非法采砂业发展很快。

历史上黄河夺淮造成大量泥砂在淮河干支流沉积,加之淮河上游山区

---

① 陈智跃:《浅谈违章圈圩现象的危害及对策》,《治淮》1997 年第 2 期。
② 王润海:《骆马湖 南四湖违章圈圩急需处理》,《治淮》1995 年第 6 期。
③ 张家颖、胡传胜:《浅谈淮河河道采砂管理的现状和对策》,《治淮》2004 年第 6 期。
④ 1 马力=735.499 瓦。
⑤ 马小友、赵跃伦、赵建,等:《南四湖非法采砂治理对策》,《山东国土资源》2014 年第 6 期。

汛期暴雨冲刷的泥砂不断排入河道，因此淮河河砂资源十分丰富。据有关资料显示，淮河汛期输砂量占全年输砂量的 74%。[1]淮河干流砂石比较丰富的地方，主要集中在河南与安徽交界的河段、安徽的淮南段。2004 年河南息县境内就有 30 多个采砂场、400 多条采砂船、400 多台喝砂机。[2]在淮河安徽段，据统计，1996 年采砂船大约有 800 艘，年采砂量约 500 万吨。到 2001 年时，安徽沿淮采砂船增加到了 1000 多艘，年采砂量约 800 万吨；2004 年这些河段采砂船猛增到 1800 艘，年采砂量超过了 1600 万吨；到 2008 年 4 月，采砂船达到了 2300 艘，年开采量超过了 1800 万吨。[3]根据淮河支队各执法大队 2013 年底不完全统计，淮河干流安徽段共有采砂船 1687 艘，其中高架采砂船 390 艘，主要集中在淮南市毛集区、淮南市潘集区、怀远县、蚌埠市、五河县等地。[4]截至 2015 年 2 月下旬，安徽淮河干流段共有采砂船 995 艘，比 2014 年底的 968 艘稍有增加，其中高架采砂船 225 艘，小泵采砂船 770 艘。高架采砂船集中在颍上鲁口子、寿县方坎子、淮南 21 航标杆段、怀远南湖及黄疃窑、蚌埠市马城等淮河河段采砂。而小泵采砂船则集中于阜南、霍邱、凤台毛集、蚌埠市高铁桥、凤阳、五河等淮河河段采砂。[5]

在淮河河道内有规划科学的采砂，既能起到疏浚河道、增强河道行洪能力的作用，又可促进国民经济的发展。但是在利益驱使下的非法采砂，严重威胁着淮河河岸基础设施、河道行洪安全。淮河安徽段河道多为弯曲河型，大小弯道段共有 80 多处，总长 223 千米，占安徽淮河段总长的 52%。[6]如果在淮河弯道处近岸非法采砂，往往会造成河岸、堤防、护坡崩塌。例如，安徽省颍上县境内淮河长 98 千米，非法采砂船超 500 艘，乱采砂造成半岗镇前洲孜、垂岗乡陶嘴孜等河段河岸崩塌 20—30 米，尤其是邱家湖的毛球窝段因非法采砂导致块石护坡、护岸发生塌方，2003 年汛期该河段行洪堤发生开裂滑坡，不断出现险情。[7]在怀远县淮河段，非法采砂也导致大范围河岸崩塌。[8]

---

① 李莉：《安徽省淮河河道采砂存在的问题及对策》，《治淮》2002 年第 10 期。
② 宋志平、王斌：《加强河道采砂管理 确保淮河防洪安全》，《农村·农业·农民》2004 年第 6 期。
③ 高鑫：《淮河安徽段采砂状况和管理机制探讨》，《治淮》2010 年第 1 期。
④ 熊志斌、熊志刚：《浅议淮河河道采砂与管理》，《治淮》2014 年第 5 期。
⑤ 熊志斌、熊志刚：《淮河安徽段采砂管理探讨》，《治淮》2015 年第 4 期。
⑥ 高鑫：《淮河安徽段采砂状况和管理机制探讨》，《治淮》2010 年第 1 期。
⑦ 张家颖、胡传胜：《浅谈淮河河道采砂管理的现状和对策》，《治淮》2004 年第 6 期。
⑧ 钮振宝：《淮河怀远段河道采砂管理现状及建议》，《江淮水利科技》2011 年第 2 期。

　　洪泽湖地处安徽与江苏边界，由成子湖湾、溧河湖湾、淮河湖湾三大湖湾组成。据 1989 年 9 月采样调查，显示湖体中泥砂含量丰富，大约每立方米 0.25 千克，成子湖区为每立方米 0.124 千克，淮干入湖区的泥砂含量达每立方米 0.178 千克。全湖泥砂含量在每年 6—7 月最多，汛后明显减少。多年平均年入湖砂量达 1168 万立方米，出湖砂量则为 688 万立方米，年淤积量约为 480 万立方米。[①]2006 年 4—5 月，采砂船户在淮河干流入湖口处发现砂源，随后便向洪泽湖水域纵深发展。2007 年初，人们在洪泽县老子山和泗洪县半城水域陆续发现砂源，于是很快汇集了 100 多艘船进行非法采砂。其中，洪泽县老子山镇部分渔民还从宿迁骆马湖引进十几艘拖船采砂。[②]2010 年，洪泽县渔民自发购买、改装 50 多艘采砂船在洪泽湖非法采砂。泗洪县渔民汇聚近 20 艘采砂船在半城穆墩岛西南约 2 千米处集中采砂。[③]截至 2015 年 5 月，洪泽湖采砂船已猛增到 600 余艘，主要分布在沿湖六县区水域，其中泗洪、洪泽、泗阳三县为多。[④]

　　2001 年长江中下游河道开始全面实施禁采，于是一些非法采砂船向骆马湖、南四湖等内陆湖泊转移。截至 2015 年 6 月，骆马湖水域汇聚了采砂船 1200 多艘、中转船 1000 余艘、筛砂船 200 多艘、运输船 4000 余艘，从事采砂业的相关人员达 3 万多人。在 2015 年汛期禁采之前，骆马湖点状采砂区比较多，成片采砂区面积达 118 平方千米，占湖面面积的 41%。[⑤]在南四湖及周边河道里，优质黄砂资源蕴藏丰富，20 世纪 90 年代湖内只有零星采砂船，采砂规模较小。2001 年长江禁采后大量采砂船退守骆马湖，然后沿京杭运河北上进入了南四湖。2011 年，整个南四湖湖面采砂船总计有 508 艘。[⑥]南四湖湖底蕴藏着丰富的煤炭资源，有若干座矿井在开采煤炭，且有些煤矿煤层埋深较浅。如果实施非法的深层次采砂，一方面将会对湖底矿井安全生产构成威胁，另一方面会导致湖区地下水发生变动，这更容易诱发湖底矿井灾难事故。

---

① 左顺荣、朱建伟：《洪泽湖采砂管理的现状分析及对策探讨》，《江苏水利》2011 年第 8 期。
② 严登余：《洪泽湖采砂管理分析》，《江苏科技信息》2015 年第 31 期。
③ 左顺荣、朱建伟、薛松：《洪泽湖采砂管理现状、问题与对策的法律思考》，《水利发展研究》2010 年第 6 期。
④ 严登余：《洪泽湖采砂管理分析》，《江苏科技信息》2015 年第 31 期。
⑤ 王金东：《骆马湖管理现状及其对策研究》，辽宁师范大学硕士学位论文，2017 年，第 13 页。
⑥ 马小友、赵跃伦、赵建，等：《南四湖非法采砂治理对策》，《山东国土资源》2014 年第 6 期。

水事纠纷的类型, 依纠纷的性质、纠纷产生原因、纠纷争议的内容、纠纷产生的主体等不同标准可做出不同的划分。从水资源与水环境不同属性来划分, 水事纠纷可以分为水资源纠纷、水环境纠纷两大类。水资源纠纷主要表现为不同的单位或个人因对水资源的开发、利用、管理、保护等意见不一致而产生的争执, 我们通常称之为水利纠纷。因为防洪、防涝等也属于水资源开发利用的内容, 所以防洪、排涝方面的矛盾纠纷也属于水资源纠纷或水利纠纷。水环境纠纷主要是因水环境污染和破坏导致相关利益主体的饮用、灌溉、养殖、生命等权益受损而引起的纠纷, 通常称为水污染纠纷。按照水事纠纷的法律性质, 可分为水行政纠纷和水民事纠纷; 按照水事纠纷争议的内容, 可分为用水纠纷、蓄水纠纷、排水纠纷、治水纠纷和管水纠纷等。若从水事纠纷产生的主体来看, 中华人民共和国成立以来淮河流域水事纠纷的类型也有很多, 包括个人和个人之间、个人和集体之间、集体和集体之间、不同行政区域之间、上下游之间、左右岸之间、部门行业之间的纠纷, 其中最主要的是跨行政区的水利纠纷和水污染纠纷。

第一节　跨行政区水利纠纷

中华人民共和国成立后, 就开始对淮河进行大规模的工程治理, 这一方面减轻了洪涝灾害, 发展了灌溉排涝事业, 促进了淮河流域各地的经济发展和社会稳定, 另一方面却因为气候变化、黄河夺淮、水旱灾害、行政区划与流域边界相矛盾、利益主体的多元水利益冲突等方面的综合影响,水事矛盾也日益增多。用水时，因水源不足，争相放水或提水、引水；洪水期，上游以邻为壑，不顾下游，尽可能多地往下排水，下游则筑堤堵坝以达自保，上排下堵，纠纷不断。以河为界的，在本境一侧筑丁坝，逼水挑流，冲刷对岸，保护本地，引起对岸民众的不满。有高处用外水淤灌的，排放过早，泥沙俱下，低处河道比降较小，水流平缓，形成淤积，造成高、低处双方利益主体之间的纠纷。跨行政区的水利纠纷，纠纷主体大体上都是以省或县（市）、乡镇等行政区为单位。有时，一些水利纠纷比较复杂，地方难以处理，还需要中央协调处理。

一、省际水利纠纷

淮河流域跨豫、皖、苏、鲁、鄂五省，有鄂豫、豫皖、豫鲁、皖鲁、皖苏、苏鲁六条省际边界线，长达 3000 千米左右，横贯省界的河道多，流域水系被五个省级行政区分割，加上流域历史上一直是旱涝频繁发生的重灾区，导致省际边界水利纠纷不断，历代官府都未能根除。中华人民共和国成立后，在党中央和国务院的关怀下，淮河最早得到综合治理，这虽然改善了沿淮及淮北地区水利条件，削减了洪涝灾害，缓和了边界水利矛盾，但是截至 20 世纪 70 年代末，淮河流域广大平原地区的干支流防洪排涝能力仍然不足，上下游之间的排水、排涝矛盾还是存在，以省际边界地区尤其是豫皖边界、苏鲁边界的水利纠纷最为突出。

（一）鄂豫边界

淮河流域湖北省与河南省的边界，西起桐柏山太白顶淮河源头，东到大别山中部鄂、豫、皖三省交界处的棋盘石，主要河道有淮河干流、游河、浉河上游段飞沙河、竹竿河，它们大多发源于湖北省境内，分别流经河南省南阳市或信阳市后注入淮河。湖北随州市与河南桐柏县边界有出山店河和淮河。出山店河下游为随州市与桐柏县边界河道，这段河道河床不稳定，老街附近河岸塌坡严重，左岸民众曾想建挑流坝护岸，但遭到右岸民众的反对。淮河干流自左岸月河河口到毛集河口段，是随州市与桐柏县的交界河道，这段河道河床不稳，形成滚动，因而经常损毁农田。于是，两岸群众无计划地整修河岸，既降低了河道的行洪能力，又影响对岸安全，造成双方纠纷冲突。

随州市与信阳市边界上有游河，在蔡家畈到许小楼河段，多年来两岸乡村为防止洪水冲毁自己的滩地和农田，在未经过双方协商一致的情况下，东岸吴家店乡先后在边界河段本境一侧筑起了丁字坝 5 座，毁坏了西岸河滩和农田。同样，西岸小林店乡为保护自己一方土地不受损，筑起了丁字坝 6 座。两岸对筑丁字坝，不仅缩窄了河床进而影响泄洪，还形成了挑流，危及两岸安全。因此，双方不断发生水事纠纷。

湖北广水市（原应山县）与河南信阳市交界西段有飞沙河，因地处大别山区，雨水丰沛，经常发生洪灾。自 1987 年大洪水以后，两岸群众为防止河滩地和农田再次遭到破坏，各自先后在本境一侧筑丁字坝。先是信阳市谭家河乡在大田湾至柏树湾河段，也就是在飞沙河北岸筑起了 2 座丁字坝。不久，因冲垮了南岸大量滩地和农田，广水市蔡河区在飞沙河南岸也先后相对立地筑起了 2 座丁字坝。这些丁字坝均起到了挑流和阻水作用，严重影响行洪，双方因此纠纷不断。

湖北大悟县与河南信阳、罗山、新县边界东段有竹竿河，河道比降大、弯道多，加上地处大别山腹地，年降雨量偏大，洪涝灾害频发，河岸坍塌严重，两岸土地时常被毁。1991 年大水之后，大悟县宣化店镇北岗村开始砌护河岸，并修筑丁字坝。1996 年 7 月 17 日大暴雨，丁字坝挑流，改变了水流的正常流势，冲毁了罗山县定远乡银山村 100 多亩农田，银山村村民利益受损，于是出现了纠纷。①

（二）豫皖边界

豫皖边界南起鄂豫皖三省交界处的棋盘石，北到黄河故道豫、皖、鲁三省交界处，处在淮河干支流上中游过渡地带。这段省际边界上有淮河干流及其主要支流史河、洪汝河、洪河分洪道、汾泉河、沙颍河、黑茨河、西淝河、涡河、惠济河、包浍河、沱河、王引河等，涉及的小河沟洫数以百计，有些小河沟洫经常发生变迁。这些边界河道大多发源于河南省，流经安徽注入淮河。除了淮南长江河、史河系山区河道，其他河道几乎都是淮北平原河道，坡降小，水流缓，排泄慢，易成涝，因此省际边界水事纠纷较多。

史河支流长江河中下游 26 千米河段，是河南固始县与安徽金寨县的界河。这段河道平均比降近于百分之一，上游陡峻，下游稍缓。因为河道弯曲、狭窄，汛期河象变化无常，危害两岸。20 世纪 60 年代初，为保护农

---

① 以上参见苏广智编著：《淮河流域省际边界水事概况》，第 10—15 页。

田，金寨县境内铁冲、全军、徐冲公社多次动员农民修复、加固河堤北岸。而固始县陈淋公社长岗、土门大队为引长江河水灌溉，则筑拦河坝，建引水闸，筑护岸堤，北岸工程因而受到威胁。[①]1964 年 5 月 20—27 日，经金寨、固始两县人民政府及水利部门派员共同实地勘查、协商，双方签订《关于金寨县全军、徐冲公社与固始县陈淋公社山林、田地、水利问题处理情况的会议纪要》，但双方均未履行，且大搞护岸工程。1973 年 4 月，金寨、固始、霍邱三县组织人员从平阳至河嘴进行实地检查，对危害对方安全的挑流建筑物要求汛期拆除，签署了《固、金两县关于长江河水利问题处理意见的协议纪要》。6 月，双方专区、县派员联合实地检查，并再次签订了《关于认真执行长江河、史河水利问题处理意见协议的补充协商意见纪要》。[②]

史河自长江河入口以下 10 多千米为豫、皖两省边界河道，左岸是河南固始县，右岸为安徽霍邱县。史河两岸群众皆在河道己方一侧堆石筑丁字坝挑流，左岸有 12 处，右岸有 13 处，于是从 20 世纪 70 年代开始，史河流域的省际水事纠纷越来越多。1972 年 3 月 22 日，霍邱、固始两县县政府和水利部门负责人签订了《霍固两县关于史河（长江河至毛草集段）阻水、障碍物处理意见的协议》。经过多年的调处，史河两岸丁字坝大为减少，但剩余的阻水丁字坝依然影响泄洪。1996 年，在水利部淮河水利委员会主持下，河南与安徽达成《关于再次检查霍固两县史河纪要执行情况会议纪要》。[③]1997 年 5 月，河南省水利厅与水利部淮河水利委员会对固始县边界水利纠纷工程进行了检查，至 1997 年底，固始县已完成工程总量的60%以上，施工质量较高，经受住了 1997 年汛期洪水的考验。[④]

在大洪河段，河南淮滨县与安徽临泉县有省界河道 16 千米。该段河道多弯曲，水流不畅。20 世纪 70 年代初，为了发展农业生产灌溉，淮滨县赵集公社在大洪河右岸修建提水站，筑渠引水，形成挑流，这就危及了对岸临泉县的堤防安全，引起了边界水事纠纷。1974 年 4 月 10 日，在治淮规划小组办公室的主持下，河南省水利局和安徽省治淮指挥部有关负责同志共同查勘并协商达成《关于豫皖边界几个水利问题检查情况和有关协议》，规

① 《附：金寨、固始两县长江河水利纠纷述略》，安徽省金寨县地方志编纂委员会编：《金寨县志》，上海：上海人民出版社，1992 年，第 194 页。
② 苏广智编著：《淮河流域省际边界水事概况》，第 23—24 页。
③ 《治淮汇刊（年鉴）》（1997），第 22 辑，1997 年，第 166 页。
④ 《治淮汇刊（年鉴）》（1998），第 23 辑，1998 年，第 197 页。

定："淮滨县赵集公社在大洪河右岸，朱岗附近建站筑渠引水，形成挑流作用。应从现渠道河岸处后退 50 米建站，所退渠道平毁与滩地平。今后（大）洪河两岸滩地不得再做其他阻水工程，已做其他阻水工程也应按此精神进行处理。两岸堤防仍保持原规定高程，不得任意加高，若有加高应予削低至原有高程。"[①]

在河南新蔡县、平舆县与安徽临泉县之间，涉及的省界河道有大洪河、洪河分洪道、谷河及其支流马楼沟、丁庄沟、桃园沟和泉河支流涎河、流鞍河、柳河等。大洪河流经河南新蔡县的班台，在麻里店达省界，麻里店至洪河口为河南、安徽两省省界河道，大洪河上游又称小洪河。流鞍河发源于河南、安徽边界的和店以南平舆县老坝处，经过安徽临泉县的同城、姜寨、黄岭、迎仙、城郊、城关六个区，于临泉县城西流入泉河。涎河发源于平舆县木香店西，在奶奶庙附近进入临泉县。柳河发源于临泉县清凉寺东，往南沿省界纳入流鞍河。谷河发源于临泉县姜寨南，往东南方向达河南、安徽省界一段后又入临泉境，于田桥口过省界入新蔡县境，折向东于向寨过省界再次入临泉县界。上述边界河道，水系比较复杂，无明显的分水界线，河道之间又彼此相通，互相窜流，水系不清。同时，这些河道地处平原，遇到较大降水时，洪河水系的洪水往往东流窜入泉河水系，河道无以容纳，经常造成洪涝灾害。在南段新蔡与临泉边界的大洪河、洪河分洪道和北段平舆与临泉边界的小洪河水系草河支流丁河、杨河与泉河支流流鞍河、涎河等流域，局部地势低洼处，洪水肆虐之时，省界河道两侧群众为了保护自己的土地，乱挖沟渠，任意堵坝，以图转移水害。因此，省际水利纠纷连年不断。

河南新蔡与安徽临泉边界，就曾在贾楼村与田湾村，李洪庄与段营乡，边刘庄与范楼，棠村乡与大张庄，黄李庙与曹庄，王桥与大张庄乡、宋寨乡焦庄，李老庄与李小庄，王桥与小田庄等之间发生多次省际水利纠纷。一是贾楼村与田湾村之间的省际水利纠纷。临泉县田湾村与新蔡县练村镇属贾楼村隔河相望，1958 年临泉县为不使上游来水从洪河大沟分洪，确保其濛河洼地免受洪涝灾害，发动群众在田湾村东南洪河大沟上筑了一道较新蔡县堤防高 1—2 米、顶宽 3 米的拦洪坝，引起了水利纠纷。后经双方磋商，达成拆坝协议。之后，新蔡县则在田湾村、贾楼村之间的洪河故

[①] 水利部淮河水利委员会水政水资源处编：《淮河流域省际水事纠纷资料汇编》，内部资料，1992年，第 187 页。

道上筑一堵口坝，让上游来水全走分洪道，这又引起了排涝纠纷。1984 年 4 月，临泉县在王小庄东北洪河分洪道上筑了一道长 85 米、宽 36.1 米、顶宽 15 米的拦洪坝，直接堵住分洪道的上游来水，使其不能下泄，再次引起两县的水利纠纷。二是李洪庄与段营乡之间的省际水利纠纷。李洪庄位于新蔡县属化庄集东北谷河支流大港北岸，1950 年临泉县段营乡群众为拦阻西部来水，在段营乡西南港上筑坝，引起两县的水利纠纷。1954 年，段营乡群众又将李洪庄村东一桥孔堵死，同时加高桥西公路路基，堵住了西部来水，致使新蔡县境内农作物被淹 3 万余亩。于是，双方产生纠纷。后经双方协议，所有阻水工程由段营乡群众自行拆除。但临泉县方面仅将李洪庄西南的堵水坝拆除，其他堵水坝未动，直到 1957 年经中央调解，双方重新订立协议，纠纷始得解决。三是边刘庄与范楼之间的省际水利纠纷。范楼属于安徽临泉县庙岔区，边刘庄地处河南新蔡县龙口西北。1952 年范楼、小张庄各在谷河支流上筑了一道拦水坝，与边刘庄发生纠纷。后经双方协商，临泉县于 1953 年将两坝拆除。不久，临泉县属之范楼、白土洼、三叉沟以北等地，又与新蔡县发生多次水利纠纷。1953 年 7 月 30 日、31 日，新蔡、临泉两县先后签订《新蔡县第十区（韩集区）和临泉县姜寨区白土洼、三叉沟北水利纠纷协议书》《临泉县姜寨区、瓦店区和新蔡县第十区（韩集区）谷河上游水事纠纷协议书》，双方纠纷暂时得以解决。1958—1963 年，范楼、小张庄多次采取缩小桥孔、修筑围堤、抬高路基等办法束水阻水，再次引起边界水利纠纷。1964 年 2 月 5 日，新蔡、临泉两县再次签订边刘庄与范楼水事纠纷协议，纠纷始告平息。四是棠村乡与大张庄乡之间的水利纠纷。1954 年，临泉县大张庄乡在新蔡县棠村乡王桥北谷河支流上筑坝，引起两县水利纠纷。1956 年经双方协议保持堤坝现状，不再加高，纠纷停息。五是黄李庙与曹庄之间的水利纠纷。1956 年，临泉县宋寨乡在曹庄西北新临边界的谷河支流上筑了一道较地面高 0.5 米、长 6 米、顶宽 4 米的拦港坝，导致坡水无法下泄。同年雨季，新蔡县属黄李庙等 4 村因坡水不能下泄，淹倒房屋数十间。因此，临泉县曹庄与新蔡县黄李庙之间产生了水利纠纷。六是王桥与大张庄乡、宋寨乡焦庄之间的水利纠纷。1957 年春，临泉县大张庄乡将新蔡县王桥北的临泉段港堤加高，迎仙乡同时在其斜港上筑坝。当年雨季，新蔡北境土地因此被淹 3 万余亩。此后，临泉县宋寨乡焦庄修筑公路时将路基抬高，超出地面 1 米，宽 8 米，形似土坝，以阻止新蔡境内的地表水下泄，引起纠纷。此纠纷直至谷河治理后，才自然解决。七是李老庄与李小庄之间的省际水利纠纷。1957 年，临泉县黄老庄乡李小庄在其村东属地开挖新港时，埋压新蔡县属李老庄村耕地 3 亩，并将该村土地分割为二，影响生产，造成双方纠纷。后经协议，李小庄除赔偿李老庄 3 亩土地外，另在新港上架桥 1 座。后因李小庄未执行协议，李老庄又将李小庄的新挖港堵住，李小庄欲扒，李老庄不让，纠纷解决甚为困难。八是王桥与小田庄之间的省际水利纠纷。1958 年，临泉县瓦店公社小田庄大队在田桥口村南谷河上筑了一道拦河坝，新蔡县属王桥村村民欲拆，对方不许，王桥村村民遂将谷河左岸一支流堵住，双方多次发生纠纷。①

在河南平舆与安徽临泉之间，中华人民共和国成立初期，平舆县张庄乡与临泉县石桥乡就因在周潢公路上修桥而发生水事纠纷。1951 年 5 月 23 日，平舆县和店区负责人尹建白、张庄乡农会主席王金玉等 4 人与临泉县姜寨区张洼乡乡长李培秀等 4 人签订了《临泉县姜寨区石桥乡温庄、平舆县和店区张庄乡大郭庄解决水利纠纷合同书》。1957 年春夏季，平舆县与临泉县的谷河上游周李乡与新集乡、韩集乡与高集乡、唐存乡与瓦店乡之间发生了上游排水下游堵坝的矛盾，因双方省、县都不愿让步，最后国务院责成水利部和监察部派员到现场进行调处。1965 年 1 月 6 日，河南省平舆县水利局局长史铁梁、安徽省临泉县水利局局长徐鹤庆等协商确定了《临泉、平舆两县水利局实施六四年协议的意见》，明确了老龙桥及李桥堵坝标准等施工中的具体问题，水利矛盾才趋于缓和。②

河南沈丘与安徽临泉之间的省界河道，有汾泉河、泥河、皂河等，历史上这一带就经常发生水利纠纷。沈丘县南部李楼乡地势低洼，地下水位高，既怕旱又怕淹，其西南与安徽省临泉鲖城区接壤。因排水不畅，每到汛期水利纠纷不断发生。1952—1954 年，城区为了排水，挖了 3 条新沟，于是发生了上扒下堵的水事纠纷。1956 年汛期，再起水利纠纷，后经协商于 7 月 13 日达成协议，恢复原状。③1952 年冬，沈丘与临泉因白龙沟挖沟排水问题而纠纷难解。1956 年春季，沈丘县在张楼附近、马小庄附近、雒庄集附近新筑大坝，影响汛期排水，引起纠纷。同年 7 月 13 日，双方协商签订了《沈丘县大彭庄中心乡、临泉县同城区李腰庄乡水利纠纷协议书》。④1957 年春，因沈丘县开展除涝工作，刘庄店区在沈丘、临泉交界地

① 新蔡县地方史志编纂委员会编：《新蔡县志》，郑州：中州古籍出版社，1994 年，第 303—305 页。
② 苏广智编著：《淮河流域省际边界水事概况》，第 40、42、44 页。
③ 周口地区地方史志编纂办公室编：《周口地区志》，第 367 页。
④ 苏广智编著：《淮河流域省际边界水事概况》，第 50—51 页。

区筑起长达 15 千米的围堤，引起省际水事纠纷，直至 1957 年 4 月 30 日才达成解决纠纷的协议。①

在河南郸城与安徽太和之间，1952 年夏季发生了芦草沟等排水纠纷。1953 年春夏之交，双方在东洺河的单沟、杨沟、响沟等地再次发生纠纷。3 月 11 日，双方专区、县商议签订了《杨沟、响沟等水利纠纷协议》，12 月中旬又经治淮委员会召开双方协调会，同意单沟按已达成的协议方案处理，其他方面未能统一意见。1954 年夏季汛期，郸城县违反协议，擅自扒开东洺河南堤放水，引起省际排水纠纷。11 月 3 日，在治淮委员会主持下，双方进一步协商，达成了《太和、郸城东洺河水利纠纷协议补充》，强调先前签订的《杨沟、响沟等水利纠纷协议》继续有效，郸城县保证不再扒东洺河南堤，不使东水南泛，双方同意按新标准治理东洺河。同年 11 月 30 日，为郸城县治理西洺河的标准问题和将二龙沟 246 平方千米水排入西洺河问题，双方意见相左。在治淮委员会的协调下，双方签订了《西洺河水利纠纷协议书》。②

在河南郸城、鹿邑、商丘、虞城、夏邑、永城与安徽亳州的省际边界上，有西淝河（上游称清水河）、东洺河（皖称洺河）、涡河及其支流中心沟（老牙河）、新油河（练沟河）、老油河、沙沟、赵王河（豫称八里河、白沟河）、广亮沟（也叫广梁沟）、急三道沟、五里河（丁河）、惠济河、洮河、洪河（上游叫大沙河）、小鸿雁沟、林河（大鸿雁沟）、亳宋河、陈治沟（上游叫白河）、武家河、杨河，浍河水系的包河、康家河（小孙沟）、小浑沟（洛河）、挡马河、田家沟（卧龙沟）等 26 条省界河道，涉及 7 县、市，行政区界和水系边界关系复杂，水事矛盾多。在河南郸城与安徽亳州之间，主要是立楞沟、蒲沟等沟洫的排水纠纷。在虞城叶楼和亳县③代庄之间，1956 年夏季因包河排水问题而纠纷不休。在治淮委员会协调下，双方专区、县代表于 9 月 27 日达成补充协议。④在永城县与亳县之间，1951 年春因洪河岔而发生水利纠纷。1958—1960 年，永城县在永、亳边界筑堤打圩，阻遏了上游亳县的排水，亳县方面也加大了边界沟河断面，并通过武马运水将永、亳边界沟河串联起来，从而打乱了水系，由此永、亳边界出现了矛盾。1964 年 3 月 29 日，阜阳、商丘两地委在《关于商丘、阜

① 周口地区地方史志编纂办公室编：《周口地区志》，第 367 页。
② 苏广智编著：《淮河流域省际边界水事概况》，第 61—62 页。
③ 1986 年改为"亳州"。
④ 苏广智编著：《淮河流域省际边界水事概况》，第 76—78 页。

阳两地区边界水利问题处理意见》中协定，亳县"贯串武家河、包河、黄泥沟的武马运河（亳县称亳永河）应分段平毁，划清水系"，永城"拆除自曹楼经浑河集至顾厂西的边界阻水圩堤，降低龙岗集经浑河集至顾厂的路基，葛沟归故"。1964—1965 年，永城方面疏浚了挡马沟、小洪河、卧龙沟、葛沟，1957—1978 年分别治理了母猪沟和包河，为上游亳县打开了排水通道。①

河南永城②除了和安徽亳县有省界，还与安徽涡阳、濉溪、萧县、砀山四县有省界关系。永城与涡阳县边界线上，主要河流有涡河水系的母猪沟、新四沟（五道沟）及浍河水系的包河。永城与濉溪县边界涉及的河道有浍河、沱河、王引河等。永城与萧县以王引河为界。永城与砀山县边界有碱河、王引河、巴清河及洪河这 4 条大河。因永城县与周边邻县边界河道多，所以水利矛盾也多。永城县南部与安徽省涡阳县为邻，包河由永入涡，包河以南马桥、李寨、裴桥等乡的 82 平方千米面积之水，分别通过母猪沟、新四沟、姬沟等泄入涡阳，流归涡河。1957 年 6 月 28—30 日，永城与涡阳两县政府曾对边界水利纠纷问题进行协商并达成协议。1958 年后，永、涡边界排水纠纷一度加剧。涡阳县在边界处平地筑堤打圩，沟河内堵坝，修建束水桥，以遏制上游永城之排水。1964 年 3 月 29 日，商丘、阜阳两地委在《关于商丘、阜阳地区边界水利问题的处理意见》中协定，涡阳"废除界圩堤 19 处，扩建阻水桥梁 8 座"，永城"疏浚白洋沟下段，修建洪庄桥，汤庄南铜沟与边界沟串流处打坝堵死，张道庄附近界沟上三道堵堤拆除，马桥至新兴集公路沟按河系分段打（堵）死，防止串流"。此后，永、涡边界亦曾出现过局部纠纷，如母猪沟治理、包河治理等方面的不协调，但在治淮委员会及水电部的协调下，都得到了较好解决。③

永城县东北部有王引河、南沱河、浍河、小王郢沟、小曹沟、小运河、莲花沟、封沟、青沟等 10 条沟河进入安徽濉溪县。历史上两县之间就常有水利纠纷。1956 年，濉溪县在北起王引河、南至沱河的永濉边界地段，筑起约 5 千米长、高 1 米的圩堤，将永城苗桥、高庄两乡坡水全部堵住，使其不得下排。1957 年 10 月，濉溪县又将边界圩堤加高加宽。1959 年 12 月，濉溪县在北起王引河、南至沱河处筑起第二道圩堤，并将由永入

---

① 周一慈：《永城县边界的排水纠纷是怎样解决的》，政协河南省永城县委员会文史资料委员会编：《永城文史资料》第 4 辑，1984 年，第 46—47 页。
② 1996 年前为永城县，1996 年撤县设立县级市。
③ 周一慈：《永城县边界的排水纠纷是怎样解决的》，政协河南省永城县委员会文史资料委员会编：《永城文史资料》第 4 辑，第 45—46 页。

滩的小丁沟、曹沟、小王引河、小运河、赵沟、柳沟等堵闭。同年，北起沱河，南至浍河，筑起圩堤一道，并将由永入滩的界沟、莲花沟、姬沟、封沟、新建沟等封闭。由此，边界水利纠纷不断。[①]

1957 年冬，濉溪县将王引河自孟口起，沿永濉边界改道南流，至岱桥处并入沱河。这不仅加大了沱河负担，还使沱河、王引河之间的夹河地带，包括小王引河、小曹沟、小运河、赵沟、刘沟等在内的永城 300 多平方千米流域面积的排水受到拦截，导致这个地区每雨必灾，由此纠纷迭起。[②]1959 年沱河蒋念束水闸修建后，使沱河排洪处于更加困难的境地。1960 年 9 月 4 日，"沱河流量仅 10.4 秒立米，而永城城关附近的沱河水位已平两岸，两岸地面水不能排泄而积水成灾，城北粮库、商业仓库被水围泡六至七天"。为尽可能减少上述原因造成的永城及其上游地区的洪涝灾害，"永城于 1959 年冬，在沱河南岸的白洋沟头原闸处重建分水闸 1 座，计 6 孔，孔宽 3.5 米，以图汛期通过白洋沟和大洋沟分沱河水而入浍河"。此举遭到下游濉溪县的反对。[③]由于历史上就有分流的惯例，1961 年 7 月 27 日，水电部在《关于解决豫东、皖北边界地区水利问题的意见》中裁定："暂由白洋沟、大青沟分沱入浍，两沟分泄的最大流量合计一般不超过 60 秒立米。"[④]1962 年经水电部批准，在改道段王引河和巴河交叉处兴建地下涵，让永城县来水从涵下排入巴河。但因地下涵过水量甚小，远不能满足排水需求。1963 年冬至 1964 年春，濉溪县治理浍河流域的界沟、莲花沟、封沟、青沟，永城县则开挖周商永运河、永北河网、跃进河，争向浍河排水，同时又通过白洋沟，增大南沱河向浍河的排水量。同一时期，濉溪县分别在浍河、南沱河、王引河建束水闸，并在边界筑圩打坝，以阻拦上游排水，濉溪、永城两县在治水问题上的矛盾越来越大。1964 年 3 月在中央协调下，两县进行磋商，并达成协定：濉溪县境内王引河复故，平毁改道段；废除地下涵，拆除束水闸，铲除边界圩坝。永城县境内平毁周商永运河、永北河网、跃进河；减少白洋沟分洪量，每秒流量不得超过 60 立方米。两县立即动员大批劳力迅速行动，当年大部分工程竣工。[⑤]

① 周一慈：《永城县边界的排水纠纷是怎样解决的》，政协河南省永城县委员会文史资料委员会编：《永城文史资料》第 4 辑，第 42—43 页。
② 永城县地方史志编纂委员会主编：《永城县志》，第 133 页。
③ 周一慈：《永城县边界的排水纠纷是怎样解决的》，政协河南省永城县委员会文史资料委员会编：《永城文史资料》第 4 辑，第 44 页。
④ 永城县地方史志编纂委员会主编：《永城县志》，第 133 页。
⑤ 濉溪县地方志编纂委员会编：《濉溪县志》，上海：上海社会科学院出版社，1989 年，第 168 页。

河南永城县与安徽萧县之间的水利纠纷主要集中在萧永沟、马沟。萧永沟发源于萧县魏庄乡王新庄村南，经萧县石林乡、永城刘河乡入王引河，全长 5 千米。1952 年冬，由萧县石林乡开挖。由于标准不高，堤防低平，极易造成灾害，引起纠纷。1956 年 4 月，双方专区、县代表在宿县达成协议：萧永沟疏浚、复堤、建闸，后因永城方有人拔桩阻止，协议未能执行。1957 年 8 月 2 日，又达成第四次协议：萧永沟下游不经永城县境，改走萧县境另一断沟入王引河。马沟系萧县原石林区郑楼乡群众排涝开挖的大沟，北起萧县前陈楼，南入碱河，全长 3 千米。1950 年，永城县雨亭区僖山、李口两乡开沟至朱大场，汛期朱大场群众又开挖与马沟接通，致使马沟容纳不了洪水，漫溢成灾，自此永城县挖，萧县堵，纠纷不已。1952 年，萧县石林区（现为淮海区）与永城县雨亭、薛湖两区暂时解决了已达 6 年之久的纠纷问题。但是到 1955 年又因纠纷签订了新的协议。①

河南永城与安徽砀山之间主要是王引河上游固口纠纷、何寨与任屯纠纷。1938 年以前，王引河源于条河乡的姚楼村。沈堤以北砀山县境的巴清河和大沙河等均入减水沟（今碱河）。但沈堤以北地势卑洼，受水范围甚广，减水沟难以容纳，往往于固口一带冲决沈堤，危及王引河。1938 年，砀山方面在固口处扒开沈堤，将巴清河、大沙河引入王引河。自此，王引河几乎每岁决口漫溢，两岸田地被淹没，由此而引起的纠纷不断。1950 年，经皖北行署批准，于固口处修建和平桥闸一座，其中 4 孔以桥代闸，节制上游来水，由永、砀双方共管。1957 年，砀山方面将固口闸扩建为 5 孔，孔宽 4 米，闸下设计流量 91 立方米每秒，而王引河当时的排水能力仅为 50 立方米每秒。1974 年后，砀山又将固口闸按十年一遇标准重（扩）建。为解决由此引起的上下游水利纠纷，水电部在 1976 年 115 号文件中规定，固口闸按五年一遇标准运用。1979 年 5 月 17 日，在治淮委员会主持下豫、皖两省签署的《关于王引河尾工工程和砀山夏邑、砀山永城边界水利问题的座谈纪要》中规定：固口闸暂按五年一遇标准控制运用，对已安装的右边一孔启闭机，在汛前由安徽砀山固口闸管理所负责拆除电动机和吊钩，不得使用。随着王引河排水标准的提高，固口纠纷遂告缓解。

何寨与任屯之间的水利纠纷起因于 1957 年春砀山县在任屯东西部平地开挖两条排水沟，由北而南直冲永城东北境的何寨村。同年 7 月大雨，何寨村村民在边界处打坝，将任屯两条新沟堵塞，由此引起双方省界水利纠

---

① 萧县水利志编辑组编：《萧县水利志》，内部资料，1985 年，第 102—103 页。

纷。这场纠纷引起了豫、皖两省领导的重视。①7 月底，在治淮委员会派员主持下，两省、专区、县代表在砀山县召开永砀边界水利纠纷协商会。8 月3 日，双方就何寨与任屯之间的水利纠纷等问题达成协议，协议中规定"砀山县在任屯和郑楼已开的两条南北排水沟，其中任屯西边一条沟应全部填平，恢复原状，回填部分需加上 10% 沉陷度；任屯东边一条沟南半段的平复办法与西沟相同，其北半段可堵截为五小段"，"永城打的新坝应全部拆除，土归原状"，"两县交界地区，砀山县地面以下不准引水，地面以上的引水永城不能截堵"。②1964 年后，何寨村划归安徽省萧县，此处的永砀排水纠纷便不复存在。

安徽砀山与河南夏邑边界有省界河道巴清河，砀山县与河南虞城县边界涉及废黄河（故道）及王引河上游巴清河、大沙河排水问题。1954 年夏，夏邑与砀山为巴清河上游大汤沟等 5 处排水问题发生纠纷。1957 年春夏之交，因王引河西堤防班大洼仲沟扒缺口问题，夏邑县与砀山县排水纠纷又起。6 月中旬，河南、安徽双方专区、县在治淮委员会的协调下于 13日达成协议。③

（三）皖苏边界

皖苏边界西自皖、苏、鲁三省交界处，东南到江淮分水岭，涉及 8 个地（市），19 个县（市）。中华人民共和国成立初期，萧县、砀山县隶属于江苏省。1954 年 12 月 11 日，国务院决定将萧县、砀山划归安徽省。安徽砀山县与江苏丰县边界线上主要河道有大沙河、复新河及其支流苗城河、白衣河，其他还有十来条小沟河横贯省界，全属南四湖流域。大沙河源于砀山县黄河故道北岸的高寨，东北流经丰县，由沛县西南入、东北出，在杨官屯北经程子庙、大孙庄进入南四湖的上级湖昭阳湖，承泄豫、皖、鲁三省废黄河滩地 1800 余平方千米集水。复新河发源于砀山县黄河故道北玄帝庙，向东北流经丰县，城南纳苗城河后，转而北行，于县城北纳白衣河、太行堤河等河道后汇入南四湖。苗城河源于砀山县果园场，于汪庄跨省进入丰县，在陈集入复新河。白衣河上游分两支，分别发源于砀山县刘暗楼东和孙老家西，两支汇于丰县王沟附近，东北行至丰县县城东北，纳

① 永城县地方史志编纂委员会主编：《永城县志》，第 132—133 页。
② 周一慈：《永城县边界的排水纠纷是怎样解决的》，政协河南省永城县委员会文史资料委员会编：《永城文史资料》第 4 辑，第 38 页。
③ 苏广智编著：《淮河流域省际边界水事概况》，第 115—116 页。

入复新河。复新河因纳苗城河、白衣河及十来条小沟河，横贯省界，故历史上是边界水事矛盾比较多的一条河道。

因特殊地势、地形的影响，丰县常受西南客水的危害，边界水事矛盾时有发生。丰县与砀山县的水利纠纷，主要集中在两处：一是丰、砀边界地区复新河上游、苗城河等跨省沟河的排水问题和与之相关联的废黄河滩地北大堤缺口及堵复问题。1954年，砀山县第六、七区与丰县第十二区因复新河上游排水问题而发生矛盾。8月22日，丰、砀两县代表在徐州专区治淮指挥部通过协商，达成协议。1957年7月，天降大雨，18天降雨445毫米，复新河上游地区沟洫标准小，废黄河滩地北大堤决口，因而洪涝成灾，引起丰、砀两县之间的水利纠纷。为此，治淮委员会协同两省、专区、县对该地区水利状况进行查勘，于7月16日在砀山县朱兰店进行协商，并达成协议。砀山县高寨乡利用抗日战争时期遗留下来的4条战沟，经1955年疏浚，排水经丰县宋楼乡送入复新河。因复新河中上游尚未治理，水流迟缓，下游河床顶托，漫溢成灾，宋楼乡由塘窝到欧庄打起一道东西土坝，使上游高寨乡来水受阻，因此形成水利纠纷。1960—1961年，丰、砀边界再次发生排水纠纷。直到1979年冬至1983年春，丰、砀边界的复新河上段及支流苗城河治理工程得到全面实施后，此段省际水利纠纷才算基本解决。二是二坝淹子（砀山县称高寨淹子）用水及大沙河上游蓄水问题。1958年春，李寨公社在阚楼北挖沟引水，筹建临时抽水站，打算灌溉农田。砀山县集中数千人，在二坝头西约300米二坝水面上打坝，引起水利纠纷。经治淮委员会及双方专区、县代表实地查勘，5月13日在徐州协商，达成协议。1960年，丰、砀两县因为二坝淹子水源发生用水矛盾，主要原因是，虽然丰县二坝多装机，已按原协议不超过160马力规定拆除，但砀山县在废黄河上的张二坝仍堵死，对丰县用水和汛期泄洪都有影响。[1]20世纪80年代，丰县对大沙河进行综合开发治理，并派人与砀山县协商取得一致意见，最终使二坝淹子的用水及大沙河上游蓄水问题得到了解决。

在安徽与江苏铜山县边界，涉及有安徽的萧县、杜集区、宿县、灵璧县，其中萧县与铜山县边界线上有黄河故道、利民沟（下游是岱河）、闸河等，宿县与铜山县之间横穿边界线的有灌沟河、奎河、琅溪河、阎河、看溪河等，灵璧县与铜山县边界线上有郭集沟、运料河、申家沟等。利民沟

① 丰县水利局编：《丰县水利志》，第369—379页。

发源于铜山县半步店南，向北到小山子，再转向西由杨楼和胡集之间穿过省界进入萧县境内，向西南方向到郑腰庄乡入岱河。闸河发源于铜山县霸王山南麓，向西南方向在马场西进入安徽省境淮北市（杜集区西）与萧县（东）边界处，继续向西南方向流经萧县、淮北市杜集区、宿县，在王闸口汇入濉河。灌沟河（上游叫倒流沟）源于萧县庄里镇东南独山，东北流至大山口进入宿县界（此段称为东倒流河），再往前在三环村北达省界，沿省界线往东于房上村东北纳入奎河。奎河发源于铜山县汉王乡拔剑泉，东北流经徐州市后，折向南行至皖苏边界。萧县与铜山县边界的废黄河故道，是萧、铜两县的排洪河道，上下两段为界河，中段多在萧县境内。郭集沟发源于铜山县郭集乡白龙水库下，由北向南于西王闸进入安徽省灵璧县。运料河发源于铜山县黄河故道南岸杨洼村，曲折东南流，于八王闸南过省界进入安徽省灵璧县，纳入老濉河。申家沟发源于铜山县房村镇夏洪水库，自北向南于双沟镇西进入灵璧县境，后入老运料河，再入运料河。[①]

　　萧县与铜山县之间的水利纠纷主要集中在徐州以西的废黄河及南侧的闸河、安全利民沟，共有两处：一是铜山县义安乡权寨与萧县刘套乡之间的安全利民沟纠纷；二是铜山县半部店、刘新庄向萧县界境放水的纠纷。铜山县义安乡西部权寨与萧县刘套乡接壤地带，水无出路，历年来遇水则受淹，大部分积存铜山权寨一带，而后流入萧县。历史上铜排萧堵，纠纷不止。1951年，两县群众协商同意挖一条"安全利民沟"，排水入岱河。双方商定在权寨至郝寨的公路上由义安乡建桥闸一座，如岱河水高，即闭闸不使水下流，以免倒灌。安全利民沟挖好后，铜山县民众于1955年新开南北沟五道，将上游大量集水排入萧县，致使萧县刘套乡2200余亩土地被淹。1956年，双方专区、县、区代表会同治淮委员会在蚌埠协商，订立第二次补充协议，规定按期修好闸板，汛期闭闸。但在同年7月2日大雨后，铜山县义安乡扒开公路及东西沟，致使萧县2500余亩田禾被淹没。其后，萧县刘套乡民众在郭庄后桥北筑坝堵水，以遏铜山客水之患，因而铜、萧两县排水纠纷多年不息。[②]

　　宿县与铜山县之间的水利纠纷主要围绕奎河、灌沟河、孤头河、阎河等跨省河沟。1953年夏季，因孤头河排水问题，宿县与铜山县发生纠纷，经双方县、区政府协商，于7月22日达成口头协议。但时隔不到一年，

① 苏广智编著：《淮河流域省际边界水事概况》，第135—136、139—140页。
② 萧县水利志编辑组编：《萧县水利志》，第101—102页。

1954 年春季为排水问题纠纷再起，4 月 12 日双方县代表协商，决定按上次已达成的协议执行。同年 7 月 29 日，陈集乡与苗庄乡为排水问题产生纠纷，经过徐州、宿县专区及铜山县、宿县代表协商，得以解决。与此同时，两县又为灌沟河排水及濉河支流孤头河中筑堤问题发生纠纷，最后经两个专区和两县负责人到实地协商，分别于 7 月 12 日和 9 月 14 日达成了两项解决问题的意见。1955 年秋季，灌沟河排水问题又起纠纷，上游疏浚阎河，下游反对实施，双方互不相让，后经治淮委员会会同双方专区、县负责人，商定于 1956 年统一治理阎河。1957 年夏季，宿县桃山区在省界宿境一侧筑坝，阻碍了铜山县房村区的涝水下泄，房村区耕地被淹。申鲁河也因稻改拦水灌溉而筑堤及清溪河筑坝而引起纠纷。[①]1959 年，铜山县社员在宿县一侧的灌沟河南岸挖了近十个红芋窖子，给河堤造成了隐患，同时又在边界附近截清溪河水入奎河，在清溪河西侧挖沟排水。而宿县社员在省界附近开挖了一条东自褚兰集、西到桃山集的桃褚运河，拟将铜山县来水引入康家湖蓄起来，同时将清溪河、琅溪河来水截入奎河。因此，铜山、宿县两县出现水利纠纷。[②]20 世纪 60 年代初，两县屡经协商，终难统一，最后华东局派人到徐州召集两省水利部门负责人于 1963 年 8 月 20 日达成补充协议。[③]

灵璧与铜山边界的水利纠纷历史上很多，在中华人民共和国成立后有所减少。1954 年夏季因童子坝排水问题而产生了纠纷，双方县、区、乡进行协商，未能达成协议。后因申家沟排水问题又发生纠纷，1955 年 10 月地方协商未果，治淮委员会召集双方省、专区、县代表到蚌埠商议，10 月中旬达成互谅、互让协议。1956 年夏季，因濉河上游、黄泥沟、郭集沟等排水问题引起两县水利纠纷，双方相商未果，治淮委员会召集双方专区、县负责人到实地检查商议，于 5 月 26 日达成补充协议。1957 年夏季因郭集沟、陈杨沟排水问题纠纷再起，7 月下旬，双方专区、县商谈不成，9 月上旬双方省、专区、县负责人在治淮委员会主持下商量，于 9 月 3 日达成协议。[④]1959 年铜山县对郭集沟上游支流灰堆河进行了治理，扩大了断面，将原来口宽 10 米扩大到 20 多米，在灰堆河北另开了一条口宽 20 米的新沟，通入郭集沟。但郭集沟排水标准不高，支流比干流排水标准高，灵璧恐洪

---

① 徐州市水利局编：《徐州市水利志》，徐州：中国矿业大学出版社，2004 年，第 662 页。
② 苏广智编著：《淮河流域省际边界水事概况》，第 138—139 页。
③ 徐州市水利局编：《徐州市水利志》，第 662—663 页。
④ 徐州市水利局编：《徐州市水利志》，第 663 页。

水来得快、猛而受害，就在其境内后陵固郭集沟上建了一个只能过 8.4 个流量的涵洞，以遏制上游的排水。协议原定运料河由铜山县开挖到小店子，但铜山县在施工时延长了 6 千米，接入杨洼潭，结果灵璧为防止上游洪水量大、来势猛，在省界本境一侧运料河上建张庄节制闸一座，制约上游来水。另外，协议原定申家沟由铜山县开挖到下摆渡，而铜山县在挖河时延长 2 千米多，接上废黄河缺口，将废黄河滩上 22 平方千米的水纳入申家沟，增加了下游排水量。①因此，上下游之间的纠纷不断，双方久商不决，后双方省、专区、县代表在徐州协商，但意见难以统一。1973 年夏季，灵璧与铜山边界的水利纠纷反映到了水电部。治淮规划小组办公室根据水电部指示，召集两方省、专区、县负责人于 7 月 31 日—8 月 11 日在徐州进行了现场查勘、商议，遵照中央关于五省一市平原地区水利问题处理原则，最后达成《关于苏皖两省处理奎濉河边界水利问题协商纪要》。20 世纪 80 年代初，灵璧县与铜山县边界水利纠纷依然存在。为此，治淮委员会派员会同两省水利部门进行现场检查，并于 1984 年 8 月 15 日发文给江苏、安徽两省水利厅，对 1984 年未经双方协商一致而修建的边界水利工程提出了处理意见：铜山县在郭集沟右侧西陈阳沟上修筑的台田 13 道，严重影响河沟引水断面，直接阻碍上游排水，应立即全部平毁、恢复原河断面；划定郭集沟东堤为分水线，堤以东面积不属于郭集沟水系，铜山县在郭集沟东堤修建的涵洞应立即堵闭；灵璧县修建的申家沟涵洞，孔宽 1.5 米、高 1.3 米，甚小，严重影响上游排水，应立即拆除，恢复原河断面。②

安徽灵璧与江苏睢宁边界上有老运料河、新源河、潼河、老濉河等，大都属濉河水系。老运料河是运料河的支流，在运料河上游，是开新河道之前的老河，发源于睢宁县，沿一段边界线向南进入灵璧县境。新源河（也叫草沟）发源于睢宁县双沟镇东后焦营，向西南流至灵璧县，纳入老运料河。潼河在灵璧县境内分北、南两支，北支发源于灵璧县废闸河东堤花山子，南支发源于灵璧县大胡场，两支于睢宁县李集北汇合，流经泗县、泗洪县，于归仁集北纳入徐洪河（上游是老龙河）。老濉河上游是灵璧县，向东流经省界线，河北是睢宁县，河南是泗县，转东南方向到泗县刘圩东，再沿泗县与泗洪县边界，到桥头吴东进入泗洪县境。1955 年夏季，灵璧与睢宁两县因申家口子、柴家湖、废闸河、潼郡支沟、洪灵沟、小柴沟

---

① 苏广智编著：《淮河流域省际边界水事概况》，第 141 页。
② 徐州市水利局编：《徐州市水利志》，第 663 页。

等省际河道排水问题发生纠纷。10月中旬，治淮委员会召集有关专区、县负责人到蚌埠商谈，最后达成协议。1957年排水问题再次发生，7月20日双方省、专区、县派员在徐州商议，8月3日又在蚌埠商议并达成协议。1959年，灵璧与睢宁两县又起水事纠纷：一是睢宁县加高废闸河南堤，将水逼向灵璧县，而灵璧县则在废闸河东自边界线、西至芝麻滩挖沟筑堤，向南出土，引濉水走睢宁白马河；二是灵璧县在省界附近西起老运料河、东到崔营子挖沟筑堤，横穿东朱沟、高宋沟、柴河，并在上述沟河建闸，双方产生分歧；三是睢宁县赵楼乡与灵璧县杨桥乡边界上的插花地，两个公社未交换妥当，因沟堤线问题发生纠纷；四是江苏开挖徐埒河穿过灵璧境，挖压耕地约93公顷，纠纷不止。[①]7月28日，睢宁、灵璧双方根据两省的协议精神，订立了《安徽省灵璧县与江苏省睢宁县边界水利纠纷协议书》，其中规定：故黄河南堤所有过水缺口睢宁县须全部堵封，只留谢圩一处可向堤南排水。此次协议共明确了两县六处水利纠纷问题。[②]20世纪60年代初，灵璧与睢宁边界水利纠纷连年发生，两省水利厅在1963年8月20日又订立了补充协议，其中规定：运料河两岸筑堤，其标准不得超过下游申家沟的标准；项土沟、洪泥沟的清淤由灵璧县负责；洪灵沟以西、闸河以东、濉河以北、潼河以南地区的排水由安河水系排出，洪灵沟以东5条沟维持现状。[③]

安徽泗县与江苏睢宁、宿迁市宿豫区及泗洪等三市、县区边界线上有老濉河、潼河等。濉河古称濉水，原发源于河南省开封市之南，东南流经睢县、宁陵、虞城、夏邑、濉溪、睢宁，至宿迁入泗水。明弘治年间（1488—1505年）因黄泛淤塞破坏，上游睢县、宁陵片已改归涡浍河流域，虞城、夏邑片已改归今沱河流域，下游河道乃逐渐曲折南移，经濉溪、灵璧、泗县至泗洪县入洪泽湖。截至1950年，濉河上中游有洪河、大沙河、岱河、龙河、闸河、奎河和拖尾河等支流相继汇入，至浍塘沟原分东、南两股。东股为老濉河，流经土路集、大王庙、新关至小韩庄入东汴河，至泗县分两路：一路东流经北濉河至安河注入洪泽湖；另一路由老汴河至临淮头入洪泽湖。南股由土山沟南流至禅唐集入唐河，承泄濉河大部分来水。潼河系安河支流之一，跨苏、皖两省四个县，上自废闸河东，由西北向东南流，经灵璧县过境到睢宁县，在省界纳白马河等进入安徽泗县，再

---

① 徐州市水利局编：《徐州市水利志》，第663—664页。
② 苏广智编著：《淮河流域省际边界水事概况》，第147页。
③ 徐州市水利局编：《徐州市水利志》，第664页。

穿过省界进入泗洪县。①

　　安徽泗县与江苏睢宁之间的水利纠纷主要有两处：一是老潍河上游睢宁县境内一段问题；二是老龙河段的扒口堵坝和拦河闸问题。在老潍河上游睢宁县境内一段，1951年治理安河，经江苏省徐州专区设计，已纳入安河水系。睢宁县在老潍河北岸来水应排入潼河。1958年河网化改造时，睢宁县从李集至许庙挖七道南北沟，直接向老潍河输水，泗县大庄一带连年受淹。经泗、潍两县多次商谈，于1963年8月在徐州达成协议，规定在睢宁境内潼潍之间挖通老潍河的7条沟，应在老潍河北堤由睢宁堵口封闭。次年春，睢宁县陆续将南北沟平毁，其后双方再未发生水利纠纷。在老龙河段，1954年夏，泗县与睢宁县因安河上游的老龙河堵坝和扒口及朱开大桥扒口等问题，发生水事矛盾，双方协商不妥，经徐州、宿县两专区协调也未达成一致意见。1957年，泗县与睢宁县因老龙河、白马河排涝和潼河南岸修建涵洞、在河道中打坝等问题发生纠纷，经双方专区、县代表商谈，于7月17日达成协议。②

　　安徽泗县与江苏泗洪县之间的省际水利纠纷主要是在归仁集西北部两县交界处的皇路沟，以官庄东边大堰为界，堰北水由皇路沟向北转入林河，堰南水由皇路沟向南排入潼河。1958年7月上旬，连降暴雨，皇路沟东边地高，来水较猛，泗县赤山乡与泗洪县归仁乡发生水利纠纷，于同年9月2日，通过有关专区、县水利局代表和有关乡社代表协商订立了《泗洪县归仁乡与泗县赤山乡边界水利协议书》。③协议实施后，皇路沟水利纠纷得到解决。

　　安徽嘉山县（今明光市）与江苏泗洪县的边界，原来是上自浮山往东至大柳巷，于苏台子转向北、折向东再转向南，直到1954年开挖的泊岗引河新河口均以淮河主航道中心线为界。这段边界上，1959年由于左岸群众从下草湾到黄岗一段，在原来修筑的保麦小堤上又加高2.0米，加宽达7.0米，高出右岸堤顶40厘米，抬高了淮河水位，影响嘉山县泊岗公社防洪安全，因此引起纠纷。嘉山县与盱眙县交界南段涉及的河流有一条，下段叫涧溪河，上段叫白沙河。白沙河河道多弯曲，走向复杂，几过省界，易生纠纷。白沙河上游的嘉山县境内有一座中型水库，即分水岭水库，洪水较大时，往往因泄量大而泛滥成灾，边界两侧都受害，便产生了矛盾。在涧

① 苏广智编著：《淮河流域省际边界水事概况》，第148—149页。
② 泗县地方志编纂委员会编：《泗县志》，杭州：浙江人民出版社，1990年，第126—129页。
③ 《泗洪县水利志》编写组编：《泗洪县水利志》，南京：江苏人民出版社，1993年，第502页。

溪河上，虽然双方于 1972 年签订了涧溪河治理协议，但遇到干旱时，提水困难，依然会产生纠纷。[①]

（四）苏鲁边界

江苏与山东边界，西自皖、苏、鲁三省交界处的丰县前刘集与单县朱集南，东到山东日照市岚山头黄海海州湾。苏、鲁边界大都位于沂沭泗河及其支流的中下游地区，这段边界上的主要河流除沂、沭、泗、运等重要河道以外，还有南四湖流域的黄河故道、大沙河、复新河、太行堤河、惠河、顺堤河及沂沭河水系的支流伊家河、陶沟河、运女河、西泇河、汶河、东泇河、吴坦河、燕子河、邳苍分洪道、郯新河、柳沟河、臧圩河，另外还有龙王河及绣针河等。在黄河侵泗夺淮以前，这个地区水系完整，水流通畅，洪涝灾害相对较少，边界水利矛盾不多。南宋以来，由于黄河长期南泛淤塞破坏，水系紊乱，中游雨水积滞南下，下游出海无路，洪涝灾害日益频繁，边界水利矛盾随之增多。中华人民共和国成立以来，苏、鲁边界水事关系依然复杂，矛盾较多，尤以南四湖、邳苍郯新地区的矛盾最为突出。

在江苏丰县与山东单县之间，1956 年双方商定分别开挖各自境内的西支河。丰县人民委员会于 10 月 24 日复函单县，对单县疏浚西支河表示同意，但前提是"在不宽深于下游和不另向远处接引外水的原则下进行疏浚"。丰县于 11 月 8 日—12 月 25 日疏浚西支河中上游 26.5 千米河段，单县开挖丰单边界以上河段。单县施工时加深加宽河道，并向上延伸，结果不仅没有改善除涝，反而加重了丰县便集一带的灾情。1959 年 6 月 10 日，为使单县张集公社的坡水得到出路并杜绝西来的客水对丰县首羡公社的威胁，在丰、单两县代表实地勘查并协商的情况下达成协议，决定两公社出工，按十年一遇标准开挖单、丰边界小河一条，该小河南从平岗集至便集路为起点，过两县边界往北至张老家为终点。该河根治前不得堵塞蔡河（丰县称惠河），治好后才能堵塞。小桑河（即山东月河的上游）和蔡河原通的小沟应当保留，但不得开挖新的沟和其他排水系统。以上各条须经两县县委和公社党委研究批准后方能有效，任何一方不同意不得执行。在执行过程中，因该河下游金乡县境内尚未根治，丰、金边界仅做成 20 米口宽，为避免上宽下窄，排水不畅，造成邻县不和，6 月 12 日丰县函告单县

---

① 苏广智编著：《淮河流域省际边界水事概况》，第 155—157 页。

暂按惠河丰、金段标准治理，以利汛期排水，等惠河根治后，再扩大单、丰边河标准。1964 年 1 月 3 日，丰县复函单县：关于在单县境内开挖干沟 4 条，支沟 21 条，丰县基本同意。除入西支河上游的 9 条支沟须待安庄以下西支河开挖后再予施工外，其余均可随时施工。1981 年，单县按三年一遇标准对西支河进行了治理，在边界两侧各留有 4 千米未能治理，故每逢汛期，两岸群众常会发生水利纠纷。为彻底解决这一问题，1992 年 1 月，两县水利部门达成《关于单、丰两县对西支河治理的协议书》，决定对西支河进行全面治理。①

由于太行堤河和西支河先后纳入复新河下游，复新河在下游又增加了近 600 平方千米的集水，每到汛期，受洪水压力大。1954 年夏季，为复新河复堤取土问题，江苏丰县与山东鱼台发生纠纷。双方反复讨论交换意见仍难解决，最后经治淮委员会会同两方省、专区、县有关单位负责人协商，于 9 月 1 日达成协议。②1955 年，丰县与鱼台县在复新河干流治理上又发生了纠纷。丰县境内复新河两堤残缺不齐，防洪能力低，拟准备隔段开挖河塘取土复堤，既能提高防洪能力，增加河床蓄水，又不增加下游鱼台县境负担。施工前征求鱼台县意见，鱼台县不同意兴办下游工程，并且对陈楼以上河段的施工也提出异议，当年 7 月只兴办了祝楼以上段复堤工程。1957 年春、冬两季，继续治理复新河中上游段，复新河干流得到了第一次大规模全面治理，丰、鱼两县在复新河干流治理方面的纠纷随之得到解决。③1980 年 2 月，鱼台县未经许可就在复新河口自行建闸，水利纠纷随之而起。1981 年国务院决定在复新河张垯节制闸建成后，由淮委沂沭泗水利管理局统一负责管理。④

江苏丰县与山东金乡之间的水利纠纷集中在惠（月）河流域。丰县与金乡交界处的惠河（丰县称月河），原是一条坡河，上游在单县，下游在金乡，中间经过丰、金两县边界。1957 年冬到 1958 年春，金乡县（包括鱼台⑤）在金乡、单县边界西起单县大沙河、东至前赵口，开挖了一条长 20 千米的东西向边界沟，同时筑边界圩堤，把单县大沙河以东 450 平方千米的来水除少量通过白马河两座小涵洞和莱河向东北流走外，大部分截向惠

---

① 丰县水利局编：《丰县水利志》，第 380—381 页。
② 徐州市水利局编：《徐州市水利志》，第 665 页。
③ 丰县水利局编：《丰县水利志》，第 385—386 页。
④ 徐州市水利局编：《徐州市水利志》，第 665 页。
⑤ 说明：1956 年 3 月，撤销鱼台县，并入金乡县。1964 年 11 月，恢复鱼台县建制，属济宁专区。

河。后来，金乡又阻止丰县筑惠河东堤。由于惠河堤防低矮残缺，如遇大水，即可东流入丰县境内的月河。由于增加惠河来水，惠河下游核桃园至鱼台段河槽狭窄，下泄不畅。1958 年又开挖了苏鲁边河西段，因此 1957年、1958 年汛期造成月河上游漫溢，下游溃决，洪水东流，苏鲁边河南堤阻水，淹没了丰县月河以东、西支河以北农田 20 多万亩，金乡县也有近 21万亩农田受损。[①]1959 年 3 月 13—15 日，丰县主动派人赴金乡县谷亭镇，订立了开挖苏北堤河及开挖惠河陈楼至赵口段的六条协议。苏北堤河竣工后，丰县北部坡水从此改入东湖，使金乡县惠河以南、苏北堤河以北 20 多万亩农田涝灾基本消除。1959 年双方在惠河定线时发生争执，施工中亦未完全按照协议执行。6 月 29 日—7 月 6 日，曾由两省、专区水利厅（局）负责人及县委书记进行协商，由于意见分歧很大，没有达成协议。11 月，金乡单方对惠河陈楼至赵口段继续施工，并隔河取土，破东堤建西堤，在苏楼筑坝将惠河堵塞。丰县多次去电并派人联系，均未见成效。因金乡事先未与丰县联系，又未按水电部批示两岸出土，同时挖了丰县的土地、青苗，也未讲明如何赔偿，引起丰县群众的顾虑和不满。1962 年 5 月 25 日—6 月 2 日，金乡县在本县肖云公社焦庄之东、丰县首羡公社王楼西北，靠近西堤顺堤河槽深泓里，筑拦河坝 8 道，以便转移河的中泓，缩小水的出路并堵塞丰县吴楼等 4 村两条排入月河的自然沟东堤口门，引发纠纷。1963年，山东单县继续扩大太行堤河、西支河上游工程。金乡县擅自对惠河赵口段以下施工，使纠纷更加复杂。后国家监委、中央水电部派员查处，使纠纷得以平息。[②]

江苏丰县、沛县、铜山县与山东鱼台、微山县地处南四湖地区，沛县与鱼台边界上段以苏鲁河、下段以姚楼河为界，铜山与微山基本上以湖田为界，局部以京杭运河为界。苏鲁河及姚楼河是丰县、沛县与鱼台县边界河道，上段是丰县与鱼台的界河，下段是沛县与鱼台交界，河道走向由西向东，在沛县龙固镇西纳姚楼河后折向北，进入昭阳湖内的京杭运河。姚楼河源于沛县刘田寨村南，由南往北达苏、鲁两省省界纳入苏鲁边河，再往北是沛县、鱼台两县界河。南四湖地区的边界水利纠纷由来已久，早在抗日战争之前，湖区群众就常为水利、争夺湖田及湖产而屡起纠纷。中华人民共和国成立初期，虽然对南四湖的湖堤进行了培厚加固，并清除了湖

---

① 丰县水利局编：《丰县水利志》，第 382 页。
② 丰县水利局编：《丰县水利志》，第 382—383 页。

内阻水植物，有利于汛期防洪，对于解决边界水利纠纷起到了一定作用，但该地区洪涝灾害仍然十分严重，排水、引水的水事矛盾与湖田、湖产的民事纠纷交织在一起，情况错综复杂，矛盾连年迭起。水利方面的矛盾主要是防洪标准低，洪水出路不够，以及灌溉水源不足，苏、鲁两省在蓄水用水方面有许多分歧。①

江苏邳州市、新沂市与山东苍山②、郯城交界两侧统称邳苍郯新地区，主要范围包括陶沟河及其以东、沭河以西、中运河和新沂河以北、枋河流域及分沂入沭河道以南的地区。区内包括山东省苍山县的全部、郯城县的大部、枣庄市和临沂市的一部分；江苏省邳州的中运河以北及新沂市的沂沭河之间的地区。邳苍郯新地区涉及的苏、鲁两省的边界河道多，如邳州市与苍山县边界横贯的主要河道有兰陵沟、运女河、刘家沟、西泇河、东宋沟、汶河、白家沟、东泇河、吴坦河、燕子河、邳苍分洪道、小涑河等。邳苍分洪道分为东偏泓和西偏泓两条。邳州市与郯城县边界涉及的主要有武河、黄泥河、沂河、八里长沟、白马河、浪清河等。新沂市与郯城县之间涉及省界的河道有浪清河、小山排水沟、沭河、郯新河（新墨河）、老墨河、柳沟河、脏围河、大房沟、黄墩沟（黄皿沟）等。这些地区地势平缓低洼，排水不畅，频发水灾，边界水事矛盾历来比较突出。1954年，江苏邳县与山东苍山为古宅横堤和涑河东堤及边界20余条沟河的排水问题产生分歧。按照华东局的指示，治淮委员会召集两省代表于7月17日在蚌埠商量，最后达成协议。同年，山东郯城县与江苏新沂县为在新墨河和白马河中打坝影响排水问题产生纠纷。治淮委员会召集双方省、专区、县代表在蚌埠协商，并报请华东局及苏、鲁两省省委同意，纠纷获得解决。1956年冬季，邳县与苍山县又为燕子河东堤古宅横堤的开口与复堤问题产生分歧，治淮委员会召集双方实地勘查并在徐州协商，于次年2月23日达成协议。接着，郯城县孙塘乡与新沂县嶂仓乡为沭河排水问题、新墨河及郯新河排水与筑堤问题发生纠纷。与此同时，瓦窑至十三家筑路问题，浪清河上游排水问题，于村与曹庄为白马河、沂河排水问题，柳沟河与臧圩河之间筑堤问题等，也发生了水事纠纷。双方专区、县几次自行相商，于1957年8月13日分别达成协议。1957年夏季，邳县与苍山县为江风口分洪、多福庄在武河中打坝束水及陶沟河排水等问题又发生边界水利纠纷。

---

① 济宁市水利志编纂委员会编：《济宁市水利志》，第336页。
② 说明：1947年春，将赵镈县东半部析出置县，为纪念1933年中共领导的"苍山暴动"，取名苍山县。2014年1月21日恢复为兰陵县。

治淮委员会在徐州召集双方省、专区、县有关方面负责人反复协商，于 7 月 2 日签订江风口问题协议，协议中明确"山东省沂沭区武河江风口分洪闸按 1956 年临时控制运用办法"运用，其他问题也同时达成协议。1959 年冬，邳县境内西泇河改道之后，于省界附近后五庄筑堤开河，将汶河改入东泇河，然后入邳苍分洪道。改道后受东泇河和邳苍分洪道高水位顶托的影响，原改道段以北地区内涝严重，引起边界水利纠纷。1962 年春夏，邳县与苍山县为陶沟河至运女河、运女河至西泇河、西泇河至汶河、三沟河至幼鹿山之间的排水问题及汶河改道问题，邳县与郯城县为白马河排水问题，郯城县与新沂县为瓦窑截水沟问题、柳沟河至臧圩河之间排水问题、韩庄截水沟问题、臧圩小沟问题、沭河至马陵山之间排水问题等，又发生水利纠纷。双方省、专区、县负责人经数日协商，于 5 月 19 日签订《山东、江苏两省苍、邳、郯、新边界地区水利问题协议》。协议最后规定："今后在两省边界地区不经双方县以上机关协商同意，不得自行兴建水利工程。"1963 年 5 月 24 日，两省、专区、县负责人又签订《苏鲁两省检查1962 年协议执行情况的协议》，对以前的协议做了一些必要的更详细的补充。1963 年 4 月，由水电部上海勘测设计院负责进行邳苍郯新统一排水规划，对该地区各骨干河道的排水出路、各河内地的坡水安排、不合理的圈圩和并流改道进行研究，提出了合理方案，对边界水利矛盾提出了处理意见。1987 年夏季，邳、苍边界连续阴雨，西泇河左岸山东地段省界处决口，邳州县四户镇群众于 7 月 17—18 日将阎村至东宋家沟堤加高 0.2—0.5 米，长 1000 米。8 月 1 日夜间，当地降雨达 160—233 毫米，沟水上涨，农田积水。8 月 2 日凌晨 4 时，苍山县南桥乡小湖村群众扒开东宋家沟堵坝约 15 米长泄水；10 时许，四户镇竹园村群众又将扒开的口子堵复。于是，双方发生纠纷。后来，国家防汛抗旱总指挥部办公室、中央纪检委驻水利部纪检组、治淮委员会及两省纪检委、水利厅和有关市、县负责同志及时前往现场检查、座谈情况，研究并提出了处理意见。[①]

江苏赣榆县与山东日照市岚山办事处东段以绣针河为界，是淮河流域省际边界最东段。绣针河发源于莒南县三皇山区，下段岚山与赣榆县边界在历史上就水利纠纷不断。中华人民共和国成立后，做了一些局部治理工程，但由于未经统一规划，治理标准低，水流排泄缓慢，两岸农田往往积水成灾。1962 年以后，双方不经协商各自在本境一侧做挑流工程和阻水建

---

① 徐州市水利局编：《徐州市水利志》，第 667—668 页。

筑物共 20 多处，并在滩地上植树造林，一是扩大滩地，二是逼水冲刷对方一侧。双方虽也订过一些协议，但都未认真执行。1978 年后，入海口两侧建起了养对虾池，严重缩窄了河口。①根据山东日照、江苏赣榆县的要求，治淮委员会会同鲁、苏两省省、地、县水利部门和农办的负责同志及日照、赣榆二县县委负责同志，于 1979 年 7 月 2—10 日对绣针河当年安全度汛和今后处理计划，进行了认真充分的讨论，并在许多问题上取得了一致意见，订立了协议。1997 年，日照、赣榆两县围绕日照市岚山在绣针河兴建拦河闸坝工程产生纠纷。绣针河是岚山区和江苏赣榆县主要用水水源。1996 年、1997 年日照市大旱，岚山区工农业及城区用水出现危机，1996 年城区停水 2 个月，1997 年停水长达 3 个月，致使 68 座冷库、72 家工厂企业处于停产状态，渔船无法加水加冰，岚山港无淡水供应外轮。在绣针河下游，岚山区仅有一处供水厂，因地下水位严重下降，海水顺河倒灌，已不能正常供水，居民四处讨水，整个城区处于瘫痪状态，缺水情况十分紧急。日照市政府组织各部门单位轮流送水，岚山办事处从绣针河上游莒南县买来 100 万立方米水，但因上游江苏省 8 座提水站开机抢水，使下游的岚山用水不足 2 万立方米。在此紧急情况下，岚山办事处未请示上级，决定集资在绣针河上游大朱曹段距鲁、苏两省边界 5 千米处，兴建拦河闸工程向岚山供水，并于 6 月 10 日开工兴建。同时岚山汾水镇群众为充分利用潘庄扬水站，自发地在河内打坝一处。12 月，淮河水利委员会接到江苏省反映岚山在绣针河内兴建两座闸坝的电传后，立即派员到现场调查，同时以水政〔1997〕30 号文下发了《关于请速查处日照岚山擅自兴建拦河坝的通知》，要求岚山立即停工，恢复河道原状。如确需兴建水资源利用工程，应经双方协商达成协议，经淮河水利委员会批准方可兴建。经淮河水利委员会调处，大朱曹拦河闸工程停止施工，潘庄拦河坝恢复河道原状，矛盾得以缓解。②

（五）豫鲁边界

豫鲁边界东起豫、皖、鲁三省交界处的山东单县大姜庄南黄河故道，西到河南兰考、东明两县的黄河右岸交界处，涉及的河道除黄河故道外，西段主要有杨河、小堤河、贺李河、黄蔡河、吴河沟这 5 条河道。河南虞城与山东单县边界基本上以废黄河为界，在废黄河故道上，有石庄和王安

① 苏广智编著：《淮河流域省际边界水事概况》，第 230 页。
② 张照华、岳付才：《边界水事》，《治淮汇刊（年鉴）》（1998），第 23 辑，第 282—283 页。

庄两座中型水库和虞单公路桥一座，两岸群众生产极不方便。于是，黄河故道上的两岸群众筑坝代桥，却妨碍了排水，两省之间在这里有一些拆坝排水和保坝代桥的边界水事纠纷。河南商丘市与山东曹县边界有一部分是以黄河故道为界的，在两省交界线以下的界牌集，曹县曾筑 2.0—2.5 米高的拦河坝两处，对河南商丘、民权的汛期排洪有影响，因此一度引起纠纷。河南兰考县与山东曹县边界线上有东鱼河支流信庄沟、吴河沟和一条大河黄蔡河及其主要支流四明河等。黄蔡河是兰考县中部和北部的排水骨干河道，上游有 5 条支流小河沟，下游纳四明河后经苏庄村北进入曹县后入东鱼河。20 世纪 50 年代中期，兰考县八区朱店群众一边打坝拦水，一边挖排水沟渠，改变了原来水的流势，引起豫、鲁两省边界水利纷争。历经乡、区、县、专区代表六次相商，未得解决。1955 年 5 月 7 日，经两省水利厅派人主持，最后协商达成《兰考县朱店与曹县王厂排水协议》，规定：为了保持一定泄量，不增加下游灾害，从朱店西北往二道沟开挖一道新沟；朱店附近的 4 道拦水坝、小土堰、加高的路基全部拆除等。同年 10 月 7 日，豫、鲁两省水利厅又召集两专区、县代表商定了 11 项更为具体的《河南省兰考县八区朱店与山东省曹县十区王厂排水纠纷协议书》。1956 年 1 月 17 日签订了《关于执行河南省兰考县八区朱店与山东省曹县十区王厂排水纠纷协议书的几项补充规定》，7 月 7 日水利部派人到郑州召集两省、专区、县代表商谈，经过反复协商，达成了协议，10 月 23 日双方省、专区、县代表又签订了《水利、土地纠纷协议书》，同意民权县顺河乡与曹县青山集乡交换土地，双方不挖沟不堵坝及杨河治理等。1958 年，在"以蓄为主"治理方针的指导下，黄蔡河被引黄灌溉渠道堵截、占用，中间被打坝修闸，作为一、二蓄水区，闸以下作为太行堤水库群，加之省界修筑围堤，造成河床淤积，排水出路受到阻塞，涝碱灾害严重，边界水利纠纷连年迭起。[1]自 1981 年以来，山东省曹县又利用黄蔡河支流赵王河及黄蔡河下段本干引黄输水，致使该河严重淤积，使地区水事矛盾更加复杂。在治淮委员会的主持协调下，双方同意在兰考县境内疏浚黄蔡河，赵王河入口处附近兴建拦河退水闸，使多年的水事纠纷得到解决。[2]

　　河南民权县与山东曹县边界线位于废黄河以北，涉及跨省界的河道主要有最北边一条在民权县境的很短的贺李河及杨河。贺李河绝大部分在上

---

① 苏广智编著：《淮河流域省际边界水事概况》，124—126 页。
② 《治淮汇刊（年鉴）》（1999），第 24 辑，1999 年，第 154 页。

游兰考县境内，下经民权县仅几千米即进入曹县境，汇入东鱼河。1963 年以前，贺李河仅是一条坡洼，下游没有排水出路。1957 年遇大雨，该流域平地行舟，三县水利纠纷产生。1963 年，经河南、山东两省批准，在李馆建二级跌水，李馆以下改入黄蔡河，水利纠纷才解决。杨河发源于民权县新庄北，流经民权县东北，于秦庄西进入山东曹县。杨河有两条支流，即小堤河和安堂沟。小堤河是杨河的一大支流，河道走向基本是从西往东，于豫、鲁两省边界处的张平楼汇入杨河。安堂沟是杨河左岸的一条河道，发源于民权县顺和乡大合村前，河道走向基本是从北往南，经安堂、朱店后，于张新庄东北进入曹县，再达豫鲁两省省界，最后于大郑庄西南汇入杨河。杨河包括小堤河的河道淤积比较严重，部分河槽已近乎淤平，所以历史上就是一条矛盾较多的河道。中华人民共和国成立后，在农村生产互助时期，民权褚庙乡沟庄朱店与山东曹县王庄就因排水问题而发生多次纠纷，也曾多次协商，但未彻底解决问题。1955 年 7 月 19 日，经两方省、专区、县协调，达成协议：从朱店西南挖一小沟入杨河，待排水后平复。1956 年 1 月 19 日，又做了补充规定。[1]1957 年夏季，由于杨河排水及曹柳公路问题，民权县与曹县分歧难解。经双方省、专区、县代表商议数日，最后于 7 月 3 日签订了《河南省民权县与山东省曹县杨河排水纠纷及曹柳公路纠纷暂时协议书》。9 月 27 日，在治淮委员会协调下，经两省政府及有关专区、县政府负责人参与协商，订立了《河南省民权县与山东省曹县边界及杨河流域水利纠纷补充协议书》。对一些未统一的意见，治淮委员会于1957 年 10 月 10 日又在（57）淮办管字第 929 号文《关于对民权县与曹县边界及杨河流域水利纠纷意见的函》中提出了处理意见。[2]1958 年民权县挖杨河、小堤河后，山东曹县在北从新沈店南至黄河故道冀口村筑了一条长15 千米的界围，高 1.6 米，顶宽 1—5 米，边坡 1∶3，同期在杨河下游大阁集北、民权县张平楼东北筑了一道顶宽 10 米、高 3 米、边坡 1∶3、长 435米的拦河坝，1959 年 3 月在大郑庄西南、吴庄西筑了一道长达 480 米、高1.5 米、顶宽 2 米的路坝，1961 年 12 月又加宽到 5.5 米。几年来曹县共筑起边界堤、边界坝、束水桥等边界拦水工程 45 处之多，将这一地区原来的排水河道、杨河、小堤河、一道沟、二道沟全部堵死，造成连年受灾。1962 年 3 月 20 日，谭震林副总理在菏泽召开两省三专区会议，就民权县与

---

① 陶景云主编：《民权县志》，郑州：中州古籍出版社，1995 年，第 317 页。
② 苏广智编著：《淮河流域省际边界水事概况》，第 120—121 页。

曹县之间的杨河纠纷问题，签订了《关于河南省商丘地区与山东省菏泽地区边界水利问题的协议》。[①]1968 年，上下游统一治理了杨河、小堤河。边界围堤扒口 16 处，抬高路基扒口 15 处，拦河坝 5 处，从此杨河水利纠纷得以解决。[②]

（六）皖鲁边界

皖鲁边界相对较短，安徽只有砀山一个县和山东交界。山东单县处于砀山县下游，历史上每届汛期，因排水问题，上排下堵，争端难以平息。1958 年，由于修渠、筑路破坏了自然流势，砀山县马良集群众扒单县姜马庄乡、彭楼乡的路基，引起了边界水利纠纷。[③]1958 年以后，砀山在边界 10 千米处新挖排水沟 8 条，单县则在下游修建浮岗水库灌区六干一支沟，切断了砀山向单县排水的薛杨楼坡洼，造成上游来水增大，而下泄能力减弱，加剧了水利纠纷。1961 年 6 月，砀山马良集群众未经协商便拆除了六干一支沟穿马沟的排水涵洞，毁涵管 20 余节，并于李楼后、薛杨楼西北扒口 3 处，向单县放水。这进一步加剧了双方的水利纠纷。[④]1962 年，双方协商治理小杨河、马沟、岳庄沟和蒋河，但因意见不一致，未曾达成协议。1974 年两县复经协商，将砀山县马良集的客水，自文庄西南向北侯新庄南，开挖截水沟一条，将上游来水截入刘楼沟，同时对刘楼沟进行疏浚。[⑤]1987 年，砀、单两县协议将黑水河及马沟按五年一遇标准进行治理，并规定杜油坊沟、贾庄沟排入马沟，黑水河、汤集沟仍排入单县朱集沟，两县排水纠纷最终得到解决。[⑥]

二、省内地区（市）际水利纠纷

中华人民共和国成立后，专区在相当长的一段时间里一直作为准行政区划的形式存在，属于省级政府的派出机构。1967—1971 年，专区逐渐改为地区，设立有革命委员会和人民代表大会，行政区地位与地级市相同，属地级行政区，由省级政府管辖。1982 年开始改革地区体制、实行市领导

① 民权县水利志领导编辑小组编纂：《民权县水利志》，第 127—128 页。
② 陶景云主编：《民权县志》，第 317 页。
③ 曹莲舫主编：《菏泽地区水利志》，南京：河海大学出版社，1994 年，第 274 页。
④ 山东省水利史志编辑室：《山东水利志稿》，南京：河海大学出版社，1993 年，第 819 页。
⑤ 曹莲舫主编：《菏泽地区水利志》，第 274—275 页。
⑥ 苏广智编著：《淮河流域省际边界水事概况》，第 161 页。

县体制，1983 年在全国得到推广，大部分地区被撤销，地区所管辖的县级市、县、自治县改由以撤地设市、地市合并方式设立的地级市领导，地级市已取代地区成为地级行政区的主体。淮河流域的专区至地区的演变及撤地设市、地市合并的情况，可参见本书第二章第一节。本部分论述的跨行政区水利纠纷，主要是指省内专区（地区、地级市）之间的水利纠纷，是一种介于省与县之间的二级行政区之间的水利纠纷。

（一）河南淮河段地区（市）之间

河南淮河段地区（市）之间的水利纠纷，主要是周口、驻马店、漯河、许昌、开封、商丘、平顶山市七个地区（市）之间有关县的边界水利争端。

周口与驻马店之间的水利纠纷，主要涉及的是项城与平舆、项城与上蔡、商水与上蔡之间的水利争端。在项城与平舆之间，项城县泥河支流小泥河历史上串流平舆县洪河支流南新河东、西支，20 世纪 60 年代，平舆县在边界附近东、西支上打坝拦蓄水，引起纠纷。[①]在项城与上蔡之间，主要争议的是芦沟、北草河、南草河、黑河的排水问题。一是芦沟水利纠纷。芦沟位于上蔡县东南部，发源于和店乡芦东，在项城县李五庄入黑河。由于项城县提出其境内黑河段标准较低，水无出路，不能开挖治理，引起上蔡与项城两县之间上、下游排水纠纷。1952 年 12 月，项城在两县交界处筑了一条长 363 米、高 1.5 米的横堤，以阻挡上游坡水。1965 年，项城又对横堤进行增长加高培厚。不仅平地筑堤堵水，而且河沟也不能疏通，每届雨季汛期，上蔡县境受水淹面积达 4000 多亩。双方因此多发纠纷。二是北草河排水纠纷。北草河原名小黑沟，又名红旗沟，属汾河水系，位于上蔡县东部，发源于杨集乡戚老村，下游于仁庄南入项城县境。因河身淤塞，河道水流不畅，上游治理，下游却未治，所以形成排水纠纷。1957 年和1962 年先后组织两县协商，做了一些工程，但均因汾河未得到治理而不能彻底根除纠纷。后来汾河全面治理后，北草河下游干流也进行了开挖疏浚，但上蔡、项城交界处以下，大约有 1 千米长的河段却未予疏浚，影响行洪，致使上蔡县境受灾面积仍有 8000 多亩。三是南草河水利纠纷。南草河位于上蔡县东部，属黑河水系，发源于杨集乡相湾村南黑河左岸，东西

---

① 周口地区水利志编纂办公室编：《周口地区水利志》，郑州：中州古籍出版社，1996 年，第463—464 页。

流向，于小付营南出境入项城县。1954 年，因两县在交界处挖排水沟，引起纠纷。1954 年 7 月、1957 年 5 月和 1962 年秋，先后三次经河南省政府有关部门协调解决，但均未达到治理目的。1973 年，项城县孙店乡以修路为名，在大公一带将该沟填平，引起新的纠纷。1980 年，在赵庄南该沟的小桥塌陷导致该沟又被填平一段，加之项城县群众开荒种植，平沟造田，致使上游上蔡境坡水无从排出，受涝灾面积仍达 7000 余亩。四是黑河排水纠纷。黑河位于上蔡县东北，发源于漯河市东郊，经郾城县境，于坡小庄东南、扭头桥北，注入上蔡县境，然后蜿蜒东南流，至和店乡孟营东南出境，再经项城县，于沈丘县李艾庄东洪山庙入泉河。黑河下游项城县曾于1966 年春，按当时三年一遇除涝标准进行拓宽疏浚。1977 年 1—5 月，上蔡境按省 1972 年统一设计的新五年一遇除涝标准施工治理，上游郾城按此标准于 1979 年春施工治理。[1]而下游的项城河道断面却一直未再进行新的治理，还是原来三年一遇除涝标准，如此一来，上、下游河道断面标准相差很大，下游河道严重阻水，形成排水纠纷。

在商水与上蔡之间，水利纠纷有多处：一是商水、项城与上蔡的桃花沟排水纠纷。北桃花沟位于上蔡东部，系汾河一支流，发源于上蔡县崇礼乡蔡庄东，流经杨集乡后桥庄，于村东出境入商水县。因涉及周口、驻马店两个专区，未能统一治理，形成了上、下游排水纠纷。1962 年，河南省人民委员会批转了省水利厅《关于商水、上蔡、项城三县边界排水纠纷处理意见的报告》，要求项城在桃花沟南岸至小草河所筑边界围堤，除何庄保留一道围堤外，其余全部扒除与地面平；商水在桃花沟北岸至汾河的围堤，南段围堤保留，张顺沟围堤入桃花沟，其桃花沟的新老入口段，由商水适当扩大疏浚，北段围堤全部扒除至与地面平，所有堵塞的排水沟，要恢复原来的沟形和流势；上蔡县境灭蝗沟，在下游边界围扒除后，按照自然地形流势向桃花沟和白马沟分流；桃花沟处由上蔡建闸，白马沟项城可按小草河标准疏通，两边翻土，两岸筑堤，其高度两岸一致；上蔡境杨河至桃花沟的引河，由上蔡县在蔡庄南分水岭处堵死与地面平；上蔡县大杨庄一带约 2 平方千米的洼地内已有的排水沟，不准扩大。[2]迄 20 世纪 80 年代末，排水出路已通，桃花沟中、下游先后得到疏浚，仅在商水境的上蔡、商水交界处留有 1 千米未治。[3]

---

① 上蔡县水利渔业局水利志编纂办公室编：《上蔡县水利志》，第 277—280 页。
② 商水县地方志编纂委员会编：《商水县志》，郑州：河南人民出版社，1990 年，第 523—524 页。
③ 上蔡县水利渔业局水利志编纂办公室编：《上蔡县水利志》，第 277 页。

二是商水与上蔡的孙季沟水利纠纷。孙季沟属沙颍河水系韦沟的一条支流，发源于商水县固墙乡彭庄东，流经上蔡县崇礼乡孙庄北，至固墙乡季坡村东入韦沟进汾河，是崇礼乡与固墙乡的一条边界排水沟。历年来，为避免约 15 200 亩洼地被孙季沟涝水淹没，商水与上蔡两县屡生纠纷。1952 年，经双方代表在孙庄村协商解决纠纷，于 9 月 1 日达成协议，规定：以 1951 年自然形式及 1952 年所挖的新沟新堤为原状；季坡桥口西南北堤，改为西南斜三角形，由双方负责整修；孙季坡水大时，经双方协商，准予在季坡桥南挖 4 尺宽、4 尺深排水沟；水过大时，根据下游水位情况，酌情解决；上下游以 1951 年自然现状为准，如需整修、挖沟、筑路时，经双方协商通过及双方上级政府批准执行，任何一方不准私自整修；以水不淹村庄、土地为原则，如季坡桥西水大时，双方协议可使堤增高，坡地水大时，季坡周围可修护庄堤；季坡桥西准予修闸或放水。1958 年春，商水县固墙公社在下游抢修了一条高 3 米、宽 7 米的阻水大堤，沟上的一座砖桥桥眼被堵住，使上游沟水无法排泄，积水成灾。同年 6 月 27 日一次降雨 50 毫米，上水面积达 6255 亩，淹死作物 2735 亩，群众纷纷要求扒堤，后被公社制止。1959 年 7 月 9 日，上蔡县水利局向河南省水利厅反映这一情况，要求省厅派人解决。1962 年，河南省人民委员会批转河南省水利厅《关于商水、上蔡、项城三县边界排水纠纷处理意见的报告》，对孙季沟问题做了明确规定：彭庄以南商水、上蔡两县打的东西边界围及季坡南至康庄间的边界围，全部扒除与地面平；孙庄至季坡两县交界处的边界围铲至 1957 年以前的形状；孙季沟流域内所有干、支沟汛前暂按五年一遇流量的 95%进行疏通，汛后再扩大至五年一遇标准；孙季沟桥以下至苇沟段，由两县统一治理，按受益面积比例负担；孙季沟两县交界处的南北过路桥，由商水扩建，孙庄至刘坡大路上原有小桥由上蔡恢复整修；上蔡尚庄以西水牛桥由上蔡将桥孔堵死，上游来水顺路沟排入孙季沟。1984 年，崇礼乡与固墙乡主动协商，双方共同治理了孙季沟。[①]同年汛期在连降大雨、暴雨的情况下，孙季沟没有淹死秋庄稼，使民众获得了好收成。

三是商水与上蔡界沟河水利纠纷。界沟河属商水县汾河一大支流，历年来因沟身窄浅，排水能力低，商水、上蔡两县多次发生纠纷。1962 年 4 月 26 日，河南省人民委员会批转河南省水利厅《关于商水、上蔡、项城三县边界排水纠纷处理意见的报告》，规定：小南河以南至界沟河商水新打边

---

① 上蔡县水利渔业局水利志编纂办公室编：《上蔡县水利志》，第 269—272 页。

界堤，应全部扒除；界沟河王坡以上干、支流未治理部分，可按五年一遇标准治理，其任务是上蔡县负担 2/3，商水县负担 1/3；界沟河南北两岸1957 年以后新开挖或扩大的支沟，如超过下游治理标准者，应控制使其与下游的标准相适应。[①]次年 4 月，河南省人民委员会两次指出，商水县在界沟河房寨以北的堵坝，由商水按原沟断面负责彻底扒除，商水、上蔡两县在上游疏浚与新开挖的 5 条小排水沟，可以保留，但不准再扩大。省政府虽多次做出处理决定，但排水矛盾均未彻底解决，汛期仍发生排水纠纷。1980 年 9 月，商水、上蔡两县达成协议，由上蔡县承担界沟河上游土方和建筑物工程施工任务，同年 11 月 20 日开工，1982 年 4 月竣工。[②]因为下游商水县提前治理了界沟河，所以通过这次上蔡段的治理，商水、上蔡两县界沟河排水纠纷基本解决。

四是商水与郾城、上蔡的白马沟水利纠纷。白马沟位于上蔡县境北部，发源于郾城县万金乡[③]栗门张大坑，系汾河一支流，另一支出自华陂乡的鸿隙湖，于华陂北汇合，沿上、商交界北流，于许庄北入商水境，至商水县董庄北注入汾河。由于该沟涉及三专区（周口、许昌、驻马店）三县（商水、郾城、上蔡），长期缺乏统一治理，河沟淤积严重，每遇汛雨，便会造成沿岸约 2.87 万亩农田受淹，1.8 万亩农田绝产，排水矛盾时有发生。迄 20 世纪 80 年代末，虽然汾河已治理，白马沟的排水出路敞开，但商水、上蔡两县因白沟河治理的施工任务分配无法达成协议，商水要求其境内全部任务由上蔡承担，而上蔡认为深入商水境 8 千米太远，不便施工，有一定的困难，不同意商水的要求。[④]因此，白马沟未治理，排水纠纷长期存在。

此外，商水与上蔡之间还有练子沟、小南河、青龙沟水利纠纷。练子沟位于上蔡县境西北部，流经上蔡、商水两县，是上蔡华陂乡大明村北大片坡地的唯一排水出路。1967 年，商水县雷庄村将其境内练子沟堵塞，同时因年久失修，练子沟焦寨南一段沟身窄浅，阻塞了上游坡水下流，引起商水、上蔡两县排水纠纷。1979 年冬，商水县将练子沟下游治理，但唯距交界处约 1 千米地段迄 20 世纪 80 年代末都没有开挖，因此上游上蔡县境受灾严重。[⑤]小南河位于上蔡县境东北，发源于朱里乡赵庄南，于商水县白

---

① 商水县地方志编纂委员会编：《商水县志》，第 524 页。
② 周口地区地方史志编纂办公室编：《周口地区志》，第 368 页。
③ 郾城县于 2004 年改为郾城区，万金乡于 1998 年撤乡建镇，隶属漯河市召陵区。
④ 上蔡县水利渔业局水利志编纂办公室编：《上蔡县水利志》，第 275—276 页。
⑤ 上蔡县地方史志编纂委员会编：《上蔡县志》，北京：生活·读书·新知三联书店，1995 年，第330 页。

寺乡营子李村东入界沟河。1979 年以前，由于汾河和界沟河未治理，排水无出路，上下游之间屡有纠纷。青龙沟则属沙颍河水系，为汾河一支流，水利纠纷由来已久，中华人民共和国成立后商水与上蔡多次交涉都未达成治理协议。商水县境沟身甚浅，严重阻水，两岸并筑有小堤，上蔡沿沟连年发生涝灾。1978 年 12 月，汾河治理后，商水县将该沟下游从两县交界处向下治理。1979 年 1 月，经商水、上蔡两县协商，报地局转省厅批准同意治理上蔡县境内一段。上蔡于同年 12 月开工，至次年 3 月完成。①青龙沟全线疏通，遗留多年的边界水利纠纷得到解决。

周口与漯河市水利纠纷主要涉及的是商水与郾城（原属许昌地区，现为漯河市郾城区）、西华与郾城、西华与临颍之间发生的水事争端。1958 年至 20 世纪 60 年代初，郾城县在边界附近新挖和扩大白马沟、和尚沟、青舒沟等，商水在沟内打坝，引起纠纷。在西华与郾城县之间，因柳塔河口防洪闸承接五虎庙灌区退水，1970 年郾城在闸上 1 千米处将柳塔河改道入颍，并另建新闸，阻断了西华水源，引发争水纠纷；1950 年西华瓦屋赵村阻拦郾城县孟庄等村排水，引起纠纷。在西华与临颍县之间，1950 年西华七里仓村阻拦临颍县研岗村排水，双方发生纠纷；1958 年西华前邵村打边界圩阻临颍县高宗寨等村排水，引起排水纠纷。②

漯河市与驻马店之间的水利纠纷主要发生在郾城与西平之间。塘江河上游是马沟，发源于郾城县南部，流经西平县的人和乡寺后张、王孟寺、郭店、大郭村后入淤泥河。因每年汛期涝水排入西平境内，淹没农田，引起水事纠纷。1968 年两县协商后，一起向河南省水利厅提出治理意见。河南省水利厅批准两县的请求，当年秋组织施工。以王孟寺村西南四里桥为界，界北 8 千米由郾城县负责施工，界内至淤泥河口，长 6 千米，由西平县负责施工。③工程完成后，不仅解决了水事纠纷，而且改善了沿河流域内的生产条件。

周口与许昌的水利纠纷涉及的是西华与鄢陵、扶沟与鄢陵、商水与郾城之间上下游的排水争议。在西华与鄢陵之间，清潩河下游鄢陵县右堤紧临两县边界，1954 年鄢陵县仓头村要扒右堤分洪西华境，引起防洪纠纷；黄泛淤没了颍河及清流河下游，以及鲤鱼沟、没底沟、白汤沟，鄢陵县陶城坡排水受阻，致使颍河与清流河之间边界排水矛盾不断；1959 年修建的

① 上蔡县水利渔业局水利志编纂办公室编：《上蔡县水利志》，第 277、275 页。
② 周口地区水利志编纂办公室编：《周口地区水利志》，第 464 页。
③ 西平县史志编纂委员会编：《西平县志》，北京：中国财政经济出版社，1990 年，第 164 页。

颍河李湾节制闸，在"以蓄为主"时期，曾造成排水矛盾。在扶沟与鄢陵之间，大狼沟下游为两县界河，但两岸仍互有交叉地，在河道管理和防洪问题上不断产生矛盾；源于鄢陵县的芦义沟，下游扶沟境随贾鲁河被黄泛淤高而淤塞，致使洪水顶托倒灌，排水困难，两县交界的湾郭村处经常发生上挖下堵排水矛盾。[①]在商水与郾城之间，因白马沟、和尚沟、青舒沟排水问题也产生过矛盾。[②]

　　周口与开封的水利纠纷主要发生在扶沟与通许、太康与杞县、扶沟与尉氏之间。通许涡河右堤，杨五营处有一缺口，紧临扶沟境，扶沟与通许县因此发生防洪矛盾。在太康与杞县之间，太康县境北与杞县接壤处，常受杞县排水之灾，水利纠纷频繁。而1959年修建的太康县邢楼北干渠在蔺庄与常营一带又影响杞县排水，涡河邢楼闸在"以蓄为主"时期曾影响上游排水。1958年太康在铁底河上修建的轩庄水簸箕，影响杞县排洪。[③]1964年4月，因天降暴雨，杞县板木公社武集、官张两个大队组织民工200余人，在王集区龙曲公社格针园村北挖沟排水，遭到太康县格针园村群众阻止，引起纠纷。河南省委驻太康工作组赴现场同有关区、社协商确定：杞县加深加宽之排水沟工程应回填恢复原状；太康立即拆除阻水堰坝，保证排水。[④]在扶沟与尉氏之间，尉扶河上下游排水问题虽多次协商，但始终未得到妥善解决。贾鲁河上扶沟之高集闸，闸底上下游相差1米多，闸门9孔，孔宽3米，过水断面尚无尉氏县的有闸门6孔、孔宽7米的后曹闸大，且中间加入北康沟、豆张沟、中山河诸沟河，流域面积200多平方千米，闸上游滩内芦苇丛生，尉氏境内排水受阻，仅1959年以来中山沟就曾发生三次倒灌和多次顶托，中山、代庄等村5次受灾，受灾面均在2000亩以上，扶沟、尉氏两县之间为此纠纷不断。[⑤]

　　周口与商丘之间的水利纠纷主要发生在太康与睢县、太康与柘城、鹿邑与柘城之间。在太康与睢县之间，太康县境北与睢县接壤处经常因沟河围堤、路坝阻水等问题而发生水利纠纷。1952年睢县大水，河坡楼、大赵、胡岗、大盐井一带洼地积水，上挖下堵，与太康汪小集等村发生排水纠纷。[⑥]为解决睢县、太康县排水问题，5月15日，由双方专区、县代表就

① 周口地区水利志编纂办公室编：《周口地区水利志》，第465页。
② 商水县地方志编纂委员会编：《商水县志》，第123页。
③ 周口地区水利志编纂办公室编：《周口地区水利志》，第465页。
④ 太康县水利志编纂办公室编：《太康县水利志》，郑州：中州古籍出版社，1994年，第329页。
⑤ 河南省尉氏县水利局编：《尉氏县水利志》，内部资料，1986年，第187—188页。
⑥ 周口地区水利志编纂办公室编：《周口地区水利志》，第465页。

太康、睢县边界水利纠纷进行联合勘查，达成五条协议：河坡楼、大赵一带积水经勘查、测量，一致同意自睢县大赵村西，太康汪小集东挑浚原有排水沟泄水入翁河（现小温河）；胡岗村、永河流村一带洼地积水和大盐井一带洼地积水，欲根本解决问题，照顾全面利益，需积极要求疏浚治理翁河；关于修桥问题，由双方区政府协调马庄、汪小集两村群众，协商解决；排水沟的大小、深浅由双方协商同意后，照计划施工；经协调所挖排水沟，限制仅排贾庄、大赵、马庄、董庄一带积水，不准另挖排水沟。①事后协议得到了贯彻，太康与睢县之间的边界水利纠纷得以圆满地解决。

在太康与柘城之间，小马河、小洪河、翻身沟、厂河、红泥沟、邹瓦房沟，历史上因沟内生物、路坝阻水，经常发生纠纷；1958年修建的周商运河穿越太柘边界串流惠济河、蒋河、铁底河等而生矛盾；太康周商运河申庄干渠串流问题引发纠纷。②另外，清水河、刘滩沟及一些小沟上也因围堤路坝阻水，形成了不少水利纠纷。1956年7月签订的《鹿邑、柘城、淮阳、太康、郸城县有关水利纠纷会议综合协议书》中提到，太康县盆窑、杨庄开挖入柘城县李老家之排水沟，柘城县提出该沟在柘城县水无出路，要求太康县改道。7月15日，太康县派人与柘城县联系，一同往现场勘查，找出排水路线，以免引起排水纠纷。1964年7月17—19日，为彻底解决太康、柘城县界水事纠纷，由地委副书记史宏泉主持，太康县委副书记王保秀和柘城县委副书记魏广聚等对柘、太边界地区水利工程进行现场勘查，经过协商达成了协议。③1973年，太康县派水利局副局长王崇山和马头公社副书记寇守谦与柘城县协商，疏通了小马河，小马河流域内的上万亩耕地免除了洪涝灾害。④

在鹿邑与柘城之间，1958年7月，由于鹿邑县村民堵塞柘城境内5条沟河，安平公社发生严重水灾。安平公社毛庄村村民放水，与鹿邑县村民发生纠纷。地委数次召开两县领导人会议进行协商，直到1962年才陆续得以解决。1972年5月13日，因建涡河水闸，鹿邑县孟庄村村民与柘城县鸭李庄村民产生纠纷。后经地委召开多次会议，多次协商，纠纷才得以解决。⑤

开封与许昌的水利纠纷主要发生在尉氏与鄢陵、尉氏与长葛之间。在

① 太康县水利志编纂办公室编：《太康县水利志》，第331页。
② 周口地区水利志编纂办公室编：《周口地区水利志》，第466页。
③ 太康县水利志编纂办公室编：《太康县水利志》，第333、331—332页。
④ 太康县志编纂委员会编：《太康县志》，郑州：中州古籍出版社，1991年，第302页。
⑤ 柘城县地方志编纂委员会编：《柘城县志（1986—2000）》，郑州：中州古籍出版社，2012年，第231页。

尉氏与鄢陵之间，康沟河、代岗常发生纠纷。康沟河下游原由鄢陵的慕寨排入双洎河，1966 年改道由南河沟流经栗元，洪沟至湖庄庙入贾鲁河，入口处受贾鲁河水顶托倒灌，排水不畅，造成沿岸坡洼受灾。尉氏县曾多次提出康沟河仍走原道，以消除大桥、蔡庄、南曹等 12 个乡的涝灾。但是鄢陵县不同意，问题很长时间无法解决。[1]尉氏县蔡庄乡之罗庄，与鄢陵县彭店乡之代岗相邻。由于代岗在边界上打边界围一道，影响坡水顺自然流势排泄，双方水利纠纷一直未能解决。[2]在尉氏与长葛之间，因长葛在双洎河上修建佛尔岗水库及李河口滚水坝，下游旱则无水灌溉，涝则受集中放水威胁，仅 1953—1963 年就先后四次决口，洧川、朱曲、蔡庄三乡数万亩土地被淹。[3]尉氏县洧川乡曾在双洎河上修筑许寨拦河坝一道，威胁长葛县董村乡白雾诸村耕地，后来该坝彻底拆除，矛盾得到解决。[4]

许昌与平顶山之间主要是郏县与宝丰的北汝河纠纷。1984 年 7 月前，宝丰县（1983 年原属许昌地区的宝丰、鲁山、叶县三县划归平顶山市）在沙圪塔村东西各打一砂卵石坝，总长 1230 米。许昌地区郏县在马头张、小程庄打坝，双方都说对方打坝（堵）挑水，影响行洪。1984 年 7 月 20 日，河南省防汛抗旱指挥部下达通知，要求宝丰县应拆除东西沙圪塔的两处堵坝，恢复原行洪断面；大韩庄后至大王庄的阻水生物，除从河口岸起保留 120 米外，全部清除。郏县则应拆除沙圪塔北面的残横坝，改造小程庄挑水坝为护岸；将桃园铺挑水坝自下而上拆除 250 米，恢复原堤位置；马头张挑水坝保留 120 米，其余全部拆除。上述阻水工程和阻水生物的拆除及清除，由两县组织力量限于 7 月 25 日前完成，许昌地区和平顶山市派人督促检查。[5]

商丘与开封之间的水利纠纷主要发生在民权与杞县、民权与兰考之间。在民权与杞县之间，1958 年杞县沿民权、杞县边界筑兰杞干渠，开展引黄淤灌，却堵住了崔林河上游的排水出路，导致涝灾加剧。1964 年雨后涝水积存在双塔集西北和西南一带，淹庄稼 6000 亩，颗粒无收，民权县为此曾多次向省里反映。1965 年 8 月 4 日，河南省除涝治碱指挥部明文指示，兰杞干渠废除，由杞县负责彻底平除，但迟迟不能兑现，事后两县多

① 尉氏县志编纂委员会编：《尉氏县志》，郑州：中州古籍出版社，1993 年，第 196 页。
② 河南省尉氏县水利局编：《尉氏县水利志》，第 188 页。
③ 尉氏县志编纂委员会编：《尉氏县志》，第 196 页。
④ 河南省尉氏县水利局编：《尉氏县水利志》，第 188 页。
⑤ 河南省郏县水利局编：《郏县水利志（1949—1985）》，第 175—176 页。

次协商，仍无结果。在民权与兰考之间，主要有边界堤、废黄河南大堤越堤纠纷。民权县人和、双塔两公社于 1958 年在公社北部沿县界打大围一条，东起高集西，西至同集村北，长 19.5 千米，顶宽 1—2 米，高 1—1.5 米。1965 年春，民权县在坡洼处拆除了阻水工程，矛盾解决。①1957 年大水，兰考县在黄河故道南大堤扒开胡寨、代寨、岗寨、毛古寨、豆腐营五个过水口，向堤南排水。以后汛期多次扒口放水，打乱了历史上的水系，造成涝水串流，民权县人和、龙塘、尹店三个乡大面积受灾。1965 年，按河南省除涝治碱指挥部的决定，由民权堵复各口，纠纷得以缓解。②

驻马店与信阳的水利纠纷主要发生在新蔡与息县之间。新蔡原属信阳专区，后改属驻马店专区；息县原属潢川专区，后改属信阳专区。新蔡与息县之间围绕界沟排水问题的纠纷由来已久，中华人民共和国成立后更因界沟年久失修，港槽淤塞，断面狭小，加之新蔡、息县两县群众为便利生产、交通，先后在界沟上筑坝 7 处，建小型桥涵 9 座，致使两岸不断遭受水灾。1956 年夏、秋大水，沟水漫溢，新蔡境受灾面积达 4.8 万亩，引起新蔡花园、姚岗与息县蛤蟆坑、赵庄等村水利冲突。此后，新蔡县曾多次向信阳专署水利局报送治理新息界沟的设计书，旨在解决新、息水事纠纷。1965 年秋，新蔡县水利局主动与息县水利局联系，共同商定治理规划。1966 年初，新蔡县人民委员会向驻马店专署做出关于治理新、息界沟，解决水事纠纷的报告，提出治理新蔡、息县界沟的具体意见，并请求驻马店、信阳两专署派员调查解决，但均未付诸实施。1973—1978 年，新蔡县对界沟实施数次单方面治理，并改道由宋岗王寨入张大港，经梅庄、李洼，至张庄东注入洪河，纠纷暂时得以解除。③

（二）安徽淮河段地区（市）之间

迄 20 世纪 80 年代，安徽淮河段地区（市）之间的水利纠纷主要发生在阜阳地区与宿县地区、淮南市与宿县地区、蚌埠市与宿县地区、合肥市与六安地区的相关县（市）之间。阜阳地区与宿县地区之间的水利纠纷集中发生在蒙城与濉溪、怀远及凤台与怀远之间。一是蒙城与濉溪之间的排水纠纷。蒙城县坛城区戴集乡群众与濉溪县五沟区群众于 1950 年汛期大水时，因界沟排水发生了争执。蒙城县县长吕新扬派戴自友同志带报告前往

① 民权县水利志领导编辑小组编纂：《民权县水利志》，第 130 页。
② 陶景云主编：《民权县志》，第 318 页。
③ 新蔡县地方史志编纂委员会编：《新蔡县志》，第 305—306 页。

合肥请省解决，同时去公函给宿县行署请求通知濉溪县派员前往现场协商处理，暂息纷争。蒙城板桥区与濉溪县双堆区还因界沟、浦界沟排水问题发生过纠纷。二是蒙城与怀远排水纠纷。1950 年大水时，蒙城与怀远发生了项沟排水纠纷，1952 年蒙城、怀远两县达成协议：上游不挖，下游不堵，已筑的拦水坝拆除；双方共同疏浚，但上游不得先挖；在 1953 年汛期前施工，土方任务由双方协商，合理负担。[1] 1957 年 8 月，双方专区、县代表又在蚌埠达成协议，蒙城于 1958 年汛前疏浚完成，潘大沟以东项沟南北两岸本身流域范围之水，应由两县分别将项沟疏通排入北淝河。项沟并在潘大沟东岸于 1958 年汛前堵闭，使潘大沟及潘大沟以西之水不得侵入项沟，项沟疏浚工程由蒙城县负责测量，怀远县派人参加，疏浚标准由治淮委员会统一规划。三是凤台与怀远县黑河、尹家沟右堤扒口纠纷。1957 年 8 月蚌埠会议上，双方专区、县达成协议：黑河自古路岗至裔沟一段为芡河、泥河分水岭，区域内之水应向南北排入泥河及芡河，裔沟以上区域内之水划入泥河流域，应排入泥河，黑河初步治理只到李兴集；黑河按原治理标准延长疏浚，至古路岗排黑河以北、刘圩孜以南洼地之水；古路岗至裔沟一段应按原规划分清水系，黑河以北应向芡河排水，黑河以南应向泥河排水，黑河原河槽作废；裔沟以上区域之水由阜阳专区会同蒙城县、凤台县实地查勘后，由阜阳专区统一研究解决；黑河南岸蔡家湖、运粮河两沟口应堵至与地面平，蔡家湖以南凤台县原筑小坝不再加高，并在原小坝留沟口，作为怀远县陈安社 1000 余亩田的排水出路，向南排水，小坝沟口以下排水沟应由凤台县负责疏通，当黑河水涨漫滩，小坝预留排水沟口应即堵闭；尹家沟上有青年闸，下有尹家沟闸，在两闸关闭期间，尹家沟河槽蓄量甚少，扒口放水作用不大，若堵口不及时，反易出现危险，造成更大灾害，故扒口放水，极应慎重。[2]

淮南市与宿县地区的水利纠纷发生在淮南市高皇公社与怀远县永西公社之间。1963 年春季，雨水较大，淮南市郊汤渔湖与怀远相邻，高皇公社处于排水上游，怀远永西公社处于下游，上游来水向下排出后，由于尹沟格堤阻隔不能自流排入尹家沟内，形成低洼地受淹。怀远县为使土地不受上游来水所淹，打坝截水，而淮南市郊区高皇赵岗、段岗的群众不同意，双方发生纠纷。当时，淮南市郊区领导一边向市委市人民委员会反映，一

① 陈洪昌：《建国初期蒙城边界的水利纠纷》，中国人民政治协商会议安徽省蒙城县委员会文史资料研究委员会编：《漆园古今·文史资料》第 9 辑，1991 年，第 109 页。
② 淮南市水利局水利志编写办公室编：《淮南市水利志》，第 293—295 页。

边派水利科副科长高俱杨等人赶赴现场调处纠纷。市委得知这一情况后，即派市长封必琉到郊区协调，并且向安徽省政府反映，请省派人调查解决。①安徽省政府派省民政厅厅长白鲁克到淮南市调查了解，并同市、区领导赴现场规劝开导，纠纷暂息。

蚌埠市与宿县地区之间的水利纠纷，主要是第二章第一节已经述及的蚌埠市吴小街公社与宿县地区五河县沫河口公社之间淮北大堤一段堤防的管理纠纷。合肥市长丰县与六安地区寿县之间主要涉及的是瓦埠湖引水纠纷。起因在于20世纪70年代，长丰县庄墓电灌站一直利用自然老河槽引寿县瓦埠湖的湖水，其下游段穿过寿县大顺公社境内，但后来两县先后沿老河槽两岸滩地圈圩，尤其是大顺公社沿边界线圈圩，堵老河开新河，但新河未挖，老河槽却已堵住，严重影响庄墓电灌站引水，进而引发跨行政区水资源纠纷。1977年2月11—13日，安徽省农田水利基本建设指挥部召开长丰、寿县革委会，六安地区水电局、合肥市水利部门负责人会议，研究解决长丰、寿县两县利用瓦埠湖水源发生纠纷问题。经过与会人员实地查看、研究讨论，于1977年2月13日达成了协议，内容包括寿县大顺公社按照老河槽原来宽度和深度，将堵住的河坝扒开，为庄墓电灌站提供水源，此项工程由寿县农办主任姚书香负责督促大顺公社实施，限期完成；新河道按原老河道宽度和深度挖好，经两县共同验收合格，可确保庄墓电灌站得到设计的水源，报经省农田水利基本建设指挥部批准后，方可堵住老河槽等。②

（三）江苏淮河段地区（市）之间

江苏淮河段地区（市）之间的水利纠纷主要发生在淮阴与徐州、淮阴与盐城等地区（市）之间。淮阴地区与徐州地区接壤，经常形成地区之间的水利纠纷。

第一，淮阴地区宿迁县埠子与徐州地区睢宁凌城、宿迁耿车区与睢宁高作区、宿迁与徐州地区邳县、睢宁县黄墩湖地区边界水利纠纷。宿迁县埠子与睢宁凌城局部地区一直存在排水纠纷。1956年6月，两地、县之间虽签有协议，但后来由于宿迁筑船行干渠堵住睢宁凌城排水出路，再次形成水利纠纷。1973年3月，江苏省水电局派梅众明处理两地区之间的水利

① 淮南市水利局水利志编写办公室编：《淮南市水利志》，第295页。
② 《合肥市水利志》编纂委员会编：《合肥市水利志》，合肥：黄山书社，1999年，第282—283页。

纠纷，在凌埠路北由宿迁给睢宁解决排水出路，凌埠路南两县排水各自独立，以后便相安无事。在宿迁耿车区与睢宁高作区之间，20世纪50年代常有排水矛盾，1956年7月协商后基本解决。①在黄墩湖三圩区北部，宿迁与邳、睢两县边界水利矛盾也非常突出。1963年，江苏省水利厅批准兴建疏浚民便河，该段工程由邳县负责施工，但邳县未达到疏浚河流结合修圩的要求，致使当年汛期三圩北堤决口，圩区内近0.27万公顷晚秋作物损失严重。汛后，这段约100米宽、土地权属于邳县的重点险工段，理应兴工做足标准，但当时邳县只将冲破缺口稍加修整。另外，沿圩堤线上又有邳县胡圩公社新庄大队东塘坊生产队十户人家。1965年6月23日，宿迁县防汛防旱总队部向江苏省防汛防旱总指挥部上报关于宿迁县黄墩湖三圩区北部邳、睢两县交界水利矛盾的紧急报告，反映黄墩湖三圩区北堤中部重点险工段因位于邳县胡圩公社新庄大队东塘坊生产队而无法按照计划要求加固的情况。7月6日，江苏省防汛防旱总指挥部给淮阴、徐州专区防汛防旱指挥部发出《关于宿、邳、睢三县黄墩湖地区边界水利矛盾处理意见的函》，要求以淮阴专区防汛指挥部为主，约定时间会同有关县互相协商，共同处理宿迁县与邳、睢两县黄墩湖三圩区北堤中部险工加固取土和三圩区西北角鬼塘处原有排水缺口堵闭的边界水利矛盾。②

第二，淮阴专区沭阳县与徐州专区新沂县边界水利纠纷。1962年6月29日，新沂县与沭阳县就沂北新开河以西边界地区排水问题达成《新沂县、沭阳县边界地区排水问题补充协议》。1963年11月13日，新沂县黑埠公社未与沭阳县茆圩公社协商，即在后埠以南、关庄以东开挖南北排水沟一道。南端与老沟接通，已接近沭阳县茆圩公社边界，增加了南排水流量，对下游茆圩公社有影响。江苏省水利厅获悉后，即于11月21日电报通知新沂县立即停工并派员会同有关专区、县、公社代表查勘，做出由新沂县通知黑埠公社在11月24日中午前全部停工，未经双方协议不得再行开挖，由省厅规定日期再召集两县进行具体协商研究处理办法的决定。11月24日以后，黑埠公社未经协商又在南北排水沟之西开挖东西小沟三条，12月3日还挖了一条小沟。沭阳县茆圩公社以上游扒沟为由，于11月30日动工，沿黑埠、茆圩两公社边界筑东西边界堤，堵断上游排水出路。为此，省水利厅分别通知徐州专区新沂县人民委员会办公室和淮阴专区沭阳

---

① 王保乾主编，睢宁县水利局编：《睢宁县水利志》，徐州：中国矿业大学出版社，2000年，第340页。

② 淮阴市水利志编纂委员会编：《淮阴市水利志》，北京：方志出版社，2004年，第378页。

县人民委员会办公室，要求双方立即停工。12 月 7 日，省人民委员会通知徐州、淮阴两专区与新沂、沭阳两县，与省水利厅有关人员到新沂县现场检查，同时要求专区、县通知有关公社、队立即停工，等候处理。事后，新沂、沭阳两县达成《新沂县黑埠公社与沭阳县茆圩公社边界地区水利纠纷处理协议书》，原则上双方新做工程应彻底平毁，恢复开南北沟以前的水系，并采取了一些相应的临时措施。1964 年 7 月 30 日，沭阳县水利局向省水利厅上报《关于三岔涵洞意见的建议报告》，对徐州专署水利局 7 月 18日上报省水利厅的《关于三岔涵洞工程兴建意见的报告》提出不同意见。8月 17 日，江苏省水利厅给徐州专署水利局《关于三岔涵洞工程兴建问题批复》，对该工程兴建提出四点意见，其中关于三岔涵洞缓建问题，同意列入新沂县 1965 年农业补助工程计划，由新沂县根据专区初审意见修改后一并报省厅审批。1981 年 5 月 18 日，江苏省水利厅以苏水计（81）96 号《关于沭阳、新沂两县边界地区排水今年渡汛措施的报告》上报省农委和省政府，提出虞姬沟以北、新开河以西，新沂县和沭阳县边界 64 平方千米的排水，因存在高低矛盾及出路不足矛盾，长期以来未能解决，严重影响农业生产。1984 年 7 月 12 日，沭阳县委、县政府向省委、省政府呈送《关于要求立即派员来我县解决沭新边界水利矛盾的紧急报告》。1984 年 8 月 3 日，淮阴市人民政府向江苏省人民政府上报《关于解决沭新两县边界水利问题的请示报告》，建议省政府进一步做好新沂县的工作，使其放弃开口破圩要求，本着上下游兼顾的原则，合理解决好两县边界水利问题。1985 年 3 月25 日，江苏省水利厅向徐州、淮阴两市水利局下发苏水计（85）35 号《关于处理沭新边界排水问题的意见》，提出新沂、沭阳两县高低水的矛盾应实行高低分排，认为原不再使用的小马庄地下涵洞目前仍有一定自排条件，只有当下游的排水出路蔷薇河在遭遇新沂河高水位行洪时，才需靠临洪东站抽排。因此，确定新沂县 20.1 平方千米的涝水通过河道自排；泥墩沟以南 4.5 平方千米及沭阳县新开河以西部分共 44.5 平方千米的涝水，分别设站抽排，以使高低水的处理各得其所。①

第三，淮阴专区沭阳县与徐州专区东海县边界水利纠纷。1966 年 4 月初，沭阳县茆圩公社和东海县安峰公社为古河和黑泥沟之间圩区的防洪安全，在东海县古河大队协商，拟将古河在古河庄北改道入黑泥沟并扩大黑泥沟河槽。这个协议未经两县县委和专区、省批准，6 月 27 日东海县安峰

---

① 淮阴市水利志编纂委员会编：《淮阴市水利志》，第 374—376 页。

公社即先行开工，将黑泥沟北堤加高 0.5 米，比原有南岸老堤高出 1 米，使两岸的防洪标准不相适应，引起沭阳县茆圩公社群众的顾虑，因而发生水利纠纷。7 月 12—29 日，省水利厅及徐州、淮阴两专区会同东海、沭阳两县负责人共同研究，达成《沭东边界黑泥沟水利问题协商纪要》，认为古河改道对两县圩区的安全都有好处，但对黑泥沟河槽扩大标准意见未达成一致，且认为已届汛期，疏浚河道的土方数量较大，如不能在汛期完成，一旦降雨，黑泥沟未挖好，古河老道不能堵，厚镇、彭庄等圩田反而更加危险。为此，双方一致同意该工程暂不施工，今后进一步规划再协商确定。1971 年 1 月 3 日，东海县革委会生产指挥组以东革生（91）字第 001 号《关于沭阳安峰公社边界搞水利工程的情况报告》呈送江苏省革委会水电局并生产指挥组，称沭阳县前进公社（茆圩公社）将其境内的王圩大沟自入厚镇河口处起连同厚镇河一并改道，沿两县界入安峰山南大沟，这会破坏安峰公社古河大队围田，汛期对该县的古河、山南、山西、蒋稠等七八个大队的防汛排涝更有严重威胁，为避免发生边界水利纠纷，请求从速解决。①同年 3 月 12 日，江苏省革委会水电局向沭阳、东海县革委会和生产指挥组下发《关于黑泥沟下游沭阳县东海县边界水利问题的处理意见》，要求两县加强全局观念，发扬团结治水、互相协作的作风，避免再产生新的水利矛盾。

淮阴地区与盐城地区之间的水利纠纷主要发生在淮安与阜宁、涟水与响水、涟水与阜宁之间。一是淮安与阜宁的渠北排水纠纷。1971 年 6 月 5 日，江苏省革委会水电局召集阜宁、淮安两县及阜宁腰闸管理所等有关单位负责人，在南京协商解决阜宁腰洞电站与排涝的矛盾。经过几天的协商，有关方面均认为在阜宁腰洞上建设水电站关系到淮安、阜宁两地区上下游排水问题，必须坚持从全局出发和团结治水、上下游统筹兼顾、综合利用的原则，必须在服从排涝、行洪的原则下结合发电，不能因建电站而减少过洞泄量和抬高上游水位。②6 月 18 日，江苏省革委会水电局根据上述协商意见下发了《关于阜宁腰洞电站的处理意见》。二是涟水与响水边界的水利纠纷。1950 年，涟水与滨海（今响水）两县协商开挖佃四河，起石湖北圩门，经单湾至四大门入唐豫河。工程完成后，对局部排水曾发挥效益。但由于沙土河床极易淤浅，黄圩街西南洼地积水难以适时排出，每遇

① 淮阴市水利志编纂委员会编：《淮阴市水利志》，第 376 页。
② 淮阴市水利志编纂委员会编：《淮阴市水利志》，第 379—380 页。

暴雨常积涝成灾。1962 年汛期，严重积涝，滨海县黄圩公社与涟水县南禄公社因排水而产生纠纷。经两县和有关公社负责人实地查勘、协商，认为佃四河河槽虽然淤浅，排水不畅，但重新挖新沟向西排水和现状向北排水，比较起来并无优势，还会延误排水时间，利用现有河道略加疏导，效果可能更好，最后黄圩公社接受不开新沟的意见。接着，两县水利局负责人同到省水利厅共同研究善后处理办法。经省厅决定，仍然保持原有排水布局不变。1963 年春，疏浚佃四河，向西出土，加固西堤。1965 年，涟水开挖佃响河及唐响河，响水县相继开挖黄响河、黄西河，黄圩洼地不再发生积涝，佃四河上曾经发生的排水矛盾因而彻底消除。三是涟水与阜宁边界水利纠纷。1957 年 4 月中旬，阜宁县于废黄河右岸裴圩做挑水坝三道，并在二、三道坝之间加筑三角垡，借挑水溜，以保该堤安全。但由于坝身较长，高于滩面以上，汛期行洪，深泓左移 70 余米，影响左岸涟水境堤防安全，引起水利纠纷。为此，涟水县人民委员会报请江苏省防汛指挥部处理。6 月 29 日，经江苏省防汛指挥部朱彦工程师、省监察厅于长富处长及淮阴专署水利局吴师江工程师，涟水县副县长周学仁、水利局局长徐敬和阜宁县县长等人到实地检查，达成了拆除三道坝至规定标准的协议。①

（四）山东淮河段地区（市）之间

山东淮河段地区（市）之间的水利纠纷主要发生在济宁地区与菏泽地区、济宁地区与泰安地区、济宁市与枣庄市、临沂地区与潍坊地区、淄博市与临沂市之间。济宁地区与菏泽地区之间的水利纠纷涉及的是金乡与单县，嘉祥、金乡与巨野，金乡与成武，嘉祥与巨野、郓城，以及汶上与梁山诸县之间的水利争端。金乡、单县两县的水利纠纷于 1959 年 5 月以来，曾进行多次协商，但均未达成书面协议。为防止汛期发生纠纷，两专区分别通知金乡、单县两县互派代表，于 1959 年 6 月 18 日在单县进行协商。6 月 26 日双方达成协议，单县积极搞好沟洫畦田等蓄水工程，控制地面径流，降低河内水位，迎接上游来水，照顾金乡；金乡亦本着以蓄为主的方针，做好蓄水工程，减少地面径流，降低河内水位，迎接上游来水，照顾单县，并迅速整修金鱼公路桥至张洼南 3 里长的白马河堤防。②1961 年 2 月 16 日，单县张集公社群众在金乡三宫庙和孔集附近边沟扒口 3 处，金乡鱼

① 《涟水县水利志》编委会编：《涟水县水利志》，长春：吉林文史出版社，2003 年，第 369—370 页。
② 曹莲舫主编：《菏泽地区水利志》，第 276—277 页。

城公社群众则于 4 月初将 3 处口子堵复,双方又扒又堵。6 月 24 日,双方因大雨再扒口又发生纠纷。6 月 28 日降雨 100 毫米,两县纠纷再起。1962 年 3 月 31 日—4 月 20 日,省、地区、县进行会勘,6 月 4 日又进行复勘,最后达成了 10 条协议并得到落实,水事矛盾随之得到解决。①

在嘉祥、金乡与巨野三县交界处,中华人民共和国成立初期就因排水而发生了水利纠纷。为解决这一问题,1962 年 6 月 9 日,由山东省副省长李澄之主持召开了济宁、菏泽两专署及有关县负责人会议,达成了协议,决定平毁边界阻水工程,恢复自然流势,缓解了矛盾。但受条件的限制,没能从根本上解决问题,故 1964 年秋,嘉祥、巨野两县在老邱公岔处再次发生水利纠纷。为从根本上解决这一问题,山东省水利厅与南四湖工程局立即进行了统一规划,1971—1972 年先后开挖了洙赵新河和郓巨河,排水纠纷问题最终得到解决。②

成武与金乡边界自 1957 年大水后,金乡县就沿边界自万福河南岸张阁村起,南至大沙河北岸,修筑了一条长 27 千米、高 2 米、顶宽 2.5 米的大坝,导致成武县东部白浮图、田集、苟村集 3 个公社大片土地被淹。成武县为了避免土地被淹,则先后开挖排水沟 11 条通向金乡县境内。但这些水沟有头无尾,积水虽已排除,边界水利纠纷却经常发生。③为此,菏泽、济宁两专区经过现场勘查、协商,于 1962 年 3 月 23 日签订了《关于济宁专区和菏泽专区处理边界水利问题的协议》。6 月 7 日,在省政府和济宁、菏泽两专区领导人的主持下又达成了《关于执行〈济宁专区与菏泽专区处理边界水利问题的协议〉金乡、成武段具体协议》。7 月 28 日,省政府派员组织双方专区、县和有关公社负责人对协议所规定的工程逐项进行了检查验收,边界水涝灾害基本消除。④

嘉祥与巨野、郓城之间也有排水纠纷。1958—1962 年,在嘉祥、巨野边界上,巨野县先后开挖了有头无尾的排水沟 22 条,嘉祥县先后修筑边界堤和路基等阻水障碍 37 处;在嘉祥、郓城边界上,郓城县先后开挖有头无尾排水沟 3 条,嘉祥县在边界筑阻水障碍 13 处。每遇汛期,上扒下堵,水利纠纷经常发生。1962 年 3 月 23 日,省政府召集济宁、菏泽两专区主要负责人,签订了处理边界工程协议。同年 8 月 18 日,两专区、县经过实地查

① 济宁市水利志编纂委员会编:《济宁市水利志》,第 334 页。
② 曹莲舫主编:《菏泽地区水利志》,第 278 页。
③ 曹莲舫主编:《菏泽地区水利志》,第 279 页。
④ 成武县水利局编:《成武县水利志》,济南:济南出版社,1990 年,第 158 页。

勘，通过了分段废除边界两侧各 5 千米阻排水工程纪要，双方各自平毁了主要的排水工程，矛盾得到缓和。1964 年 4 月 10 日，济宁、菏泽两专署和金乡、嘉祥、巨野、成武、郓城五县代表共同商定了全部彻底废除边界两侧各 5 千米以内所有阻排水工程的协议。嘉祥与巨野、郓城边界共有阻排水工程 75 项，到 1965 年春彻底平毁。[①] 1997 年春，巨野与嘉祥之间又围绕邱公岔河挖堤打坝问题产生纠纷。巨野县曹楼村因插秧保苗，在邱公岔河内打坝蓄水抗旱，坝长 35 米、顶宽 2 米、高 2 米，坝体用土均取自两岸堤防，致使堤身单薄，汛期影响河道防洪安全。纠纷发生后，山东省水利厅立即责成菏泽地区防汛抗旱指挥部调处。7 月 7 日，菏泽地区防汛抗旱指挥部负责人到现场查看并现场办公。8 月巨野县防汛抗旱指挥部派出劳力和机械将堤防恢复完整，纠纷得到解决。[②]

汶上与梁山交界，汶上县境西部寅寺、郭楼两公社的坡水均经安流渠、唐河注入排渗河。1964 年汛期连降暴雨，寅寺公社林楼以西一片汪洋，与寅寺公社为邻的梁山县孙庄公社于苏庄西和唐河内打坝堵水，使寅寺公社西部大量土地积水不能排泄，影响了种麦。双方群众因此发生纠纷。后经省防汛指挥部派员召集两方专区、县、公社代表共同研究协商就有关问题达成协议，决定在刘口将积水排出。1979 年，小汶河改道于梁济运河，汶上与梁山因在排渗河建阻水桥、坝而引起了边界水利矛盾。1981—1984 年，梁山县韩海公社又在排渗河修筑阻水桥两座、拦河坝两条，直接影响到东平湖排渗及东平县州城、湖区、沙河站及汶上县郭楼、寅寺、次邱六个区、乡近 20 万亩土地的除涝、行洪。1984 年 6 月 4 日，汶上县防汛抗旱指挥部就要求梁山县拆除排渗河拦河阻水桥坝一事，向省防汛抗旱指挥部、省政府办公厅做了请示报告。省防汛抗旱指挥部于 7 月 28 日给泰安（1983 年撤销济宁地区改为济宁市，原属济宁地区的汶上县划归泰安地区，1985 年又划归济宁市）、菏泽两地区抗旱防汛指挥部下达（84）鲁旱汛字第 52 号文《关于请解决汶上县与梁山县边界水利纠纷的责任通知》，要求打通小汶河故道，新老河道同时排水，并采取措施解决梁山县在湖东排渗河新建的两桥两坝严重阻水问题。[③]

济宁地区与泰安地区之间的水利纠纷主要发生在汶上与宁阳、兖州与宁阳之间。汶上与宁阳两县边界水利争端的地点主要是南、北泉河上游，

① 济宁市水利志编纂委员会编：《济宁市水利志》，第 334 页。
② 《治淮汇刊（年鉴）》（1998），第 23 辑，第 283 页。
③ 汶上县水利志编纂办公室编：《汶上县水利志》，内部资料，1991 年，第 268—270 页。

宁阳的周家庄和黄茂一带。1956年春，宁阳县在本县西述区、王卞区疏通及新挖排水沟，使泉河上游来水汇流汶上县入泉河。但由于泉河桥面过低，障碍物甚多，来水不能畅泄，进而引起了汶上、宁阳两县水利纠纷。[①] 两县边界排水纠纷经过1956年和1957年的几次协议，做了大量工作，有所缓和。1957年，沂沭泗流域发生了百年不遇的特大洪水灾害，宁阳、汶上两县群众在边界地区又出现了上挖沟下筑坝等排水矛盾，焦点有三处：一是1957年宁阳县从罗山、周庄、道沟一带向汶上县挖排水沟一条，长达2.5千米。汶上县沟头区为阻挡宁阳县来水，在李庄北泉河沟子筑边界坝一条，长1500米，平均高1米，顶宽0.5米。二是宁阳县向白石东北边界处挖大、小排水沟7条，长11.1千米，来水面积扩大到万余亩。汶上县于1957—1958年从鹅鸭场至刘岗筑了一条长3000米、平均高1.3米、顶宽1米的边界坝。三是宁阳县东疏公社在边界处挖沟6条，长10千米，直接威胁苑庄公社，因而苑庄公社从卓里至南泉河头筑边界坝一条，长约6千米。1961年8月，东北部边界地区连降暴雨，宁阳县在边界挖沟、扒坝向汶上县排水，致使北泉河上游出现漫溢决口，淹地19.5万亩。汶上县群众进行堵坝，双方发生纠纷。为进一步解决汶上、宁阳边界水利纠纷，经济宁、泰安两专区主动联系并召开有关会议，于1962年4月7日通过协商，达成了《关于济宁专区汶上县与泰安专区宁阳县边界排水问题的协议》。[②] 在兖州与宁阳之间，1963年宁阳县沿赵王河挖排水沟，与兖州县发生了水事矛盾。同年6月18日，经过济宁专署副专员徐敏山、泰安专署副专员顾廷臣及有关人员协商，达成边界水利工程协议。1964年汛期降雨较多，宁阳、兖州两县又发生了排水矛盾，省水利厅和南四湖工程局于同年11月召开两专区、县会议，经双方协商，达成了解决边界水利问题的协议，并以会议纪要的形式发往两专区、县执行。[③]

三、地区（市）内县（市）际水利纠纷

县（市）是中国重要的行政区划之一，历史上淮河流域各地出现的跨行政区水利纠纷，包括前文论及的省际、地（市）际水利纠纷，最终都体现为省际、地市际的边界县水事争端。下面重点论述的是淮河流域各省内

① 泰安市水利志编纂委员会编：《泰安市水利志》，内部资料，1990年，第340页。
② 汶上县水利志编纂办公室编：《汶上县水利志》，第255—256、258—259页。
③ 泰安市水利志编纂委员会编：《泰安市水利志》，第347页。

同一地区（或专区）或市（地级市）中县（包括地级市辖区、县级市）与县之间的水利纠纷。

（一）河南淮河段地区（市）内县（市）际水利纠纷

1. 周口

周口地区内县（市）际边界水利纠纷，系指沈丘、项城、商水、西华、扶沟、太康、淮阳、鹿邑、郸城、周口 10 县（市）之间的水事争议。在沈丘与项城、淮阳、郸城之间，泥河支流吴沟为沈丘、项城两县界沟，1956 年沈丘控制吴沟闸，使项城排涝困难，引发矛盾；郜靳沟与郑湖沟之间是沈丘、项城两县坡洼，1956 年汛期大水，两县互相打圩阻水，致成纠纷；项城县付集乡于 1981 年在苏州李东沿南北向挖沟串流龙凤沟、白桥沟、泥河，沈丘在白桥沟堵坝，引发水利纠纷。在沈丘与淮阳之间，1959 年沈丘县在张奶奶庙、祝庄、兀术营等地修边界圩，影响淮阳葛楼、郑楼等村排水。1963 年大水，黄泛大堤南沈丘段岗排水需经淮阳境，淮阳阻止，引发纠纷。经双方口头协议，沈丘县拆除了边界圩堤，自力更生将段岗一带积水分排至老母猪沟及西蔡河，问题基本解决。在沈丘与郸城之间，郸城县黄水冲在南拉沟河入口下有 1.5 千米河段属沈丘县郑庄，1975 年郸城县治理黄水冲时，因沈丘段未治，形成了"肠堵塞"。①

在项城与商水之间，任河西南接商水汾河，东北通项城清水河（谷河上游），系串流工程，项城在交界附近打路坝，致使商水任河支流牛王寺沟排水困难，造成水利纠纷。胜利沟、九棘沟、谭窑沟、贺营沟、张横沟等，历史上大水时上游挖沟下游打路坝，不断发生排水矛盾。1959 年，项城栗店和商水魏集东北，相互抬高路基阻水；项城抬高蒋桥至范集路基阻水；项城在罗圈套、九棘沟南北、齐坡、贺楼至核桃李等处筑边界圩阻水，引发排水矛盾。1962 年，省、地、县联合调查协商达成协议后，向省政府呈送《关于商水、上蔡、项城三县边界排水纠纷处理意见的报告》，报告中说：项城县拆除了栗店及蒋桥至范集等阻水路基，拆除了罗圈套、九棘沟南北、齐坡、贺楼至核桃李等处的边界圩堤，恢复杨营至童岗老沟；商水拆除魏集东北抬高的路基，堵闭位集北新挖的公路东沟，修建谭窑沟新道口辖轳湾涵洞，平除贺堂北排水沟；两县共同恢复被平毁的贺营东小

---

① 周口地区水利志编纂办公室编：《周口地区水利志》，第 470—471、474—475 页。

沟。1964 年 4 月 5 日，省委、省人民委员会下发《关于平原地区六专十二县边界水利纠纷具体工程处理意见》，其中规定：商水县境运粮河可按项城境三顺沟老道口以下谷河断面相适应的标准疏浚，商水谭窑沟涝水由新老道分泄，老道在三岔口以下的堵坝照原沟断面彻底拆除。①

在郸城与鹿邑、淮阳之间，历史上有李贯河支流金明沟、温庄沟和黑河支流武河沟、洪河支流罗家沟村庄排水矛盾和统一治理问题；郸城县晋沟河支流邵庄沟（入口系鹿邑县张桥村）沟浅阻水需清淤治理问题。1964 年 7 月 8 日，商丘地委副书记史宏泉在南六县（沈丘、项城、淮阳、郸城、鹿邑、太康）水利工作会议上提出了解决边界水利问题的六条意见，郸城、鹿邑两县落实后，缓解了武河沟、金明沟排水矛盾。1987 年治理了李贯河、晋沟河，1990 年治理了黑河、武河沟、金明沟等，排水问题已根本解决。在郸城与淮阳之间，郸城县陶营、杨庄、菜园张庄、丘庙等地历史上常在鸭儿岗沟东六道泛冲上及黄泛冲、石牛台沟、崔家沟上游修路坝，1959 年郸城县又在石楼沟东岸将军寺沟西支蒋庄、王皮条村、李贯河右岸桂庄修边界圩堤，影响淮阳县排水。1964 年经两县协商，郸城县拆除了黄泛冲、崔家沟上游等所有拦沟阻水路坝，平毁了石楼、蒋庄、王皮条、桂庄等处边界圩堤，矛盾得以解决。②

在淮阳与鹿邑、太康、周口市之间，历史上鹿邑洛楼、蒋庄修路坝，影响淮阳排坡水。经两县协商，鹿邑县拆除了洛楼、蒋庄路坝，问题已解决。③在淮阳与太康之间，1956 年 7 月《鹿邑、柘城、淮阳、太康、郸城县有关水利纠纷会议综合协议书》中就提到太康县墩埠经淮阳县流入新运河之清水河由于黄河泛滥，淤成平地。太康县的意见是开挖一沟，经淮阳县付楼往新运河排水，但淮阳县提出反对意见。最后双方协议保持原状，上不扒，下不堵，待新运河治理后再行协议开挖。④1959 年，淮阳太康张、大清刘、刘兰庄、张行庄打边界圩堤，影响太康县墩埠、五里口、拐张、谢庄等村排坡水；淮阳大昊楼、黄堂抬高路基，影响太康县张庄等村排坡水，引起纠纷。⑤1963 年 8 月，大雨成灾，太康、淮阳交界处因淮阳阻水，产生纠纷，几经处理，未能彻底解决。1964 年 5 月 3 日，商丘专区治河指

---

① 周口地区水利志编纂办公室编：《周口地区水利志》，第 470—471、473—474 页。
② 周口地区水利志编纂办公室编：《周口地区水利志》，第 471、473、475 页。
③ 周口地区水利志编纂办公室编：《周口地区水利志》，第 471、473、475 页。
④ 太康县水利志编纂办公室编：《太康县水利志》，第 333 页。
⑤ 周口地区水利志编纂办公室编：《周口地区水利志》，第 471 页。

挥部召集两县领导就淮太边界地区的水利纠纷进行实地考察，按照上下游兼顾、团结治水的原则进行协商，通过了六项决议。①在淮阳与周口市之间，1977年周口市对黄泛坡冲洼、冲沟进行了治理，下游淮阳未治，生产交通无桥，靠在沟内抬高路基交通，引起排水矛盾。②1980年双方对冲洼、冲沟进行治理后，水事矛盾得到了解决。

在太康与扶沟、鹿邑、西华之间，1958年太康由古城至后新庄修的边界圩堤，影响扶沟排坡水；扶沟在边界附近开挖的大娄营、闵庄、霍庄、苑庄入尉扶河的排水沟，杨丘营、季李岗、周岗入老涡河的排水沟，引发了排水纠纷。7月8日，上游扶沟县境内连降暴雨4天，因积水排放，扶沟县大新乡与太康县板桥乡发生纠纷。河南省及纠纷双方专区、县赴扶沟大新、太康板桥就扶沟大新东轩西岭农业社被淹的情况进行现场处理，并达成太康县加固修好境内险工，扶沟县大新乡将本乡原有水利工程加以修复等协议。③1963年8月4日，太康桐城公社太武寨村同扶沟县崔桥公社杨丘营村因排水问题而发生纠纷，几经协商，未得解决。④为彻底解决太康、扶沟两县边界水事纠纷，1964年8月4日双方本着不串流、不堵水、不扩大流域面积和互相谅解的原则，达成了太康县平毁太扶边界各处边界圩堤及大横残坝、扶沟县恢复辘轳湾沟原状等14条协议，圆满解决了边界水事纠纷。⑤在太康与鹿邑之间，1956年以后，因里沟河的开挖问题曾发生纠纷，鹿邑县提出铁良沟由太康县蔡集经鹿邑县杨庄后，穿过商淮公路在鹿邑连桥西入晋沟河，因郸城尚未挖好，目前不得开挖；由太康经鹿邑县入黑河之铁良沟，鹿邑县同意太康县开挖，但须双方协商后再行开挖。在太康与西华之间，自1951年以来，因黄水沟、新运河排水，西华受灾，曾不断发生纠纷。⑥1958—1960年，西华县后套村至于韩村修筑的边界圩堤影响了太康县排坡水，1962年西华县主动平毁了后套村至于韩村的边界圩堤。⑦1966年，新运河、黄水沟治理后，矛盾基本解决。

在扶沟与西华之间，排水纠纷历史已久。黄泛淤塞的双狼沟，历史上上挖下堵，纠纷不断，1958年西华县开挖跃进河截堵了双狼沟，引发了排

---

① 太康县志编纂委员会编：《太康县志》，第302—303页。
② 周口地区水利志编纂办公室编：《周口地区水利志》，第472页。
③ 太康县水利志编纂办公室编：《太康县水利志》，第326—327页。
④ 太康县志编纂委员会编：《太康县志》，第303页。
⑤ 周口地区水利志编纂办公室编：《周口地区水利志》，第473、475页。
⑥ 太康县水利志编纂办公室编：《太康县水利志》，第333、326页。
⑦ 周口地区水利志编纂办公室编：《周口地区水利志》，第472、476页。

水纠纷；王堂沟为历史排水老纠纷，1958年西华阎岗闸贾东支渠横穿此沟下游，西华群众又在渠下王堂沟上打生产路坝，引发了新的水利纠纷。①1963年春，在扶沟、西华两县交界的阎岗村，因西华阻水，产生纠纷。1983年7月28日，周口行署组织两县领导协商解决，制定五项条款，为彻底解决两县水利纠纷奠定了基础。②1988年，周口地区水利局领导出面协调，扶沟、西华两县达成协议，由扶沟县出资为西华兴建双狼沟生产桥涵，解决西华生产交通问题，随后治理该河，历史遗留纠纷得到圆满解决。③

在西华与淮阳、周口市之间，历史上西华挖谢堰沟排水，淮阳打圩堤阻水；西华屯民庄挖农场沟排水，淮阳石营抬高路基阻水；西华段营、邵营、黄湾等村疏挖黄泛坡冲排水，淮阳栗集、赫营、栗八店等村抬高路基阻水，引发排水纠纷。1962年西华、淮阳双方协商后，淮阳拆除了各处边界圩堤、阻水路基。1966年对新运河、1979年对流沙河、1980年对冲洼、冲沟分别进行了治理，水利矛盾基本解决。④在西华与周口市之间，七里河北支下段康楼处为县、市交叉段，20世纪80年代初西华未经协商进行了治理，周口市菜园村打路坝阻水，引起纠纷。⑤后来西华与周口市统一治理了七里河，纠纷基本解决。

2. 驻马店

驻马店地区县与县之间的水利纠纷主要发生在西平、遂平、上蔡、汝南、平舆、新蔡等县之间。在西平与遂平、上蔡之间，有西平与遂平的界沟排水纠纷，西平与上蔡的杨岗河、孙沟、王阁沟纠纷。在西平与遂平之间，有界沟位于西平县专探乡和遂平县沈寨乡的交界处。边界以南遂平境内为岗地，地势高，界北西平境为平原坡地，地势平坦。每至汛期，遂平岗地的洪水顺岗而下，水势凶猛，淹没专探乡农田，冲毁房屋，双方群众常因排水问题而发生纠纷。1957年、1964年、1968年，两县三次派员实地查勘、协商，终于达成协议，决定在西平、遂平交界处挖界沟一条，经白寺坡入柳堰河。沟底宽4米，挖深3.5米，建桥6座，并加高北堤，严防洪

① 周口地区水利志编纂办公室编：《周口地区水利志》，第472页。
② 河南省扶沟县志编纂委员会编：《扶沟县志》，郑州：河南人民出版社，1986年，第242页。
③ 周口地区地方史志编纂办公室编：《周口地区志》，第368页。
④ 周口地区水利志编纂办公室编：《周口地区水利志》，第472、476页。
⑤ 周口地区水利志编纂办公室编：《周口地区水利志》，第472页。

水北流。工程于 1968 年冬竣工，水利纠纷获得解决。西平县焦庄乡与遂平县和兴乡相邻，两边地势平坦，排水不畅，因把涝水互相改入对方范围而发生矛盾。1964 年双方确定沿边界开挖界沟，口宽 6 米，深 1.5 米，长 5 千米，涝水不再互相串流。在西平与上蔡之间，有杨岗河发源于西平县盆尧乡叶寨，在西平称叶大沟，入上蔡叫杨岗河，是历史上两县排水纠纷之处。1965 年西平、上蔡两县派员共同查勘、设计，1968 年达成协议，组织施工，疏浚原有河道，扩大河槽断面，水利纠纷有所缓和。为进一步消除纠纷，1972 年由驻马店地区水利局主持，两县负责人到现场做出规划，同年冬至 1973 年春，疏浚叶大沟和下游的杨岗河，从此矛盾基本解决。西平与上蔡之间的孙沟，历史上就多有排水纠纷。1949 年以后，双方多次协商，均未彻底解决矛盾。1978 年 12 月，两县组织焦庄、重渠、无量寺三乡民工 7000 人，按照设计标准施工，除疏浚干沟外，还开挖支沟，田间涝水排泄畅通。[①]

在上蔡与遂平、汝南、平舆之间，围绕河沟排水问题，纠纷较多。在上蔡与遂平之间，有谢胡沟水利纠纷。谢胡沟系南柳堰河一支流，全在遂平境，1975 年洪水袭击后，遂平县已将左堤修复牢固，而接近上蔡境的右堤未修，每遇汛期大水，南柳堰河（遂平县叫奎旺河）洪水即经此倒灌外溢，沿堤脚平地而下，先淹上蔡黄埠乡，后淹汝南张楼乡，一片汪洋，受淹耕地约 5 万亩，引起纠纷。[②]在上蔡与汝南之间，有小草河、南杜二沟水利纠纷。小草河位于上蔡县东南部洙湖乡与杨屯乡交界处，经汝南县大卜张村南入北马肠河，属洪河河系。上蔡境内已按地区水利局批复标准疏浚治理，仅留上蔡县界以下至入北马肠河一段，汝南未按地区批复治理，上游上蔡县境受灾，形成排涝纠纷。南杜二沟属洪河水系，位于上蔡城东，起源于齐海乡孙庄北，南流至杨屯乡关亭南出境，入汝南县泄入南马肠河。1958 年，因汝南县留盆乡在该沟身筑坝蓄水抗旱，引起排水纠纷。1959 年和 1964 年，两县曾先后两次协商局部疏浚，但未能根本消除涝灾。1978 年冬至 1979 年春，驻马店地区主持两县共同治理，但汝南县境下游开挖断面偏小，又在冀店建一座以桥带闸工程，阻水仍严重，每遇大雨，上蔡受灾面积 13 400 多亩。[③]

在上蔡与平舆之间有茅河、南桃花沟、上蔡沟、团结沟等沟洫的排水

---

① 西平县史志编纂委员会编：《西平县志》，第 163—164 页。
② 上蔡县地方史志编纂委员会编：《上蔡县志》，第 331 页。
③ 上蔡县水利渔业局水利志编纂办公室编：《上蔡县水利志》，第 280—281 页。

纠纷。一是茅河水利纠纷。茅河系小洪河一大支流，历年来由于河床狭窄、芦苇丛生、路坝重重，排水能力低下，沿岸屡遭涝灾，经常发生排水纠纷。1959年，平舆县射桥公社为蓄水发电，在茅河内修了一条拦河坝。次年秋，上蔡县党店、和店、蔡沟三个公社淹地1.76万亩，经信阳专区解决，予以拆除。1962年，射桥公社复筑坝堵水，再次引发纠纷。1969年11月，上蔡县按照驻马店地区（1965年设立驻马店专区，上蔡与平舆等原属信阳专区8县划入）水利局统一设计标准，清淤疏浚了茅河，治理范围从阎刘至韩庄两县交界处，但平舆境内未予施工，造成茅河河床上游宽深、下游窄浅的反常状况，加之射桥一带芦苇丛生，路坝阻水严重，上游灾害毫无减轻，排水纠纷依然存在。1981年1月，茅河被列入省批地管项目，按五年一遇除涝、二十年一遇防洪标准，分三期治理，至1983年4月全线治理完工，并相继进行了建桥和支沟治理配套，减轻了涝灾，使上蔡、平舆两县多年来的茅河边界水利纠纷得到了解决。二是南桃花沟水利纠纷。南桃花沟位于上蔡县和店乡东南部，属洪河水系。1958年平舆县王官庙一带群众筑边界围堤以堵截上游坡水，引起纠纷。1960年平舆县又将该沟最下游桥堵死，截断沟水。1963年经信阳专区组织两县协商，指令通桥平围，纠纷始息。三是上蔡沟、团结沟水利纠纷。上蔡沟、团结沟属小洪河及茅河支流，位于小洪河左岸、党店乡南部，与平舆县后刘乡交界。因流域内地势低洼，历年汛期积水成灾，近百年来，两县群众为排除涝水，你扒我堵，纠纷迭起。1950年3月2日，汝南县胡岭村群众在上蔡沟南岸修筑了一道堵水堤，造成新的纠纷。7月，连降大雨，新田等村淹地5000余亩。1951年经省、地区政府与两县协商，达成协议，信阳专区组织测量队赴上蔡沟勘测，做出了治理规划。1953年，在上蔡沟南岸距上蔡沟入洪河闸处向东1300米处修筑了一段浆砌青砖护岸，目的是固定堤高，水大自漫，以杜争端。1962年7月27日，信阳专区水利局与上蔡、平舆两县（因胡岭等村已划归平舆县）共同组成施工领导小组，对上蔡沟南堤按老堤标准修补，并明确规定今后上蔡县不准扒南堤，平舆县不准堵砖护岸。1962年12月6日至次年5月1日，为了缩小上蔡沟的来水面积，减轻对上蔡沟的压力，先后在上游开挖与疏浚解庄沟、茨杨沟、李屯沟等河沟，作为洪河支沟，并增建解庄、茨杨闸二座，以截其流。1965年汛期遇大水，党店公社群众扒开上蔡沟南堤两处，又加洪河在李屯闸处决口。平舆县后刘、射桥两社组织5000余人在上蔡沟南150米处平地筑起一道堵水堤，西起洪河，东至茅河，长17千米，底宽3—8.6米，高与顶宽均为1—2米。同时，后刘公社还将上蔡沟南堤普遍加高加厚，这加剧了两县边界水利纠纷。1966 年 8 月，驻马店专区水利局会同上蔡、平舆两县水利局共同规划设计，在上蔡沟北部东西向新开挖一条排水沟，名曰"团结沟"。由于上蔡沟、团结沟的开挖标准不够，桥梁工程不配套，加上年久淤积失修，两沟的排涝能力显然不足。1982 年汛期，上蔡沟流域又遭涝灾。[①]

3. 许昌

许昌地区县与县的水利纠纷主要发生在郏县与襄城县之间。郏县与襄城县之间水利纠纷主要有六处：一是郏县潘朱公社与襄城县大李楼公社的排水纠纷。1963 年 8 月 2 日夜间猛降大雨，流量过大，吕梁江在潘朱公社所属之岗曹村西头西岸河堤决口四处，致使大李楼公社的大面积秋苗受到淹没，后洼村房屋也受到危害。大李楼公社要堵死决口，而岗曹村怕河流回水淹没房屋，不同意堵口，因而双方发生争执。二是郏县小李庄公社王庄与襄城县韩村寨外公社高庄排水纠纷。郏县小李庄公社所属王庄与襄城县韩村寨外公社所属高庄，原有一条南北机灌站的渠道（系襄城县兴建），1963 年双方曾达成协议，将该渠平掉，但还有部分残渠未予以扒平，并已种上小麦。这条小渠形成阻水，使水不能顺利下泄，再加上襄城县高庄于 1964 年春节前在原有机灌站渠道边又开挖了一条南北排水渠，长约 800 米，底宽约 1.5 米，堤上堆土高 1.3—1.5 米。在南北排水渠接口处，接着开挖了一条东西排水渠，断面与南北排水渠相似，长约 4000 米，下游接到苇子河。由于南北排水渠的开挖打乱了原有排水系统，形成新的阻水工程，引发了两县之间的水利纠纷。三是郏县坡河公社与襄城县韩村寨内公社之间的水利纠纷。郏县坡河公社所属坡河、赵庄与襄城县韩村寨内公社所属坡张之间，于 1963 年经专署粮食局孙局长主持，双方曾达成协议，在原排水沟的基础上加宽加深，以利排水。但襄城县坡张于 1963 年在原渠堤边将南北路基加高约 1.2 米，长约 180 米，形成阻水，两县为此产生纠纷。四是郏县长桥区王庄、王武与襄城县十里铺高庄、坡张之间的排水渠纠纷。王庄、王武与高庄、坡张之间，由郏县在原有小自然流水沟开挖和加深加宽排水渠 4 条，除其中 1 条水渠有出路外，其余 3 条水渠均无出路，直接威胁襄城县。再加上郏县在开挖排水渠之前未与襄城县协商，造成了两县之间的排水纠纷。五是襄城县王洛区房村公社与郏县长桥区大李楼公社之间

① 上蔡县水利渔业局水利志编纂办公室编：《上蔡县水利志》，第 272—273、280、264—267 页。

的水利纠纷。襄城县房村公社所属簸箕郑村与郏县大李楼公社所属后洼、大李楼之间有一吕梁江贯穿，由于 1964 年春汛水大，将原路口冲开，顶冲簸箕郑村，直接威胁该村安全。加之原流向大李楼之沟堵住，水不能下泄一部分，加大了吕梁江流量，两县之间出现了排水纠纷。六是襄城县房村公社与郏县坡河公社之间的水利纠纷。襄城县房村公社所属房村与郏县坡河公社所属高庄之间，于 1956—1957 年开挖排水渠两条：郏县渠自南向北排入茡子河，襄城县渠自东向西排入郏县渠再排入茡子河。在襄城县渠排入郏县渠处有一段长 25 米的地块是郏县大李楼公社的耕地。1964 年 4 月 20 日，由于襄城县未曾与郏县协商便将此段耕地挖开，使襄城县境内来水排入郏县渠内，加大了郏县渠排水流量，两县排水纠纷因此而起。①

4. 开封

开封地区主要有尉氏、中牟、新郑、开封、通许、杞县之间的水利纠纷。在尉氏与中牟之间，尉氏县利用后曹拦河闸灌溉，中牟县提出影响上游防汛，双方产生分歧。尉氏小卞与中牟大卞存在排水和架设输电线路的矛盾。1975 年经双方协商，尉氏允许中牟按自然流势排泄大卞坡水，中牟允许尉氏经中牟架设高压线路至尉氏化肥厂。②在尉氏与新郑之间，梅河上独楼马需修建桥带闸，新郑持不同意见。1981 年，双方达成闸底板不准抬高、按开封地区水利局设计标准修建的协议。在尉氏与开封之间，西三干渠首闸至贾鲁河主流段占地，双方有矛盾，已通过换地方式解决；贾鲁河于家滩地问题，已由尉氏县民政局与对方协商解决；东三干西扬闸西，开封县西姜寨乡段木周村要求修建便桥一座，已于 1984 年由尉氏县水利局负责修建；开封县大李庄南排水，淹尉氏县水坡乡北贾寨东耕地，双方统一规划治理，已基本解决。③在尉氏与通许之间，水事纠纷主要有两处：一是百邸沟干流与王村沟排水问题；二是武家百邸沟东岸与通许境内大河口村排水建桥位置有争议，各方都要求建在自己的路口上。④百邸沟干流与王村沟排水矛盾，因干流已按五年一遇除涝标准治理，王村沟也随同干流治理经初步治理，故水利纠纷已趋缓和。⑤

---

① 河南省郏县水利局编：《郏县水利志（1949—1985）》，第 176、178—180、182—184 页。
② 尉氏县志编纂委员会编：《尉氏县志》，第 196 页。
③ 河南省尉氏县水利局编：《尉氏县水利志》，第 188—189 页。
④ 尉氏县志编纂委员会编：《尉氏县志》，第 195 页。
⑤ 河南省尉氏县水利局编：《尉氏县水利志》，第 187 页。

在通许与杞县之间，杞县官庄公社宗寨大队与通许玉皇庙公社娄寨大队的交界处有三条自然流向的河流，即标台沟、涡河和小清河。1958 年因杞县修边界围堤，切断了流经官庄公社宗寨大队东寨村西头原小涡河支流的历史流向。1962 年由省、专区水利部门主持，经通许、杞县、太康三县协商，达成了彻底恢复小涡河支流自然流向的协议。①

5. 商丘

商丘地区的县际水利纠纷主要发生在柘城、宁陵、民权、睢县、永城、夏邑之间。在柘城与宁陵之间，1985 年 10 月 9—19 日，柘城县域内连续降雨，县境形成 9.3 万亩洼地积水，延误了部分乡镇小麦的播种。柘、宁边界尚寨乡的胡庄村与宁陵县楚庄乡的楚堂村发生排水纠纷，周圣沟以北、楚堂以西、郭双堂村以南大面积积水无法排出，玉米秸秆仍在地里，小麦无法播种。这引起了地区领导的高度重视，地区领导曾三次召集两县领导和地区水利局的负责人协商，双方同意郭双堂村及以东的水向北排入太平沟；楚堂村以东的水往东排入公路沟后顺其自然或通过楚堂村东涵洞排入太平沟；郭双堂村以南、楚堂村以西、周圣沟以北的水排入周圣沟；1985 年冬至 1986 年春，共同治理周圣沟。②

在民权与商丘、睢县、宁陵之间，1953 年商丘县耿胡庄一带挖沟排水，民权县张贡庄受灾，发生矛盾，后两县协商达成了协议。③1958 年，睢县在民权、睢县边界筑廖黄围堤，东西长 20 千米，堵死坡洼和沟河洪涝下排水路。1963 年大雨成灾，12 月 25 日商丘地委通知，睢县廖黄阻水工程由民权平复，民权县政府动员尹店、龙塘劳力 6000 人，大干 10 天平除。④

在永城与夏邑之间，沱河及其支流韩沟、宋沟、虬龙沟、歧河、君沟，以及浍河及其支流大涧沟、东沙河等均由夏入永。1957 年前，永、夏边界排水纠纷限于局部，如交通沟的纠纷、韩沟上游沿岸的排水纠纷、宋沟上游沿岸的排水纠纷、毛沟的排水纠纷、沱河与虬龙沟之间夹河地带的排水纠纷、无名沟纠纷、君沟排水纠纷等。为解决上述纠纷，在商丘行署、地委派员主持下，永、夏两县曾先后于 1953 年 8 月 15 日，1955 年 7 月 15 日，1956 年 5 月 29 日、7 月 4 日、7 月 25 日、9 月 10 日，以及 1957

① 通许县地方志编纂委员会编：《通许县志》，郑州：中州古籍出版社，1995 年，第 369 页。
② 柘城县地方志编纂委员会编：《柘城县志（1986—2000）》，第 231 页。
③ 民权县水利志领导编辑小组编纂：《民权县水利志》，第 131 页。
④ 陶景云主编：《民权县志》，第 318 页。

年 6 月 22 日进行协商，并达成协议，使矛盾逐渐得到解决。1957—1966 年，在"以蓄为主"方针指导下，永、夏边界排水纠纷增多。夏邑方面单独开挖或疏浚边界沟河如韩沟、宋沟、无名沟等，给下游加重了排水负担，并在虬、沱、尹诸河之间的边界大搞河网化工程，把上述沟河串通起来，打乱了原有的排水系统。永城方面则沿边界筑起县圩，以遏制上游来水。永城、夏邑两县曾先后于 1959 年 4 月 24 日、6 月 9 日，以及 1962 年 4 月 3 日、8 月 20 日进行协商，共图解决办法，但未能奏效。[①]

（二）安徽淮河段地区（市）内县（市）际水利纠纷

1. 阜阳

阜阳地区县与县的水利纠纷主要发生在蒙城、凤台、颍上之间。在蒙城与凤台之间，1950 年汛期，蒙城县三义区姜刘乡赵庄村与凤台县清泉区谷堆李庄因排水问题发生纠纷。阜阳行署委派蒙城县县长吕新扬同志代表行署前往调查，后经过磋商，双方达成了挖通中小沟、东小沟、西小沟及拆除堵水拦水的坝埂并在交通要道建桥的协议。此外，三义区的刘庙乡大胡庄群众与凤台县尚塘区红疃寺附近群众因界沟排水问题也发生过纠纷。[②]在颍上与凤台县之间，主要是颍上焦岗湖农场与凤台焦岗湖渔场之间的水资源开发纠纷。焦岗湖位于颍上县东南部、颍河左岸和淮北大堤之间，北临济河和西淝河，东居颍、凤两县交界处，流域面积 480 平方千米，其中属颍上境 325 平方千米，凤台县境（包括焦岗湖农场）有 155 平方千米。焦岗湖为颍上、凤台两县所辖，历史传统以中心沟为界。湖的南岸陆家沟以西为颍上焦岗湖农场，湖的北岸为凤台焦岗湖渔场。由于经营界限不清，两方于 1960 年 10 月上旬为收割芦苇发生了纠纷。为彻底解决界定问题，阜阳行署唐副专员主持召集凤台县委农工部副部长韩东起、渔场场长余连清，颍上县委农工部副部长吴知道、农场秘书郭学孟、地委农工部宋金赏和慕宗爱等人参加的会议进行研究，根据地委 1961 年 2 月 20 日总字 0099 号文件《关于解决焦岗湖芦苇界线的批示》和同年 4 月 15 日水利县长会议确定焦岗湖蓄水位为 17.50 米的精神及有利两场经营管理和发展，于 9

---

① 周一慈：《永城县边界的排水纠纷是怎样解决的》，政协河南省永城县委员会文史资料委员会编：《永城文史资料》第 4 辑，第 47 页。

② 陈洪昌：《建国初期蒙城边界的水利纠纷》，中国人民政治协商会议安徽省蒙城县委员会文史资料研究委员会编：《漆园古今·文史资料》第 9 辑，第 105—107 页。

月 9 日达成了一致的协商处理意见：陆家沟以西拟在 17.50 米以上归颖上焦岗湖农场管辖，17.50 米以下归凤台焦岗湖渔场管辖；陆家沟以西 17.50 米以下，如地面露出，颖上焦岗湖农场可以种植庄稼，但有芦苇地区不得种植，所生长和发展的芦苇和水生植物，归凤台焦岗湖渔场收获；陆家沟以西水位达到 17.50 米以上时，凤台焦岗湖渔场可以捕鱼，但不准到芦苇、农作物中去捕，以免损坏芦苇、农作物生长和发展；陆家沟以西 17.50 米以下约有半亩芦苇可给颖上焦岗湖农场收割，凤台焦岗湖渔场不再收获，但需要划清界限，立标为记，以免今后再发生争执；关于陆家沟南北界线秋收后可挖一条小沟，两场出劳力各挖一半作为界线，颖上挖南头，凤台挖北头，该沟以东归凤台焦岗湖渔场，以西 17.50 米以上归颖上焦岗湖农场。[①]

2. 宿州

宿县地区县际水利纠纷主要发生在泗县、灵璧、濉溪、萧县、砀山之间。泗县与灵璧之间的排水纠纷有两处：一是老濉河流域。1966 年老濉河调尾工程规划中，流域面积定为 643 平方千米，其中泗县 599 平方千米、灵璧县 38.7 平方千米、泗洪县 5.3 平方千米。1967 年工程完成后，因洪致涝，纠纷仍有发生。1974 年冬制定奎、濉河规划时，在泗、灵交界处大王庙打坝将老濉河堵死，灵璧县境内划 30 平方千米流域来水由虹灵沟排入新濉河，高水高排，内外分流，完全符合上下游互利原则。新汴河开挖之后，排水条件大为改善，纠纷告息。二是唐、沱河流域。此二河均系过境河流，受益的主要是宿县、灵璧二县。1956 年宿、灵二县治唐河时，舍虞姬墓故道，从小桂庄截弯取直至小余庄。后几次开挖，只挖至小余庄。北沱河几次开挖，也只挖至泗县边境大赵家。因而唐、沱二河上游大、下游小，上游来水势猛，下游河浅难泄，汛期常漫堤泛滥，草沟地区年年受淹，平水年份受灾面积也达 10 万余亩。[②]因此，至 20 世纪 80 年代末，泗县西南部地区因洪致涝与上游灵璧、宿县之间的排水纠纷仍未得到很好的解决。

在萧县与濉溪、砀山之间，萧、濉边界水利纠纷有萧县青龙集乡向濉溪县张集乡放水纠纷、朔里区刘盛庄向濉溪县放水纠纷等。萧县与濉溪之间自清代乾隆、嘉庆以来水利纠纷迭起，虽屡经苏、皖两省调处，但水患

① 颖上县地方志编纂委员会编：《颖上县志》，合肥：黄山书社，1995 年，第 59—60 页。
② 泗县地方志编纂委员会编：《泗县志》，第 126—128 页。

不除，矛盾也不能解决。中华人民共和国成立后，采取上下游兼顾、统筹安排的治水方针，最终解决了历史上长期未得解决的纠纷问题。萧县与砀山之间的水利纠纷主要有四处：唐夹堤子与萧县欧套放水之争、薛楼侯口与孟楼放水之争、玉明集向小沙河放水之争、张暗楼向港河放水纠纷。萧、砀边界自 1953—1955 年每年皆因排洪纠纷定有协议，但到汛期则因利害矛盾而毁约。1958 年春，萧县官庄、孟楼、杜桥因往年砀山来水使土地常受灾害，于当年春筑了一道南北拦水坝，长约 15 千米，使砀山客水不能流入萧地，而砀山的水如果不能从萧地排出，也要成灾。6 月底 7 月初，连降雨 400 毫米，砀山县境洼地积水达 1700 余亩，薛楼、侯口也受到威胁。于是，两县出现水利纠纷。后萧、砀两县各派负责人于 7 月 5—11 日在蚌埠地区签订协议。1964 年 4 月 3 日，双方又进行商定，纠纷始告平息。[①]

（三）江苏淮河段地区（市）内县（市）际水利纠纷

1. 徐州

睢宁北部与邳县接壤，两县同属徐州地区，存在县际水利纠纷。纠纷点集中在睢宁古邳与邳县土山的花河。在 1958 年冬到 1959 年春的河网化运动中，因邳县境内房亭河以南新开了一条南北方向的徐洪运河，按专区规划，睢宁亦应同时开工，但由于民力限制，睢宁县境内尚未开挖，使徐洪运河不能发挥作用，反而将原有排水系统打乱，因而产生了新的水利纠纷。后经两县及有关乡各派代表现场实地查看，于 1959 年 7 月 3 日达成了一致协议：一是新河未有挖成，仍保持原有排水系统，睢宁可以在邳县已挖成的新河南头打坝（坝的标准不得大于原有两县交界圩埝），阻止北水由新河出口处南流，但睢宁必须同时负担沿徐洪河西岸筑围埝工程一段（南至两县交界圩，北至花河口），其标准为埝顶宽 1 米，底宽 2 米，高度 1 米；二是花河、干河、混泥沟等重要排水沟，均被徐洪运河割断，应一律恢复，统由邳县负责按原有河道标准疏通；三是睢宁县境内薛井处老花河河床内有路基一道，有碍行水，由睢宁县负责于 7 月 5 日前拆除至原河底高度，以利花河排水畅通；四是以上所安排各项工程，双方均应向群众说明所做工程的意图，避免群众误解。[②]

丰县、沛县、铜山三县统辖于徐州，在 20 世纪 50—60 年代，由于河

---

① 萧县水利志编辑组编：《萧县水利志》，第 104 页。
② 王保乾主编，睢宁县水利局编：《睢宁县水利志》，第 340、353 页。

道标准低且淤塞严重，农田水利沟洫工程未统一进行规划，水系极其混乱，因而与邻县的水利纠纷不断发生。丰县与沛县的水利纠纷主要有三处：一是大沙河洪水外溢引发的水利纠纷。1957 年汛期普降暴雨，丰、沛边界地区洪涝成灾。沛县冯集南大沙河决口，引起两县水利纠纷。8 月 1日，徐州专署水利局和丰、沛两县及史小桥、鹿楼两乡代表在沛县鹿楼乡花庄进行协商，并达成了解决纠纷的协议。1963 年 7 月 18 日，丰、沛、铜三县水利局负责同志进行了实地查勘及充分协商，又达成了由丰县在华山南将丰徐河堵死及沛县将大沙河两岸冯集南缺口堵死的协议。1994 年春，丰县治理大沙河尹双楼至丰沛边界 2.89 千米河段，沛县治理丰沛运河至丰、沛边界 4.5 千米河段，实现了丰沛大沙河的全线贯通，丰、沛边界段的大沙河防洪能力达到百年一遇，大沙河洪水外溢的纠纷得到解决。二是义河中上游及大沙河以东交界地区排水引发的纠纷。义河中上游及大沙河以东的丰、沛交界地区，均属南四湖湖西平原坡地。前者位于大沙河以西地区，地面径流汇入义河后自南向北排入复新河；后者通过边界沟洫工程分别向东排入沛县境内的沿河、鹿口河、郑集北支河。20 世纪 50 年代初期，丰、沛边界地区尚未开挖农田水利沟洫工程，依然处于水系紊乱、坡水漫流的局面，因排水常有纠纷发生。通过两县代表协商，纠纷得到妥善解决。1960 年，沛县挖工庄河在汛期拦河打坝，影响了丰县排水。6 月 30日，徐州专区防汛防旱指挥部做出批示，指出沛县挖工庄河内土坝仍未拆除，希应遵照协议精神立即施工。1961 年 6 月 21 日，徐州专区水利局批复指出，要求冬季施工丰、沛边界水利纠纷工程并指出了华山与栖山、王店、鹿楼公社的排涝问题。三是义河下游边界低洼地区洪涝灾害引发的纠纷。1957 年 12 月 13 日，丰、沛两县代表在丰县县城达成了义河下游丰、沛交界地区洪涝灾害防治的协议。1963 年，丰、沛边界萧埝、邵马庄地区发生排涝矛盾，经双方协商再次达成协议。1964 年，丰、沛两县因兴办沟洫工程而发生新的水利纠纷，较为突出的是丰县欢口公社董集、邓庄两大队与沛县龙固公社邵马庄、张庄两大队的排水问题。在徐州专区水利局主持下，丰、沛两县在丰县欢口公社进行了协商，重申了历次协议。1966年，义河沛县段年久失修，淤积严重。丰县要求组织民工前往清淤，以利安全度汛。沛县不同意施工，造成丰县有关地区排水不畅而产生严重内涝。[1]

---

[1] 丰县水利局编：《丰县水利志》，第 391—394 页。

丰县与铜山接壤地区仅限于范楼与何桥两乡镇，长约 15 千米。1957 年 7 月，经徐州专区防汛防旱指挥部批准，丰县组织民力开挖排入郑集南支河的沟洫工程，遭到铜山县的阻止。7 月 15 日，徐州专署下达了《关于迅速处理丰铜水利纠纷的通知》，要求铜山县人民委员会立即派员会同丰县处理这一问题，并要求专区防汛防旱指挥部派员前去督促进行，使问题得到解决。范楼乡三岔口至翟庄废黄河滩内 13.5 平方千米排水问题，曾于 1957 年汛期达成协议，同意开沟经铜山县袁集引至小楚楼涵洞排入郑集南支河，后因排水沟未开挖，致使 1958 年汛期暴雨后范楼乡水无出路，农田受灾。1959 年 7 月 8 日，专区派代表召集丰、铜两县范楼、黄集两乡代表协商，并达成协议。1963 年 7 月 18 日，丰、铜两县水利局代表就梁寨水库及小楚楼涵洞汛期应发挥滞洪作用问题达成协议。1966 年，铜山县郑集南支河段年久失修，淤积严重，丰县要求组织民工前往清淤，铜山县不同意施工，造成丰县部分地区排水不畅而内涝。1971 年，铜山县编报了郑集南支河疏浚配套工程设计文件，并兴建香铺闸，丰县水电组提出异议，徐州地区水利局仍同意铜山县修建香铺闸的方案。1986 年 2 月，丰县组织 4.5 万名民工拓浚郑集南支河金楼至丰县平楼桥 12 千米河段，废除了香铺闸，郑集抽水站的送水可直抵范楼闸下。1996 年冬，徐州市委、市政府组织丰、沛、铜三县实施郑集河扩大工程，进一步扩大了河槽断面，畅通了排水出路，丰、铜边界地区的水利纠纷终得妥善地解决。[①]

沛县与铜山接壤地区东西长约 33 千米，有水利纠纷的主要是沛县张庄乡与铜山县黄集、马坡两乡，纠纷集中在两处：一是徐沛河以西，即张庄乡赵小楼以南地区，包括单集、刘庄、柳园等村，过去排水走向，均向南经柳园、张楼、聂楼入郑集北支河，但因该河弯曲，年久失修，排水不畅，汛期常受内涝灾害。在 1964 年和 1976 年两次农田水利规划治理中，双方虽根据地势和规划布局调整了东西大沟和南北中沟，张庄乡还开挖了一条曹庄大沟与铜山县黄集乡新庄引水干沟相接，通入徐沛河，但张庄乡汛期雨涝排水问题始终未能彻底解决，仍不能排出。二是徐沛河以东，即张庄乡曹宅、阚庄、黄寺等村与铜山县马坡乡接壤地区，过去排水均经马坡北边界的排水沟东流入苏北堤河。但因边界沟弯曲失修，又处两县兰乡边界，施工和配套难度较大。[②]为解决上述问题，有关单位负责人曾多次磋

① 丰县水利局编：《丰县水利志》，第 394—395 页。
② 姚念礼主编：《沛县水利志》，第 194—195 页。

商，决定实行排灌结合，开挖和治理了魏庙大沟、苏北堤河南段、八段河，将涝水引向北流，经鹿口河、五段河，分别入湖。

2. 淮阴

涟水与淮阴边界水利纠纷，主要有三处：一是盐河至鲍营河之间的排灌矛盾。1955 年 7 月 6 日，淮阴、涟水两县就洋沟排水矛盾问题，达成《淮阴县新渡区长兴乡、涟水县涟城区王渡乡水利纠纷问题协议书（洋沟）》。1965 年春，淮阴县王兴公社从小张集向北开挖南北排水沟一条，穿过淮涟沟向涟水边界延伸，改变了原有排水出路。涟水县双河公社虑及汛期可能受灾，便报告淮阴专署水利局，请求立即派人前来解决。6 月 1 日，专署派员会同双方县、社代表协商，达成《淮阴县王兴公社与涟水县双河公社边界排水问题的协议》，双方商定仍维持原洋沟排水系统，在肖老庄北、东西沟北岸打坝一道，防止水向北流，并向东疏浚淮涟沟，以解决排水出路。1972 年 3 月 9 日，淮阴地区水电处与淮阴、涟水两县水电科负责人就淮阴县王兴公社与涟水县涟淮公社排灌问题达成了协议，纠纷基本得到解决。二是西张河至淮涟四干渠之间的排灌矛盾。1962 年 11 月 24 日，淮阴市（县级）同袍公社（今张集乡）与涟水县陈师公社水利问题，在淮阴专署农水处通过两县（市）水利局局长及陈师公社负责人协商达成协议：梁庄南中沟仍用老沟排入张河，如有坝埂、浅段，在淮阴境由同袍公社疏浚清除，涟水境由陈师公社疏浚清除，保证排水畅通。1973 年 7 月 2 日，淮、涟两县签订了《关于淮涟边界水利工程协议书》，规定新开南北中沟一条，起红卫生产队地头，止刘前十字沟。1975 年 1 月 1 日，淮阴县张集公社、涟水县成集公社签订《关于边界排灌协作工程协议书》。1988 年 5 月，淮、涟两县边界排灌工程再次协议，淮阴同意四干渠向涟水一支、二支供水，但在淮涟总干渠未浚前暂堵塞一支地涵，不向西张河东送水。三是杰勋河以西淮、涟边界排水矛盾。中华人民共和国成立之初，成集西南部淮阴古寨附近没有向北排水河道，每逢暴雨，田间积水漫流，成集至古寨的公路常被淹没。由于南六塘河汛期高水位往往超过沿岸农田，公路南不能开口向南六塘河排水。1955 年某夜，淮阴县古寨乡组织劳力在南六塘河堆脚外将古成公路挖开，当地乡政府立即向区、县、专区汇报。淮阴专区会同两县有关区、乡实地查勘协商，在公路北涟水境南六塘河东堆脚新开一条小河，取名为友谊河，至刘河滩破堆入南六塘河，向东出土封闭东岸，专供淮阴县古寨乡排水。是年夏季，古寨乡又将古成公路毁坏。淮阴专区防汛防旱指挥部发出《关于解决友谊河排水矛盾的通知》，派员调查处理，除责成该乡立即将已挖毁处修好外，还要求今后不得擅自挖毁古成公路，以免发生意外。[①]20 世纪 60 年代以来，由于排灌布局调整，杰勋河以西淮、涟边界排水问题得到了根本解决。

涟水与灌云、灌南边界水利纠纷也有三处，分别是县界河排水矛盾、公兴河至盐河之间边界排灌矛盾、盐河至唐响河排水矛盾。一是县界河排水矛盾。民国时期，涟水和灌云交界称县界圩，因沿边界开河排水，故称县界河。杨口北部、伏河左岸洼地都依靠县界河排涝。1958 年灌南建县后，县界河及伏河下游八尺沟以东划归灌南县，从此八尺沟有县际上下游的利害关系。20 世纪 50 年代末，县界河与伏河两河下尾左岸各开挖一条新尾，上接涟水境河段，原建藕池口闸及县界圩涵洞，作为两河尾圩区的圩口闸。1964 年 1 月 30 日，在专区水利局主持下，涟水、灌南两县水利局就县界河地区排涝问题达成《关于县界河地区排水问题的协议》。20 世纪 80 年代，涟水杨口乡建九里圩及电力泵站，原经县界河排水改抽排入伏河。二是公兴河至盐河之间边界排灌矛盾。公兴河至盐河两县边界之安（东）海（州）圩是清朝安东与海州、民国时涟水与灌云排水矛盾的焦点。灌南建县后，硕湖、六塘等乡划归灌南，边界水事问题南移至灰墩乡与硕湖、六塘等乡交界附近。1958 年冬，建涟西一干渠发展灌溉，灌排布局发生变化。1959 年 4 月 19 日，涟水县灰墩乡与灌南县六塘、硕湖乡达成《关于涟西一干十一支二斗、四斗地区灌溉排水协议》，一致同意硕项河仍保留，作为涟水县灰墩以北地区排水河道；灌南县六塘、硕湖两乡应在硕项河东西两岸建灌溉渠道。同年 5 月初，涟、灌两县协商，在边界共同开挖排水沟一条。1976 年，涟水县红灯公社未经协商，于四斗渠东侧延伸开挖四斗排水中沟，向北转东入硕项河，断八一支渠和道路及硕项河西岸斗渠，影响灌南县硕湖公社的硕项河以西灌溉用水及道路交通。为此，地区水利局邀请涟、灌两县（局）及红灯、硕湖两公社负责人实地查勘，经商议取得了一致意见。三是盐河至唐响河的排水矛盾。在 1972—1973 年唐响河续建工程施工期间，涟水发现灌南、响水境有三道排水口，将佃响河等高地农田积水排入唐响河。涟水当即向地区和省水利主管部门报请解决。1973 年 8 月 9 日，江苏省革委会水电局向淮阴地区水电处发出《关于堵复唐响河排水口子的意见的通知》，认为唐响河东西堤扒开了三道排水口，把不应排入

---

① 《涟水县水利志》编委会编：《涟水县水利志》，第 362—365 页。

的高水引向唐响河，这种做法是不对的，最后要求淮阴地区说服灌南迅速堵上三个口子，涵洞要拆除，河口堤口均要恢复原有标准，以保证高低水分流。①

宿迁、泗阳、沭阳三县之间的边界水利纠纷。1960 年 4 月 26 日，淮阴地委召开宿迁、泗阳、沭阳三县协作会议，具体研究来龙灌区宿、泗、沭三县灌溉用水和排涝问题。5 月 9 日，淮阴地委做出《关于对宿迁等三县灌排工程等问题的决定》，要求来龙灌区各灌溉干支渠和排水渠道，均应遵照专区水利局原设计标准做足；宿迁柴沂河张大庄地下涵洞工程应积极设法抢做，以免影响下游用水；同意宿迁、沭阳两县开挖路北河尾端进入新沂河南偏泓后约 2 千米浅段的请求。1968 年 10 月 26 日，应沭阳县悦来公社革委会和该社上岭、双蔡等大队革委会一再来函请求，淮阴专区革委会生产指挥组派员会同宿迁县、沭阳县有关人员在宿迁县侍岭公社协商骆马湖灌区一干渠渠道扒通，以解决沭阳县悦来公社抗旱灌溉用水问题。同年 12 月 20 日，淮阴专区革委会生产指挥组下发了《关于骆马湖灌区一干渠送水问题的处理意见》。1972 年 1 月 18 日，淮阴地区革委会水电处及宿迁、泗阳两县革委会生产指挥部、宿迁县红旗公社、泗阳县穿城公社等单位负责人在南潖河南岸獾墩荡现场本着团结治水的精神，就宿迁边界圩堤工程进行协商，达成协议。同年 3 月 18 日，淮阴地区革委会生产指挥组印发《关于签发宿泗边界圩堤工程协议书遵照执行的通知》。1976 年 3 月 4 日，淮阴地区水利局向泗阳、沭阳县水利（电）局发出《关于执行泗沭边界协作工程协议的通知》，要求上游要保证下游的灌溉，下游要承受上游的排涝。1976 年 11 月，宿迁县红旗公社与沭阳县刘集公社协商达成老北漎河改线的协议，调整了插花地。但由于老北漎河涉及两县边界水利，而两社对淮西地区治理方案不够明确，不仅旧矛盾未解决，还添了新的边界水利纠纷，未能从根本上解决水患问题。为处理好该地区的水利矛盾，淮阴地区革委会派地区水利局局长张用凡到实地查勘后，于 1977 年 4 月 5 日召集宿迁、沭阳两县县委和红旗、刘集两公社党委负责人到地区共同研究协商，并经地委负责人同意，对红旗、刘集两社边界水利矛盾的处理做出新开改线的北漎河填平、老北漎河不废、负担双方排水的决定。4 月 12 日，淮阴地区革委会下发了《关于宿迁县红旗公社与沭阳县刘集公社边界水利矛盾的处理决定》。6 月 29 日，淮阴地区革委会农办召集泗阳、沭阳两县县委和两县

———————

① 《涟水县水利志》编委会编：《涟水县水利志》，第 366、368—369 页。

农办、地区水利局负责人共同商议泗阳县庄圩公社的排涝和沭阳县钱集、张圩两公社的灌溉问题，达成《关于泗沭边界（庄圩、钱集）水利问题的协议》。12月25日，泗阳县庄圩公社与沭阳县红旗公社达成《关于沭泗边界排水问题的补充协议》，双方就边界排水方案、具体线路、设计施工等问题取得了一致意见。1981年3月2日，淮阴地区行政公署向宿迁县、沭阳县发出《关于沭宿边界排灌矛盾的处理意见》，要求二干渠仍按以往宿、沭两县商定办法，由宿迁县向沭阳县悦来公社送灌溉水；二干渠上木墩桥到张圩闸段，渠道淤浅，由沭阳县按照木墩桥上现有渠道标准清淤疏浚，木墩桥下施工坝子由沭阳县拆除。①

沭阳与灌南边界水利纠纷，主要是柴沂、柴塘两灌区用水及北六塘河以北地区的排水问题。柴沂、柴塘两灌区尾部都在灌南县境，由于灌区大且送水路线长，在用水季节灌区下游水位很低，最严重时灌区尾部基本送不上水，造成上下游用水矛盾。另外，在北六塘河以北地区，沭阳涝水要经过灌南县境东排。②由于排水和灌水的矛盾，地区水利局将柴沂和柴塘两灌区收归地区管理，水利矛盾得到缓解。后来对自流灌区实施斩头去尾改造，灌区下尾采取提回归水灌溉，这些矛盾才得到彻底解决。

洪泽与金湖两县在入江水道以北草泽河以南地区，洪泽涝水要经过金湖县境排出，金湖县灌溉用水要经过洪泽县境送去，故常因下游地区用不上水，汛期必然出现两县交界处排水纠纷。为此，地区水利局将洪金灌区收由地区管理，每当用水高峰时，金湖及洪泽两县水利局各派一人驻洪金灌区管理所，协商水量及水位调控。在排水方面，地区安排开挖洪金排涝河及陈桥地涵等排水工程，并对灌区进行两期技术改造，更新建筑物，扩大渠道，减少干渠上直斗渠，取消直农渠。③经过5年时间的协调工程，这一地区的灌排矛盾得以解决。

3. 盐城

盐城地区的阜宁与射阳两县边界历史上就存在水利纠纷。中华人民共和国成立后，阜宁与射阳之间的水利纠纷依然存在，主要是在射阳县阜余、阜宁县吴滩两公社之间。1962年冬兴办阜阳河，因双方意见不一，未能开通，仅开上游一段；下游尾部利用增产河、姜家大港分别绕道排水入

① 淮阴市水利志编纂委员会编：《淮阴市水利志》，第380—381页。
② 淮阴市水利志编纂委员会编：《淮阴市水利志》，第381页。
③ 淮阴市水利志编纂委员会编：《淮阴市水利志》，第383页。

射阳河。1963 年冬，盐城专署水利局在农水经费中安排吴滩姜家大港工程，事后吴滩公社仍要求开通阜阳河。经盐城专署水利局及射阳、阜宁两县水利局协商，将姜家大港工程调为阜阳河工程。1967 年，阜宁县吴滩公社同射阳县阜余公社为开挖生产河问题发生矛盾，经盐城专署水利局及射阳、阜宁两县水利局协商调处，于 10 月 18 日达成协议。①

滨海县与射阳县的水利纠纷主要发生在滨海县五汛公社莫湾大队与射阳县临海公社条洋大队之间。1973 年，双方因农田排灌问题发生纠纷。同年 11 月 10 日，经盐城地区水利局水利科科长汪玉钊会同滨海县水电局局长孙凤鸣、五汛公社副主任刘古标、射阳县水电局局长邓培成、临海公社副主任路云研究协商，达成协议：射阳同意莫湾大队经夸套北支排水，夸套北支向西延长 500—700 米；河道 1.5 万立方米土方由莫湾大队负责施工，河道所需桥梁由临海公社负责建造；滨海县同意在莫湾大队增建涵洞 1 座，保证临海公社条洋大队在汛鲍河西土地有水灌溉。②

4. 扬州

扬州地区的兴化、高邮、宝应之间也存在水利纠纷。高邮、宝应处于兴化上游，地势较高，而兴化地势低洼。高地客水投塘，加之高宝自流灌区回归水的下注，增加了兴化西部防洪排涝的压力。汛期上游要排水，下游打坝堵截；遇旱则上游堵截来水，易生纠纷。1965 年 7 月 5 日，在排涝紧张阶段，宝应县夏集公社东风大队少数社员至兴、高、宝三县交界的索墩圩，开挖通往兴化郭正湖的坝头，与兴化县周奋公社孙留大队社员发生纠纷。后经中沙区委和周奋公社党委及时调处，纠纷基本平息。1980 年，兴化县东潭乡安基村与高邮县平胜乡耿家村为调换荒田，在小圩子北河两端筑坝围圩，切断了原有水系，影响了交通和排水，产生边界水利矛盾。1984 年 2 月 16 日，高邮、兴化两县水利局派出代表会同这两个村的干部协商达成协议：将安基村东 1 千米长的河道拓宽浚深，将新河两端挖成弯道和老河连接等，解决了拖延 4 年之久的边界水利纠纷。③

① 射阳县水利志编纂委员会编：《射阳县水利志》，南京：河海大学出版社，1999 年，第 270—271 页。
② 《附录：关于滨海县五汛公社莫湾大队和射阳县临海公社条洋大队水利矛盾的复函》（盐革水电便（73）字第 31 号），射阳县水利志编纂委员会编：《射阳县水利志》，第 275 页。
③ 《兴化水利志》编纂委员会编：《兴化水利志》，南京：江苏古籍出版社，2001 年，第 217、220—221、225 页。

（四）山东淮河段地区（市）内县（市）际水利纠纷

1. 菏泽

菏泽地区县际水利纠纷主要发生在成武与单县、曹县之间，定陶与菏泽、巨野、成武、曹县之间。成武与单县之间的水利纠纷主要有两处：一是原孙寺公社孔河村东，成单公路穿路涵洞过水断面偏小，孔河一带坡洼排水受阻，形成纠纷点。另外，郭集村、李楼村与单县邻近村庄，每遇大水，上挖下堵，历史上就不断发生水利纠纷。纯集排水沟挖至单县边界，多年来未能疏通，纯集大洼积水成灾，对单县沿界村庄也造成威胁。二是原苟村集公社境内，成武先后挖了黄李庄排水沟和椿树园排水沟，单县则沿界筑坝阻水，形成水利纠纷。1962 年 6 月 29 日，在菏泽地区主持下，经过成武、单县两县多次协商，最终签订了《成武、单县边界水利问题协议》。[①]在菏泽地委等部门的直接领导下，双方贯彻执行了协议，达到了团结治水目的，消除了矛盾。

在成武与曹县之间，成武县天宫庙公社与曹县苏集公社接壤，曹县地处上游。由于地形关系，苏集公社以北 274 平方千米的坡水及河沟均系从西南流向东北天宫庙公社一带，通过宋大楼排水沟入大沙河。由于宋大楼排水沟标准太低，加之上游挖沟排水，下游修堤筑路阻水，每逢汛期上扒下堵，便会引起水利纠纷。特别是 1958 年大搞农田水利建设以后，成武县在天宫庙公社修了智楼水库及四干六支，将上游坡水和冉河、邵土楼排水沟及原有自然流势截断。在新的排水系统还未建立的情况下，加重了这一带的洪涝灾害和土地盐碱化。为此，菏泽地委多次派员调查处理。1962 年 7 月 1—10 日，在程勉副专员的主持下，两县主要负责人及有关干部进行了现场查勘，经过充分协商，于 7 月 11 日达成《曹县、成武关于解决边界水利问题的协议》，双方同意基本恢复原有排水系统，下游新修堤、坝、路等阻水工程和上游开挖扩大的排水工程分别清除平毁。双方边界地段今后未经统一规划和上级批准，上游不得随便挖沟或扩大旧沟排水，下游不得打坝或变相打坝阻水。[②]

在定陶与菏泽、巨野、成武、曹县之间，也存在边界水利纠纷。定陶与菏泽两县在 20 世纪 50 年代中期及 60 年代初期，由于汛期降雨量大且集

---

① 成武县水利局编：《成武县水利志》，第 161 页。
② 成武县水利局编：《成武县水利志》，第 164 页。

中，主要排水河道疏于治理，标准较低，同时水利设施不配套，边界水利纠纷就有 11 处：一是定陶河刘村西北，当地群众将小路加高，形成阻水；二是菏泽安陵集东南，当地群众新挖小沟，排水无出路；三是定陶湾子张南，路基加高阻水；四是菏泽杨帽头西郭家，群众堵闭一支渠上两个口门，扒开八斗口门，改变了王沙岗、一干王水的流势；五是定陶群众在一干王西扒坝平沟，菏泽群众在王沙岗、张庄北扒堤平沟；六是定陶开挖张成寨沟，改变了原张成寨排水沟的自然流势；七是菏泽在宋家村南加固二支沟坝子；八是菏泽在长岗集村东南开挖两条无尾沟，定陶在邓集马王庄西将路基加高；九是菏泽王沙岗向定陶一干王挖沟，一干王打坝堵死；十是菏泽沿菏商公路以东扩大原有河道入店子河；十一是菏泽佃户屯社长带领群众扒开南干渠，定陶开挖二土塘堵李庄西南干渠，北堤扒口加固坝子，双方筑边坝 2.5 千米。在菏泽专区协调下，经过定陶、菏泽两县领导协商，于 1963 年 3 月 27 日达成了边界工程店子河、赵王河协作治理的协议。6 月 6 日又达成关于两县边界水利纠纷的协议，双方做了大量疏浚、除障水利工程，使定、菏边界水利纠纷得到了解决。

在定陶与巨野之间，边界水利纠纷主要集中在马海沟流域。马海沟疏于治理，排涝标准低，无法排除超标准雨水，每到汛期就会发生上扒下堵的水利纠纷。1962 年 3 月，在菏泽专区水利会议上，由田克明副专员主持两县县长协商，根据中央处理边界水利纠纷的八项原则达成了协议。1963 年 5 月 24 日，由任轮升专员主持解决了两县边界水利问题。此后随着万福河的治理，双方遵照协议精神做了大量的疏水工程，使定、巨两县水利纠纷得到了解决。在定陶与成武之间，因为原新冲小河、古柳河年久失修，缺乏治理，防洪除涝能力较低，一遭遇暴雨，两县都会遭受洪涝灾害，致使两县沿界群众上挖下堵，打乱了原来的自然流势，加重了灾情，边界水利纠纷不断发生。1962 年 2 月 28 日，菏泽专区水建指挥部邢展副指挥曾召集定陶县、成武县领导共同研究协商解决两县水利纠纷，并达成部分协议，使水利纠纷得到了一定程度的缓和。新冲小河、古柳河等骨干排水河道的治理，增强了防洪除涝能力，两县边界水利纠纷停息。在东鱼河开挖之前，定陶与曹县之间的边界水利纠纷主要集中在新冲小河入口和四支沟的解庄至郭马庄未治理段、马河入口和吴庄北。1963 年 3 月 27 日和 4 月 8 日，定陶、曹县两县分别达成北柳河治理和解决边界水利矛盾问题的协议。1964 年 5 月 9 日，双方进一步达成协议，边界水利纠纷得到缓和。①

2. 济宁

济宁地区县际水利纠纷主要发生在曲阜与邹县、兖州之间，以及汶上与济宁之间。在曲阜与邹县、兖州之间，1964 年曲阜县境内发生了仅次于 1957 年的特大洪涝，造成邻县 6 个公社和曲阜县 2 个公社的有关村庄发生纠纷。4 月，曲阜陵城公社与邹县中心公社发生纠纷后，济宁专区水建指挥部派出代表，主持召开了两县和所属公社负责人参加的协商会议，对边界水势做了详细的勘查，通过协商达成了协议。在曲阜与兖州之间，1964 年，曲阜县姚村公社进行竹子园排水沟疏浚时，与兖州县畅厂村发生纠纷，济宁专区水建指挥部及时做了处理。②在汶上与济宁县之间，1961 年 6 月 13 日，汶上、济宁两县因蜀山湖内排水问题发生纠纷，曾达成协议，纠纷有所缓和。1964 年，汶上县康驿公社肖家洼、高庄排水沟，由原路线改在湖堤外，经苏桥、胡庄东排水沟穿过刘庄及谭庄北引入苇塘，涉及济宁县境。再因刘庄南刘本功小坝以东积水，汶上、济宁两县受灾，经常出现纠纷。在济宁专区水建指挥部邵长春主持下，两县代表于 1964 年 6 月 4 日达成汶上、济宁蜀山湖内外排水问题补充协议：排水路线同意汶上县已将高庄洼、肖家洼由原路线改在湖堤外经苏桥向北在胡庄东两洼水沟会合后，经湖堤建涵洞处顺东刘庄及谭庄北开挖排水沟入谭庄西北苇塘；双方协商确定在谭庄南新挖东西沟一条，引水西入小新河，穿坝处由汶上负责建桥一座，以便交通及开挖坝东排水沟，两岸堆土留口放水，各自掌握，坝西利用济宁所筑东西坝，在坝北开沟至小新河，由济宁负责并将小新河疏通，以便排水畅通。③

3. 枣庄

枣庄市县际水利纠纷主要发生在滕县与枣庄市薛城区、山亭区之间，以及枣庄市的峄城区与台儿庄区、韩庄公社之间。在滕县与枣庄市薛城区、山亭区之间，1963 年滕县柴胡店公社在官路口村西开挖排水干沟，与处在下游的薛城区西仓公社发生纠纷。1964 年 4 月 18 日，由济宁专区水建

---

① 《定陶县水利志》编纂委员会编：《定陶县水利志》，济南：山东科学技术出版社，1992 年，第 210—211、213 页。

② 曲阜水利志编写组编：《曲阜水利志》，第 148 页。

③ 汶上县水利志编纂办公室编：《汶上县水利志》，第 261 页。

指挥部和枣庄市水利局出面，双方县、社有关人员在井亭车站达成协议，规定：柴胡店公社新挖排水沟维持现状；柴胡店和西仓公社边界一带坡水，沿铁路沟南下，经张桥村北向西入东泥河后进微山湖；东泥河经微山县入湖，济宁地区做好微山县的工作；今后边界地区做工程，需经双方协商。在滕县与枣庄市山亭区之间，1976年滕县东郭公社东坞沟村治理城河右岸支流幸福河时，滕县城头公社后大宫村（今属山亭区）先后在城河左岸建挑流坝3个，平均长100米、宽4米、高2.8米，自然流向右移。1992年4月20日，滕州市水利局向枣庄市水利局提交报告，要求后大宫村拆除挑流坝，调解无结果。后两村争相围河造地200多亩，760多米的河段形成主河床底宽60米、上宽90米的行洪断面，仅能通过600立方米每秒的流量。1996年汛前，枣庄和滕州两级政府防汛抗旱指挥部先后下达防汛责任状，要求拆除东坞沟村围河堤坝。东坞沟村提出两村必须在上级主管部门监督下同时拆除，但至20世纪90年代末还未落实。[①]

　　枣庄市的峄城区与台儿庄区、韩庄公社之间，1962年建峄城区以后，峄城区吴林公社和台儿庄区兰城公社渐渐发生水利纠纷。因峄城区吴林公社中部地区坡水经潘安、米庄到兰城公社汪庄、红瓦屋屯排入王场新河入燕井河，1964年汪庄群众亦怕受其害，将该水沟全部截死，米庄一带水无出路，致使双方发生纠纷。5月22日，由枣庄市市长李杰和市水利局局长黄冠佑会同两区领导和有关负责人赴现场查看，后到台儿庄区委协商，得以解决。在枣庄市峄城区和韩庄公社之间，1968年韩庄公社部分大队将山洪水道桥打坝堵死，致使陶官南部和周营西南一带15平方千米的雨水流入刘桥干渠，造成干渠淤积。经双方协商，最后决定峄城区另做排水工程，废除山洪水道桥；沿干渠北向东开挖排水沟一条，长3200米，将北水跨渠送入一支沟，同时需要在马古汪村北刘桥干渠修建平交闸一座，作干北排水沟的跨渠工程。1976年，韩庄公社众刘桥站东1000米处的山洪水道桥上，建有六孔节制闸一座，完全控制了刘桥总干渠，同时在站门东向南开挖支渠一条，还将官庄引渠扩大，这些工程因对刘桥灌区不利，枣庄市委主动邀请济宁专区派人来枣庄解决，最后双方达成协议：六孔闸会后拆除；把向南开挖的支渠填平；向北扩建的工程停建。1980年，八里沟大队截韩庄四街排水沟尾水浇地，洪水到来，八里沟大队未将坝子扒开，致使四街土地被淹，韩庄也遭受了一定损失。四街提出几百亩土地被淹，枣庄

① 滕州市水利志编委会编：《滕州市水利志》，北京：中国文史出版社，1999年，第301页。

应赔两年产量。8 月 16—23 日，在峄城招待所由南四湖工程指挥部副指挥杨树林主持召开济宁、枣庄两地市水利局局长及有关县、区、社、队、站负责人会议，最后达成协议，由枣庄市赔四街淹地款 4 万元。①

4. 临沂

临沂地区历史上因排涝问题，邻县之间常有水利纠纷发生。中华人民共和国成立初期，临沂地区内县际水利纠纷主要有六处：一是梁子沟西岸，临沂市刘店子与莒南县石莲子乡几个村之间长期发生上扒下堵的纠纷；二是柳清河两岸、上下游之间的纠纷，发生在临沂市枣沟头乡与费县汪沟乡的部分村庄；三是燕子河上游，临沂市岑石乡与苍山县沂堂乡的部分村庄存在排水纠纷；四是南涑河下游两岸，临沂市傅庄与郯城县褚墩乡的部分村庄，还有陷泥河、五里河下游的县界处发生过上排下堵的纠纷；五是黄白沟、解白沟、彭白沟一带，涉及临沂市梅埠乡与郯城县李庄镇、临沭县醋庄乡部分村庄的排水纠纷；六是降水沟流域，涉及临沂市册山乡与郯城县黄山乡的部分村庄。这些边界排水纠纷，有的做过多次调解协商，也曾经签订过协议，随着排水工程的兴建与河道治理，纠纷逐渐解决。②

在临沂与费县之间的汪沟乡山水口村，1964 年临沂义堂（今属俄庄）公社侯家窝等村在两县交界处挖河筑坝堵水，使洪水上顶，威胁山水口村。1970 年，汪沟公社甘圣村（山水口邻村）未经双方协商，在村南挖新河一条，将汪沟河水并入柳清河，加大了洪水量，危及侯家窝等村的安全。以上工程出现后，每当洪水季节，枋河水顶托，排泄不及，下泄之水就会危及山水口村，造成千亩良田被淹，上下游群众为排水产生纠纷。临沂地区水利局组织临、费两县水利局，三次现场查勘，临沂义堂镇（俄庄）、费县汪沟乡经协商于 1973 年 7 月达成协议，当即铺工划线，各自组织施工，解决了水利纠纷。在费县汪沟区与临沂县茶山区交界处，有一天然界沟，该沟上游 3 千米在费县境内，下游 3 千米在临沂县境内。1963 年春，临沂县茶山区半程公社未与汪沟区协商，擅自将界沟打坝截断，西移改道，并在东岸修筑大堤一道，界沟下游临沂一段改道，仅承担临沂段集水，而将上游集水全部改注费县境内。大汛到来，下游甘圣村千亩土地遭受水害。是年 9 月，半程公社又在界沟上游东岸修建围田坝 1250 米，打乱

① 峄城区水利志编纂领导小组编：《峄城区水利志》，内部资料，1991 年，第 141—142 页。
② 临沂市水利史志编纂办公室编：《临沂市水利志》，临沂地区出版办公室，1994 年，第 301—302 页。

了原来的排水系统，引起了纠纷。县水利局会同汪沟区与其逐级交涉，临沂地区水利局积极协调，双方协商后，同意采取分散排水的方式，最后解决了纠纷。①

在沂水与莒县之间，莒县安庄公社陈家庄子位于沭河左岸，沂水县道托公社夏村位于沭河右岸，两村以河为界。1959 年沭河上游兴建了沙沟水库后，水库以下河段河道主流不断向右岸逼近，逐渐对夏村构成威胁。1970 年，夏村在未经有关部门批准的情况下，在其一岸修筑挑水坝数条，使主河道向对岸发展，陈家庄子则在其岸滩地和行洪河道上栽植了大量树条，以固沙防冲。因此造成了河道狭窄、严重影响行洪的局面，两村为此出现了纠纷。同年 7 月，沂水县夏村将此事反映到临沂地区主管部门，经临沂地区沭河管理所出面协调，两县有关方面进行调解，达成各自清除障碍的协议。1971 年 6 月，双方都要求对方清障，但自己都没有行动，此事又一次反映到临沂地区主管部门。②同年 7 月 12 日，临沂地区沭河管理所李洪升、沂水县生产指挥部张培坤、姚德义，道托公社金文楼、王志平和莒县防汛指挥部张凤良，安庄公社宋瑞玉等人进行了协商，并对陈家庄子河道进行勘查，然后召集沂水县道托公社夏村大队党支部书记赵学增、副书记任浩然，革委主任陈家财，莒县陈家庄子大队党支部书记兼民兵连连长陈光修、革委主任杨治孝等人一起开会，经调解双方达成协议：凡影响行洪障碍物全部清除；在规定河床内外，不准私自打坝筑堤、护坡；山洪入河可按自然流入，不准开沟顺水，威胁对岸安全；在规定河床槽内（即公河），双方有权清除再生障碍物。

莒南县与临沭、临沂之间因地表积水、排水问题，经常出现纠纷，以莒南与临沭的龙窝拦河闸水利纠纷、莒南石莲子乡广亮门村与临沂县十六湖村的排水纠纷最为突出。临沭县于 1967 年在莒南县境内沭河中修建了一座大型拦河蓄引水工程，称龙窝拦河坝。建坝时，临沭县对工程占压的龙窝村部分土地等损失与该村达成了协议，做了赔偿。拦河闸建成后，因拦水淹没损失没有处理，给上游群众生产生活造成了一定困难，同时给工程管理运行增加了不少麻烦。纠纷的主要问题为：一是拦河闸位于老鸡龙河、武阳河、沭河交汇处，拦河闸蓄水灌溉水位提高 2.3 米（设计引水位66.5 米），淹没三河沿岸土地、芦苇近 700 亩，一般洪水淹没面积又增加近

---

① 费县水利局编：《费县水利志（1840—1987）》，1990 年，第 233—234 页。
② 马树林主编：《莒县水利志》，内部资料，1991 年，第 210 页。

700 亩。蓄水后由于回水顶托，地下水位上升，冷水田面积达 2500 亩，严重影响板泉镇 6 个村的农业生产。二是引水干渠自龙窝村东穿过，给该村群众日常生产生活带来不便。同时拦河闸回水倒漾，鸡龙河、武阳河沿岸群众交通受阻。三是拦河闸设在左岸，主河道东延，河岸坍塌，损失林地近百亩。因此，每遇较大洪水，沿岸群众和管理所即围绕蓄水排水产生纠纷。1978 年前后，两县革委数次协商，但未达成解决协议。为妥善解决引水灌溉和沿河两岸群众受损问题，莒南县人民政府于 1985 年 6 月以《关于因龙窝拦河闸引起的水利纠纷的处理建议》专门向临沂地区行署提出处理建议。在莒南县石莲子乡广亮门村与临沂县十六湖村之间，1972—1979 年，石莲子乡广亮门村地面坡水南排，因地势平坦，原排水沟断面小，洪水浸溢，临沂县十六湖村沿县界筑堤，坡水滞流，淹没广亮门村耕地 600 亩。[1]为解决排水纠纷，临沂地区水利建设指挥部、莒南县人民政府委托县水利局、石莲子乡政府与临沂县水利局、郑旺乡政府派员现场勘测分析协商，采取扩大排水沟断面，加大比降，增设排水口等措施，纠纷得以妥善解决。

四、县（市）内乡（镇）际水利纠纷

淮河流域跨行政区水利纠纷，除省际、地区（市）际、县（市）际之外，在同一县内也有乡与乡、村与村之间的水利争端。

（一）乡与乡之间

在河南太康县境，1957 年 7 月 17 日，太康县漳岗、寺头乡的二社六个村与六个村南部东西横堤南的独塘、漳岗两乡的三社十二村之间发生了水利纠纷。太康县委闻悉此事后，立即派公安局局长罗鑫同志带领两名干部前往解决。[2]1964 年 4 月，太康县朱口区大宗公社乔庄在运粮河上筑坝一道，并堵住了运粮河上的桥眼，因阻止上游马头区排水引起纠纷。老冢区前岗村与中岗村之间有一排水沟，在符草楼区冯庄村北入杨桥沟，由于西段淤塞不畅，两区为排水产生纠纷，老冢区建议疏通此沟，符草楼区建议统一规划治理，问题没有得到解决。马头区湾子桥公社组织 200 余人，在

---

① 莒南县水利志办公室编：《莒南县水利志》，内部资料，1994 年，第 245、250 页。
② 冀丰：《深入了解人民之间的矛盾，正确解决了水利纠纷》，《河南公安》1957 年第 19 期。

中黄村沿区界至小新沟筑了一道阻水围堤，因阻止大黄、油坊庄排水而引起纠纷。杨庙区王集、大营子两公社于 4 月 22 日组织民工 700 多人，从王集西南经大赵至台寨公社李楼村挖排水沟一条，挖至马头区，发生纠纷，经县委派人调解，马头区同意挖沟排水，纠纷解决。杨庙区大王庄公社孙店村，于 4 月 18 日组织民工 50 人，将王集区平岗公社已拆除的社围修复，阻止上游排水，引起纠纷。城郊区洪山庙公社板张至老冢区冯洼村有一排水沟，区界处老冢区打坝堵死，阻止上游排水，引起纠纷。马厂区高朗公社彦庄村在马图河村与彦庄村之间筑坝两处，阻止城郊区排水而引起纠纷，经县委组织部派人调解，认为此沟系一历史排水道，马厂区不应筑坝阻水，要求立即拆除阻水坝，纠纷解决。①

在河南上蔡县，东沙沟排水纠纷涉及县内的崇礼、杨集两乡。1978—1982 年，两次经县解决，桥、闸已建好，但土方工程长时间未开工，受灾土地面积达 1 万亩。洪河青龙沟排水纠纷涉及县内的塔桥、洙湖两乡。1967 年，县将粮、款拨给洙湖乡治理，但一直没有动工，理由是：上蔡、项城公路北丁坡的水排入青龙沟不合理，应堵死；不能扩大流域面积，上游坡水现虽已改道，顺小茅河入菁台沟进杨岗河，但近年常受洪河高水位顶托，使坡水积涝而受淹，因而现在仍不能治理，受灾面积两乡合计约 8000 亩，只能待洪河治理后予以解决。②

江苏东台县内乡镇之间，从中华人民共和国成立初期到 20 世纪 70 年代末，由于水系尚未完善，经常发生排水矛盾。其中，曹镇与头灶、四灶与头灶之间的排水矛盾较为突出。曹镇、头灶公社因灭螺填平旧港东河，原有水系被打乱，给旧港东河两侧数万亩洼地的排涝带来很大的影响，曾由县革委会副主任崔林等人主持会办并形成协议，但由于协议中有些地方不够具体，需进一步完善。为此，县委书记沙金茂于 1979 年 10 月 27 日召集曹镇、头灶及有关部门负责人协商，两公社各自形成独立排水系统，开挖新村河，并达成五条协议。东西湾河在历史上就是排涝河道，是四灶公社东方红片的主要排水出路，由于头灶砖瓦厂为取土方便，在湾河上打坝 3 座，忽略了四灶公社的排水问题，四灶公社无法排水。为此，县委书记沙金茂于同年 10 月 29 日召集头灶、四灶及有关部门负责人进行座谈，决定扩浚旭日支沟，在砖瓦厂东侧新开一段沟入西湾河，解决四灶的排水问

---

① 太康县水利志编纂办公室编：《太康县水利志》，第 322—323 页。
② 上蔡县地方史志编纂委员会编：《上蔡县志》，第 331 页；上蔡县水利渔业局水利志编纂办公室编：《上蔡县水利志》，第 283 页。

题，并形成了《关于解决东西湾河排水出路问题的座谈纪要》。①

山东费县内新桥、方城、汪沟公社之间的闵家寨河水利争端也比较突出。汪沟公社闵家寨河为南北走向，两岸无堤，每到汛期，洪水下泄，因河道狭窄，排泄不及，洪水积于新桥公社郭家庄（郭兴庄）东北湖洼。1961年8月，方城公社在修路时抬高东西路，堵闭南北排水沟一条，截水送入闵家寨河，加大了洪水量，扩大受灾面积2000亩，汪沟公社闵家寨村在村西南河道东岸筑排水坝一条，堵死分流的一条支流，迫使其改道，扩大新桥公社受灾面积1200亩，并危及村庄安全，造成三公社之间的水利纠纷。费县水利局于1962年6月促成三方达成协议。但协议签订后，排除水利纠纷的工程不彻底，其中新桥公社平顶庄村于翌年在本庄与汪沟公社交界处造田700亩，建护田堵水埝一道，阻挡了洪水向上顶，也影响了西南湖的调洪作用，迥水长约430米，加重了汪沟公社闵家寨、吴家庄等村的灾情，水利纠纷复起。县水利局又召集三公社，以1962年协议为依据，再次进行调解，重新达成协议。②

在山东定陶县，县内各社之间边界水利纠纷自1956年后相继发生多起，定陶县委、县政府根据中央解决边界水利问题的八项原则，组织各社领导认真协商，逐步兴建了大批排水除涝工程，使各社之间的边界水利纠纷基本得到解决。③在山东南旺县④，1951年8月，秋雨连绵，到处积水，作物被淹。在排除内涝的过程中，南旺县六、七两区群众发生纠纷。县委派代表会同两区干部到现场勘查，根据地形挖沟疏水，同时做通了双方的工作，妥善地解决了纠纷。⑤

（二）村与村之间

在淮河流域各地，乡镇内村与村之间的水利纠纷也经常发生。在河南商水县境内，老虎坡承屯和张桥两村的排水纠纷较多。承屯村开沟排水，张桥村阻拦，双方便发生了纠纷。⑥在河南太康县境内，1953年6月因连降大雨，第七区墩埠村（现属五里口乡）与第八区贾庄村（现属大许寨乡）

---

① 东台市水利志编纂委员会编：《东台市水利志》，南京：河海大学出版社，1998年，第232页。
② 费县水利局编：《费县水利志（1840—1987）》，第233—234页。
③ 《定陶县水利志》编纂委员会编：《定陶县水利志》，第214页。
④ 说明：1953年撤销南旺县，析入梁山县和嘉祥县。
⑤ 中共嘉祥县委党史资料征集研究委员会编：《中共嘉祥南旺县党史大事记》，山东省出版总社济宁分社，1990年，第158页。
⑥ 商水县地方志编纂委员会编：《商水县志》，第123页。

接壤处白坡洼积水面积达 1.18 万亩，需挖沟排水入李贯河，挖沟至贾庄处受阻，双方发生纠纷，经县委派人协调，纠纷未能解决。1964 年以后经按河道自然流向进行统一规划治理，疏通排水渠道，纠纷逐步得到解决。1954 年 7 月，连日降雨，第七区盆尧乡陈庄村（现属大许寨乡）因挖排水沟而与一区赵楼村发生纠纷。经两区政府派人协调，纠纷得到解决，排水沟顺利挖通，积水全部排出。1956 年 6 月，八里窑和李小桥（现属城郊乡）在李占荣沟打坝拦水，与上游邻村发生纠纷，经县委派人协调，拆除拦水坝，纠纷解决。①

在安徽萧县境内，村与村之间的纠纷有：王夏庄水利纠纷，主要是上游扒沟、下游打坝，引起纠纷；沈集与刘庄之间的殃沟排水纠纷。②

在山东曲阜县境内，1957 年 7 月因频降暴雨，大部分农田受淹，位于沂河北岸的南辛村为解除大水威胁，派人去扒位于沂河南岸王庄村新筑起的堤防，双方发生纠纷。与此同时，境内南泉与张曲、钱家与东陬等村之间也发生了排水纠纷。1964 年 8 月，曲阜县小雪公社的北兴埠、林家村生产队因排水问题与地处上游的息陬公社杨辛庄生产队发生纠纷，县水建指挥部立即组织小雪、息陬两公社及有关生产队的负责人前往现场勘查，并签订了解决水利纠纷的协议书。③

在山东沂水县，1951 年自家马庄筑堤挡水直冲李家马庄，引起纠纷。李家马庄将情况反映到区委，区委经过实际查看研究，由一名区长带领群众扒开一部分堤，才使李家马庄免受水灾。1952 年为了筑堤，两村之间又产生了纠纷，经区委出面调解才得以解决。1984 年 4 月 13 日，沂水县杨庄区四官庄大队在沭河左岸距河堤 96 米处挖了一大口井，顺堤长 100 米，宽 30 米，深 5 米。在井西侧、北侧筑沙堤围墙各 1 条，长 160 米，高 2 米，距左堤 36 米处，大口井西北角建机房、变压器室 3 间。在机房后筑土坝，建 1 条 36 米长的输水沙坝，高 5 米，坝两侧 1 米高浆砌石护坡。该工程不仅影响行洪，还有挑流作用，对岸 6 个大队对此不满，发生纠纷，并上报地、县请求解决。临沂地区行署水利局副局长公方祥带领两名工程师，会同沂水县委副书记段明福、县委常委农村工作部部长王清乐和县水利局工作组、杨庄区委、四官庄乡委、四官庄大队的有关负责人，共同进行了调查分析，做出了四项决定：一是四官庄电灌站工程，必须作报废工程处

---

① 太康县水利志编纂办公室编：《太康县水利志》，第 322 页。
② 萧县水利志编辑组编：《萧县水利志》，第 105 页。
③ 曲阜水利志编写组编：《曲阜水利志》，第 147—148 页。

理；二是堤内河床上凡高于地面的建筑物和土、石、沙方，要立即全部清除；三是不听指挥，拒不拆除，造成水灾损失要追究责任；四是水利、电力部门对这项工程不予施工验收。8月14日，四官庄大队租用1台75马力的推土机，调集150人拆坝，将机房拆除，将大口井围堰推平，18日全部清除完毕。[①]

在山东莒县，招贤镇李家曲坊村位于沭河左岸，洛河乡小张宋村位于沭河右岸，两村一河之隔，交往密切。两村以北1000米处的沭河上建有拦河闸一座，受拦河闸的影响，河道主流变化不定。以河道主流分界的河滩分别由两村管辖，河滩中自生的草条按管辖范围收获。1987年，小张宋村的群众越界到对岸李家曲坊村河滩上收割草条，理由是这些草条（包括一部分小树）系他们所栽，因为河道主流改变，所以处在李家曲坊村一岸，他们收获是理所当然的。李家曲坊村则认为，在河道主流左岸属于该村无可争议，加之草条属自生自长，小张宋村越界收割毫无道理，纠纷由此开始。小张宋村组织群众到对岸河滩收草条（包括小树），李家曲坊村则组织群众到对岸砍伐成林树木。纠纷发生后，县政府领导听取了有关方面的汇报，责成公安、信访、水利、林业等部门组成调查组处理。[②]

此外，同一村内的村民小组之间也会发生水事纠纷。例如，河南省信阳市平桥区明港镇南3千米有一个张庄村，在张庄村孟庄组与西张庄组之间有一口水塘叫孟家豁塘，面积约100亩。清代以来，这两个自然村（小组）之间就发生过水事纠纷。中华人民共和国成立后，水事纠纷仍频频发生。2001年豫南地区遭遇百年大旱，使孟庄组与西张庄组之间的水事纠纷再起。区、镇领导曾多次前往调解，但一直未能解决。2004年6月25日，平桥区领导与当地群众一起来到孟家豁塘坝埂上，踏勘现场，与群众面对面沟通。6月26日，平桥区政府从区公、检、法、司、水利、镇机关等部门抽调66名懂政策、懂法律、有农村工作经验的党员干部和老同志，两人一组，每组包4户，自带行李和炊具进驻两个村民小组，按照"世代友好、共同发展、造福后代"的调处原则进行调解。双方代表以诚相见，平等协商，最终于7月6日达成协议：孟庄组给西张庄组提供部分土地并让出部分水源新建张家大塘一口，孟庄组使用孟家豁塘，西张庄组使用张家

① 沂水县水利志办公室编：《沂水县水利志》，临沂地区出版办公室，内部资料，1991年，第375—377页。
② 马树林主编：《莒县水利志》，第212—213页。

大塘，百年水事纠纷终于得到化解。①

第二节　跨行政区水污染纠纷

20 世纪七八十年代以来，淮河流域的沙颍河—淮河干流及涡河、亳宋河、濉潼河、沭河、沂河、中运河、骆马湖、天井湖、时湾水库等相继发生多起水污染事故，给当地及下游地区的工农业生产、居民生活及水产养殖等带来了严重影响，形成了严重的跨行政区水污染纠纷。

一、省际水污染纠纷

（一）豫皖苏上中下游之间

20 世纪 70 年代以来，淮河干流上中下游的豫、皖、苏之间经常因水污染而发生跨界纠纷。1974 年 11 月，蚌埠市机关干部联名写信给国务院，反映蚌埠段淮河水源受到严重污染，同时下泄污水也给下游江苏省造成了重大损失。1982 年 5 月，蚌埠关闸 23 天，开闸后污水直泻洪泽湖，死鱼河段长达 100 千米，这次下排污水，损失经济鱼类 25 万斤。②1986 年，蚌埠关闸仅 2 天，入江苏省境时 5 千米河道水体黑臭，溶解氧降至 0.3 毫克每升，化学耗氧量高达 13.5 毫克每升，酚 0.016 毫克每升，超标 7 倍。③据《洪泽湖志》相关资料统计，1975—1997 年，淮河江苏段因上、中游突然排放废水而发生重大污染事故 13 起，具体情况如表 3-1 所示。

表 3-1　1975—1997 年淮河干流豫皖苏之间水污染纠纷情况表

序号	时间	跨界水污染纠纷详情
1	1975 年 5 月	安徽蚌埠市 3500 万立方米污水下泄，毒死下游江苏段约 3500 万尾鱼和大量当地村民的鸡、鹅、鸭

① 《透视豫南百年水事纠纷：中原如何走出水困局》，http://news.sina.com.cn/c/2004-07-18/12053119654s.shtml，2004 年 7 月 18 日。

② 《水利电力部治淮委员会关于安徽省淮河淮南蚌埠段污染和治理情况的报告》（〔84〕淮委水保字第 18 号），1984 年 11 月 27 日，《治淮汇刊》（1984），第 10 辑上册，1986 年，第 206—207 页。

③ 淮阴市地方志编纂委员会编：《淮阴市志》（上册），上海：上海社会科学院出版社，1995 年，第 268 页。

续表

序号	时间	跨界水污染纠纷详情
2	1982 年 5 月	安徽蚌埠市 300 万立方米污水下泄，导致淮河下游死鱼河段长达 100 余千米，损失各种经济鱼类 12 万多公斤
3	1986 年 3 月	安徽蚌埠下泄污水导致淮河下游形成 5 千米长的污水团，河水发臭、发黑，大小鱼浮头死亡
4	1986 年 4 月	蚌埠闸开闸放水，下泄河南上游污水 4500 万立方米，毒死鱼 5 万公斤，盱眙自来水厂不能供水，沿淮居民无水饮用，部分工厂停产
5	1989 年 2—3 月	安徽、河南两省污水 1.1 亿立方米下泄，从安徽正阳关到江苏盱眙长 304 千米淮河河道黑水一片，盱眙自来水厂停止供水，洪泽湖被迫放水 40 亿立方米
6	1989 年 5 月	蚌埠开闸放污水 100 万立方米，毒死鱼 5 万公斤，水稻烂根死亡
7	1989 年 10 月	沈丘闸开闸放污水 2800 万立方米，河水黑臭，无法饮用，鱼类发生大面积死亡
8	1992 年 1—3 月	河南、安徽两省污水下泄，形成长达 180 千米的污染带，盱眙居民饮用水和部分工厂生产用水受到影响
9	1994 年 3—4 月	河南、安徽两省污水下泄，淮河盱眙段水质超过Ⅳ类，自来水不能饮用
10	1994 年 5 月	河南、安徽两省污水下泄，淮河盱眙段水质超过Ⅳ类
11	1994 年 7 月—1995 年 8 月	河南、安徽两省污水下泄，淮河盱眙段水质超过Ⅳ类，部分企业停产
12	1997 年 2 月	河南、安徽两省污水下泄，淮河盱眙段水质超过Ⅴ类
13	1997 年 7 月	蚌埠闸开闸放水，形成 7 千米长的污水团，水面死鱼较多

参考资料来源：《洪泽湖志》编纂委员会编：《洪泽湖志》，北京：方志出版社，2003 年，第 154 页

　　1989 年 2 月中旬至 3 月上旬，淮河中游（溧河口—洪泽湖）300 多千米发生严重水污染，安徽、江苏两省沿淮十多个县、市均受其害，形成了淮河干流上下游跨省水污染纠纷。据记载，1989 年 2 月，河南省舞阳县造纸厂、城关乡造纸厂用于拦蓄造纸废水的土坝决口，大量高浓度废水下泄，经颍河入淮河，造成颍河、淮河严重污染。2 月 4 日淮河淮南段水质急剧恶化，河水黑臭；2 月 10 日淮河蚌埠段水质较差。[1]2 月 13 日凤台县发现黑水，随后凤台、淮南、蚌埠等自来水厂先后告急，淮河中游上起溧河口，下至小柳巷，约 250 千米河长的水呈黑褐色，氨氮含量最高达 6.82 毫克每升，且普遍在 5 毫克每升左右。沿淮城乡居民饮用自来水后，出现腹胀、腹泻等症状。同时，对沿淮地区工农业生产造成严重影响，淮南电厂不能正常发电。造成这次大规模跨省水污染纠纷的起因是 1988 年淮河水系持续干旱、径流量小、闸坝关闭时间过长。1989 年 1—2 月因淮河径流量小，颍河沿岸各城镇排放的污水多分别集中在阜阳闸和颍上闸以上的河槽

---

① 安徽省地方志编纂委员会办公室编：《安徽省志·环境志》，第 416 页。

里，因此该河段水污染较重。2 月 11 日，颍河颍上闸集中放水，大量污水下泄，注入淮河，淮河中游水质更趋恶化。淮南上游从未发生过如此严重的污染，相应传递推动各城镇河段蓄积的污水缓慢下移，连成一体，造成持续时间长、影响范围大、沿淮各地饮用水源告急的水污染事件。这次水污染的特点如同以往一样，主要是有机污染严重，水色如同"酱油汤"，外观难看。①污染事件发生后，安徽、江苏两省和沿淮地市县均采取了紧急措施。2 月下旬淮河上中游来水量增大，提高了水的稀释自净能力，到 3 月上旬水质逐渐好转。

1992 年，淮河再次发生突发性跨省水污染纠纷事件。2 月 4 日，颍河的大量污水排入淮河淮南、蚌埠两市的河段，酿成淮河突发性污染事故。这次污水色度高，氨氮含量和高锰酸钾指数居高不下，河湖出现死鱼，整个过程持续了 20 多天。②其中淮河淮南段发生的严重水污染，致使淮南田家庵电厂 2 台机组停运，居民饮水告急。5—6 月，阜阳地区茨淮新河、怀远县五岔镇发生大量死鱼事件，直接经济损失达 300 多万元。③

1994 年 7 月中旬，时值汛期，淮河干流发生了一起严重跨省水污染纠纷。这次污染事故持续时间长、危害大，不是偶然的，而是严重干旱加上严重污染造成的。淮河中、上游在 1994 年上半年降雨少，河道上各水闸长期关闭，蓄积了大量污水。7 月中、上旬，河南省平顶山一带的局部暴雨使沙颍河流域形成了 1000—1200 立方米每秒的流量。7 月 6 日颍河槐店闸上水位达 39.7 米，超过了洪水警戒水位（37.8 米）。为确保颍河防洪堤安全，河南沈丘县槐店闸于 7 月 12 日开始开闸放水，使闸上积蓄已久的污水大量下泄，阜阳闸和颍上闸也相继开启，使约 1 亿立方米的污水流入淮河干流，在淮河干流形成了约 70 千米长的污染带。④7 月 18 日，淮河水黑臭，泡沫布于河面，出现死鱼，居民饮水后有腹泻、呕吐等病状出现，淮南市生活用水告急。7 月 19 日，污水团到达蚌埠市，城市居民生活用水告急。⑤当天，蚌埠闸开闸放水，将 2 亿立方米污水放入淮河下游。7 月 27 日，污

① 水利电力部、城乡建设环境保护部淮河水资源保护办公室编：《淮河中游 1989 年 2 月大面积水污染事件调查报告》，《治淮汇刊》(1989)，第 15 辑，1991 年，第 419—423 页。
② 水利部淮河水利委员会、《淮河志》编纂委员会编：《淮河志 第 1 卷 淮河大事记》，第 297 页。
③ 安徽省地方志编纂委员会办公室编：《安徽省志·环境志》，第 416 页。
④ 《淮河流域水污染事故督察组工作报告》(1994 年 8 月 31 日)，《治淮汇刊（年鉴）》(1995)，第 20 辑，第 148 页。
⑤ 《关于淮河干流发生突发性污染的情况报告》(淮委水保〔1994〕13 号)，《治淮汇刊（年鉴）》(1995)，第 20 辑，第 142 页。

水团到达江苏盱眙县，并进一步向洪泽湖扩散，使盱眙县和洪泽县老子山镇等淮河入洪泽湖口一带水域饱受污染之害，损失惨重。污水团滞留在五河县以下至洪泽湖口 100 千米的河段内达 1 个月之久，致使沿岸城镇居民饮水困难，渔业生产损失惨重，粮食生产和部分工业受到影响，部分工厂停产。[①]这起特大水污染灾害，也给 60 年来罕见干旱的苏北地区抗旱工作增加了许多困难。

1995 年 7 月 24—25 日，颍河上游普降暴雨，造成颍河水系储存的大量污水向淮河倾泻，截至 8 月 1 日，颍河泄入淮河干流的总污水量达 2.3 亿多立方米，其中高浓度污染水约 1.4 亿立方米，在淮河干流形成了 50 千米长的污水带。污水团所到之处，伴有死鱼现象。直至 8 月 8—9 日，淮河中游降了一场大雨，污水才基本得到稀释。[②]这次水污染事件，虽采取了科学水情预报、加强调度、居民提前蓄水、自来水厂深度处理等应急措施保证用水安全，但亦造成淮南、蚌埠等市食品、医药等行业停产，自来水处理费用增加，渔业受损。此次污染经济损失约 2000 万元。[③]

1999 年 4 月 22 日—5 月 27 日，淮河王家坝至小柳巷共 380 千米长的河面上出现了 10 千米长的污水团。4 月 22 日，王家坝断面水的颜色呈红褐色并出现大量死鱼。随着污水团向下游推进，4 月 30 日—5 月 3 日经过正阳关时，当地有 30 多人饮用河水中毒，出现腹胀，呕吐不止。5 月 4 日，污水团流经鲁台子，河面出现大量死鱼。5 月 16 日，污水团前锋到达蚌埠，给自来水深度处理带来很大难度，增加了成本。此次水污染给沿岸饮用、工农业用水及渔业用水造成严重困难。据调查，这次污染主要是来自洪汝河的污染水所致，洪汝河水系的舞阳县、舞钢市的几家造纸企业集中排污，未经处理超标排放。[④]

进入 21 世纪，淮河上中下游的跨省水污染问题仍很突出。2000 年 7 月，淮河流域上游颍河污水下泄，造成淮河干流水质恶化，对淮南、蚌埠市和怀远县供水造成一定影响。2001 年 7 月，淮河流域上游污水下泄，对淮南市、蚌埠市供水构成潜在威胁。淮南、蚌埠两市提前制定供水和防污应急方案，对重点污水排放企业限产限排；淮南市市政供水厂和企业自备水厂提前增加清洁水贮备量，蚌埠市借淮河干流水位高于天河之机，补充

---

① 水利部淮河水利委员会、《淮河志》编纂委员会编：《淮河志 第 1 卷 淮河大事记》，第 314 页。
② 水利部淮河水利委员会、《淮河志》编纂委员会编：《淮河志 第 1 卷 淮河大事记》，第 319 页。
③ 安徽省地方志编纂委员会办公室编：《安徽省志·环境志》，第 417 页。
④ 褚金庭：《1999 年 4 月淮河水污染事故调查》，《治淮汇刊（年鉴）》（2000），第 25 辑，第 136 页。

天河水量，防止了污染事故发生。[①]

2004 年，淮河上中下游豫皖苏之间再次发生重大水污染纠纷。7 月 16—20 日，淮河支流沙颍河、洪河、涡河上游局部地区发生强降雨。7 月 18 日，地处淮河最大支流沙颍河一带的河南漯河、周口和安徽阜阳等地相继开闸放水，在洪水的推动下，闸内积存的污水团下泄。7 月 18 日晚，污水团先头进入淮河干流，长仅数千米。随着上游水量增加，污水下泄量加大，7 月 20 日，流经淮南，中午到达蚌埠市淮河闸，污水团形成总长 133 千米的带状体。污水团以每小时 3—4 千米的速度推进，在蚌埠附近与沿河下泄污水汇合，总量达 5.4 亿吨，长度达到 150 多千米，大大刷新了 1994 年 7 月污水团总长 90 千米的"历史之最"。据安徽环保部门监测，仅沙颍河下泄污水形成的巨大污水团所包含的主要污染物就接近安徽省 2003 年全年排放量，河水主要污染指标浓度在平时的基础上增加了 7 倍，洪泽湖湖水中氨氮含量超过平时的 60 倍。整个污染事故持续了 10 天，主要对淮南市和蚌埠市的城市供水产生了影响，且因污水团水量大、浓度高，造成洪泽湖部分水域鱼虾死亡，不少渔民因为饮用被污染的湖水，感到头晕、腹痛、心慌。[②]

（二）豫皖之间

1985 年 5 月—1986 年 6 月，因河南省商丘县化肥厂、针织厂、酒精厂等工业污染源排放污废水污染涡河，下游的安徽亳州市张集区、后胡庄的养殖业受到严重影响，仅某一养鱼专业户损失就达 6.3 万元。[③]

1998 年底，涡河一级支流亳宋河发生了一起严重的跨豫、皖两省的水污染纠纷，造成亳宋河下游安徽亳州市境内网箱养鱼损失殆尽。据亳州市环保局的资料，亳宋河水污染事故仅在亳州市境内造成的网箱养鱼直接经济损失就达 200 万元。据淮河流域水资源保护局实地调查资料分析，造成亳宋河水污染事故的主要原因是河南商丘市老城区工业废水和生活污水排污。另外，商丘县宋集镇宋大庄造纸厂和林河造纸厂排放的超标工业废水，进一步加剧了本次污染事故。这两家企业均为年产 5000 吨以下的小造纸厂，其未经任何处理的工业废水经小白河排入了亳宋河。[④]

① 安徽省地方志编纂委员会办公室编：《安徽省志·环境志》，第 416—417 页。
② 陈静、华娟、常卫民主编：《环境应急管理理论与实践》，南京：东南大学出版社，2011 年，第 243—244 页。
③ 水利部淮河水利委员会、《淮河志》编纂委员会编：《淮河志 第 6 卷 淮河水利管理志》，第 458 页。
④ 《亳宋河水污染事故调查报告》（淮水资保〔1999〕2 号），《治淮汇刊（年鉴）》（1999），第 24 辑，第 72 页。

2000 年 2 月和 7 月，豫皖边界河道惠济河和沱河、浍河发生了跨省水污染纠纷。当年 2 月，河南省惠济河上游地区开封市开封县、睢县、杞县、柘城县、鹿邑县玄武镇等地排放的污水使惠济河水质受到严重污染，污水下泄进入安徽境内后汇入涡河，使本已受到污染的涡河亳州市段水质雪上加霜，导致水体发黑发臭，水质严重污染，造成亳州市十八里、城关两个乡镇网箱养鱼死亡，直接经济损失 549 万元。[①]7 月 14 日，沱河发生第一次污染，濉溪县渔业部门统计，受害 84 户，围网和网箱 112 个，死鱼约 8.6 万公斤，直接经济损失 52 万元；7 月 24 日，沱河发生第二次污染，大量高浓度污水入境，河水水质恶化，当地渔政部门统计，有 6 个乡镇 1082 个网箱约 97.8 万公斤鱼全部死亡，直接经济损失 588 万元。在浍河流域，6 月 26 日水质开始恶化，7 月中旬养鱼全部死亡，沿岸 8 个乡镇的 1057 个网箱和围网的鱼陆续死亡，共死鱼 95 万公斤，直接经济损失 564 万元。安徽省环保局及时将污染事件上报国家环保总局，并通报河南省环保局。[②]

2008 年 5 月、7 月、8 月和 11 月，在沱河、新汴河、大沙河、小洪河流域，河南、安徽两省连续发生四次跨省水污染纠纷。5 月 27 日，沱河上游河南地区开闸泄洪，安徽濉溪县境内代桥闸、徐楼闸相继开闸放水，造成当地 5 万余亩渔业养殖面积受灾。7 月 9 日，河南永城闸开闸放水，随后徐楼闸、四铺闸相继放水；7 月 11 日凌晨，随着安徽宿州市上游污水下泄，新汴河宿州段上游先后出现大面积死鱼，此次事件造成死鱼 187 万公斤，涉及养殖户 216 户。通过调查及对水质数据的分析，上游河南省入境水质溶解氧过低是造成沱河和新汴河死鱼事件的直接原因。在环保部的协调下，河南省有关方面就此次死鱼事件给予 200 万元的赔偿。[③]8 月，河南、安徽跨省河流大沙河发生砷污染纠纷。大沙河和涡河是安徽亳州、阜阳和蚌埠等城市的饮用水源。2008 年 7 月以后，河南商丘市民权县成城化工有限公司购买的硫铁矿中砷含量严重超标，大量的砷随着废水直接排入大沙河中，致使河水污染，砷浓度均值最高时超过国家地表水Ⅲ类水质的百倍。8 月 26 日，水利部淮河水利委员会向河南省环保局通报：大沙河包公庙断面水质砷浓度超标 899 倍。[④]大沙河砷污染事故引起了水利部、环保部，水利部淮河水利委员会及河南、安徽两省和有关地方人民政府的高度

---

① 王文举等：《淮河流域水污染治理与水资源可持续利用研究》，第 26—27 页。
② 安徽省地方志编纂委员会办公室：《安徽省志·环境志》，第 417 页。
③ 安徽省地方志编纂委员会办公室：《安徽省志·环境志》，第 419 页。
④ 王文举等：《淮河流域水污染治理与水资源可持续利用研究》，第 31 页。

重视，通过上下游各部门的共同努力，此次污染事件得到了妥善处置。11月3日，安徽省小洪河受上游河南入境水质污染发生砷污染事件。事件发生后，环保部事故应急与处理中心分批次派专人驻扎现场指挥协调。^①

2013年，河南进入安徽跨省河流惠济河再次发生突发性跨界水污染纠纷。1月16日，惠济河东孙营闸上水质自动监测站数据异常，淮河水保局立即派员赴现场调查，监测发现东孙营闸上省界断面氨氮浓度为17毫克每升，超过Ⅲ类水标准16.8倍，惠济河下游安徽段及涡河亳州段水质严重污染并发现死鱼。淮河水保局立即将惠济河、涡河发生严重水污染的情况向水利部淮河水利委员会报告。1月17日，淮河水保局向河南省环保厅通报惠济河河南省出境断面水质严重污染的情况，要求河南省厅督促有关地市加强对污染源的监督管理，尽快采取措施，减轻惠济河污染。同时，向淮河水污染联防区域内河南、安徽、江苏省水利部门发出紧急通知，要求各级水行政主管部门和水闸管理单位严格执行水闸防污调度各项规定，认真做好水闸防污调度。^②

（三）皖苏之间

20世纪80年代初，江苏、安徽两省围绕江苏徐州市工业废水和生活污水导致奎河严重水污染问题发生了省际纠纷。奎河发源于徐州市云龙湖，流经江苏铜山县及安徽宿县、灵璧县、泗县，在江苏泗洪县境内入洪泽湖。迄1983年，徐州市向奎河排污的工厂共有124家，其中28家排放的污染物就占奎河污染总负荷的97%，而徐州造纸厂、徐州酿酒厂两家工厂又占奎河污染总负荷的43%。徐州造纸厂是年产量不到万吨的中型纸厂，主要污染物为制浆黑液。徐州酿酒厂每日排放废水6600吨，过去有36个大滤池，酒糟经自然沉降过滤后作饲料用。1982年8月，由于奎河加宽河道，将大部分滤池拆毁，大量糟液直接排入奎河，严重淤积了河道，加重了污染。据统计，徐州市每天向奎河排放工业废水7万吨、生活污水2万吨，平时几乎没有清水补给，使奎河实际上成了一条排污沟。奎河水质黑臭浑浊，给沿岸人民身体健康和农业生产造成了严重的危害。仅据宿县调查，沿河17个大队癌症病死率都在逐年增高，受害最严重的大队癌症病死率高达1.6%，受害地区涉及两省五县共60万人口、几十万亩耕地。由于奎

① 安徽省地方志编纂委员会办公室编：《安徽省志·环境志》，第419页。
② 程绪水、郁丹英：《2013年惠济河涡河跨省水污染事件及处置》，《治淮汇刊（年鉴）》（2014），第39辑，2014年，第171—172页。

河的污水注入洪泽湖，还曾多次造成大量死鱼事件。①

2000年6月，在高邮湖水系白塔河、天长市时湾水库发生了江苏、安徽两省水污染纠纷事件。当年6月以来，高邮湖水系普遍降雨。6月上旬和下旬，江苏盱眙县王店乡环球化工厂违法将氧化塘蓄积的污水分几次放空，污水经白塔河进入省界时湾水库，导致时湾水库发生水污染事故，死鱼2.5万公斤，直接经济损失达10多万元。两天后事发现场仍有较浓的刺鼻气味，湖水COD指标数值仍超V类。②此次水污染使周边地区农民家禽养殖也受到了一定的损失，严重污染了该区域的生态环境，破坏了当地的生产生活条件。8月，安徽省环保局、江苏省环保厅，水利部淮河水利委员会、水保局联合调查组调查天长市时湾水库水污染事故。2000年6月30日，江苏盱眙县王店乡环球化工厂被责令停产治理。

2018年8月，安徽、江苏之间发生了开闸泄洪导致污水下泄洪泽湖、造成鱼蟹大量死亡的跨界纠纷事件。起因是从8月25日开始，黑臭的污水经新汴河、新濉河流入洪泽湖，导致江苏宿迁市泗洪县临淮镇居民养殖的鱼蟹大量死亡。据泗洪县水产局统计，截至9月1日，此次水污染导致受损养殖面积已经达到近4万亩。洪泽湖的上游是位于泗洪县境的溧河，再往上为新濉河和新汴河，这两条河位于安徽宿州市泗县、灵璧县等地。污染事件发生后，8月26日，泗洪县环保局对胜利村湖面和位于苏、皖省界的新汴河顺河闸、新濉河团结闸进行取水检测，结果水质均为劣V类，显示高锰酸盐指数高导致水中溶解氧少，这是造成鱼蟹死亡的主因。污染纠纷事件发生后，8月29日，江苏省环保厅，宿迁市环保局，泗洪县环保局，以及安徽省环保厅，宿州市环保局，泗县环保局等两省、市、县环保部门在江苏泗洪召开会议，双方达成共识，认为此次污染事件是上游泄洪夹带污水造成的。不过，对于水污染是源自安徽省境内的污染，还是源自江苏省境内新濉河的支流——奎河污染，双方各执一词，两省有关奎河水质数据的表述也并不一致，上游开闸放水是否要提前告知下游及连带的渔民赔偿问题也都存在争议。③

---

① 城乡建设环境保护部、水利电力部：《关于解决奎河污染问题的报告》（1983年4月13日），《治淮汇刊》（1983），第9辑，1984年，第32—33页。

② 安徽省地方志编纂委员会办公室编：《安徽省志·环境志》，第418页。

③ 陈景收：《洪泽湖水污染调查：上游泄洪夹带污水——入湖口水质恶化致近4万亩鱼蟹死亡，苏皖环保部门正在对沿河污染源进行排查》，《新京报》2018年9月4日，第A14版。

（四）苏鲁之间

20 世纪 80 年代末—90 年代初，中运河、沂河、沭河、新沭河及石梁河水库苏、鲁两省的水污染纠纷较为频繁。跨山东枣庄市台儿庄区与江苏邳县的京杭运河，在山东省境称韩庄运河，在江苏省境称中运河，向中运河苏、鲁边界段区间直接排污的有枣庄市台儿庄区和邳县。另外，中运河的支流不牢河、邳苍分洪道也分别接纳江苏徐州市及山东枣庄市峄城区、苍山县和临沂市等地的排污。1989—1992 年四年监测数据表明，中运河水质都超过地表水Ⅲ类标准；其中以白家沟污染最为严重，COD 最高超过地表水Ⅲ类标准 21.3 倍。运女河、白家沟、邳苍分洪道的污染主要对下游江苏省沿河乡村居民的饮用水及农业、渔业生产造成了严重危害。通过对邳县河段 1989 年、1990 年、1991 年三年常规监测资料进行分析评价，中运河主要污染物质是氨氮和耗氧污染物。全年的 6 次监测中有 4 次超过Ⅲ类水标准，枯水期全部达不到Ⅲ类水标准。[①]

沂河发源于沂蒙山区，南下经山东临沂市至江苏邳县入骆马湖，下游的主要支流是白马河。迄 20 世纪 90 年代初，郯城县的污废水从安子桥闸下排入白马河，经沂河入骆马湖。向沂河排污的有山东沂源县、沂水县、沂南县和临沂市，向白马河排污的有山东郯城县。引起苏、鲁边界地区水污染纠纷的主要是山东郯城县污废水污染白马河并进一步污染沂河及骆马湖。据 1993 年调查，郯城县每天向白马河排放污废水 2.96 万吨，主要排污大户为化肥厂、化工厂、造纸厂和纸板厂。白马河的污水通过沂河进入骆马湖后，影响新沂市从骆马湖所调水的水质，严重的水污染给当地的工农业生产及人民群众的身体健康带来了极大危害。据反映，白马河下游的邳县合沟乡，在 20 世纪 90 年代初患呼吸道疾病和肠道病的病人增多，尤其是患癌病人增多，合沟乡的彭庄村癌症发病率高达 5%以上。靠近白马河的彭庄村、米庄村手压井水内大肠菌群达每毫升 1800—2800 个，水质污染已威胁到人体健康。[②]

沭河发源于沂蒙山区，南下流至山东省大官庄，分为新、老沭河，老沭河（或称总沭河）向南流经江苏新沂市至沭阳县入新沂河；新沭河向东

---

① 淮河流域水资源保护局：《中运河、沂河、沭河、新沭河及石梁河水库水污染调查》，《治淮汇刊》（1993），第 19 辑，第 122—123 页。

② 淮河流域水资源保护局：《中运河、沂河、沭河、新沭河及石梁河水库水污染调查》，《治淮汇刊》（1993），第 19 辑，第 124 页。

流经石梁河水库，至临洪口入海。据调查，沭河源头水质较好，但自接纳山东莒县、莒南排污后，水质开始变坏。大官庄站 1989 年为Ⅲ类水，1990 年为Ⅴ类水，1991 年为Ⅳ类水。苏、鲁两省交界处，江苏省新安（临沭桥）断面 1989—1991 年水质均超过Ⅴ类标准，其中枯水期水质污染更为严重，超过Ⅴ类标准 8.8 倍。沭河流经新沂市，叠加了新沂市的排污后，水污染进一步加重，并影响了新沂河的水质。根据新沂市下游新安（老）站水质监测资料评价，1989—1990 年的水质均超过地表水Ⅴ类标准。枯水期内，各地为了蓄水农灌，在沭河上修建拦水坝或闸，导致污水积聚，一旦上游开坝（闸）或遇到汛前的第一场暴雨时，形成污水集中下泄，便会给下游造成污染损害。山东临沭县以前将沭河作为县城工业生产和居民饮用水的水源地，后来被迫改引凌山头水库的水。另外，江苏连云港市也只好通过淮沭河从洪泽湖调水，用作城市供水。由于淮沭河与新沂河相通，沭河的污水进入新沂河后，有时甚至危害到连云港市的供水。[①]

新沭河是沭河的一条分洪河道，东流入江苏境内石梁河水库，至临洪口入海。石梁河水库的两大入库河流分别为新沭河和石门河。石梁河水库是连云港银鱼养殖生产出口基地、连云港市区的饮用水备用水源，也是江苏东海、赣榆两县沿河库乡镇和赣榆县城 10 多万人口的饮用水源和工农业、渔业用水水源。山东临沭县南古工业区造纸厂、化肥厂、磷肥厂、酒厂及蔬菜脱水厂等排放的工业废水全部通过牛腿沟排入新沭河，进入石梁河水库，是水库的主要污染源。1992 年 6 月 13 日，东海县环保局通过实地查看发现，自南辰乡渡口到石梁河乡贾庄村，东西距离约 6 千米的水面呈棕黑色，有明显臭味，并发现死鱼漂浮，石梁河水库库区污染面积已达 2.5 万亩，水生物已不能生存。据当地群众反映，1985 年前，水库浅水区水草茂盛，适宜于鱼类产卵繁殖，虾多鱼肥，水产丰富，其中银鱼养殖用于出口创汇。但是自从水库被污染以来，西部库区水质黑臭，鱼虾绝迹，整个水库渔业生产遭受严重破坏。据统计，1985—1987 年，仅银鱼捕捞量每年都达 100 吨以上，其中用于创汇达 40 吨以上。而从 1988 年开始，银鱼产量锐减，1989 年为 80 吨，1990 年为 15 吨，1991 年为 10 吨，而 1992 年只有 3 吨。[②]可以说，临沭县工业排污对新沭河和石梁河水库构成了严重危

---

① 淮河流域水资源保护局：《中运河、沂河、沭河、新沭河及石梁河水库水污染调查》，《治淮汇刊》（1993），第 19 辑，第 125 页。

② 淮河流域水资源保护局：《中运河、沂河、沭河、新沭河及石梁河水库水污染调查》，《治淮汇刊》（1993），第 19 辑，第 126—127 页。

害，是造成苏、鲁省际水污染纠纷的主要焦点。

　　1998 年初、2000 年苏、鲁边界水污染纠纷又起。1998 年 1 月 7 日，江苏徐州市人民政府紧急报告，反映徐州市因山东省鲁南地区近期内大量排放废水经白家沟、陷泥河入邳苍分洪道，导致京杭运河遭到严重污染，以运河为水源的徐州地表水厂被迫停产；徐州市区供水总量由 30 万吨每日降到 16 万吨每日，徐州市区约 40 万居民因此用水困难；部分工业、企业被迫停产。水污染纠纷事件发生后，淮河流域水资源保护局立即派人对引起污染的邳苍分洪道、白家沟（又名沙沟河）等跨苏、鲁两省的河流的水质进行了取样检测，并对造成本次污染事故的原因进行调查和分析。检测结果和现场调查表明，运河骆马湖至解台闸区间河道内，接纳的主要支流有邳苍分洪道和房亭河，污染源主要来自江苏邳州市、铜山县（部分乡镇工业）和山东临沂市及苍山县。邳州市的城镇工业废水和生活污水直接排入运河，铜山县的一部分企业工业废水排入房亭河后汇入运河；山东临沂市区（包括罗庄区和博庄镇）的污水通过陷泥河排入邳苍分洪道进入运河，苍山县的工业废水和生活污水通过白家沟排入邳苍分洪道进入运河。上述城镇的工业废水和生活污水，是造成中运河跨省水污染纠纷的主要因素。2000 年 6 月 28 日，石梁河水库因严重水污染，造成大量鱼蟹死亡。污染事故发生后，连云港市环保局立即做了污染事故现场调查，并在《关于山东污水再次污染石梁河水库的情况报告》（连环然〔2000〕15 号）中指出：污染事故使东海、赣榆两县的养殖业遭受巨灾。到 6 月 28 日上午，经水产部门现场调查，仅东海县的石梁河镇、南辰乡就有 1350 个网箱约 70 万公斤的网箱养鱼全部死亡，直接经济损失达 300 多万元。[①]

　　苏、鲁之间还有跨省河道龙王河污染纠纷问题长期没有得到很好的解决。龙王河发源于山东莒南县五莲山南麓，经莒南县柿树园、相邸镇大峪崖龙潭水库、壮岗镇，流入江苏省赣榆县境内。20 世纪 90 年代中期以前，龙王河水质尚好，为地表水 Ⅲ 类标准。自 20 世纪 90 年代中期以后，由于山东省莒南县工业与生活污水大量排入龙王河，河水水质开始变坏，由 Ⅲ 类地表水逐渐变为严重的劣 Ⅴ 类水。2002 年 3 月 12 日，在龙王河下游金山镇石埝闸监测点，河道内的黄砂变成了黑砂，水面泛着黄褐色的泡沫并带有强烈的刺鼻臭味。经取样检测，石埝闸的水质指标均超过 Ⅲ 类水质标准。同日，龙王河上游莒南县相邸镇庙子山大桥的河水呈浑浊的淡黄色，

------

① 王文举等：《淮河流域水污染治理与水资源可持续利用研究》，第 29—30 页。

散发出令人恶心的酸臭味，经检测为严重的劣 V 类水。龙王河的污染源，主要是山东莒南县福瑞集团所属酒厂、味精厂、肉制品厂、屠宰厂、食品厂、造纸厂等企业排放的工业废水和莒南县居民的生活污水，龙王河下泄污水给下游赣榆县北部地区的工农业生产和人民生活带来了严重影响。一是给龙王河流域内 20 多万居民生活饮用水造成困难，70 多个行政村浅层地下水同时受到污染后，居民各类疾病发病率明显上升。二是使灌区内种植的 30 多万亩水稻、小麦和多种经济作物生长受到阻碍，19 个行政村面临断粮危机，据不完全统计，每年经济损失在 2080 余万元。三是沉重打击了赣榆县北部地区农民淡水养殖业和近海养殖业。赣榆县是全国最大的高品质河蟹育苗基地，有 380 家育苗场，却无法从龙王河等河流取水，近 10 万亩虾、蟹塘和育苗厂多数也只能通过打井勉强维持生产。有 35.8 万亩的近海滩涂养殖区日渐荒废，直接经济损失已达 8700 万元，间接损失无法统计。①2002 年 12 月 11—15 日，国家环保总局派出水办张力威副司长等 5人，在江苏省环保厅赵诠副厅长陪同下，专程来到连云港市和临沂市，对这一跨界污染问题进行了督查。经国家环保总局协调，莒南、赣榆两县政府签订了《解决龙王河流域跨界水污染纠纷的几点意见》，内容包括莒南县加大污染治理力度，确保下泄水质分阶段限期达标；建立两县污染防治联席会议制度；建设跨界水质自动监测站等。协议由国家环保总局监督实施。②

2007 年 7 月 2 日，江苏沭阳饮用水源受污染引发了苏、鲁跨界水事纠纷。7 月 1 日，江苏、山东普降暴雨，当日晚上沭阳县城区居民发现自来水管中流出的水发黄，而且散发出腥臭味，便纷纷给自来水厂打电话询问。7月 2 日下午 3 时，沭阳县地面水厂检测人员发现城区生活供水遭到污染，水流出现明显异味。随后，县有关部门关闭城区供水，并迅速组织人员查找污水来源。沭阳县政府负责人表示，从调查情况来看，基本确定污染源来自山东境内，经过检测，污染成分主要系造纸厂排出，也有少量农药厂、化工厂等企业的污水。事发后，江苏省环保厅负责人也带着专家赶到现场，初步查明，来自山东境内的污水团短时间、大流量侵入位于淮沭河的自来水厂取水口，使饮用水源地水质遭受严重污染。③同时，组织人员到

① 于玉鹏、胡小明：《龙王河流域跨界污染及其对策》，会议论文，南京：2006 年江苏环保青年论坛。
② 连云港市地方志编纂委员会编：《连云港年鉴（2003）》，北京：方志出版社，2003 年，第 292 页。
③ 董传仪、葛艳华编著：《危机管理经典案例评析》，北京：中国传媒大学出版社，2009 年，第55—56 页。

山东进行交涉协调。山东省环保局在看到相关报道后,迅速组织相关市环保局展开调查。山东方面调查认为,沭阳县饮用水源污染并不是山东省化工企业排污所致。山东省环保局在给山东省政府办公厅等所提交的调查报告中说,沭阳县系江苏宿迁市所辖,北与江苏徐州市的新沂市、连云港市的东海县接壤,西与宿迁市区接壤,与山东省的任何城市都不接壤。沂河、白马河从山东出境后进入江苏骆马湖,新沂河就发源于骆马湖的嶂山闸,沭河自山东出境后进入江苏新沂市,纵穿新沂市后汇入新沂河,新沂河东行入海。近年来,沭河、沂河、白马河水质一直较好,沭河清泉寺闸断面由国家环保总局设立自动监测站,水质常稳定在地表水Ⅲ类和Ⅳ类,其下游就是江苏新沂市的沭河水源地。这次沭阳饮用水源遭受水污染事故期间,新沂市水源地没有任何问题,说明山东沭河没有对其造成任何污染。而沂河近年来也一直保持地表水Ⅲ类水质,出境后进入江苏骆马湖,这次骆马湖水质保持很好,说明山东沂河对下游江苏新沂河没有任何污染。[1]负责调查此次沭阳水污染事件的国家环保总局专家也认为,“从环监部门对沂河、沭河两条河流近两周的监测数据看,沂河为Ⅱ类水体,沭河为Ⅲ类水体。从目前的证据看,沭阳的污染不能证明是跨界污染”,“造成这次污染的一个主要原因是上游泄洪冲出了枯水期淤积的污染物”,“由于上游江苏省新沂市王庄水闸泄洪将洪水以及高浓度污水一冲下造成的。泄洪过程中,因为要通过一段地涵,由于地涵排水容量小容易造成洪水外泄,当地不得不打开拦污闸,这也加剧了污染”。[2]

二、省内县际水污染纠纷

淮河流域各省内行政区之间的水污染纠纷主要发生在河南、安徽、江苏、山东四省内河湖的上下游之间。在河南淮河段,尉氏县与中牟县之间围绕贾鲁河排水和水污染问题出现了争议,中牟县提出后曹拦河闸妨碍其贾鲁河洪水下泄,应请河南省水利厅和开封市水利局、郑州市水利局及中牟、尉氏两县水利局派人协商解决。而尉氏县的意见是中牟造纸厂排废水污染了贾鲁河,影响尉氏县的引黄灌溉,要求在两县协商排泄贾鲁河水的

① 《沭阳水污染源与山东无关》,《上海商报》2007年7月6日,第1版。
② 申琳、孙秀艳、韩瑜庆:《40小时水危机的背后(热点解读)》,《人民日报》2007年7月5日,第5版。

同时，应把水污染等具体问题一并解决。①

在安徽淮河段，颍上县与凤台县、泗县与五河县之间存在水污染纠纷。1994 年 5 月，颍上县农民要求开闸放颍河水灌溉育种，因颍河水质不符合农业灌溉用水标准，河水下泄流入比邻的凤台县水产基地焦岗湖时，导致 4.3 万亩养殖水面受到污染，造成渔业投入损失 2013.8 万元，受灾渔民 320 户、1800 人。由于渔民饮用受污染的湖水，336 人出现腹泻，210 人患皮肤病，231 人严重中毒住院治疗，造成直接经济损失 4000 多万元。②

泗县与五河县之间主要是石梁河污水污染天井湖导致水产养殖业受损的纠纷。天井湖在石梁河下游，为跨省湖泊，位于安徽五河县与江苏泗洪县交界处，集水面积 791 平方千米，水位在 13 米时，湖面面积 28.1 平方千米，容积 0.38 亿立方米，通过引河入怀洪新河，在安徽省境内约占 2/3。由于天井湖湖面狭小，不具备划分缓冲区的条件，故划 1 个开发利用区，即天井湖五河开发利用区。③五河县天井湖开发利用程度较高，湖区内有大面积围网养鱼，周边农业灌溉用水量大，污染威胁来自泗县。泗县排放的废污水通过石梁河穿新汴河地下涵进入天井湖湖区，20 世纪 90 年代中期到 21 世纪初多次因石梁河劣质水进入湖区和沿河沿湖农村山芋粉等小作坊的生产废水排入湖区造成渔业损失，引起地方行政区之间的水污染纠纷。

1994 年 8 月，泗县石梁河污水进入五河县天井湖，造成死鱼 117.5 万公斤，直接经济损失达 690 万元。④1999 年 10 月 7 日，安徽省五河县五桥乡天井湖发生水污染事故，造成天井湖 8000 亩养殖水面受到不同程度污染。中央电视台和当地许多新闻单位就此事件进行了现场报道。污染事件发生后，淮河流域水资源保护局对水污染情况进行了现场调查，并走访了五河县、泗县水利及环保渔政等部门，现场查勘了天井湖上游主要入河河流石梁河及其相关河道新汴河、新濉河和相连诸闸坝。经实地调查，造成天井湖水污染事故的主要原因是泗县工业废水和生活污水排污。泗县绝大部分工业废水和县城区几乎所有未经处理的生活污水都直接排入石梁河。1999 年 8—9 月，皖北地区持续干旱，石梁河上幸福闸、地下涵闸长时间关闸，使泗县外排污废水在石梁河河槽中大量积聚。10 月 1—6 日石梁河上游

① 河南省尉氏县水利局编：《尉氏县水利志》，第 189 页。
② 安徽省地方志编纂委员会办公室编：《安徽省志·环境志》，第 416 页。
③ 安徽省水利厅、安徽省环境保护局编：《安徽省水功能区划》，北京：中国水利水电出版社，2004 年，第 45 页。
④ 安徽省地方志编纂委员会办公室编：《安徽省志·环境志》，第 416 页。

连续降水，降水总量在 120 毫米左右，沿石梁河两岸部分工厂、仓库、居民生活区出现内涝。贯通奎河与新濉河的浍塘沟闸开闸，新濉河水位迅猛上升。泗县防汛抗旱指挥部为安全控制水位高度，对有关闸坝进行调度，下泄污水总量约 20 万立方米，致使石梁河河槽内全部污水集中涌入天井湖，导致天井湖出现大面积的死鱼。另据泗县水利部门介绍，1998 年 11 月至 1999 年 10 月，新濉河八里桥闸以下部分河道清淤疏浚，使奎濉河河水经港河口闸进入石梁河。当地环保部门认为天井湖水污染的主要来源是上游新濉河，即来源于江苏徐州市境内排放的工业废水及城镇居民的生活污水。此次水污染事故发生在天井湖与石梁河相连的部分湖面上，据五河县五桥乡与渔政部门的联合污染损失统计结果，围网养殖受损面积 2074 亩，155.56 万公斤网箱养鱼损失殆尽，按每公斤 6 元计算，直接经济损失达 933.36 万元，涉及 139 个养殖户，水产养殖主要种类有鲢鱼、草鱼、鳊鱼等。[1]最后，因为这起污染事故发生在安徽省内的泗县与五河县之间，属于县际水污染纠纷，所以安徽省环保局、监察厅进行了联合调查处理，包括下拨环保专项补助资金 40 万元，解决五河县天井湖周边村民饮用水问题，补助受灾渔民 10 万元；宿州市对五河县渔民造成的损失给予 40 万元经济赔偿；安徽省水利厅与宿州、蚌埠两市政府及省直有关部门进行协商，确定石梁河与天井湖水域水体的具体功能区划分。[2]

2015 年 6 月 26 日，上游来的污水进入蚌埠市五河县沱湖，短短几个小时，五河县水产养殖业便损失惨重。据五河县畜牧水产局局长谢怀优说，"此次污染主要发生在沱湖与天井湖，污染面积达 9.2 万亩，损失水产品 2364 万斤，900 多户渔民蒙受损失接近 2 亿元"。沱湖是安徽省级自然保护区，五河县环保局监测数据表明，受污染的沱湖水质仍然为污染最严重的劣 V 类。而此前，沱湖的水质一直维持在 II 类与 III 类之间，渔民的生活用水及饮水都直接来自沱湖。对于此次污染源，五河县环保局在接到渔民的投诉后随即展开调查。经过调查，五河县认定沱湖、天井湖污染的主要原因是上游泗县开闸放水。但泗县环保部门的负责人认为，这次五河境内水污染事件与泗县没有关系，认为他们检测了整条河的水质，发现泗县上游的水质也是劣 V 类，与泗县境内及五河县的水质一样；泗县境内没有工业企业，这次污染主要是强降雨导致的面源污染，并非泗县放水导致的。事

---

① 《治淮汇刊（年鉴）》（2000），第 25 辑，第 137 页。
② 安徽省地方志编纂委员会办公室编：《安徽省志·环境志》，第 417 页。

故发生后，安徽省派出了由省环保厅牵头的调查组赴现场调查。经过认真细致的调查，调查组确认此次污染事件的主要原因是自然灾害与农业面源污染。[1]

在江苏淮河段，1974 年 4 月，徐州市工业废水经奎河排入洪泽湖溧河洼，给泗洪县养鱼户造成了严重损失。据当地渔民反映，4 月 10 日前后，有一条 5 里宽、40 里长的黑水带直接流入溧河洼，毒死了大量鱼类，仅新庄、胜利两个大队渔民一天一夜就捞起死鱼 12 万斤，最大的一条黄米鱼重75 斤。据调查，此次共死鱼 100 多万斤。1984 年 7 月，徐州市排废水，短时间流进大运河不牢河段的骆马湖，使 3/4 湖面受突发性严重污染，死鱼50 万斤。[2]

在山东淮河段，南四湖 1974 年每天接纳工业废水近 30 万吨，湖区严重污染。1963 年渔产 26 000 多吨，1974 年下降到 12 000 多吨，湖产资源收入由 5500 万元下降为 2000 万元。微山县昭阳公社围网养鱼，一次死鱼 3万斤。1980 年，山东滕县大量污水排入城河、昭阳湖，致使水体污染，城河、昭阳湖及山东微山县留庄公社沙堤大队附近群众饮水后患头痛、腹痛、腹泻，2.5 万亩湖面受严重污染，死鸭 9000 余只。[3]

---

[1] 叶琦、常国水、胡磊：《泄洪毒死鱼 损失谁埋单》，《人民日报》2015 年 7 月 22 日，第 14 版。

[2] 水利部淮河水利委员会、《淮河志》编纂委员会编：《淮河志 第 6 卷 淮河水利管理志》，第457—458 页。

[3] 水利部淮河水利委员会、《淮河志》编纂委员会编：《淮河志 第 6 卷 淮河水利管理志》，第457—458 页。

第四章
淮河流域水事纠纷的预防

预防水事纠纷比解决水事纠纷更加重要。2004年国家颁布的《省际水事纠纷预防和处理办法》提出，处理省际水事纠纷应当贯彻预防为主、预防与处理相结合的方针，说明预防为先的原则在各地处理水事纠纷的实践中得到了高度的重视。中华人民共和国成立以来，在治理淮河和处理淮河流域各地水利纠纷、水污染纠纷的实践中，国家和地方社会通过完善水资源环境法治建设、加强淮河流域水资源环境规划和管理、推进淮河流域水资源环境综合治理等途径，建立起了比较成熟的水事纠纷预防机制。这种在实践中逐步得到完善的水事纠纷预防机制，对形成和谐的淮河流域水事秩序，从根本上减少乃至防止淮河流域水事纠纷的发生，进而稳定淮河流域地方社会，促进淮河流域水生态文明建设，发挥着愈来愈重要的作用。

第一节　完善水资源环境法治建设

中华人民共和国成立后，就开展了大规模的水利建设，颁布了相应的水利法律法规。改革开放以后，水资源环境法治体系不断完善，在颁布一系列完善的水利法律法规和规章的同时，根据改革开放和社会主义现代化建设新时期实践发展需要，又增加了大量水资源开发利用和保护、水环境保护、水污染防治、蓄滞洪区安全与建设等方面的法律法规，形成了完善的水资源环境法治体系。在这种水资源环境法治体系中，对淮河流域水资源环境保护和建设、水事纠纷的预防和调处起重要作用的法律法规和规章等，主要有三个层次：第一层次是国家层面的水资源环境法律法规，第二层次是国务院相关水资源环境部门和流域各省颁布的水资源环境保护法规和规章，第三层次是淮河流域水资源环境管理的规范性文件。

一、水资源环境法律法规

（一）国家水资源环境法律

首先，对淮河流域水资源环境及行政区划与流域水系矛盾进行强制性规范和解决的根本大法是《中华人民共和国宪法》。中华人民共和国成立后，曾于 1954 年、1975 年、1978 年、1982 年通过四部宪法，现行宪法为 1982 年宪法，并历经 1988 年、1993 年、1999 年、2004 年、2018 年五次修正。宪法第九条规定：矿藏、水流、森林、山岭、草原、荒地、滩涂等自然资源，都属于国家所有，即全民所有；由法律规定属于集体所有的森林和山岭、草原、荒地、滩涂除外。国家保障自然资源的合理利用，保护珍贵的动物和植物。禁止任何组织或者个人用任何手段侵占或者破坏自然资源。第八十九条规定了国务院行使的职权，其中第十五款为"批准省、自治区、直辖市的区域划分，批准自治州、县、自治县、市的建置和区域划分"。第一百零七条规定：省、直辖市的人民政府决定乡、民族乡、镇的建置和区域划分。

其次，对淮河流域水资源环境保护、水事秩序等进行直接规范、约束和调节的法律分别是《中华人民共和国水污染防治法》《中华人民共和国水法》《中华人民共和国水土保持法》《中华人民共和国防洪法》。1984 年颁布、1996 年修正、2008 年修订、2017 年修正的《中华人民共和国水污染防治法》规定县级以上人民政府环境保护主管部门是对水污染防治实施统一监督管理的机关，其他有关部门包括重要江河、湖泊的流域水资源保护机构，协同环境保护主管部门对水污染防治实施监督管理。修正后的《中华人民共和国水污染防治法》主要增加了防治水污染应当按流域或者按区域进行统一规划；对部分水体可以实施重点污染物排放总量控制制度；禁止向生活饮用水地表水源一级保护区水体排放污水；禁止新建不符合国家产业政策的小型造纸、制革、印染、染料、炼焦、炼硫、炼砷、炼汞、炼油、电镀、农药、石棉、水泥、玻璃、钢铁、火电以及其他严重污染水环境的生产项目；等等。关于水污染纠纷及其处理，《中华人民共和国水污染防治法》第三十一条、第九十七条、第一百条等都做了具体规定。

1988 年发布、2002 年修订、2009 年和 2016 年两次修正的《中华人民共和国水法》，是中华人民共和国成立以来制定的第一部水资源管理法律。《中华人民共和国水法》明确由水行政主管部门负责水资源的统一管理工作，其中第六章专门对水事纠纷处理与执法监督检查做出规定，如第六章第五十六条对不同行政区域之间发生水事纠纷的调处程序进行了规定，第五十七条则对单位之间、个人之间、单位与个人之间发生的水事纠纷的解决程序进行了规范，第五十八条规定：县级以上人民政府或者其授权的部门在处理水事纠纷时，有权采取临时处置措施，有关各方或者当事人必须服从。《中华人民共和国水法》第七章对损害水资源环境的行为和水事纠纷双方、解决主体的法律责任也做了具体规定，如第七十四条规定：在水事纠纷发生及其处理过程中煽动闹事、结伙斗殴、抢夺或者损坏公私财物、非法限制他人人身自由，构成犯罪的，依照刑法的有关规定追究刑事责任；尚不够刑事处罚的，由公安机关依法给予治安管理处罚。

1991 年发布、2010 年修订的《中华人民共和国水土保持法》是一部"预防和治理水土流失，保护和合理利用水土资源，减轻水、旱、风沙灾害，改善生态环境，保障经济社会可持续发展"的法律。《中华人民共和国水土保持法》对在禁止开垦坡度以上陡坡地开垦种植农作物的，毁林、毁草开垦的，在林区采伐林木不依法采取防止水土流失措施等不合理人类活动都进行了强制性规范，对因水土流失造成的水事纠纷的处理也做出了规定。1997 年发布及 2009 年、2015 年和 2016 年三次修正的《中华人民共和国防洪法》分别就防洪规划、治理与防护、防洪区和防洪工程设施的管理、防汛抗洪、保障措施、法律责任做了规定，是我国防治洪水工作的基本法律，是调整防治洪水活动中各种社会关系的强制性规范，为防治洪水，防御、减轻洪涝灾害，维护人民的生命和财产安全、保障社会经济的稳定发展提供了重要的法律依据。

最后，对淮河流域水资源环境保护和开发起着规范、调节作用的还有与水有关的法律，包括《中华人民共和国森林法》《中华人民共和国渔业法》《中华人民共和国矿产资源法》《中华人民共和国土地管理法》《中华人民共和国环境保护法》等。森林和水利密切相关，特别是在涵养水源、水土保持、防风固沙、护堤挡浪等方面。渔业发展事关江河湖泊和近海的捕捞和养殖等水事活动秩序，矿产资源开发往往会涉及重要河流、堤坝水利工程。农业生产的土地，包括耕地、林地、草地、农田水利用地、养殖水面等，建设用地也包括交通水利设施用地等，可以说土地利用和开发都离不开水资源、水环境，都要符合水资源环境保护的基本要求，《中华人民共和国土地管理法》第二十二条就规定：江河、湖泊综合治理和开发利用规划，应当与土地利用总体规划相衔接。在江河、湖泊、水库的管理和保护范围以及蓄洪滞洪区内，土地利用应当符合江河、湖泊综合治理和开发利用规划，符合河道、湖泊行洪、蓄洪和输水的要求。1989 年通过、2014 年修订的《中华人民共和国环境保护法》所称的环境，是指影响人类生存和发展的各种天然的和经过人工改造的自然因素的总体，其中就包括大气、水、海洋、土地、矿藏、森林、草原、湿地等。该法对重要的水源涵养区域设立生态保护红线，国家加强对大气、水、土壤等的保护，防治土地沙化、盐渍化、石漠化及防治植被破坏、水土流失、水体富营养化、水源枯竭等生态失调现象，防治在生产建设或者其他活动中产生的废水等对水环境的污染和危害，建设污水处理设施及配套管网，水污染行为的法律责任等，都做了强制性的规定。

（二）国家水资源环境行政法规

根据宪法和法律，国务院制定、颁布了许多水资源环境行政法规，对淮河流域水资源环境保护、利用和开发起着规范、约束的作用。1950 年 10 月 14 日，中华人民共和国政务院颁布《关于治理淮河的决定》，确立了"蓄泄兼筹"的治淮方针和 1951 年治淮应办的工程。1979 年 10 月，国务院发布《关于保护水库安全和水产资源的通令》，要求严加保护堤防、水闸、水库等防洪工程，不准破坏；规定水库、堤闸要明确管理范围，在规定范围内不得进行危害水利工程的活动；管理人员要严格遵守国家政策、法令，坚守岗位，并同一切危害水利的行为做坚决的斗争。[1]1991 年《中华人民共和国水土保持法》颁布之前，水土保持方面的行政法规主要是国务院于 1982 年 6 月 30 日发布、1991 年 6 月 29 日失效的《水土保持工作条例》。该条例明确全国水土保持工作由水利电力部主管，并成立由相关部委参加的全国水土保持工作协调小组；各江河流域机构应负责本流域的水土保持查勘、规划、科学研究工作，协助和推动流域内各省、市、区做好水土保持工作；山区、丘陵区、风沙区的各级政府必须把水土保持工作列入计划，加强领导，统一规划；水利、农业、林业等相关部门必须密切协作、分工负责，做好有关工作；二十五度以上的陡坡地禁止开荒种植农作物等。

1984 年《国务院关于环境保护工作的决定》规定：工交、农林水、海洋、卫生、外贸、旅游等有关部门以及军队，要负责做好本系统的污染防

---

① 水利部淮河水利委员会、《淮河志》编纂委员会编：《淮河志 第 6 卷 淮河水利管理志》，第 314 页。

治和生态保护工作。1990 年《国务院关于进一步加强环境保护工作的决定》规定：环境保护监督管理部门应当会同政府法制部门进行经常性的环境保护执法检查，及时处理和纠正违反环境保护法律规定的行为。对直接危害城镇饮用水源的企业，必须一律关停；禁止在饮用水源保护区和环境敏感地区及自然保护区新建污染环境的建设项目。水利部门应加强对水资源的统一规划和管理，在开发利用水资源时，应充分注意对自然生态的影响，会同有关部门做好环境影响评价、节约用水、保护饮用水源地、防治水土流失等项工作。2005 年《国务院关于落实科学发展观加强环境保护的决定》强调以饮水安全和重点流域治理为重点，加强水污染防治；要科学划定和调整饮用水水源保护区，切实加强饮用水水源保护，建设好城市备用水源，解决好农村饮水安全问题，等等。

1988 年发布、2011 年修订、2017 年两次修订、2018 年修订的《中华人民共和国河道管理条例》规定：国务院水利行政主管部门是全国河道的主管机关；各省、自治区、直辖市的水利行政主管部门是该行政区域的河道主管机关；长江、黄河、淮河、海河、珠江、松花江、辽河等大江大河的主要河段，跨省、自治区、直辖市的重要河段，省、自治区、直辖市之间的边界河道以及国境边界河道，由国家授权的江河流域管理机构实施管理，或者由上述江河所在省、自治区、直辖市的河道主管机关根据流域统一规划实施管理。

1988 年 12 月 27 日国务院第三十次常务会议通过、1989 年 2 月 3 日国务院发布的《行政区域边界争议处理条例》（1981 年 5 月 30 日国务院发布的《行政区域边界争议处理办法》同时废止）是为妥善处理行政区域边界争议，以利于安定团结，保障社会主义现代化建设的顺利进行而制定的。该条例对省、自治区、直辖市之间，自治州、县、自治县、市、市辖区之间，乡、民族乡、镇之间，双方人民政府对毗邻行政区域界线的争议处理总则、处理依据、处理程序做了规定，并明确了罚则、附则的有关问题。[①]

1991 年发布、2011 年修订、2018 年修订的《水库大坝安全管理条例》规定：禁止在大坝管理和保护范围内进行爆破、打井、采石、采矿、挖沙、取土、修坟等危害大坝安全的活动，禁止在大坝的集水区域内乱伐林木、陡坡开荒等导致水库淤积的活动，禁止在库区内围垦和进行采石、取土等危及山体的活动，等等。1991 年发布及 2005 年、2011 年修正的《中华人民共和国防汛条例》，是根据《中华人民共和国水法》制定的水行政法

① 水利部淮河水利委员会水政水资源处编：《淮河流域省际水事纠纷资料汇编》，第 55—60 页。

规，其中第十九条规定：地区之间在防汛抗洪方面发生的水事纠纷，由发生纠纷地区共同的上一级人民政府或其授权的主管部门处理。1993 年发布、2011 年修正的《中华人民共和国水土保持法实施条例》，是根据《中华人民共和国水土保持法》制定的行政法规。1994 年发布、2018 年和 2020 年修订的《城市供水条例》第十四条规定：在饮用水水源保护区内，禁止一切污染水质的活动。

2009 年国务院颁布的《中华人民共和国抗旱条例》，是为了预防和减轻干旱灾害及其造成的损失，保障生活用水，协调生产、生态用水，促进经济社会全面、协调、可持续发展，根据《中华人民共和国水法》制定的一部水行政法规，其中第五十一条规定：因抗旱发生的水事纠纷，依照《中华人民共和国水法》的有关规定处理。2013 年国务院颁布的《城镇排水与污水处理条例》，是一部"为了加强对城镇排水与污水处理的管理，保障城镇排水与污水处理设施安全运行，防治城镇水污染和内涝灾害，保障公民生命、财产安全和公共安全，保护环境"而制定的水行政法规。2017 年，为了加快农田水利发展，提高农业综合生产能力，保障国家粮食安全，国务院制定并颁布了《农田水利条例》。同年，为了加强行政区划的管理，国务院制定和颁布了《行政区划管理条例》。

值得重视的是，为了加强淮河流域水污染防治，国务院于 1995 年 8 月 8 日颁布实施、2011 年 1 月 8 日修订了《淮河流域水污染防治暂行条例》。这是我国第一部适用于淮河流域的河流、湖泊、水库、渠道等地表水体的污染防治法规，也是第一部完整且具有可操作性的流域行政法规。该条例规定淮河流域水资源保护领导小组负责协调、解决有关淮河流域水资源保护和水污染防治的重大问题，监督、检查淮河流域水污染防治工作，并行使国务院授予的其他职权，还规定自 1998 年 1 月 1 日起禁止一切工业企业向淮河流域水体超标排放水污染物，等等。关于跨省水污染纠纷的处理，该条例也做了专门的规定：淮河流域省际水污染纠纷，由领导小组办公室进行调查、监测，提出解决方案，报领导小组协调处理。

（三）水资源环境地方性法规

根据宪法和法律，淮河流域河南、安徽、江苏、山东四省人民代表大会及其常务委员会根据本省具体情况和实际需要，在不同宪法、法律、行政法规相抵触的前提下，制定了许多全省通用性水资源环境方面的地方性法规，并公布施行。淮河流域各市的市人民代表大会及其常务委员会根据本市的具体情况和实际需要，在不同宪法、法律、行政法规和本省地方性法规相抵触的前提下，也针对水资源环境保护等方面的事项制定了许多本市通用性地方性法规并报所在省人民代表大会常务委员会批准后施行。这些与淮河流域水资源环境有关的省级和市级地方性法规对各省、市淮河段的水资源环境保护、利用和开发及纠纷调处都起着规范性、强制性的作用。详情见表4-1。

表 4-1　河南、安徽、江苏、山东四省有关淮河流域水资源环境的地方性法规一览表

省别	地方性法规名称	通过、施行、修订、修正、废止情况
河南	《河南省实施〈中华人民共和国水土保持法〉办法》	2014年9月26日通过，12月1日起施行。1993年8月16日通过、1997年5月23日修正的《河南省实施〈中华人民共和国水土保持法〉办法》同时废止
	《河南省实施〈中华人民共和国水法〉办法》	1993年2月16日通过，1997年5月23日修正，2006年5月31日修订，2006年8月1日起施行
	《河南省实施〈中华人民共和国防洪法〉办法》	2000年7月29日通过，8月10日起施行
	《河南省水利工程管理条例》	1997年7月25日通过，10月1日起施行，1982年8月1日起施行的《河南省水利工程管理条例》同时废止，2005年3月31日修正
	《河南省节约用水管理条例》	2004年5月28日通过，9月1日起施行
	《河南省减少污染物排放条例》	2013年9月26日通过，2014年1月1日起施行
	《河南省水污染防治条例》	2019年5月31日通过，10月1日起施行。2009年11月27日通过的《河南省水污染防治条例》同时废止
	《开封市城市饮用水水源保护条例》	2016年12月30日通过，2017年7月1日起施行，2018年11月29日修正
	《许昌市中心城区河湖水系保护条例》	2018年4月25日通过，10月1日起施行
	《商丘市市区饮用水水源保护条例》	2018年6月28日通过，2019年1月1日起施行
	《驻马店市饮用水水源保护条例》	2016年12月29日通过，2017年9月1日起施行
安徽	《安徽省实施〈中华人民共和国水土保持法〉办法》	1995年11月18日通过，1997年11月2日第一次修正，2004年6月26日第二次修正，2014年11月20日第三次修正
	《安徽省实施〈中华人民共和国防洪法〉办法》	1999年8月1日通过、10月1日起施行，2004年6月26日第一次修正，2010年8月21日第二次修正，2013年8月2日第三次修正，2015年3月26日第四次修正，2018年3月30日第五次修正
	《安徽省实施〈中华人民共和国水法〉办法》	1992年8月30日通过，1997年11月2日第一次修正，2003年12月13日第二次修正，2011年12月28日第三次修正，2018年3月30日第四次修正
	《安徽省实施〈中华人民共和国渔业法〉办法》	1989年8月29日通过并公布施行，1996年11月27日第一次修正，2002年4月4日第二次修正，2004年10月19日第三次修正
	《安徽省湖泊管理保护条例》	2017年7月28日通过，2018年1月1日起施行，3月30日修正

续表

省别	地方性法规名称	通过、施行、修订、修正、废止情况
安徽	《安徽省节约用水条例》	2015年7月17日通过，10月1日起施行
	《安徽省湿地保护条例》	2015年11月19日通过，2016年1月1日起施行
	《安徽省城镇供水条例》	2012年4月24日通过，7月1日起施行
	《安徽省水工程管理和保护条例》	2005年8月19日通过、12月1日起施行，2018年3月30日修正
	《安徽省抗旱条例》	2002年11月30日通过，2003年2月1日起施行，2010年8月21日第一次修正，2018年3月30日第二次修正
	《安徽省饮用水水源环境保护条例》	2016年9月30日通过、12月1日起施行。2001年7月28日通过的《安徽省城镇生活饮用水水源环境保护条例》同时废止
	《安徽省淠史杭灌区管理条例》	2019年5月24日通过，8月19日起施行
	《安徽省淮河流域水污染防治条例》	1993年9月14日通过，1997年11月2日第一次修正，2006年6月29日第二次修正，2018年11月23日修订，2019年1月1日起施行
	《安徽省长江、淮河河道管理办法》	1981年7月28日通过并颁布施行，1997年11月2日修订，2002年4月4日废止
	《淮南市淮河水域保护条例》	1992年8月批准，1993年1月1日起实施
	《淮南市城市供水用水管理条例》	2007年12月19日通过，2008年2月1日起施行
	《阜阳市地下水保护条例》	2016年6月30日通过，10月1日起施行
	《阜阳市城市排水与污水处理条例》	2017年11月1日通过，2018年1月1日起施行
	《六安市饮用水水源环境保护条例》	2017年9月29日通过，2018年1月1日起施行
	《宿州市饮用水水源地保护条例》	2018年8月29日通过，2019年1月1日起施行
	《滁州市市区饮用水水源保护条例》	2016年10月28日通过，2017年1月1日起施行
江苏	《江苏省水利工程管理条例》	1986年9月9日通过，1987年1月1日起施行，1994年6月25日第一次修正，1997年7月31日第二次修正，2004年6月17日第三次修正，2017年6月3日第四次修正，2018年11月23日第五次修正
	《江苏省水资源管理条例》	1993年12月29日通过，1997年7月31日第一次修正，2003年8月15日修订，2003年10月1日起施行，1989年10月25日通过的《江苏省城镇供水资源管理条例》同时废止，2017年6月3日第二次修正，2018年11月23日第三次修正
	《江苏省防洪条例》	1999年6月18日通过、7月1日起施行，2010年9月29日第一次修正，2017年6月3日第二次修正，2018年11月23日第三次修正
	《江苏省渔业管理条例》	2002年12月17日通过，2003年3月1日起施行，《江苏省实施〈中华人民共和国渔业法〉办法》同时废止，2004年8月20日第一次修正，2010年9月29日第二次修正，2012年1月12日第三次修正，2018年3月28日第四次修正，2019年3月29日第五次修正
	《江苏省湖泊保护条例》	2004年8月20日通过，2005年3月1日起施行，2012年1月12日第一次修正，2018年11月23日第二次修正

续表

省别	地方性法规名称	通过、施行、修订、修正、废止情况
江苏	《江苏省人民代表大会常务委员会关于加强饮用水源地保护的决定》	2008 年 1 月 19 日通过、3 月 22 日起施行，2012 年 1 月 12 日第一次修正，2018 年 11 月 23 日第二次修正
	《江苏省城乡供水管理条例》	2010 年 11 月 19 日通过，2011 年 3 月 1 日起施行
	《江苏省水库管理条例》	2011 年 7 月 16 日通过、10 月 1 日起施行，2017 年 6 月 3 日第一次修正，2018 年 11 月 23 日第二次修正
	《江苏省通榆河水污染防治条例》	2012 年 1 月 12 日通过、4 月 1 日起施行，2002 年 12 月 17 日通过的《江苏省人民代表大会常务委员会关于加强通榆河水污染防治的决定》同时废止，2018 年 3 月 28 日修正
	《江苏省水土保持条例》	2013 年 11 月 29 日通过，2014 年 3 月 1 日起施行，1994 年 12 月 30 日通过的《江苏省实施〈中华人民共和国水土保持法〉办法》同时废止，2017 年 6 月 3 日修正
	《江苏省节约用水条例》	2016 年 1 月 15 日通过，5 月 1 日起施行
	《江苏省湿地保护条例》	2016 年 9 月 30 日通过，2017 年 1 月 1 日起施行
	《江苏省河道管理条例》	2017 年 9 月 24 日通过，2018 年 1 月 1 日起施行
	《盐城市黄海湿地保护条例》	2019 年 6 月 21 日通过，9 月 1 日起施行
	《徐州市排水与污水处理条例》	2019 年 3 月 1 日起施行
	《连云港市集中式饮用水水源保护条例》	2019 年 3 月 1 日起生效
	《宿迁市古黄河马陵河西民便河水环境保护条例》	2019 年 1 月 1 日起施行
	《连云港市滨海湿地保护条例》	2018 年 3 月 1 日起施行
	《扬州市河道管理条例》	2017 年 1 月 1 日起施行
	《泰州市水环境保护条例》	2016 年 10 月 1 日起施行
	《徐州市节约用水条例》	2008 年 3 月 1 日起施行
	《徐州市堤坝管理条例》	2004 年 9 月 23 日通过，2004 年 10 月 22 日第一次修正，2006 年 1 月 10 日第二次修正
	《徐州市河道采砂管理条例》	2006 年 4 月 1 日起施行
	《徐州市地下水资源管理条例》	2004 年 9 月 1 日起施行
山东	《山东省南水北调条例》	2015 年 4 月 1 日通过，5 月 1 日起施行
	《山东省水资源条例》	2017 年 9 月 30 日通过，2018 年 1 月 1 日起施行，1996 年 8 月 11 日通过、2010 年 9 月 29 日修改的《山东省取水许可管理办法》及 2005 年 11 月 25 日通过、2012 年 1 月 13 日修改的《山东省实施〈中华人民共和国水法〉办法》同时废止
	《山东省南水北调工程沿线区域水污染防治条例》	2006 年 11 月 30 日通过，2007 年 1 月 1 日起施行，1994 年 1 月 17 日通过的《山东省南四湖流域水污染防治条例》同时废止，2018 年 1 月 23 日修正
	《山东省湖泊保护条例》	2012 年 9 月 27 日通过，2013 年 1 月 1 日起施行，2018 年 1 月 23 日修正

续表

省别	地方性法规名称	通过、施行、修订、修正、废止情况
山东	《山东省实施〈中华人民共和国渔业法〉办法》	2002 年 11 月 22 日通过，2003 年 1 月 1 日起施行，1987 年 9 月 1 日通过、1987 年 12 月 26 日第一次修正、1990 年 6 月 27 日第二次修正的《山东省实施〈中华人民共和国渔业法〉办法》同时废止，2010 年 9 月 29 日第一次修正，2012 年 1 月 13 日第二次修正，2018 年 1 月 23 日第三次修正
	《山东省水污染防治条例》	2018 年 9 月 21 日通过、12 月 1 日起施行，2000 年 10 月 26 日通过的《山东省水污染防治条例》同时废止
	《山东省环境保护条例》	1996 年 12 月 14 日通过，2001 年 12 月 7 日修正，2018 年 11 月 30 日修订，2019 年 1 月 1 日起施行

资料来源：中华人民共和国司法部，安徽人大、江苏人大、山东人大，河南省水利厅及生态环境厅、安徽省水利厅及生态环境厅、江苏省水利厅及生态环境厅、山东省水利厅及生态环境厅等政府部门官网

二、水资源环境行政规章和规范性文件

根据《中华人民共和国宪法》和《中华人民共和国立法法》，国务院及所属的水利部、生态环境部等部门、淮河流域各省人民政府和省人民政府所在地的市及设区市的人民政府，可以根据法律法规，在本部门和本省、市的权限范围内，制定和颁布水资源环境方面的行政规章。

（一）水资源环境行政规章

一是国务院及其所属水利部、生态环境部等部门各自颁布的水资源环境行政规章。国务院颁布的关于水资源环境方面的行政规章以国发文号发布，水利部、生态环境部（曾经的环保部或国家环保总局）制定的关于水资源环境方面的行政规章以部令文号颁布，具体见表 4-2。

表 4-2　国务院及其所属水利部、生态环境部颁布的水资源环境行政规章一览表

序号	规章名称	文号	发布机关	发布时间	施行、修正、修订、废止情况
1	《水利工程水费核订、计收和管理办法》	国发〔1985〕94 号	国务院	1985 年 7 月 22 日	自发布之日起施行，1965 年 10 月 13 日国务院批转水利电力部制定的《水利工程水费征收、使用和管理试行办法》同时废止
2	《黄河、长江、淮河、永定河防御特大洪水方案》	国发〔1985〕79 号	国务院	1985 年 6 月 25 日	根据《国务院关于宣布失效一批国务院文件的决定》（国发〔2016〕38 号），此文件已宣布失效
3	《水行政处罚实施办法》	水利部令第 8 号	水利部	1997 年 12 月 26 日	自发布之日起施行，1990 年 8 月 15 日水利部发布的《违反水法规行政处罚暂行规定》和《违反水法规行政处罚程序暂行规定》同时废止

序号	规章名称	文号	发布机关	发布时间	施行、修正、修订、废止情况
4	《水土保持生态环境监测网络管理办法》	水利部令第 12 号	水利部	2000 年 1 月 31 日	自发布之日起实施，根据 2014 年 8 月 19 日《水利部关于废止和修改部分规章的决定》修正
5	《水政监察工作章程》	水利部令第 13 号	水利部	2000 年 5 月 15 日	自发布之日起施行，1990 年 8 月 15 日发布的水利部令第 1 号《水政监察组织暨工作章程（试行）》同时废止。根据 2004 年 10 月 21 日《水利部关于修改〈水政监察工作章程〉的决定》修正
6	《水行政许可实施办法》	水利部令第 23 号	水利部	2005 年 7 月 8 日	自发布之日起施行
7	《水量分配暂行办法》	水利部令第 32 号	水利部	2007 年 12 月 5 日	自 2008 年 2 月 1 日起施行
8	《入河排污口监督管理办法》	水利部令第 22 号	水利部	2004 年 11 月 30 日	自 2005 年 1 月 1 日起施行，根据 2015 年 12 月 16 日《水利部关于废止和修改部分规章的决定》修正
9	《水权交易管理暂行办法》	水利部水政法〔2016〕156 号	水利部	2016 年 4 月 19 日	自印发之日起施行
10	《取水许可管理办法》	水利部令第 34 号	水利部	2008 年 4 月 9 日	自公布之日起施行，1994 年 6 月 9 日水利部发布的《取水许可申请审批程序规定》（水利部令第 4 号）、1996 年 7 月 29 日水利部发布的《取水许可监督管理办法》（水利部令第 6 号）及 1995 年 12 月 23 日水利部发布并经 1997 年 12 月 23 日修正的《取水许可水质管理规定》（水政资〔1995〕485 号、水政资〔1997〕525 号）同时废止。根据 2015 年 12 月 16 日《水利部关于废止和修改部分规章的决定》第一次修正，根据 2017 年 12 月 22 日《水利部关于废止和修改部分规章的决定》第二次修正
11	《水利部行政复议工作暂行规定》	水利部水政法〔1999〕552 号	水利部	1999 年 10 月 18 日	自公布之日起施行，根据 2017 年 12 月 22 日《水利部关于废止和修改部分规章的决定》修正
12	《排污许可管理办法（试行）》	环保部令第 48 号	环保部	2018 年 1 月 10 日	2017 年 11 月 6 日由环境保护部部务会议审议通过，自公布之日起施行
13	《突发环境事件应急管理办法》	环保部部令第 34 号	环保部	2015 年 4 月 16 日	2015 年 3 月 19 日由环境保护部部务会议通过，2015 年 6 月 5 日起施行
14	《突发环境事件调查处理办法》	环保部部令第 32 号	环保部	2014 年 12 月 19 日	2014 年 12 月 15 日由环境保护部部务会议审议通过，自 2015 年 3 月 1 日起施行
15	《环境行政处罚办法》	环保部部令第 8 号	环保部	2010 年 1 月 19 日	2009 年 12 月 30 日修订通过，自 2010 年 3 月 1 日起施行，1999 年 8 月 6 日原国家环境保护总局发布的《环境保护行政处罚办法》同时废止

续表

序号	规章名称	文号	发布机关	发布时间	施行、修正、修订、废止情况
16	《环境行政复议办法》	环保部部令第4号	环保部	2008年12月30日	2008年11月21日通过，自公布之日起施行，原国家环境保护总局2006年12月27日发布的《环境行政复议与行政应诉办法》同时废止
17	《环境信访办法》	环保总局令第34号	国家环保总局	2006年6月24日	2006年第5次局务会议通过，自2006年7月1日起施行，原国家环境保护局1997年4月29日发布的《环境信访办法》同时废止

资料来源：中华人民共和国中央人民政府、中华人民共和国水利部、中华人民共和国生态环境部官网

二是水利部、生态环境部等联合有关部门、淮河流域各省地方政府共同发布的水资源环境行政规章。根据宪法和法律，如果某个水资源环境方面的事项涉及两个以上国务院部门职权范围，除应当提请国务院制定行政法规之外，还可以由国务院有关部门联合制定规章，具体见表4-3。

表4-3 水利部、生态环境部等联合有关部门、淮河流域各省政府共同发布的水资源环境行政规章一览表

序号	规章名称	文号	发布机关	发布时间	施行、修正、修订、废止情况
1	《饮用水水源保护区污染防治管理规定》	（89）环管字第201号	国家环保局、卫生部、建设部、水利部、地矿部	1989年7月10日	自公布之日起施行，根据2010年12月22日《环境保护部关于废止、修改部分环保部门规章和规范性文件的决定》修正
2	《河道采砂收费管理办法》	水财〔1990〕16号	水利部、财政部、国家物价局	1990年6月20日	自公布之日起施行
3	《占用农业灌溉水源、灌排工程设施补偿办法》	水政资〔1995〕457号	水利部、财政部、国家计委	1995年11月13日	自发布之日起施行，根据2014年8月19日《水利部关于废止和修改部分规章的决定》修正
4	《水利工程供水价格管理办法》	国家发展改革委、水利部部令第4号	国家发展改革委、水利部	2003年7月3日	自2004年1月1日起施行
5	《河道管理范围内建设项目管理的有关规定》	水政〔1992〕7号	水利部、国家计委	1992年4月3日	根据2017年12月22日《水利部关于废止和修改部分规章的决定》修正
6	《关于淮河流域防止河道突发性污染事故的决定（试行）》	（90）环管字第272号	国家环保局、水利部及河南、安徽、江苏、山东四省人民政府	1990年6月15日	自颁布之日起施行

资料来源：中华人民共和国水利部官网；水利部淮河水利委员会、《淮河志》编纂委员会编：《淮河志 第1卷 淮河大事记》，第281页；水利部淮河水利委员会、《淮河志》编纂委员会编：《淮河志 第6卷 淮河水利管理志》，第38页

三是淮河流域各省、设区市人民政府发布的水资源环境行政规章。中华人民共和国成立后，流域各省、设区的市人民政府颁布了一系列关于水利工程管理、农田水利和水土保持、水污染防治等方面的地方性行政规章，在淮河流域水资源环境保护和建设中发挥了很大作用。具体见表4-4。

表4-4　河南、安徽、江苏、山东四省发布的水资源环境行政规章一览表

省别	规章名称	文号	发布机关	发布时间	通过、施行、修正情况
河南	《河南省小型水库管理办法》	省政府令第171号	河南省人民政府	2015年12月22日	2015年12月11日通过，自2016年2月1日起施行
	《河南省河道采砂管理办法》	省政府令149号	河南省人民政府	2012年11月20日	2012年10月26日通过，自2013年4月1日起施行
	《河南省实施〈中华人民共和国抗旱条例〉细则》	省政府令第134号	河南省人民政府	2010年12月13日	2010年11月15日通过，自2011年1月1日起施行
	《河南省取水许可和水资源费征收管理办法》	省政府令第126号	河南省人民政府	2009年5月15日	2009年4月23日通过，自2009年7月1日起施行
安徽	《安徽省城市污水处理费管理暂行办法》	省政府令第183号	安徽省人民政府	2005年4月24日	2005年4月13日通过，自2005年6月1日起施行
	《安徽省取水许可和水资源费征收管理实施办法》	省政府令第212号	安徽省人民政府	2008年7月7日	2008年6月23日通过，自2008年10月1日起施行
	《安徽省河道采砂管理办法》	省政府令第223号	安徽省人民政府	2009年6月24日	2009年6月15日通过，自2009年8月1日起施行
	《安徽省农村饮水安全工程管理办法》	省政府令第238号	安徽省人民政府	2012年2月29日	2012年2月3日通过，自2012年5月1日起施行
江苏	《江苏省排放水污染物许可证管理办法》	省政府令第74号	江苏省人民政府	2011年7月30日	2011年7月23日通过，自2011年10月1日起施行
	《江苏省建设项目占用水域管理办法》	省政府令第87号	江苏省人民政府	2013年1月28日	2012年1月4日通过，2013年3月1日起施行。根据2018年5月6日江苏省人民政府令第121号第一次修正，根据2018年12月31日江苏省人民政府令第127号第二次修正
	《江苏省污水集中处理设施环境保护监督管理办法》	省政府令第71号	江苏省人民政府	2011年5月7日	2011年4月14日通过，自2011年7月1日起施行
山东	《山东省农田水利管理办法》	省政府令第261号	山东省人民政府	2013年5月2日	2013年4月15日通过，自2013年8月1日起施行
	《山东省湿地保护办法》	省政府令第257号	山东省人民政府	2013年12月26日	2012年11月28日通过，自2013年3月1日起施行
	《山东省小型水库管理办法》	省政府令第242号	山东省人民政府	2011年11月24日	2011年11月3日通过，自2012年1月1日起施行
	《山东省农村公共供水管理办法》	省政府令第212号	山东省人民政府	2009年6月12日	2009年5月27日通过，自2009年8月1日起施行

续表

省别	规章名称	文号	发布机关	发布时间	通过、施行、修正情况
山东	《山东省节约用水办法》	省政府令第160号	山东省人民政府	2003年7月1日	2003年1月7日通过，自2003年8月1日起施行
	《山东省水资源费征收使用管理办法》	省政府令第135号	山东省人民政府	2002年2月28日	2002年1月14日通过，自2002年4月1日起施行
	《山东省环境污染行政责任追究办法》	省政府令第138号	山东省人民政府	2002年4月6日	2002年3月18日通过，自2002年5月1日起施行
	《山东省沂沭河流域水污染防治办法》	省政府令第73号	山东省人民政府	1996年7月15日	自1996年8月1日起施行
	《山东省实施〈中华人民共和国防汛条例〉办法》	省政府令第64号	山东省人民政府	1996年1月3日	自1996年2月1日起施行
	《山东省实施〈水库大坝安全管理条例〉办法》	省政府令第53号	山东省人民政府	1994年6月3日	自1994年7月1日起施行

资料来源：河南省人民政府、安徽省人民政府、江苏省人民政府、山东省人民政府官网

（二）水资源环境管理的规范性文件

这里所说的水资源环境管理的规范性文件，主要是指法律范畴以外的其他具有约束力的非立法性文件。各级人民政府及所属的水利、生态环境保护等政府部门所发布的规范性文件则是指除水资源环境方面的政府规章外，在本行政区域或其管理范围内具有普遍约束力，在一定时间内相对稳定、能够反复适用的水资源环境管理的行政措施、决定、命令等行政规范文件的总称。例如，1981年10月7日国务院发布的《国务院批转水利部关于对南四湖和沂沭河水利工程进行统一管理的请示的通知》中指出：为了对沂沭泗水系统一规划、统一计划、统一管理，国务院批准水利部的请示，在治淮委员会领导下成立沂沭泗水利工程管理局（后改名为沂沭泗水利管理局），对沂沭泗主要河道、湖泊和枢纽实行统一管理和调度运用，处理有关水事纠纷等。1983年3月28日，国务院办公厅印发《关于抓紧进行南水北调东线第一期工程有关工作的通知》，决定批准南水北调东线第一期工程方案，同时着手对第二期工程方案（调水至天津）进行论证。1986年7月17日，国务院下发《国务院批转水利电力部关于"七五"期间治淮问题报告的通知》，希望各地根据通知精神抓紧落实具体实施计划。[①]1988年1月17日，国务院环境保护委员会发布《国务院环境保护委员会关于对"关于成立淮河流域水资源保护领导小组的请示"的批复》，同意由淮河流

---

① 水利部淮河水利委员会水政水资源处编：《淮河流域省际水事纠纷资料汇编》，第35、48—54页。

域四省人民政府、水利部、国家环保局、治淮委员会共同组成淮河流域水资源保护领导小组,对淮河流域水资源保护、水污染防治等有关事项实行统一领导,领导小组下设办公室,为其日常办事机构,办公室设在淮河水资源保护办公室[①],等等。

国务院所属的水利部、生态环境部也发布过关于淮河流域水资源环境管理方面的规范性文件。为了解决淮河流域水利纠纷,水利部于 1957 年 11 月 2 日拟定了《关于解决淮河流域水利纠纷的原则意见》。该文件认为 1957 年 8 月 3 日国务院批转水利部《关于用水和排水纠纷的处理意见的报告》中提出的五条意见亦适用于淮河流域,但还感不足,特做以下补充:其一,凡是进行有关邻省、邻县、邻区、邻社地区和有关方面的防汛、排涝、灌溉和临时性的分洪、滞洪、行洪等水利工程的规划设计工作,必须从全面出发,权衡轻重,比较利弊,使地区之间、上下游之间、两岸之间,防洪、排涝、蓄水、排水等方面统筹兼顾,合理安排。其二,凡是举办与相邻地区有关的水利设施,原则应是小利服从大利,大利照顾小利。在不得已的情况下,如使局部地区群众受到损失时,要妥善地对该区群众进行安置,使其生产和生活条件不低于做工程以前。其三,与相邻地区有利害关系的闸、坝、水库和临时性的分洪、滞洪、行洪工程,有关方面在汛期前必须进行协商,制定出控制运用办法,汛期依照执行。其四,对于已发生的水利纠纷,有关方面必须及时地毫不拖延地主动查明情况,从照顾全局、相互关怀的精神出发,并参照历史情况,尽量减少损失,兼顾双方利益,实事求是,团结合作,协商处理。其五,水利纠纷在协商期间,地方党政领导部门必须负责说服群众防止闹事,如发生事故由所属地区的人民委员会负责。其六,参加解决纠纷的人员如有严重的本位主义,坚持无理要求,致使问题不能解决和弄虚作假,欺骗组织,拨弄是非,破坏团结,以及不执行协议的干部,经有关方面提出查明后,应根据国务院关于国家行政机关工作人员的奖惩暂行规定处理。其七,为了贯彻执行协议,必要时上一级领导机关可派代表监督执行。其八,达成协议后,有关部门应报上级领导机关和监督部门备案。[②]水利部还于 2000 年 7 月 1 日印发《关于发布〈重大水污染事件报告暂行办法〉的通知》,2019 年 5 月 13 日印发《水利部关于印发河湖违法陈年积案"清零"行动实施方案的通知》,

---

① 水利部淮河水利委员会、《淮河志》编纂委员会编:《淮河志 第 6 卷 淮河水利管理志》,第 37 页。
② 苏广智编著:《淮河流域省际边界水事概况》,第 2—3 页。

2019 年 12 月 26 日印发《水利部关于印发河湖管理监督检查办法（试行）的通知》。2008 年 7 月 7 日，环境保护部印发《关于预防与处置跨省界水污染纠纷的指导意见》。2017 年 6 月 13 日，国家发展改革委、水利部联合印发《关于淮河水量分配方案的批复》，等等。

水利部淮河水利委员会作为水利部的派出机构，近年来也印发了不少关于淮河流域水资源环境管理的规范性制度文件。一是为及时有效地预防和调处淮河流域省际水事纠纷，水利部淮河水利委员会印发并施行了《淮河流域省际水事纠纷应急处置预案》。二是为加强防汛工作，水利部淮河水利委员会制定印发了《淮委防汛会商制度》。三是为加强和规范淮河流域大型开发建设项目水土保持监督检查工作，水利部淮河水利委员会印发了《淮河流域及山东半岛大型开发建设项目水土保持监督检查办法（试行）》。四是为了建立健全应对淮河流域突发水污染事件应急机制，水利部淮河水利委员会制定印发了《淮委应对突发性水污染事件应急预案》。五是为规范水旱灾害防御应急响应工作程序和应急响应行动，水利部淮河水利委员会制定印发了《水利部淮河水利委员会水旱灾害防御应急响应工作规程（试行）》，等等。

河南、安徽、江苏、山东各省人民政府也结合本省的实际情况，出台了很多水资源环境管理的行政规范性文件。例如，河南省人民政府于 2012 年 10 月 11 日印发《关于实施河南省流域水污染防治规划（2011—2015 年）的通知》，2015 年 12 月 31 日印发《关于印发河南省碧水工程行动计划（水污染防治工作方案）的通知》，2017 年 1 月 6 日印发《关于打赢水污染防治攻坚战的意见》，等等。在安徽省，2003 年 6 月 30 日印发《关于做好当前淮河防汛工作的紧急通知》，2006 年 3 月 21 日印发《关于认真做好枯水期淮河流域水污染防治工作的紧急通知》，2008 年 6 月 2 日印发《关于淮河安徽段实行主汛期禁止采砂的通知》，2013 年 11 月 14 日印发《关于印发安徽省淮河河道采砂管理规定的通知》，2019 年 6 月 25 日印发《关于安徽省淮河流域重要行蓄洪区建设与管理工程占地范围内停止新增建设项目和控制人口迁入的通告》，等等。在江苏省，2014 年 12 月 31 日印发《关于禁止在淮河入海水道二期工程建设范围内新增建设项目和迁入人口的通告》，2016 年 7 月 13 日印发《关于禁止在江苏省淮河流域重点平原洼地近期治理工程建设范围内新建建设项目和迁入人口的通告》，2017 年 4 月 12 日印发《关于禁止在洪泽湖周边滞洪区建设工程建设范围内新增建设项目和迁入人口的通告》①，等等。在山东，1990 年 2 月 24 日山东省水利厅印发《山东省取水登记办法》，1990 年 12 月 27 日山东省水利厅印发《山东省水库土坝安全监测工作暂行规定》②，等等。

淮河流域各省的水利、环保部门也根据各地实际情况，制定颁布了一些涉及流域水资源环境管理方面的规范性文件，如安徽省级环保部门制定颁布了一些涉及水污染防治的规范性文件，见表 4-5。

表 4-5　安徽省级环保部门制定颁布的部分水污染防治规范性文件情况表

序号	名称	文号	发布机关	发布时间
1	《关于切实加强淮河、巢湖流域 5000 吨以下造纸厂化学制浆设备关停工作的通知》	环法规〔1996〕98 号	安徽省环保局	1996 年 6 月 18 日
2	《安徽省淮河流域工业污染源废水达标排放验收实施办法》	淮水防组〔1997〕2 号	安徽省环保局	1997 年 8 月 16 日
3	《关于〈中华人民共和国水污染防治法实施细则〉的贯彻实施意见》	环法规〔2000〕40 号	安徽省环保局	2000 年 6 月 27 日
4	《关于转发〈淮河流域水污染防治"十五"计划〉的通知》	环水〔2003〕46 号	安徽省环保局	2003 年 4 月 1 日
5	《转发〈关于严格执行城镇污水处理厂污染物排放标准〉的通知》	环科〔2005〕155 号	安徽省环保局	2005 年 12 月 16 日
6	《关于印发〈安徽省地表水水质自动监测站管理办法〉的通知》	环办〔2010〕22 号	安徽省环保厅	2010 年 2 月 8 日

资料来源：安徽省地方志编纂委员会办公室编：《安徽省志·环境志》，第 345—347 页

淮河流域各地设区的市人民政府对本市的水资源环境与水事纠纷问题也经常会制定发布一些行政规范性文件。例如，许昌市水利部门根据许昌市的实际情况和需要，制定了水资源环境管理方面的一些规定、办法或标准。1958 年后，平原地区由于执行"以蓄为主"的水利方针，打乱了自然排水体系，水利纠纷屡有发生。为此，中共许昌地委于 1959 年 6 月制定颁布了《关于解决水利纠纷问题的几项规定》，其中要求对过去的水利纠纷，已经订立过协议的，仍按原协议执行；若情况有变化，原协议不符合新的情况时，应主动协商订立新的协议，在新协议未订好以前，原来的协议仍然有效。对已经出现的水利纠纷，双方应主动解决，经过协商仍解决不了的，速报中共许昌地委处理。在未达成协议或未经地委处理以前，双方县委负责说服群众保持原状，听候处理。汛期中不准在河道里堵坝或在堤岸

① 江苏省人民政府官网；水利部淮河水利委员会、《淮河志》编纂委员会编：《淮河志 第 6 卷 淮河水利管理志》，第 40 页。
② 水利部淮河水利委员会、《淮河志》编纂委员会编：《淮河志 第 6 卷 淮河水利管理志》，第 40、42 页。

上扒口引水。为了保护堤岸需要做挑水坝时，必须得到对岸的同意。水库在放水以前，必须通知下游做好准备，以免措手不及造成损失[1]，等等。

以上说的都是国家和政府层面关于淮河流域水资源环境方面的法律法规和行政规章及行政规范性文件。但是我国历史上一直有官府治理和民间治理相结合的传统，所谓"官有正条，各宜遵守；民有私约，各依规矩"[2]，在中国传统社会历来是一种广泛的存在。俗例、乡约、规则、公约、约束等民间规约或者称习惯法[3]，属于民间群众组织、协会、团体等制定的非立法性规范文件，和国家法律法规及政府规章共存，互为补充，官民互动，共同维系着国家的正常运转和经济社会的有序发展。

淮河流域历史上就有很多农田水利方面的民间塘约、塘册、公约、规则、规例、约束等，这种传统在中华人民共和国成立以后的流域各地乡村小规模农田水利工程管理方面一直有较好的传承。有两个典型的例子可以很好地说明这一点。第一个例子是民间蓄水灌溉的规范文件即合肥市肥西县的《关塘使水公约》。据《合肥市水利志》记载，关塘是肥西县中份、曹祠、双枣三个大队共同使水灌溉的一口池塘，坐落在丰乐、上派公路西首，曹大郢东首，容水面积 180 亩，香水共 86 支（"香水"即以燃香计时放水）。由于容水量多，灌溉面积大，虽有清代塘示，但仍时有纠纷。为有利于团结和发展生产，经三个大队和所有在关塘使水的各生产队讨论研究，于 1964 年 7 月 30 日重新制定了使水公约。《关塘使水公约》规定：

中份大队：夹五生产队执香水肆支半，路东生产队执香水伍支半，路中生产队执香水拾支整，路西生产队执香水拾三支三厘，路南生产队执香水拾肆支柒厘。

曹祠大队：关南生产队执香水拾玖支正，关东生产队执香水拾玖支正，关西生产队使浮水拾四丘计拾伍亩伍分，其中淹田四丘伍亩五分。关北生产队，使浮水二丘计三亩五分。

双枣大队：斋公郢生产队使浮水拾一丘，拾四亩正，其中淹田六丘七亩五分。街东生产队使浮水三丘计伍亩伍分。

根据以上所定香支数，制定以下制度：

1. 香水，按香支数，限香不限田。

---

① 许昌市水利志编纂委员会编：《许昌市水利志》，内部资料，2000 年，第 407—408 页。
② 《清道光十八年仲秋月安徽省祁门县滩下村永禁碑》，原碑现立于安徽省祁门县渚口乡滩下小学门前。转引自卞利：《论明清时期的民间规约与社会秩序》，《史学集刊》2019 年第 1 期。
③ 梁治平：《清代习惯法：社会与国家》，北京：中国政法大学出版社，1996 年，第 167 页。

2. 使浮水田亩，赔淹不赔干，塘内有水就车，只限在踏看后指定田亩，不准串水。在车水时，要接受塘下人监督，如有串水现象，原在该塘使用浮水的一律冲消。另外，在车水时，不能阻拦塘下放水。如今后兴修加埂，原有淹田拾丘拾三亩，不准再扩大淹田面积。如扩大影响塘下田亩产量，由淹田户负担。

3. 塘内不准栽蒲草，塘下埂不准种瓜菜和各种庄稼。

4. 塘内如养鱼时，任何一方都不准私自下塘捕捞；不放养鱼时，捕野鱼互不干涉。

5. 如开挖放水决和开涵，都要经水利管理委员会批准，任何单方都不准私自乱放塘水。

6. 封丘打坝需用土时，要经水利管理委员会研究同意后，方得动用。

7. 开涵：全塘三处，塘下两处，塘东壹处。

8. 使浮水具体分布：第一路，涵口西两丘，一亩五分，两排田；第二路，三丘，四亩，三排田；第三路，小塘西三丘，四亩，三排田，内有淹田一丘，二亩五分；第四路，八丘，九亩五分，五排田，内有淹田两排，三丘，三亩；第五路，五丘，八亩，五排田，内有淹田二排，二丘，四亩五分；第六路，水沟沿二丘，三亩；第七路，曹圩西淹田四丘，三亩；关塘东南旭三丘，五亩五分（马路沿）。

以上公约自订后各方面都应严格遵守，如有不执行者，发生纠纷，由不执行制度者负责。①

第二个例子是民间引水灌溉的规范性文件，即《北淝河引水工程控制运用办法（初稿）》。北淝河引水工程关系到怀远、固镇、五河及蚌埠三县一市 48 万亩农田的灌溉排水效益，为了更好地为农业增产服务，保障人民生命财产安全，1966 年 11 月 11 日出台了《北淝河引水工程控制运用办法（初稿）》。这个办法由宿县专区水利局提出，经三县一市的代表所组成的北淝河引水工程管理委员会全体会议讨论修改补充定稿后，由北淝河引水工程管理所执行。北淝河引水工程管理委员会由怀远水利局，沙沟区、位庄区、固镇水利局，曹老集区、五河水利局，沫河口区、蚌埠水管所，蚌埠郊区和专区水利局等单位代表组成，下设北淝河引水工程管理所（人员由专区配备）负责日常管理工作。该办法规定：

————————————

① 《合肥市水利志》编纂委员会编：《合肥市水利志》，第 280—281 页。

......

四、北淝河引水工程两岸堤防高程为 19.0—18.5 米，汛前应进行一次检查，发动沿堤群众培修。汛期防守堤段按地界划分，由当地社队负责。

五、沿河社队不得拦河打坝、破堤。

六、灌溉季节蚌埠闸闸上水位高于 17.5 米。许郢闸应控制尹口闸上水位不低于 17.07 米，尹口闸控制闸下水位不低于 16.90 米，黄家渡闸控制闸下水位不低于 14.94 米，北淝闸控制内水不低于 14.0 米。当蚌埠闸水位为 17.0 米时，许郢闸应使尹口闸上水位不低于 16.5 米。蚌埠闸水位低于 17.0 米时，提升许郢闸使闸上、下水位差不大于 0.1 米。尹口闸和黄家渡闸全开，北淝闸关闭。

七、因固镇的水田较多，洼地多在其境内，降雨后如需排水，由固镇水利局提出，应立即关闭尹口闸并敞开黄家渡闸、北淝闸由五河视淮水高低决定启闭。

八、许郢、尹口、黄家渡、北淝等闸汛期应将每日水位和闸门启闭情况电告三县一市和专区防汛指挥部，非汛期五日信报前述各单位。

九、尹口闸和黄家渡闸由北淝河引水工程管理所直接管理，并负责该两闸检修、启闭等工作。[1]

该办法只是初稿，所以规定有效期暂定一年，经过一年的实践经验证明后由北淝河引水工程管理所报请北淝河引水工程管理委员会全体成员研究修改或续用。

第二节　加强水资源环境管理

在人类社会历史的发展进程中，当人类开始定居并发展农业以后，就形成了人与土地和水的密切关系。在人们的生活和生产活动中，必须共防水害，共用水源，这构成了人类社会最早的水事活动。对这类水事活动的

---

① 五河县水利局史志编撰委员会编：《五河县水利志》，第153页。

管理，就是最早的水事管理。水系的流域性、流动性及水环境的有限承载性，加上水资源管理的传统方式就是按照行政区划来管理，造成了水事关系日益复杂化，这就要求具体的水事管理主体不能各行其是，需要有一种力量能协调、指导这种分散式水事管理活动，以不断提高其科学性、有效性，这是产生水资源环境规划的宏观基础。水资源环境规划为水资源环境管理活动提供依据，具有调控、指导和约束的作用；水资源环境管理活动则是实现水资源环境总体规划目标的有效途径，对水资源环境总体规划的科学合理性具有检验作用。

一、制定水资源环境规划

淮河水资源环境规划主要包括淮河流域综合规划及综合规划在若干主要方面、重点领域展开和深化的专项规划。在明清以来淮河流域水资源管理和综合治理的历史上，治淮规划、治淮方略先行，是一条早已被治淮实践证明了的重要成功经验。中华人民共和国刚成立，就遭遇了淮河大水灾。为了系统修治淮河，一开始就规划先行，此后每逢大水灾推动淮河大规模治理，都要进行相应的流域规划或补充、修订已有的规划。可以说，淮河流域规划就是淮河水资源环境管理和建设总体部署及宏观决策的基础。

中华人民共和国成立以来，淮河曾先后进行过五次不同范围、不同深度的流域性综合规划，包括水资源配置、防洪除涝、水资源开发利用、水资源保护、水土保持、农村水利、航运、水力发电、地下水开发利用和保护、河道湖泊岸线利用管理、流域综合管理等规划。至于地区规划、专项规划、工程项目规划等，各有关部门更是经常根据各自的需要而不断修订完善。

（一）1951年淮河流域综合规划

1949 年汛期，淮河及沂沭泗河中下游因同时发生大水而受灾严重，所以汛后各有关部门一方面积极开展水毁工程修复和救灾工作，另一方面开始进行各种治理规划准备工作。同年 10 月，以刘宠光、汪胡桢为正、副局长的淮河水利工程总局编制完成了《1949 年冬至 1950 年春淮河水利事业计划》。针对 1949 年淮河灾情和当时的条件，确定淮河中游着重防洪，以筑堤、疏浚、修建涵闸等工程为主；下游为增加城乡物资交流，以修复淮阴船闸等为主，并开展皖北淮河干支流复堤测量和河道测量及洪泽湖区地形测量等工作。12 月 24—27 日，华东水利部召开华东水利会议，提出 1950 年华东水利事业的方针任务：以防洪排水为中心，进行长江、淮河堵口复堤工程，沂河和沭河的治理，淮阴船闸、惠济船闸的修复工程，苏北棉垦区海堤工程，江淮治本的勘测，水文站的建设，水利实验的实施，以及山东沂蒙山区造林等。[①]

1950 年淮河发生严重水灾，引起了党中央、政务院及有关部门的关怀和重视。7 月 20 日，毛泽东在审阅华东军政委员会关于 1950 年淮河大水受灾情况的电报后，当即批示："除目前防救外，须考虑根治办法，现在开始准备，秋起即组织大规模导淮工程，期以一年完成导淮，免去明年水患。" 8 月 5 日，再次批示："请令水利部限日作作[②]导淮计划，送我一阅。此计划八月份务须作好，由政务院通过，秋初即开始动工。"[③]为此，8 月 13 日，《中央关于治淮问题给华东局的电报》中明确提到根本治淮的计划方案问题："现在的问题是根本治淮的新方案何时可以产生，何时可以开始，又如何使今年水退后的工赈计划能与新方案配合并含（衔）接起来。对这一问题，我们正经由政务院责成水利部加紧计划。"[④]8 月 31 日、9 月 21 日，毛泽东就治淮工作做了第三次、第四次批示，要求治淮工作上、中、下游各省齐动手，"早日勘测，早日做好计划，早日开工"。10 月 14 日，政务院发布《关于治理淮河的决定》，确定"治理淮河的方针，应蓄泄兼筹，以达根治之目的"，以及 1951 年应先行举办的上游、中游工程。[⑤]11 月 8 日，周恩来总理主持召开政务院第 57 次政务会议，在讨论《关于治淮问题的报告》时，又为制定淮河规划提出了以下原则：一是"统筹兼顾，标本兼施"；二是"有福同享，有难同当"；三是"分期完成，加紧进行"；四是"集中领导，分工合作"；五是"以工代赈，重点治淮"。[⑥]

虽然中华人民共和国刚成立，百废待兴，但解除百姓水患之苦的根本治淮事业不能耽搁。大规模投资进行系统治淮，牵涉的问题非常多，任何

---

① 水利部淮河水利委员会、《淮河志》编纂委员会编：《淮河志 第 4 卷 淮河规划志》，第 85—86 页。

② 此处原文如此。

③ 中共中央文献研究室编：《建国以来重要文献选编》第 1 册，北京：中央文献出版社，2011 年，第 307 页。

④ 中共中央文献研究室、中央档案馆编：《建国以来周恩来文稿》第 3 册（1950 年 7 月—1950 年 12 月），北京：中央文献出版社，2008 年，第 157 页。

⑤ 中共中央文献研究室编：《建国以来重要文献选编》第 1 册，第 308、369—371 页。

⑥ 水利部淮河水利委员会、《淮河志》编纂委员会编：《淮河志 第 4 卷 淮河规划志》，第 88 页。

工程都不能草草上马，必须做到规划先行。然而，这么复杂的治淮规划必须充分调研、反复研讨才能最后敲定，不可能仓促编就。为了解决这一矛盾，治淮委员会按治淮任务的轻重缓急，组织大批科技人员和党政干部循序渐进、由点到面地逐步调查，逐步分析，逐步深入，逐步确定，分期分批编制完成了不同阶段的规划，包括《1951 年治淮工程计划纲要》《关于治淮方略的初步报告》《关于治淮方案的补充报告》《淮河流域治涝规划》等。

为贯彻执行政务院治理淮河的决定，治淮委员会于 1950 年 11 月 6—12 日在蚌埠召开第一次全体委员会议。会后不久就编制完成《1951 年治淮工程计划纲要》，其要求是确保完成政务院所规定的蓄洪任务，尽量减少"大雨大灾"的危险；上游"以蓄为主"，中游"蓄泄兼筹"，下游"以泄为主"；在标本兼顾的原则下，结合内河疏浚及沟洫工程修建必要的堤防涵闸工程，以基本解除内涝，克服小雨小灾，保证麦收并尽可能地保证秋收；尽快完成中下游的洪水流量计算及入江水道的勘测规划工作，以利 1952 年进行淮河整理疏浚工程。1951 年 1—4 月，治淮委员会工程部在苏联专家布可夫的协助下，经过实地考察和深入了解淮河基本情况之后，形成了《关于治淮方略的初步报告》，主要内容包括洪水流量分配与控制、山谷水库建设、润河集蓄洪、中游河湖治理、入江水道整治、水资源利用等。[①] 4 月 26日—5 月 2 日，治淮委员会召开第二次全体委员会议，讨论了《关于治淮方略的初步报告》，做出了治淮委员会全体委员会决议。7 月 10—12 日，治淮委员会在蚌埠召开了第三次全体委员会议，着重研究了淮河中游五河以下河道治理方案、入海水道是否开辟及洪泽湖蓄洪水位问题，并向中央报送了《关于治淮方案的补充报告》。

淮河流域涝灾历来甚为严重，因此 1952 年 11 月 22—29 日，治淮委员会召开豫皖苏三省治淮除涝代表会议，在听取各省治涝意见的基础上，综合提出了《关于进一步解决淮河流域内涝问题的初步意见》，确定解决淮河流域内涝的方针是："以蓄为主，以排为辅，采取尽量地蓄，适当地排，排中带蓄（排水沟河上建闸蓄水），蓄以抗旱，因地制宜，稳步前进，使防洪、除涝、防旱三者紧密结合。"治涝规划要求 1952 年的重灾区必须从 1953 年起分别轻重缓急，有计划、有步骤地兴修除涝工程。在第一个五年

---

① 水利部淮河水利委员会、《淮河志》编纂委员会编：《淮河志 第 4 卷 淮河规划志》，第 89—90、99—101 页。

计划期间（1953—1957 年），完成重点蓄水工程和稍加完整的排水系统，以及一批群众性的蓄水、保水的示范工程，以利逐步推广。[①]

中华人民共和国成立初期的淮河流域专项规划还有关于淮河干流的防洪规划，如山谷水库工程规划、湖洼蓄洪工程规划、五河内外水分流工程规划和苏北灌溉总渠工程规划；淮北支流治理规划，包括大洪河治理规划、北淝河治理规划、沱河治理规划、濉河治理规划、唐河治理规划、芡河及泥黑河治理规划、西淝河治理规划、汾泉河治理规划；沂沭泗河流域治理规划，包括导沭整沂规划、导沂整沭规划、南四湖洪水处理方案、沂沭运地区洪水处理方案、泗河地区治理规划等。

（二）1956年淮河流域综合规划

1954 年，淮河水系发生了四五十年一遇的特大洪水，润河集蓄洪控制枢纽失事，淮河中游洪水失去控制，城西湖扒口进洪超蓄，已拦蓄的洪水决堤下泄涌向正阳关以下，沿淮洪水位乃随之迅速上涨，甚至平于或超出两岸堤顶高程，最后引发正南淮堤和淮北大堤禹山坝、毛滩相继决口。下游洪泽湖蒋坝最高水位达 15.23 米，比 1950 年高 1.85 米；三河闸最大下泄流量为 10 700 立方米每秒，比 1950 年大 3750 立方米每秒；里运河西堤经大力抢救，幸免溃决。这就暴露了治淮初期规划采用的治理标准偏低，治理范围太小的问题，必须重新调整规划，提高实际治理标准，扩大有效治理范围。为了治理淮河流域水旱灾害，最后达到修好淮河的目的，治淮委员会组织邀请各有关部门共同进行了首次比较全面、系统的淮河流域综合利用规划工作。

1956 年淮河流域规划的范围为废黄河以南的淮河水系，规划工作自 1954 年汛后开始，至 1956 年 5 月完成，历时近两年，1957 年经修改后缩编为《淮河流域规划提要》。根据江苏、安徽、河南三省及农业部的要求和意见，1956 年淮河流域规划的主要任务是综合制订淮河流域的防洪、除涝、灌溉、航运、水力发电、渔业生产、城市工业供水等水资源综合开发利用的总体发展工程计划。防洪方面，上游兴建山谷水库，以蓄为主，推行水土保持，防止水土流失，结合整修河道，以排为辅；中游扩大湖泊洼地蓄洪容量，扩大河道排洪能力，蓄泄兼筹；下游整治入江水道，开辟入海水道，以泄为主，合理利用洪泽湖拦洪蓄水。除涝方面，规划的水利措

[①] 水利部淮河水利委员会、《淮河志》编纂委员会编：《淮河志 第 4 卷 淮河规划志》，第 102—106 页。

施要与农业措施紧密结合，要保持有利农作物正常生长的土壤含水量。有关具体工程措施，要分情况区别对待：豫东、淮北平原坡水区的上部，易涝易旱，重在建立排水系统，开展沟洫畦田，平整土地，培修地埂，全面拦蓄雨水，减少地面径流，增加地下水源，以利旱涝兼治；在平原坡水区的中游地区，重在疏浚排水河道，修筑堤防，建立排水系统，增强除涝减灾能力；在排水不畅的沿淮、沿河低洼地区，重在调整水系，开源节流，高水高排，修建河口涵闸，防止干支流洪水倒灌，同时建立健全排水系统，圈圩建站，进行稻改，并留足必要的滞涝库容；下游里下河及其滨海地区，重在建闸修堤，防潮御卤，治理河道，圈圩建站，留足必要的蓄水滞涝区；高宝湖地区要在建成入江水道的基础上，安排好经由里下河地区的排水出路，建立健全内部排水系统，以利排水放垦；东部滨海低洼地区，可另建排水系统，独流入海。发展灌溉方面，重在从全局利益出发，协调好上中下游、左右岸和各个经济部门之间的用水矛盾。防止水土流失方面，重在考虑群众发展生产治贫致富的需要，发动群众自己动手自得其利地持久开展水土保持工作，等等。[①]

在编制 1956 年淮河流域规划的中后期，治淮委员会同时着手编制了沂沭泗流域规划。沂沭泗地区虽然经过 1949—1955 年的初步治理，普通洪水得到控制，排涝重要任务也大体完成，但治理标准较低，抗灾能力仍然不足。为了进一步提高该地区的防洪标准，解决内涝灾害，发展灌溉、航运，保证工矿城市供水，水利部于 1955 年责成治淮委员会进行沂沭泗流域全面规划。治淮委员会勘测设计院，山东、江苏、河南治淮总指挥部派人参加，组成规划组开展工作，1957 年完成《沂沭泗流域规划报告（初稿）》，内容包括"流域总述""防止水灾""灌溉""航运""水力发电""水土保持""水工""结论"八卷。由于江苏、山东两省对于修建龙门水库与南四湖分级蓄水等问题的意见分歧，规划未能定案。[②]

（三）1971 年淮河流域综合规划

在 1958—1970 年治淮委员会撤销时期，各省先后治理了自己境内众多

[①] 水利部淮河水利委员会、《淮河志》编纂委员会编：《淮河志 第 4 卷 淮河规划志》，第 138—141 页。

[②] 水利部淮河水利委员会、《淮河志》编纂委员会编：《淮河志 第 4 卷 淮河规划志》，第 195—196 页；王先达：《1956 年淮河流域规划和 1957 年沂沭泗流域规划及治理成效》，《治淮》2018年第 1 期。

的河湖和排水渠系，修建了一大批山谷水库和灌溉工程，取得了不少的成就。但各省之间缺少统一领导、统一规划，因而导致上下游、左右岸的行政区划之间，难免出现统筹兼顾不力，做了一些作用相互抵消的工程。至于有关两省以上全局性的治淮骨干工程，更是难以按计划及时组织实施。尤其严重的是，1958 年治淮委员会的撤销，导致 1956 年和 1957 年编制的淮河流域规划和沂沭泗流域规划中所拟定的淮河中上游干支流治理工程和中游控制工程、淮北新河工程、淮河下游入海水道工程、沂沭泗中下游排洪出路扩大工程等，很多都未付诸实施。

为从根本上解决淮河洪水问题，水电部于 1969 年初在北京召开了豫、皖两省治淮规划工作学习班，不久即下达了《关于豫皖两省淮河规划工作的初步意见》。10 月，国务院成立了治淮规划小组，负责组织领导和协调推动淮河流域规划工作。10 月 19—25 日，国务院在北京召开了治淮规划小组第一次会议，全面部署了规划工作，要求各省在 1970 年 3 月前做出本省的治淮规划，关系到两省的关键工程，由治淮规划小组组织现场查勘规划。1970 年 4 月底，水电部在江苏徐州召集各省及有关部门进行规划工作汇报。6 月 1 日，在北京召开了第二次淮河规划预备会，经过多次汇报和讨论形成了淮河规划报告草稿。10 月，国务院业务组召集豫、皖、苏、鲁四省有关负责人举行治淮规划会议，研究补充了治淮规划报告。1971 年 2 月，治淮规划小组正式向国务院上报了《关于贯彻执行毛主席"一定要把淮河修好"指示的情况报告》及其附件《治淮战略性骨干工程说明》《关于治淮工程若干问题的讨论情况》，这就是 1971 年淮河流域规划报告。①

从 1971 年淮河流域规划报告来看，整个规划强调了继续贯彻执行 1950 年政务院提出的"蓄泄兼筹"的方针，做到长远规划，分期实施，立足于现实；要拿出部分土地，牺牲少部确保大部；要互相支持，上游照顾下游，下游照顾上游。规划内容则主要强调治水与改土相结合，全面开展农田基本建设；抓紧骨干工程配套，治理中小河流；修建一批战略性大型骨干工程，如出山店、张湾、白莲崖、燕山和前坪 5 座大型水库及淮河中游临淮岗洪水控制工程。同时，进一步扩大淮河、沂沭泗河干支流的洪涝水出路，提高防洪排涝标准。在灌溉方面，规划强调在充分开发利用淮河流域自身的地表、地下水资源的基础上，为解决水源不足，还要求引江水、汉水补源。

---

① 水利部淮河水利委员会、《淮河志》编纂委员会编：《淮河志 第 4 卷 淮河规划志》，第 288—293 页；王先达：《1971 年淮河流域规划成果及治理成效》，《治淮》2018 年第 3 期。

（四）1991年淮河流域综合规划

1991 年规划工作从 1982 年就开始启动。1980 年，国民经济进入调整时期。12 月，水利部在北京召开了治淮工作会议，钱正英部长在会议总结中肯定了 30 年的治淮成就，同时也指出了治淮工作存在的问题，如河道管理不力，水土流失加剧，各方面对许多拟建工程还有不同的认识，淮河中上游治理工程的总体部署尚未定案，沂沭泗河下游排洪出路规模尚未定局，新近出现的工矿、城市、航运、水产等部门用水短缺，水资源污染日益加剧等问题。通过讨论一致同意，要把治淮重点转移到管理和规划上来，力求在调整时期管好治淮工程，充分发挥现有工程的潜力，同时定出扎扎实实的前进规划。

为了做好淮河流域的工程管理和规划工作，1981 年上半年，水利部组织淮河干流中上游、淮河干流下游、洪汝河及沙颍河、涡河及涡东洪泽湖以上支流、沂沭河及南四湖 5 个查勘队，对淮河流域进行了调查研究。9 月，水利部在听取、分析上述调查研究成果的基础上，向国务院提出《关于建议召开治淮会议的报告》，明确提出淮河必须统一治理，"三十年来的实践证明，对淮河这样复杂的水系，必须按水系统一治理，决不能按行政区划分而治之。分而治之的后果必然是力量不能集中反而抵消，矛盾不能解决反而加重"，"要实现按水系统一治理，必须做到按水系统一规划，统一计划，统一管理和统一政策"。[1] 12 月，万里副总理在北京主持召开了国务院治淮会议，就淮河治理方向、十年规划设想和加强统一领导等方面取得了一致意见。

1982 年 2 月 22 日，水利部受国家计委的委托，审定下达了《淮河流域修订规划任务书》，要求治淮委员会及豫、皖、苏、鲁四省水利厅据此进行规划工作。淮河流域修订规划工作在水利部领导下由治淮委员会主持，会同豫、皖、苏、鲁四省水利厅及有关部门分工合作，共同完成。淮干中上游、洪泽湖、下游入江入海、沂沭河洪水东调、南四湖洪水南下及骆马湖等防洪规划，由治淮委员会负责，有关省配合进行。省重要支流，如沙颍河、洪汝河、汾泉河、黑茨河、涡河、包浍河、奎濉河、废黄河等防洪除涝等规划，以及流域性的湖泊水库蓄水规划，跨流域调水、引水规划，由治淮委员会主持，组织有关省配合进行。截至 1988 年上半年，治淮委员会

---

[1] 转引自顾洪主编：《淮河流域规划与治理》，北京：中国水利水电出版社，2019 年，第 102 页。

先后编制完成的各项专题规划报告计有《治淮规划建议》《淮河流域修订规划第一步规划报告》《淮河中游临淮岗洪水控制工程可行性研究报告》《淮河入海水道工程可行性研究报告》《南水北调东线第一期工程可行性研究报告》《淮河流域水土保持规划》《淮河流域水资源保护规划》《淮河流域水产规划》《淮河水系防洪除涝规划》《沂沭泗水系防洪除涝规划》《淮河流域灌溉规划》，以及洪汝河、沙颍河、汾泉河、黑茨河、涡河及奎濉河等跨省河道治理规划和有关可行性研究报告等。河南省完成有《河南省淮河干流河道整治及堤防加固工程规划》，安徽省完成有《安徽省淮河干流河道整治及堤防加固工程规划》《安徽省怀洪新河可行性研究报告》《安徽省淠史杭灌区续建工程规划》《安徽省引江济淮及江淮运河工程规划》，江苏省完成有《江苏省通榆河工程可行性研究报告》《江苏省泰州引江河可行性研究报告》，山东省完成有《南四湖湖东堤加固工程可行性研究报告》等。1991年初，水利部淮河水利委员会完成了《淮河流域综合规划纲要》及《淮河干流上中游河道整治规划意见》《淮河中游临淮岗控制工程规划意见》《淮河干流设计洪水说明》《淮河流域水资源供需分析说明》这四个附件。①

　　1991年淮河发生流域性大水，当年8月国务院在北京召开了治理淮河太湖会议，会议部署进一步治理淮河的方略，再次强调流域治理要统一规划、统一治理、统一管理、统一调度，并决定于"八五"计划期间在淮河上兴建18项大型水利工程，后增加其他工程，共19项治淮重点骨干工程。11月19日，国务院颁布《关于进一步治理淮河和太湖的决定》，提出用十年的时间基本完成一批工程建设任务。根据国务院会议精神和1990年水利部召开会议讨论形成的《〈淮河流域修订规划纲要〉讨论会纪要》，水利部淮河水利委员会于1991年完成了《淮河流域综合规划（1991年修订）》。②1997年5月，在徐州召开了国务院治淮治太第四次工作会议，明确下一步治理淮河的主要目标是加快治淮重点骨干工程建设并搞好淮河水污染防治工作。1998年以后，按照水利部统一部署，水利部淮河水利委员会先后编制完成了《关于加强淮河流域2001—2010年防洪建设若干意见》《淮河流域防洪规划》，对1991年规划中关于防洪建设方面的内容做了补充和细化，进一步明确了实施安排。③

---

① 水利部淮河水利委员会、《淮河志》编纂委员会编：《淮河志 第4卷 淮河规划志》，第308—309页。
② 水利部淮河水利委员会编：《淮河流域综合规划（1991年修订）》，内部资料，1992年。
③ 顾洪主编：《淮河流域规划与治理》，第103页。

（五）2013年淮河流域综合规划

中华人民共和国四轮淮河流域综合规划实施以来，经过数十年治理，淮河流域初步形成了防洪、除涝、灌溉、航运、供水、发电等水资源综合利用体系，但1991年规划实施十多年后，流域水资源环境已经发生了重大变化，淮河治理与开发面临许多新情况、新挑战，淮河流域水资源环境还存在一些问题，如防洪能力还是相对不足、水资源供需矛盾还比较突出、水污染形势依然严峻、水生态建设重视不够、农村水利基础设施薄弱、流域综合管理亟待加强等。为了促进人与自然和谐相处，促进流域经济社会可持续发展，国家启动了流域综合规划修编工作，2013年淮河流域综合规划就是在这样的背景下修订的，目的是更好地指导淮河流域治理、开发与保护。

2007年1月5日，全国流域综合规划修编工作会议召开，新一轮流域综合规划修编工作全面启动。3月，水利部淮河水利委员会按照水利部统一部署，组织流域内鄂、豫、皖、苏、鲁五省水利厅力量成立了淮河流域综合规划领导小组、工作组和技术咨询专家组，并建立淮河流域综合规划修编协商会议制度，相继编制了《淮河流域综合规划修编思路报告》《淮河流域综合规划修编任务书》。8月，水利部批复了《淮河流域综合规划修编任务书》。2009年4月，水利部淮河水利委员会编制完成了《淮河流域综合规划（初稿）》，8月完成《淮河流域综合规划（咨询稿）》，10月完成《淮河流域综合规划（征求意见稿）》。2011年1月，水利部将水利部淮河水利委员会修改后的规划报告发国务院有关部委和流域五省人民政府征求意见。据反馈意见，水利部淮河水利委员会对规划报告再次进行修改，12月形成《淮河流域综合规划（修订稿）》。2013年3月2日国务院以国函〔2013〕36号文批复了《淮河流域综合规划（2012—2030年）》。

2013年淮河流域综合规划，范围包括淮河水系和沂沭泗河水系，近期水平年2020年、远期水平年2030年。规划的总目标是建立适应流域经济社会发展的完善的水利体系，保障淮河流域防洪安全、供水安全、粮食安全和生态安全，协调人与自然的关系，实现人水和谐，支撑流域经济社会可持续发展。近期目标是建成较为完善的防洪除涝减灾体系，基本形成水资源配置和综合利用体系，构建水资源和水生态保护体系，基本建立流域综合管理体系。远期目标是建成适应流域经济社会可持续发展、维护良好水生态的整体协调的水利体系，建成完善的流域防洪除涝减灾体系，建立合理开发、优化配置、全面节约、高效利用、有效保护、综合治理的水资源开发利用和保护体系，全面实现入河排污总量控制目标，基本实现河湖水功能区主要污染物控制指标达标，水土流失得到全面治理，水生态系统和生态功能恢复取得显著成效，流域水利基本实现现代化管理。[①]

除了上述五次淮河流域综合规划，国家有关部门还制定发布了很多淮河流域专项规划。水资源保护和开发利用方面，有淮河流域水资源利用规划、淮河流域 2000 年农业开发水利规划、跨流域调水规划等。在水环境保护方面，主要有淮河流域水污染防治规划及"九五"计划、淮河流域水污染防治"十五"计划等。值得一提的是 2008 年 4 月国务院批准的《淮河流域水污染防治规划（2006—2010 年）》。该规划提出的总体目标是：南水北调东线工程输水安全得到保障，饮用水水源地、跨省界断面水环境质量明显改善，重点工业污染源实现全面稳定达标排放，城镇污水治理水平显著提高，水污染物排放总量得到有效控制，流域水环境监管及水污染预警和应急处理能力显著增强。其中，安徽省淮河流域列入规划的项目共 98 个，总投资 39 亿元。[②]

总而言之，国家制定淮河流域水资源环境规划是开发、利用、节约、保护水资源和防治水害的总体部署，是国家实施流域管理与水资源管理乃至流域综合治理的重要依据。淮河流域综合规划形成和实践的进程，充分说明了只有实行全流域综合规划并在此指引下进行流域水资源的利用、开发和保护及水环境、水生态建设，才能形成相对稳定的人水和谐关系，水事纠纷也才能得到有效预防。近一二十年来，正是有了科学的流域综合规划的指引，淮河流域才基本上没有发生大规模的跨界水事纠纷。相反，20世纪 50 年代末到 70 年代初，淮河流域各地在灌溉、排水方面的上下游、左右岸、跨行政区之间的矛盾较多，恰恰是因为缺乏统一的全流域综合规划的指导和管理。

二、强化河道和水工程管理

河道和水工程管理的好坏既决定着已建水工程能否更好地发挥减灾防灾、兴利除害的作用，又决定着是否能够形成良好的人水和谐的水事秩

---

① 顾洪主编：《淮河流域规划与治理》，第 130—132 页。
② 安徽省地方志编纂委员会办公室编：《安徽省志·环境志》，第 388 页。

序，进而有效地将水事矛盾消解在萌芽状态。1980 年 12 月，水利部在北京召开治淮工作会议，钱正英部长在会议总结中直接指出了多年来治淮工作中存在的诸多问题，其中一个突出问题就是淮河河道和水工程管理问题，即河道管理不力，阻水障碍丛生，排泄能力衰减；水工程管理工作松懈，影响工程效益，"加强治淮工程的管理已是防止倒退，巩固治淮成果的紧迫任务"①。此次治淮工作会议的一个重要成果，就是大家一致认为要将治淮工作重点转移到河道和水工程管理上来。

淮河流域历史上一直有重视淮河河道和水工程管理的传统，如设有水利管理机构和水利官员以专责成，加强对水利工程竣工后的系统管理。中华人民共和国成立后，第一条大规模治理的大河就是淮河，淮河河道和水工程管理就成了淮河综合治理的重要内容。

（一）成立治淮管理机构

1949 年 4 月 23 日南京解放后，市军管会接管了国民政府行政院水利部下属的淮河水利工程总局。10 月，新的淮河水利工程总局在南京正式成立，中华人民共和国政务院任命刘宠光为局长，汪胡桢为副局长，直属中央水利部领导，掌理淮河流域水利建设事宜。1950 年淮河流域发大水，为了统一治理淮河，11 月 6 日在淮河水利工程总局基础上成立治淮委员会，总部驻安徽省蚌埠市，主要职责是统一规划与治理淮河。治淮委员会由中共中央华东局代管，领导成员由华东、中南两军政委员会及有关省、区人民政府指派代表参加，政务院任命。经政务院第 56 次政务会议通过，任命曾山为治淮委员会主任，曾希圣、吴芝圃、刘宠光、惠浴宇为副主任。1958 年 7 月 8 日，经中央书记处批准，治淮委员会撤销。1969 年 10 月，国务院成立治淮规划小组。1971 年 10 月，经国务院批准在蚌埠成立治淮规划小组办公室。1975 年 3 月，明确淮河水资源保护领导工作由治淮规划小组兼管，并在治淮规划小组办公室设置办事机构，负责日常工作。1977 年 5 月 16 日，经国务院批准在治淮规划小组办公室基础上成立水利电力部治淮委员会。1981 年 10 月，经国务院同意，对南四湖和沂沭河水利工程实施统一管理，组建沂沭泗水利工程管理局，由治淮委员会领导，局机关驻江苏省徐州市。1990 年 2 月 6 日，治淮委员会更名为水利部淮河水利委员会，为水利部的派出机构，在淮河流域范围内代部行使水行政管理职能，

---

① 水利部淮河水利委员会、《淮河志》编纂委员会编：《淮河志　第 4 卷　淮河规划志》，第 302 页。

主要任务是贯彻执行水行业政策和水法规，负责跨省骨干性河流的治理，组织推动淮河流域水资源的综合开发、利用和保护，调处流域内省际及行业之间的水事矛盾等。除成立统一的淮河流域管理机构以外，河南、安徽、江苏、山东四省也设有专门的治淮管理机构。

在河南省，1950 年 8 月，淮河水利工程总局在开封设立淮河上游工程局。10 月成立了河南省治淮总指挥部，许昌、信阳、淮阳、潢川、陈留、商丘、开封、郑州、南阳各专区均设治淮指挥部或办公室，淮河流域各县设治淮总队，重点县辖区设治淮大队。1956 年 6 月 25 日，经中央批准，河南省治淮指挥部并入河南省水利厅，淮河流域各专署成立水利局，商丘、信阳和许昌三专区治淮指挥部改为省一、二、三河道施工总队。各县治淮机构并入当地水利科、局，业务由各级水利部门负责。治淮工程根据情况实行省、地、县分级管理。从 1984 年开始，淮河流域的豫东水利管理局、沙颍河工程局及白沙、白龟山两水库管理局由省直接管理，其余淮河干支流河道和治淮工程分别由所在地（市）、县水利部门设管理机构。

在安徽省，1950 年 3 月，淮河水利工程总局在蚌埠成立了淮河上中游管理局，9 月改称中游管理局。治淮委员会成立后，皖北行署境内的淮河治理工作由治淮委员会直接负责管理，皖北行署所辖阜阳、六安、宿县、滁县四专署均成立了治淮指挥部；沿淮各县成立治淮总队。1970 年 7 月，安徽省革委会成立了治淮指挥部。1971 年安徽省治淮指挥部并入省水电局治淮办公室。1973 年 8 月，安徽省革委会撤销省水电局治淮办公室，恢复省治淮指挥部。1975 年 9 月，省水利局与省治淮指挥部合署办公。此外，1961 年 11 月，安徽省还在蚌埠成立了省淮河修防局，加强了对安徽境内淮河及其主要支流河道和重要工程的管理，至 1977 年安徽省淮河修防系统设有 5 个地（市）修防分局（处）、20 个县（市）修防所、11 个闸管所（处）、126 个工管段。1975 年 1 月，安徽省在六安市设立淠史杭灌区管理局。同年 12 月，在怀远县设立茨淮新河上桥管理处。

在江苏省，中华人民共和国成立初期，苏北的导沂整沭工程由苏北行署领导，直至 1953 年夏，苏北的沂沭泗（运）治理始划归治淮委员会领导。1950 年 10 月，淮河水利工程总局在苏北成立淮河下游工程局。1951 年 11 月，在淮安成立苏北治淮工程指挥部，1952 年 1 月改为苏北治淮总指挥部，6 月迁至扬州，1953 年 1 月，改名为江苏省治淮指挥部。同年 12 月苏北导沂整沭委员会撤销，改设徐州、淮阴两专区治淮指挥部，隶属江苏省治淮指挥部领导。1954 年 7 月，江苏省治淮指挥部更名为江苏省治淮总指挥部。1956 年 9 月，江苏省治淮总指挥部并入江苏省水利厅。江苏省治淮工程实行省、地（市）、县分级管理体制。江苏省设立的治淮工程管理机构还有三河闸、淮沭新河、苏北灌溉总渠、江都站和骆运河等管理处。

在山东省，1949 年 2 月，中国共产党领导的山东省民主政府在临沭县成立了山东省导沭委员会。1950 年 9 月，山东省导沭委员会更名为山东省导沭整沂委员会。1953 年夏，水利部决定将沂沭汶泗区水利工作划归治淮系统，山东省导沭整沂委员会撤销，成立山东省沂沭汶泗治淮指挥部，下辖济宁、临沂两专区治淮指挥部，菏泽、泰安两专区治淮总队。1954 年 11 月，沂沭汶泗治淮指挥部迁至济南，改为山东省治淮指挥部。1956 年 7 月，山东省治淮指挥部并入山东省水利厅。1963 年 12 月，山东省在济宁设立南四湖流域治理工程局，1972 年 5 月更名为山东省治淮南四湖流域工程指挥部，1988 年 8 月又更名为山东省淮河流域工程局。

（二）重视河道和水工程日常管理

中华人民共和国治淮机构既注重河道和水工程的建设，也十分注重河道和水工程的管理。1950 年成立的治淮委员会在 1951 年 4 月编报的《关于治淮方略的初步报告》中就提出"建设好一个水利系统之后，要希望充分发挥它的效用与维持它的寿命，完善的管理制度是必须确立的"，把水利管理与建设纳入同等地位，并着手组织人员先行编制水闸方面的暂行组织条例和管理养护规则，以保证已建工程充分发挥效益。1953 年、1955 年两次召开淮河流域工程管理会议，明确提出对已建成的水工程设施要制定管理制度，建立和调整管理机构，加强重点工程和干流堤防、水工程建筑设施的管理。之后，淮河流域重要控制工程及有统一运用性质的建筑物、堤防、河道均建立了管理机构，各支流河道、堤防、小型水闸、庄台等，由地方政府建立管理机构或由群众进行管理，初步形成了较为完善的流域机构管理与地方管理相结合、专业管理与群众管理相结合的管理体制，淮河河道和水工程管理工作步入了正常的轨道。1961 年 11 月，中共中央批转了农业部和水利电力部《关于加强水利管理工作的十条意见》。该意见指出："必须大力加强水利管理工作，做到修好一处、管好一处、用好一处。"并规定管理机构按受益或影响范围设立，分级负责。明确管理机构的任务是：养护维修，保持工程完整；操纵运用，使工程发挥既定效益；观测研究，以不断改善工作并为水利事业积累经验。该意见还指出，水利专管机构应予以必要的充实和加强，所有水利工程都必须建立经常养护维修和定期检查岁修制度，为加强对水利专管机构的领导，明确水利专管机构受上级行政主管机构和当地党政机构双重领导。①

1959—1961 年的治淮工程管理因治淮委员会被撤销而变得较为艰难，规章制度松弛，工程失修，水事关系失序，水利矛盾多。1964 年，在水利电力部印发的《水库工程管理通则（试行）》、《水闸工程管理通则（试行）》和《堤防工程管理通则（试行）》的指导下，淮河流域水工程建筑物的检查观测、养护修理和调度运用等工作得以恢复和有秩序地进行。1966—1970 年，淮河流域各省工程管理机构被撤销或下放给地（市）区、县管理，而地（市）区、县水利部门又受财力、物力限制，管理难度很大，很多工程老化、失修，处于无人管理的状态。1973 年初，淮河流域各省开展了查工程建设和投资使用情况、查工程安全、查工程效益、查综合利用、查管理现状，定任务、定措施、定计划、定管理体制，即"五查四定"工作，为加强管理，研究加固措施，保证工程安全运行提供了依据。1980—1984 年，水利部不仅重新修订、颁布了水库、水闸、堤防工程管理通则，而且对工程管理单位定员标准、管理职责的划分及水利工程设计、施工为管理创造必要的条件等都做了明确的规定，为强化淮河流域水利工程管理工作提供了法规依据，创造了良好的条件和环境。1988 年，随着《中华人民共和国水法》《中华人民共和国河道管理条例》的颁布实施，淮河流域各省积极宣传贯彻并相继出台了《中华人民共和国水法》《中华人民共和国河道管理条例》的实施细则，标志着淮河流域各地已经步入依法治水、依法管水的法治轨道。

除了政府成立专门的治淮机构进行河道和水工程管理，淮河流域各地还建立起了群众管理养护制度。1955 年 2 月，治淮委员会召开淮河流域第二次工程管理会议，提出水利工程实行国家专管与群众管理相结合的办法。之后，淮河流域各地以农业生产合作社为基础建立群众性基层养护组织，1957 年调整为以生产队为基础的群众养护组织，专门对河道堤防进行管理和养护。以安徽省淮河流域为例，据 1964 年统计，安徽沿淮堤防群管组织有区管理委员会 49 个，公社管理分会 177 个，大队管理组 500 个，护堤员 2398 人。群众养护组织与专业管理单位之间订立管理公约，竖立界牌，划段包干，明确养护任务。20 世纪 80 年代初，推行家庭联产承包责任

---

① 水利部淮河水利委员会、《淮河志》编纂委员会编：《淮河志 第 6 卷 淮河水利管理志》，第 293—294 页。

制后，农户自愿承包堤防管理，专业管理单位将堤防（包括护堤地）收入按协议分成给承包户，承包人是当然的汛期的常备队成员。[①]对灌区的支渠以下水工程的管理，基本上也是由群众负责。在山东省，有少数水库还让受益区的群众直接参与管理。

（三）推进淮河清障工作

中华人民共和国成立以前的淮河，遇有大水，堤防溃破，河水漫流。河道障碍物阻水常常为导淮所忽略，只有当障碍物影响航运时，才会采取措施进行疏浚清障。中华人民共和国治淮初期，限于工程量及投资，堤防退建后在河滩地遗留了一些废弃的村庄、小集镇、堤防没有清除，加之芦苇、树木丛生，形成了阻水障碍物。从 20 世纪 60 年代后期起，淮河行洪滩地上已铲除的小生产圩相继恢复，而且淮河中游的一些县（市）境内新筑生产圩，一些行洪堤堵闭行洪口门并普遍加高，在河道内未经批准而兴建的阻水建筑物日益增多，湖泊内圈围垦殖或养鱼，在河滩地植树栽条，均影响河道行洪。淮河河道阻水障碍物形成阻水挑流，既抬高水位进而危及堤防安全，影响洪水下泄，又影响上下游、左右岸的水事关系，严重的还会形成上下游、左右岸之间的水事纠纷。例如，1971 年汛期，王家坝洪峰水位比 1956 年洪峰水位高出 0.07 米，但 1956 年洪峰流量为 7850 立方米每秒，1971 年洪峰流量仅为 6000 立方米每秒，洪峰流量却减少了 1850 立方米每秒。[②]杨振怀 1986 年的研究成果表明，正阳关以上河段 1982 年与 1956 年洪水流量相近，而水位却抬高 1 米多，遇中小洪水，增加了防守的困难并增大了行蓄洪区的进洪概率。按设计洪水流量推算，20 世纪 80 年代与 50 年代相比，正阳关以上约减少 2000 立方米每秒，正阳关至蚌埠约减少 1500 立方米每秒，而国家花费 5 亿元投资修建的茨淮新河所形成的过流能力只有 2000 立方米每秒。如再现 1954 年型洪水，正阳关水位将抬高 0.8 米，蚌埠水位将抬高 0.5 米，这对淮北大堤的安全是很不利的。[③]

1971 年，水利电力部将《关于淮河河道阻水情况的调查汇报》上报国务院，国务院办公厅以参阅文件印发豫、皖、苏、鲁四省有关地（市）、县。1972 年 2 月，国务院转发了《水利电力部关于进一步处理淮河河道阻

---

① 水利部淮河水利委员会、《淮河志》编纂委员会编：《淮河志　第 6 卷　淮河水利管理志》，第 301 页。
② 淮南市水利局水利志编写办公室编：《淮南市水利志》，第 256 页。
③ 杨振怀：《赴豫、皖、苏三省检查淮河防洪清障的报告》，《治淮汇刊》（1986），第 12 辑，第 358 页。

水情况的报告》，豫、皖、苏、鲁四省随即组织人力清障。1972 年，山东临沭县于汛前动员群众清除沭河阻水芦苇、林木 8000 亩，同时结合造地 3000 亩，及时播种矮秆作物。[①]同年汛前，水电部办公厅主任杨文汉到淮南市和凤台县检查清障工作。是年，安徽凤台县平掉大山公社抗旱引水渠弃土，拆除交通局高水码头，砍伐城关镇东老滩树木 200 余株，耕除芦苇 400 余亩，耕出芦根 20 万余公斤，拆除架河公社河滩地上 3 座砖窑和毛集公社 250 余间房屋。安徽淮南市区开始清除祁集公社的曹岗、谢岗和高皇公社的光明、闸口等庄台和房屋。1973 年 6 月，安徽凤台召开清障工作会议，成立清障领导小组，开始清除便峡段上下口门超高部分和魏台孜圩、魏郢子圩、马家湾圩、灯草窝圩、王小湾圩等 6 处。同时发动群众，清除东老滩、马家路等处的芦苇和荻柴，移植了树木、树苗等。是年汛期，水电部水管司副司长王敬宏一行到淮南凤台检查清障工作。9 月，安徽省淮河修防处发出《淮河河道生物阻水处理有关问题》的通知，指出除防浪林以外，河滩地上的荻柴、芦苇、条类、茴草、树木等，均列入清除范围。1974 年，安徽省革命委员会发出通知，要求进一步做好淮河阻水清障工作。淮南市拆除了曹岗、谢岗、光明、闸口等庄台上的部分房屋，并对清障工作做出了具体布置。[②]同年沂河、沭河大水后，每年汛前江苏省都组织劳力清除郯苍分洪道内的保麦圩。

1975 年，水利电力部、农林部、交通部、煤炭部、商业部联合下发了《关于抓紧淮河清障工作的函》，明确谁设障谁清障，对淮河清障起了一定的推动作用。在此背景下，山东莒南县组织近 5000 人突击 10 天，清除沭河阻水树木 4000 亩；兖州县清除泗河河滩林木 6 万株，深耕平整土地 5000 亩。安徽省革委会印发了《关于抓紧做好淮河清障工作的通知》，安徽省淮河修防处对凤台方家坎透水屏坝、黑龙潭河滩围墙，淮南市平圩汽车轮渡码头、田家庵 1—4 号码头、河滩围墙、滩地粮库、公山码头房屋等阻水障碍物，要求在汛前处理完毕。1976 年汛前，六安组织清除淠河荻柴 1200 亩、阻水树木 33 万棵。[③]同年，淮南市和凤台县共清除阻水土方 3200 立方米，阻水生物 205 亩。1977 年，淮南共清除阻水房屋 1007 间、砖窑 27 座、树木 2.7 万棵、芦苇荻柴 750 亩、土方 6 万立方米。[④]1983 年，江苏郯

---

① 水利部淮河水利委员会、《淮河志》编纂委员会编：《淮河志 第 6 卷 淮河水利管理志》，第 373 页。
② 淮南市水利局水利志编写办公室编：《淮南市水利志》，第 256—257 页。
③ 水利部淮河水利委员会、《淮河志》编纂委员会编：《淮河志 第 6 卷 淮河水利管理志》，第 370、373—374 页。
④ 淮南市水利局水利志编写办公室编：《淮南市水利志》，第 257 页。

县组织清除河道违章建房 1120 间、阻水码头 6 处、围墙 4200 米、水塔 2
座、油罐 10 个、树木 1100 棵。①

　　1984 年，淮南市为把清障工作长期坚持下去，制定并颁发了市人民代
表大会常务委员会通过的《淮南市清除淮河河道阻水障碍物的实施办法》，
使淮河清障工作有法可依，有章可循。4 月淮南市防汛指挥部组织汛前清障
工作，以淮南市田家庵区政府和市城乡建设局为主，负责组织清除田家庵
圈堤两侧违章建房和河滩地阻水障碍物等。5 月 21 日上午，又清除了田家
庵圈堤的堤坡、坡脚、堤顶上违章建房和庵棚。但至中午，清障工作遇到
了少数闹事者的阻碍。事件发生后，违法人员被查处并被拘留。但是，田
家庵圈堤上的违章房屋和庵棚很快恢复如常，而且新的违章建房不断出
现。②9 月，六安行署批转了行署水电局《关于开展淠河清障工作的意见》，
到 1985 年基本清除阻水植物 5000 亩、生产圩堤 8 处、挑水坝（水箭）7
道、幸福涵庄台 1 处。③

　　1985 年，水利电力部领导率工作组到淮河检查清障工作。1986 年，山
东省贯彻国务院对清障的要求，在沂河清除阻水林木 1.8 万亩，泗河清除
300 亩，梁济运河林场的 3000 亩阻水林木基本清完，济宁市在东鱼河入湖
口试验药物灭苇，兖州矿务局处理了堆弃在泗河大堤和河滩上的煤矸石。
同年，江苏连云港市清除新沭河口滩面围筑对虾圩面积 3700 多亩；新沂县
清除沂河入骆马湖口处堰头、苗圩以下滩面芦苇 1000 多亩、树 4000 多
株，同时还清除郯苍分洪道内省界处长达 1200 米、高出滩面 1 米的路坝。
在安徽，1986 年 1 月省水利厅向省政府呈报了《安徽省淮河干流阻水情况
和清障意见》，在合肥召开淮河清障工作会议，部署"一定要按中央的要
求，在 2—3 年内完成任务"④。3 月 11 日，水利电力部副部长杨振怀到淮
南市凤台县检查清障工作，要求年底完成下列清障任务：六处行洪堤行洪
口门超高部分，下六坊堤内应铲除的废大堤，凤台邱家沟圩、魏郢孜圩、
老婆湾圩铲至高程 23.0 米，凤台马家湖圩、焦岗闸外圩、潘集区架河外
圩、大通区田东圩铲至地平，灯草窝圩铲至 22.5 米高程，程小湾圩铲至
21.5 米高程；清除凤台魏台孜河心滩上 80 亩荻苇和 2 万余株树木。⑤10

---

① 水利部淮河水利委员会、《淮河志》编纂委员会编：《淮河志　第 6 卷　淮河水利管理志》，第 374 页。
② 淮南市水利局水利志编写办公室编：《淮南市水利志》，第 258—259 页。
③ 水利部淮河水利委员会、《淮河志》编纂委员会编：《淮河志　第 6 卷　淮河水利管理志》，第 373 页。
④ 水利部淮河水利委员会、《淮河志》编纂委员会编：《淮河志　第 6 卷　淮河水利管理志》，第
　374、371 页。
⑤ 淮南市水利局水利志编写办公室编：《淮南市水利志》，第 258 页。

月，治淮委员会、安徽省水利厅、安徽省修防局共同进行清障验收，行洪堤、生产圩、阻水植物均未完成清障任务。

1987 年 5 月，国务院下达《关于清除行洪蓄洪障碍保障防洪安全的紧急通知》，6 月《经济日报》系列报道，再次推动淮河清障，效果明显。在山东，7 月中纪委派工作组检查南四湖和沂河的清障工作，省水利厅和济宁市的负责人也带领工作组驻微山县指导市、县清障。经过一个多月的努力，微山、鱼台县及济宁市郊共清除湖苇 14 万亩；湖内引黄土堰全部拆除；扒开 5000 亩鱼塘的行洪口门，初步打开南四湖内行洪通道。同时拆除湖西大堤新建房屋 136 间，韩庄运河滩地房屋 446 间，围墙 1344 米；搬走河滩堆煤 12 万吨。沂、沭、泗、东鱼、洸赵等河道也清除阻水林木和芦苇 2.6 万多亩，处理滩地高渠百余处。在江苏，沛县至 7 月 10 日突击清除湖腰全部芦苇 1 万亩，并经国家防汛抗旱总指挥部、中纪委驻部赴江苏工作组验收合格。连云港市再次推平新沭河口滩面对虾圩 5000 多亩。在安徽，直到 1988 年底，濛河分洪道宽 1—1.5 千米，泄洪通道全部打开；淮河河滩地基本上无阻水植物；38 处生产圩堤已铲低或铲除；铲开、铲低行洪堤口门 51 处，其中 38 处基本达到标准；拆除阻水建筑物 14 处。①在河南，淮干史河口以上至淮凤集，共清除阻水生物 59 117 亩，阻水林木 29 202 亩，铲除行洪口门和生产圩堤土方 47.69 万立方米，在贾鲁河上清除荻、苇、条、树等 21 000 亩，铲除堤坝 27 条，完成土方 7 万立方米。②

1989 年 1 月 18 日，淮南开始治理乱堆黄砂，乱倒垃圾，乱堆物料，乱搭庵棚，清运黄砂 800 余吨，铲除垃圾上万吨，并开展堤上住户调查登记。1 月 25 日，指挥部散发和张贴《告居民书》，讲明拆迁原因和河道管理法规，并规定拆迁和安置政策，限定违章房屋搬迁时间。2 月 22 日，查清违章公房 70 间，涉及住户 63 家；违章私房 1051 间，涉及住户 268 家。至 8 月下旬，拆迁工作全面完成。据 1989 年统计，淮南市淮河河道清障共清除土方 336.8 万立方米，石方 2100 立方米，阻水树木 2.84 万棵，违章建房 11 256 间，芦荻 1955 亩，砖窑 42 座。安徽省政府 1981 年第 19 号文件所列淮南市清障对象，基本完成。③1986—1989 年淮河流域河道清障详情，见表 4-6。

① 水利部淮河水利委员会、《淮河志》编纂委员会编：《淮河志 第 6 卷 淮河水利管理志》，第 374—375、371 页。
② 水利部治淮委员会：《淮河流域河道清障工作总结》（1989 年 11 月 28 日），《治淮汇刊》（1989），第 15 辑，第 305 页。
③ 淮南市水利局水利志编写办公室编：《淮南市水利志》，第 258—260 页。

表 4-6　1986—1989 年淮河流域河道清障情况统计表

省别	土方			阻水植物			阻水树木		
	计划工程量（万立方米）	完成工程量（万立方米）	完成率（%）	计划清除量（亩）	完成工作量（亩）	完成率（%）	计划清除量	完成工作量	完成率（%）
河南	67.62	47.69	70.53	65 769	59 117	89.89	42 661（亩）	29 202（亩）	68.45
安徽	421.30	323.10	76.69	184 500	184 500	100	522 221（株）	522 221（株）	100
江苏	80.65	94.00	116.55	87 887	39 662	45.13		10 100（株）	
山东				71 700	59 700	83.26	82 558（亩）	53 899（亩）	65.29
合计	569.57	464.79	81.60	409 856	342 979	83.68	125 219（亩） 522 221（株）	532 321（株） 83 101（亩）	

注：原文献中部分数据有误，本书引用时做了修正

资料来源：水利部治淮委员会：《淮河流域河道清障工作总结》（1989 年 11 月 28 日），《治淮汇刊》（1989），第 15 辑，第 310 页

　　十八大以来，随着淮河流域水生态文明建设的推进，查处非法圈圩、清理河道阻水物的工作走向了常态化。例如，在安徽霍邱，2012 年、2013 年冬春之际，由于城东湖水位较低，少数群众受利益驱使，擅自在城东湖内非法圈圩，严重影响了河势稳定和防洪安全。霍邱县委、县政府高度重视，多次召开专题会议，制定拆除方案，组织水务、公安、水产、环保等部门及城关、新店、潘集、孟集、三流 5 个乡镇，多次开展联合执法行动，强制拆除非法圈圩。截至 2013 年 6 月，共开展集中行动 8 次，参与人员 640 余人次，动员挖掘机 35 台套，拆除非法圈圩 18 处，其中强制拆除 11 处，当事人自拆 7 处。[1]此次城东湖非法圈圩查处情况，见表 4-7。

表 4-7　2013 年安徽霍邱城东湖非法圈圩拆除情况表

序号	圈圩地点		违法圈圩当事人		基本情况	查处情况
	乡镇	村	姓名	居住地		
1	城关	腾桥	郑××	腾桥村湖四组	当事人于 2012 年 11 月在城关腾桥村湖四组境内圈圩约 70 亩，堤高约 2 米	5 月 16 日、6 月 15 日县组织拆除圩堤迎水面约 100 米、进水口约 3 米

───────────

[1] 霍邱县人民政府水务局：《水政水资源简报》第 17 期，2013 年 6 月 28 日。笔者于 2015 年 8 月前往霍邱县水务部门调查所获得的资料。

续表

序号	圈圩地点		违法圈圩当事人		基本情况	查处情况
	乡镇	村	姓名	居住地		
2	城关	腾桥	梁××等	腾桥村湖四组	当事人于 2013 年 2 月在城关镇腾桥村境内圈圩2 处，约 250 亩，堤高约 2.5 米	5 月 16 日、6 月 15 日县组织拆除圩堤迎水面 2 处，约 400 米、进水口约 50 米
3	城关	腾桥	刘××等	腾桥村湖三组	当事人于 2012 年 10 月在城关镇腾桥村湖三组境内圈圩约 50 亩，堤高约 1.5 米	6 月 15 日县组织拆除圩堤迎水面约 150 米、进水口 2 个约 40 米
4	城关	腾桥	刘××等	腾桥村湖三组	当事人于 2013 年 4 月在城关镇腾桥村湖三组境内圈圩约 400 亩，堤高约 1.5 米	6 月 15 日县组织拆除圩堤迎水面约 300 米、进水口 2 个约 50 米
5	新店	茅桥	刘××等	茅桥村庙塘组	当事人于 2013 年 4 月在新店镇茅桥村庙塘组境内圈圩约 50 亩，堤高约 2 米	6 月 3 日、6 月 19 日县乡组织人员挖开圩堤迎水面 3 米
6	新店	茅桥	熊××等	茅桥村庙塘组	当事人于 2013 年 4 月在新店镇茅桥村庙塘组境内圈圩约 50 亩，堤高约 1.5 米	6 月 3 日、6 月 19 日县乡组织人员挖开圩堤迎水面 4 米
7	新店	茅桥	田××、龚××等	茅桥村小圩组石元组	当事人于 2013 年 4 月在新店镇茅桥村庙塘组境内圈圩 110 亩，堤高约 2 米	6 月 3 日、6 月 19 日，县组织强拆，拆除圩堤迎水面进水口约 5 米，圩内已进水
8	新店	茅桥	郭××等	茅桥村江滩组	当事人于 2013 年 2 月在新店镇茅桥村江滩组境内圈圩约 300 亩，堤高约 2 米	6 月 3 日、6 月 4 日、6 月 6 日县组织拆除迎水面圩堤约 300 米、进水口各 5 米
9	新店	茅桥	刘××等	茅桥村江滩组	当事人于 2013 年 2 月在新店镇茅桥村江滩组境内圈圩约 300 亩，堤高约 2 米	6 月 3 日、6 月 4 日、6 月 6 日县组织拆除迎水面圩堤约 300 米、进水口 5 米
10	新店	茅桥	吴××等	茅桥村王岗组	当事人于 2013 年 3 月在新店镇茅桥村王岗组境内圈圩约 600 亩，堤高约 2.5 米	6 月 3 日、6 月 4 日、6 月 6 日县组织拆除迎水面圩堤约 300 米、进水口 5 米
11	三流	曹墩	余××	曹墩村梨树组	当事人于 2013 年 3 月在三流乡曹墩村境内圈圩约 500 亩，堤高约 3 米	6 月 10 日当事人自行拆除圩堤迎水面 2 处约 300 米、进水口 2 个约 20 米
12	三流	曹墩	徐××	曹墩村	当事人于 2013 年 3 月在三流乡曹墩村境内圈圩约 40 亩，堤高约 2 米	6 月 20 日当事人自行拆除圩堤长度约 120 米
13	三流	曹墩	刘××	曹墩村	当事人于 2013 年 3 月在三流乡曹墩村境内圈圩约 60 亩，堤高约 2 米	6 月 20 日当事人自行拆除圩堤长度约 130 米

续表

序号	圈圩地点		违法圈圩当事人		基本情况	查处情况
	乡镇	村	姓名	居住地		
14	潘集	韩郢	倪××	韩郢村夏冲组	当事人于 2010 年在潘集镇韩郢村提水站东侧圈圩约 30 亩,堤高约 1.5 米;2013 年 2 月对老圩堤进行加固,培筑新堤约 200 米	6 月 20 日潘集镇政府动员当事人自拆,人工挖开圩堤迎水面约 4 米
15	潘集	左王	贾××	左王村倪洼组	当事人于 2010 年在潘集镇左王村境内圈圩约 160 亩,堤高约 2 米;2013 年 2 月对老圩堤进行加固,培筑新堤约 150 米	6 月 18 日潘集镇政府动员当事人自拆,已拆除新筑土方加固部分
16	潘集	西王郢秦咀	贾××、廉××	西王郢村、秦咀村	当事人于 2013 年 4 月在潘集镇西王郢村与秦咀村境内圈圩约 1000 亩,堤高约 2 米	6 月 14 日县组织拆除圩堤迎水面约 500 米、进水口约 50 米
17	孟集	胡埠	徐××	胡埠村	当事人于 2013 年 4 月在孟集镇胡埠村境内对原老圩进行加固,圩堤面积约 300 亩	4 月 15 日执法人员现场制止,停止施工;6 月 18 日当事人自行拆除新筑土方加固部分
18	孟集	胡埠	徐××	胡埠村南咀组	当事人于 2013 年 4 月在孟集镇胡埠村境内圈圩约 200 亩,部分堤高不足 1 米,尚未形成堤坝	4 月 15 日执法人员现场制止,停止施工,圩堤没有形成

资料来源:霍邱县人民政府水务局:《水政水资源简报》第 17 期,2013 年 6 月 28 日,系笔者 2015 年 8 月前往霍邱县水务部门调查所获得的资料

根据《安徽省生态区域违法建设问题排查整治专项行动实施方案》,安徽省水利厅依据《中华人民共和国水法》《中华人民共和国防洪法》《中华人民共和国河道管理条例》等相关法律法规,组织制定了全省湖泊河道管理范围内违法建设问题的整治标准,内容包括矮围、网围、围湖造地、侵占湖泊、非法采砂等湖泊整治标准和违法占用河道、行洪通道、影响行洪安全、破坏水利工程安全、非法采砂等河道整治标准,并于 2018 年由安徽省环境保护委员会办公室印发执行[①],该标准的颁布,使安徽淮河段的河湖清障整治有了重要的制度保障。在江苏淮河段,分淮入沂河道是洪泽湖重要的行洪河道,涉及淮阴区 9 个镇(街道),2019 年 6 月,江苏省淮安市淮阴区组织水利局等 10 余家单位近百名执法人员分工分组对分淮入沂沿线的丁集、渔沟等镇(街道)段的非法砂石货场、码头等违规建筑,依

---

① 《安徽省湖泊河道违法建设问题整治标准正式印发》,http://www.chinawater.com.cn/newscenter/df/ah/201810/t20181017_723654.html,2018 年 10 月 17 日。

法实施强制拆除，丁集镇段拆除码头 2 个、渡口 2 处、养殖用房 11 处，平毁违章坟墓 80%；渔沟镇段也已全部拆除 7 处违建房屋。①

（四）整治淮河非法采砂

非法采砂影响淮河河道行洪和交通安全，破坏淮河河道生态，也易形成水环境纠纷和水事案件。2005 年，蚌埠市水利局强化水政监督管理，加大水行政执法力度，出动船只 40 余次，制止非法采砂船 150 多艘。②2006 年 3 月 8 日，安徽省人民政府《关于淮河安徽段部分河道禁止采砂的通知》颁布施行，并划定淮河安徽段自 2006 年 4 月 1 日起禁止采砂的河段。从 4 月 1 日开始，淮南市对淮河焦岗河口至东淝河口、凤台大桥上 150 米至下 2000 米、耿皇寺上下各 1500 米、平圩电厂取水口至怀远南湖电站等河段全面禁止采砂，先后查获非法采砂船 10 余艘，销毁采砂工具，对部分采砂人员进行宣传教育。③9 月 28—29 日，安徽省颍上县河道采砂管理领导小组统一部署，共清理砂场 35 个，击沉非法采砂船 23 艘，没收、销毁柴油机、吸砂机 50 余台。④10 月，安徽省霍邱县与颍上县联合集中整治两县交界的淮河干流南照集至临淮岗部分河段非法采砂行为，共清理砂场 40 多个，销毁非法采砂船 30 多艘，使该河段非法采砂得到有效遏制。⑤

2007 年 6 月 14 日，安徽省人民政府下发《关于淮河安徽段禁止采砂的紧急通知》，对淮河安徽段主汛期内实行全河禁止采砂，要求 6 月 15 日—8 月 31 日，淮河安徽段河道禁止一切采砂活动。因此，淮河沿线的阜南、颍上、寿县、霍邱等县及淮南、蚌埠等市于 6 月 22—23 日联合进行了禁止采砂执法行动，共取缔"三无"船 100 多艘，暂扣采砂船 8 艘，撤除采砂设备 50 多套，没收采砂设备 120 多套，清除非法砂场 40 多个⑥，有力地震慑了淮河河道非法采砂行为。7 月 1 日，水利部和安徽省政府联合组织了代号

---

① 安业闯、满刚、吴俣：《江苏省淮安市淮阴区依法强制拆除分淮入沂行洪障碍物》，http://www.hrc.gov.cn/main/lysl/108398.jhtml，2019 年 6 月 11 日。

② 彭永丽：《蚌埠水政监管工作取得实效》，http://zfs.mwr.gov.cn/dfsz/201401/t20140123_677442.html，2006 年 1 月 11 日。

③ 《淮南重拳打击淮河非法采砂 查扣采砂船 10 余只》，http://zfs.mwr.gov.cn/szjc/201401/t20140123_670513.html，2006 年 4 月 19 日。

④ 《颍上县重拳出击整治淮河非法采砂》，http://zfs.mwr.gov.cn/dfsz/201401/t20140123_677757.html，2006 年 10 月 9 日。

⑤ 《安徽省两县联手打击淮河非法采砂》，http://www.mwr.gov.cn/xw/dfss/201702/t20170212_799990.html，2006 年 10 月 25 日。

⑥ 《安徽打击非法采砂 确保淮河汛期安全》，http://www.mwr.gov.cn/xw/dfss/201702/20170212_802747.html，2007 年 6 月 26 日。

为"雷霆行动"的打击淮河非法采砂行动①，效果明显。

2008 年进入主汛期后，淮河河道仍有非法采砂现象。6 月 2 日，安徽省政府再次发出《关于淮河安徽段实行主汛期禁止采砂的通知》，决定自 6 月 10 日—9 月 30 日，淮河安徽段河道（包括颍河茨河铺以下、涡河西阳集以下河段）禁止采砂。6 月 18—19 日，安徽省水利厅组织沿淮阜阳、六安、淮南、蚌埠、滁州、亳州 6 市水利（水务）局采砂管理部门负责人和省淮河河道管理局执法人员沿淮河巡查，集中整治非法采砂，检查各地禁采管理成效。截至 6 月 23 日，安徽沿淮各市、县（区）查获非法采砂船 483 艘，拆除采砂机具设备 284 套，拆解采砂船 63 艘，设置集中停靠点 51 个，1731 艘采砂船到指定集中点停靠，淮河非法采砂现象明显减少。②

2011 年，水利部部署开展淮河流域采砂专项整治活动启动，安徽阜南县淮河段查处非法采、运砂船 96 艘，销毁非法采砂船 12 艘，销毁非法采砂机具 237 台，查扣采砂机具 64 台、筛架 57 个，销毁打砂、输砂机具 167 套，切断河滩砂场电源 36 处，查扣电缆线 2000 米，拆除 10 个规划区砂场塔架共 130 个，取缔河滩非法砂场 87 个。③同年 7 月下旬至 8 月上旬，河南省清除、销毁、撤离淮河非法采砂船 988 艘，治理砂场 720 个，拘留非法采砂人员 27 人。④

2013 年 11 月，安徽省出台了《安徽省淮河河道采砂管理规定》，首次明确了淮河河道采砂管理实行地方政府行政首长负责制，并相继出台配套措施。2014 年下半年，安徽省水利厅组织开展新一轮集中检查、采砂船只集中停靠和拆解采砂机具的专项执法行动。截至 2015 年 5 月 21 日，淮河干流全河段采砂船 930 艘已拆除采砂机具 651 艘，占 70%；采砂机具拆除后与采砂船分离的占 69.43%。⑤2018 年 2 月 8—10 日，安徽颍上县开展整治非法采砂联合行政执法行动，共销毁非法采砂船 5 艘、非法运砂船 4 艘，并将停靠的运砂船只全部驱离。⑥2018 年，河南省委、省政府严密部署，全

---

① 唐伟、林道和：《打击淮河非法采砂"雷霆行动"展开》，http://www.mwr.gov.cn/xw/sjzs/201702/t20170212_795634.html，2007 年 7 月 3 日。
② 《安徽省集中整治非法采砂确保淮河防洪安全》，http://shzhfy.mwr.gov.cn/dfxx/201901/t20190107_1083352.html，2008 年 7 月 1 日。
③ 杜国臣、李可平、李东涛：《关于淮河阜南段河道采砂管理专项整治的思考》，《治淮》2012 年第 2 期。
④ 《淮河流域河道采砂专项整治取得阶段成果》，《河南水利与南水北调》2011 年第 17 期。
⑤ 王恺：《打好治理"组合拳"》，《安徽日报》2015 年 6 月 2 日，第 9 版。
⑥ 《安徽：颍上县开展打击非法采砂"清河行动"》，http://zfs.mwr.gov.cn/szjc/201802/t20180223_1031375.html，2018 年 2 月 15 日。

面清理罗山段非法采砂船 179 艘，95 处沙洲沙坝全部平复。①

2019 年，安徽省淮河河道管理局联合沿淮各地水利、公安、海事等部门，组织开展整治淮河非法采砂清河专项行动、"蓝盾 2019"汛前河道采砂专项整治行动，仅上半年就在沿淮各地依法拆除、销毁、没收采砂机具 92 台，查获非法采砂船 106 艘，拆除淮河干流采砂船舶 1050 艘。②5 月，江苏盱眙县农业执法部门牵头组织江苏盱眙县、泗洪县和安徽明光市、五河县相关部门对所辖水域淮河干流开展联合专项行动，对淮河非法采砂进行拉网式排查打击，共查处非法采砂案件 5 起，已结案 4 起，1 起移交明光市河道局处理，拆除采砂船 4 艘。③

三、做好水土保持工作

中华人民共和国开始大规模治淮之初，淮河流域各地就十分重视水旱灾害的源头治理，在河流上游山区和平原河道地区退垦还林，植树种草，涵养水源，拦蓄地表径流，防止水土流失。1952 年春，水利部傅作义部长到山东视察工作时，专门视察了导沭整沂工程和沭河上游水土保持工程。他指出，这是缓洪拦沙、治山治水的好经验，对保障下游人民生命财产安全有重大作用，要大力推广。④

（一）植树造林

防风治沙、防治水土流失、延长水利工程寿命的上策，乃是采取生物治理措施，大力植树种草。例如，在河南民权县，中华人民共和国成立后仅用七个冬春便在全县五大荒系中营造 2276 万株林，覆盖了全部沙荒，造林面积达 32.5 万亩，生态环境得到了比较彻底的改善，"其效果，沙荒四周的 22 万亩泛沙耕地得到了保护，35 万亩沙荒大部分变成了良田，其中 46 000 余亩栽上了果树，有 24 万亩被群众垦殖成为耕地。据调查，林木复（覆）盖率由解放初期的 4%上升到 19%，沙暴日由年平均 15.8 次减少为 3

---

① 周学文：《促进淮河河道采砂管理科学依法有序可控——在淮河河道采砂专项整治工作会议上的讲话》，《治淮》2018 年第 8 期。
② 《上半年安徽省淮河干流共拆除采砂船舶 1050 条》，http://zfs.mwr.gov.cn/szjc/201907/t20190704_1344666.html，2019 年 7 月 4 日。
③ 汪武波：《江苏盱眙：苏皖两省四县联合执法打击淮河非法采砂》，http://www.hrc.gov.cn/main/lysl/96387.jhtml，2019 年 5 月 7 日。
④ 水利部淮河水利委员会、《淮河志》编纂委员会编：《淮河志 第 1 卷 淮河大事记》，第 140 页。

次，风速在林区降低 24%—54%，沙丘停止了移动，沙害基本消灭"[①]。又如沱河的河南永城段，1975—1985 年植树造林 1.3 万亩，水土流失面积控制了 98%，河道使用寿命大大延长。淮河流域雨量充沛，气候温和，苗木成活率高，应充分发挥优势，大力开展植树造林。有专家建议，如果在山东、河南沿黄河一带，结合农村产业结构的调整，划出 1000 万亩改种牧草，发展平原畜牧业，河库泥砂淤塞问题便可望得到解决。[②]可见，治理淮河流域水土流失应当把生物治理和工程治理结合起来，以工程治理养生物治理，以生物治理保护工程，淮河流域良性循环的生态环境才能得到保障。

（二）开展生态农村建设

20 世纪 80 年代以来，淮河流域各地十分注重通过生态农村、生态农业、生态林业建设，加强生态环境保护。1983 年，安徽省环境保护局主持对淮北地区的宿县、萧县、砀山、亳县、涡阳、利辛和蒙城 7 县农村环境开展了调查，提议在这些生态环境脆弱地区建设"生态农村"。例如，老龙窝村地处皖北涡阳县南部，人口 322 人，共 81 户。该村自然环境恶劣，蒸发量大，碱化严重，地下水矿化度高达 1 克每升以上。1970 年，由涡阳县楚店乡 38 户农民、169 口人，带 5 头牲畜，自动组织起来迁徙到荒湖滩老龙窝村安家落户。为改变自身生存环境，老龙窝人先后开挖大、中、小沟渠 17 条，建桥涵 4 处，筑塘 14 口，建排灌站 2 座，打机井 6 眼，沟、塘、渠、井连成排灌网，共挖运土方 14.5 万立方米。挖台田治碱办法使土壤碱化度由 14.5% 下降到 4.85%，pH 值由 9.3 下降到 7.7，趋于中性，治理和解决了基本农田污染的根本问题。全村共栽种各种树木 3.3 万棵，紫穗槐 13 万丛，芦竹、芦苇几十亩，形成了乔、灌、草结合的立体农林网系统，森林覆盖率达到 21%。1988 年 4 月，安徽省城乡建设环境保护厅组织专人调查阜阳地区生态农业建设，认为阜阳地区生态农业建设大致有 7 种模型，分别为：林—粮、林—药、林—菜间作型；农村网型；农—牧型；农作物结构合理型；庭院经济型；园林经济型；生态河道型。1991 年，根据兰州防沙治沙工作全国会议精神，安徽把防沙治沙列为省林业重点生态工

---

① 李好仁、王梦石：《民权县沙荒造林回忆录》，中国人民政治协商会议河南省民权县委员会文史资料研究委员会编：《民权文史资料》第 2 辑，内部资料，1990 年，第 3 页。
② 沈祖润、田学祥、郭君正：《重视淮河流域水土流失问题》，《人民日报》1985 年 10 月 5 日，第 2 版。

程来抓，在安徽砀山、萧县北部和黄河故道两岸，营造乔灌木混交林的防风固沙防护林带，并对淤塞严重的黄河故道及其支流进行疏通清理，利用水资源发展水产和养殖业。同时，结合水利建设和农业综合开发项目，挖渠打井、埋设暗管、饮水治沙、水旱交替耕作，增强土壤保水蓄水能力和抗风蚀能力。在风沙危害较轻的亳州、界首、太和等地区实行以防为主、治理与开发并举的方针，即在进一步完善农田防护林过程中，发挥区域光、热、土等资源的优势，实行立体开发、提高复种指数，建立林粮、林果、林药、林菜等多功能复合生态系统。①

（三）推进小流域综合治理

1976 年以后，中央和地方把水土保持工作提上议事日程。1981—1990 年相继在淮河流域四省开辟 21 个试点。针对土石山、砂石山、青石山及黄黏土丘陵漫岗土壤强度侵蚀区，选择具有代表性的地区为示范区，有河南省鲁山县楼子河、清水河，汝阳县浑椿河，舞钢市曹八沟；安徽省金寨县黄榜，霍山县古佛堂；江苏省东海县高山河，赣榆县龙泉河；山东省泗水县宋家沟，蒙阴县石泉，沂水县张马、杨庄，峄城区斜屋等，总面积 507 平方千米。在综合治理前，这 21 个小流域林草植被率较低，为 15%—30%；水土流失严重，以面蚀为主，也有沟蚀，面蚀主要分布在开荒地、坡耕地和荒山荒坡；水土流失面积达 417.5 平方千米，约占土地总面积的 82%，年侵蚀模数 3375—5952 吨每平方千米。通过 10 年的治理，21 个小流域完成治理面积 287.19 平方千米，约占水土流失总面积的 69%。其中验收过的试点治理程度达到 78%—95%，建成了较完整的综合防护体系，侵蚀模数削减 69%—90%，基本上控制了水土流失，消除了水冲沙压的危害。②

1981 年 10 月，安徽省人民政府恢复成立省水土保持委员会，决定在金寨、霍山等山区县以开展小流域综合治理为水土保持工作的重点。1983 年，省水土保持委员会签发《关于做好水土流失严重地区水土保持规划的通知》，要求在六安地区五大水库上游选择 1—2 个小流域进行治理试点。1987 年，省水利厅编制大别山区水土保持规划，实施综合治理工作。据《六安地区水利志》资料，1983—1988 年，六安地区共治理小流域 19 个，总面积为 593.15 平方千米。其中六安地区的黄榜小流域综合治理是水利部

---

① 安徽省地方志编纂委员会办公室编：《安徽省志·环境志》，第 297—298 页。
② 淮委农水处：《淮河流域水土保持小流域治理十年回顾》，《治淮汇刊》（1990），第 16 辑，1992 年，第 324、327—328 页。

淮河水利委员会在安徽省设立的第一个综合治理试点，位于金寨县梅山水库水源区，总面积 19.8 平方千米，植被覆盖度为 44%，土壤侵蚀面积 1600 公顷，占山场面积的 92%。从 1985 年底开始，通过 5 年时间的治理，还林 317 公顷，封山育林、改造次生林 667 公顷，25 度以下缓坡建梯田 84 公顷、沟道工程 48 处、桥堰 13 处、灌溉农田 35 公顷；建成微型电站 3 处，8.4 千瓦时，沼气池 125 个，容积 1000 立方米；建省柴灶 367 个，占农户总数的 92%，共完成治理面积 15.67 平方千米，占应治理面积的 95.4%。通过小流域综合治理后，植被覆盖率提高到 76%，土壤侵蚀模数降至 1500 吨/（平方千米·年），流域生态环境实现了良性循环。从 1992 年开始，安徽省在淮河流域实施水土保持综合治理重点县工程和小流域综合治理试点工程。2002 年，安徽霍山县被列为全国水土保持生态修复试点县，大化坪镇和太阳乡的辉阳河小流域和东河小流域被列入项目试点区。至 2005 年，项目区治理水土流失面积 63.16 平方千米，水土流失治理度为 92%；植被覆盖率由治理前的约 70%提高到 78.8%，有明显提高，项目区平均土壤侵蚀模数由工程前的每平方千米 565.9 吨减小为每平方千米 481.2 吨，工程减蚀率达 28.0%，实施工程措施的 3 年中，项目区水土流失量减少了 14.3 万吨，平均每年减少流失量 4.8 万吨。经过三年的"封禁封育"，项目区水土流失控制比为 0.962，小于 1.0，基本控制了水土流失恶化局面。①

四、加大淮河治污力度

20 世纪 70 年代以来，随着经济建设和社会的发展，城镇工业和生活污废水无控制地大量向沟、河、湖、库排放，淮河流域出现了严重污染水资源的新问题。为此，1978 年以来国家颁布了《中华人民共和国水污染防治法》《中华人民共和国水法》《中华人民共和国环境保护法》等一系列法律法规和规章政策，依法治水、依法管水，法律、行政、经济等手段多管齐下，筑牢淮河水污染的防控网，最大限度地防止水污染事故和水污染纠纷的发生。

（一）加强水污染源的治理

水污染防治，首要的是加强岸上污染源的治理，从源头上防控水污染的发生。20 世纪 70 年代，全国已经开始推行"谁污染谁治理"的方针，但

---

① 安徽省地方志编纂委员会办公室编：《安徽省志·环境志》，第 315、317—318 页。

都是以末端治理为特征的点源污染控制，效果并不明显。1975—1980 年，安徽蚌埠市责令蚌埠造纸厂、肉类加工厂、柴油机厂等企业实施污水治理；淮南市对淮南化肥厂、造纸厂、电厂等 22 个污染严重的企业实施限期治理，并发文明确规定"到期不治理的应当坚决停下来，并要追究领导责任"[①]。1984 年 10 月，为了摸清淮河流域的经济发展和水污染情况，淮河流域水资源保护办公室开始组织河南、安徽、江苏、山东四省环保和水利部门进行水资源保护的规划工作，并对半数以上的城镇排污沟口进行了实测，实测的城镇混合污废水量、污染物质量占 180 个规划城镇总排放量的 80% 以上。[②]尽管这次污染源调查实测取得了不少成绩，但它只是为了制定水资源保护规划而做的调查，而不是为了专门进行水污染源治理所做的实测，说明当时人们的认识还停留在水污染末端治理阶段。

1985 年，国务院召开了第一次全国城市环境保护工作会议，把水污染防治从点源治理逐步发展到区域性综合防治，安徽省开始实施"以城市为重点，突出水域环境保护，切实加强环境管理"的工作方针。1986 年，安徽省政府印发《关于解决淮河污染防治问题的意见》，规定对重点污染源必要时采取强制性限产、停产措施，对沿淮河 14 家重点企业进行限期治理。蚌埠、淮南在安徽率先开展城市污水综合整治，建设污水截流、污水处理厂等大型污水综合整治工程。1987 年 10 月 28 日，安徽省计委批复蚌埠市实施污水截流和污水处理厂工程项目，污水截流工程在该市西部八里桥、席家沟、1 号码头、3 号码头和船厂五个排污口建截流管道，顺淮河河堤滩地向东将污水输送到该市下游的污水处理厂，淮河蚌埠段水质明显改善。1989 年 4 月 15—16 日，安徽省政府在淮南市召开"治理淮河污染工作会议"，会议确定一批重点污染源限期治理项目，拟定保护淮河水质的措施，会后发出《关于防治淮河污染的通知》，要求沿淮各级人民政府把治理淮河污染真正列入重要议事日程。[③]1990 年 4 月，淮河流域水资源保护领导小组颁布流域污染源第一批限期治理项目，共 64 个，其中区域性综合治理 10 个，分别是河南省 2 个、安徽省 2 个、江苏省 3 个、山东省 3 个，限期 1993 年治理完成；工业污染治理 54 个，分别是河南省 12 个、安徽省 14 个、江苏省 12 个、山东省 16 个，限期 1992 年完成。但由于多种因素影

---

① 安徽省地方志编纂委员会办公室编：《安徽省志·环境志》，第 182 页。
② 淮河流域水资源保护局：《淮河流域经济发展与水污染趋势分析（1984—1990）》，《治淮汇刊》（1993），第 19 辑，第 105 页。
③ 安徽省地方志编纂委员会办公室编：《安徽省志·环境志》，第 182、180 页。

响，污染源治理进展缓慢。据初步统计，至 1992 年底，区域性综合治理项目只完成了 2 个；工业污染治理项目只完成了 21 个。①

　　1993 年 10 月，全国第二次工业污染防治会议提出工业污染防治必须实行清洁生产，实行三个转变，即由末端治理向生产全过程控制转变，由浓度控制向浓度与总量控制相结合转变，由分散治理向分散与集中控制相结合转变。1994 年淮河发生重大跨省水污染事故后，8 月 30 日国务院办公厅发出《关于防止淮河流域再次发生重大水污染事故的紧急通知》，要求有关地方人民政府和主管部门对主要工业污染源和污水排放严加控制，要加强对淮河流域有关主要闸坝的统一调度，要站在全局的立场上切实搞好淮河流域水污染防治工作。1995 年 8 月 8 日，国务院发布施行《淮河流域水污染防治暂行条例》，提出了淮河流域水污染防治目标是 1997 年实现全流域工业污染源达标排放，2000 年淮河流域各主要河段、湖泊、水库的水质达到淮河流域水污染防治规划的要求，实现淮河水体变清。该条例还规定从 1998 年 1 月 1 日起，禁止一切工业企业向淮河流域水体超标排放水污染物，要求流域四省人民政府对本省范围内淮河流域水环境质量负责，必须采取措施以确保本省淮河流域水污染防治目标的实现。

　　为了实现国务院统一部署的"零点行动"，即在 1998 年 1 月 1 日零点以前淮河流域工业企业废水达标排放，淮河流域四省 1139 家企业按时完成了污染治理，其中安徽省淮河流域日排废水 100 吨以上企业 308 家，完成治理任务 229 家，停产治理 49 家，转产、破产 30 家。日排废水 100 吨以下的 593 家企业中，413 家完成治理任务，91 家在建治污工程，85 家未动工，4 家被关停。截至 1998 年 1 月 1 日零点，安徽省淮河流域工业污染源达标排放任务基本完成，实现了第一阶段目标。2000—2003 年，安徽省开展工业企业达标"四查"活动，即查企业治污设计是否规范、查治污设施投产运行情况、查企业排污的台账记录、查治污责任制和责任追究制落实情况。宿州、淮北等市对死灰复燃的小造纸企业采取坚决措施予以取缔或关闭；阜阳等市在对违法排污企业进行处罚的同时，还依法依纪追究有关责任人的责任。2004 年 12 月，国务院办公厅下发《关于加强淮河流域水污染防治工作的通知》。根据通知要求，2005 年 11 月，安徽省发改委、环保局、中小企业局下发《关于做好关闭淮河流域严重污染生产线和企业有关要求的通知》。12 月，安徽省发改委、环保局、中小企业局通报淮河流域严

① 水利部淮河水利委员会、《淮河志》编纂委员会编：《淮河志　第 1 卷　淮河大事记》，第 279—280 页。

重污染生产线和企业关闭情况，截至当年 12 月 30 日，省辖淮河流域实际关闭生产线或企业 146 家，其中石灰法制浆企业 38 家、2 万吨以下黄板纸企业 1 家、3.4 万吨以下制浆造纸企业 2 家、1 万吨以下废纸造纸企业 101 家、1 万吨以下淀粉生产线 1 家、1 万吨以下酒精生产线 3 家。2006 年 9 月，安徽省人民政府出台《贯彻国务院关于落实科学发展观加强环境保护决定的实施意见》，明确淮河干流和 17 条主要支流水质要基本达到水环境功能区目标。当年在专项行动中，对安徽淮河流域 42 个污染企业实行挂牌督办，对 312 家企业实施处罚。2009 年 5 月，安徽省环保局印发《关于组织编制全省重度污染支流环境专项整治方案的通知》，对淮河流域污染较重的涡河（亳州市辖河段）、濉河（淮北、宿州市辖河段）、颍河、济河（阜阳市辖河段）开展水环境专项整治，目标是 2010 年消除劣 V 类水质，2010 年底达到流域水污染规划或水环境功能区划规定的水质目标要求。①

（二）严格淮河水环境管理与监督

首先，建立环境保护目标责任制。1995 年 3 月，安徽省人民政府副省长王秀智代表省人民政府与巢湖、淮河流域各地、市分管环保工作副专员、副市长签订《淮河、巢湖流域水污染防治目标责任书》（1995—1997 年），目标责任书每年度由省政府考核一次，指标完成情况和水污染防治工作进展情况作为政绩考核的一项重要内容。2003 年 8 月，安徽省人民政府建立淮河、巢湖流域水污染防治联席会议制度和考核制度，定期研究、讨论重点流域水污染防治计划项目执行情况。据有关资料记载，2008 年安徽淮河流域各市均通过年度考核，淮河流域 2008 年度流域水质总体上有所改善，18 个市界出境断面，在去除上游影响后，17 个断面达标，宿州市八里桥出境断面为不达标。2009 年 9 月，安徽省人民政府办公厅发布《关于印发淮河巢湖流域水污染防治专项规划实施情况考核暂行办法》，对淮河、巢湖流域各市人民政府实施相关专项规划情况考核做出规定。②按照考核暂行办法，省人民政府组织省直有关部门每年对淮河流域各市水污染防治规划完成情况进行考核，考核结果向社会公示。

其次，实施排放水污染物许可证管理制度。1988 年 3 月，国家环保局下发了《关于印发〈水污染物排放许可证管理暂行办法〉和开展排污许可证试点工作的通知》。8 月，安徽省人民政府环境保护委员会印发《关于开

---

① 安徽省地方志编纂委员会办公室编：《安徽省志·环境志》，第 186、176、183、185 页。
② 安徽省地方志编纂委员会办公室编：《安徽省志·环境志》，第 364—365 页。

展水污染物排放申报登记和排放许可证试点工作的通知》，同时印发《安徽省开展水污染物排放申报登记和排放许可证试点工作计划和实施方案纲要》。从 1988 年起，淮南、蚌埠、六安、滁州、阜阳等 10 个市、县相继开展排污许可证试点。截至 2001 年，安徽省在淮河流域发放水污染物排放许可证 1050 个，其中工业企业 379 个，医院 75 个，宾馆饭店及其他 596 个。2005 年 5 月，国家环保总局下发《关于推进淮河和太湖流域排放水污染物许可证核发工作的通知》，制定《淮河和太湖流域排放水污染物许可证核发工作方案》和《水污染物排放总量分配技术指南》，提出到 2005 年底前，完成淮河和太湖流域内所有符合发证条件的排污单位、集中式污水处理厂和规模化畜禽养殖场的总量核定和排污许可证核发及发放工作；到 2006 年底，所有排污单位实行持证排污。①

最后，实现挂牌督办和区域限批制度。2003 年 12 月，安徽省环境保护局转发国家环境保护总局办公厅《关于进一步做好"清理整顿不法排污企业保障群众健康环保活动"查处案件督办工作的通知》，首次提出对于列入清理整顿名单的环境违法企业，各地要挂牌督办。2004 年，安徽省环保局挂牌督办突出环境案件 165 件，淮河流域挂牌督办 40 家违法排污企业，对 334 家违法企业依法予以停业整顿、限期整改、限产限排和经济处罚。2005 年，安徽省环保局对占淮河流域排污总量 80% 以上的 50 家重点排污企业和两批省级挂牌督办的污染企业加强监督检查。2005 年 8 月底，亳州市污水处理厂因建成后管网配套资金未到位、城市管网建设滞后处于停运状态，被国家环保总局列入全国 14 家挂牌督办企业名单。经整改，亳州市污水处理厂 2006 年底予以摘牌。2007 年，全国掀起"环保风暴"，安徽蚌埠市被国家环保总局列入"流域限批"。经大力整改，于当年 9 月通过安徽省环保专项行动领导小组办公室组织的整改预验收，国家环保总局在当年 9 月底正式批复蚌埠市"解限"。②

（三）加强水环境监测

开展水环境监测是开展水环境管理、水环境执法的基础。淮河干、支流淮河安徽段水质监测历史较长。从 1956 年开始，淮河流域豫、皖、苏、鲁四省水文部门在水文站网基础上，先后建立了水化学站网，为国民经济

---

① 安徽省地方志编纂委员会办公室编：《安徽省志·环境志》，第 367—368 页。
② 安徽省地方志编纂委员会办公室编：《安徽省志·环境志》，第 371—372、409—410 页。

建设提供了系统的水化学特征资料。进入 20 世纪 70 年代，淮河流域各地水利部门相继对一些水域进行了水质调查和水污染监测。至 1975 年，豫、皖、苏、鲁四省在淮河流域境内形成了 136 个断面、24 个污水口和 6 个化验室的水质监测网络，1978 年又调整至 233 个断面、20 个污水口和 9 个化验室。[①]在淮河安徽段，1971 年宿县水文分站对奎河污染进行调查，并报告有关部门，引起江苏、安徽有关领导的重视，这是安徽省水质调查的首例，在国内也是较早的。1974 年 12 月水利部召开会议提出要求："今后水利部门不仅要管好水量、沙量，还要管好水质。"[②]安徽省迅速行动，1975 年就开始规划布站，开展水质动态监测。1976 年，安徽省首次开展梅山、响洪甸、佛子岭、磨子潭、龙河口五大水库水质、底泥、鱼含汞量的监测工作。淮南市监测站从 1979 年起开始对淮河干流淮南段定期监测。淮河支流监测的有奎河、濉河、汴河、沱河，监测项目、频次也不统一。1985 年，淮河干、支流监测任务分别由淮南、蚌埠、阜阳、六安、宿州、滁州六市监测站承担。淮河干流共设置 11 个监测断面、29 个采样点；淮河支流设 38 个监测断面、110 个采样点。[③]1986 年以后，地表水监测布点、采样、分析统一按国家规范要求执行。迄 1987 年，淮河全流域实施站网 261 个，另有 12 个入河排污口监测点，基本站每年测 12 次，辅助站每年测 6 次，专用站根据需要则监测次数不等。[④]

1989 年 2 月，安徽省淮河干流淮南段及颍河全河段的水质均受到严重污染，造成损失，暴露出了水质监测工作中的薄弱环节。为及时掌握水质变化情况，防止造成突发性水污染事故，发挥现有水文站点多面广、水质水量相结合和水文通讯快速可靠的优势，安徽省在重点河段开展水质动态监测工作。水质动态监测即监视性监测，是通过有效监测手段适时掌握水质变化情况，在常规监测的基础上根据各河段具体情况，确定主要的和敏感的水质水量指标，分河段逐站按不同水情、污染程度确定不同监测频次和水质标准，利用水情拍报系统进行信息传递；采用河段（闸坝）定点监测和干支流上、下游之间追踪监测相结合，河道水质水量同步监测和入河排污口水质水量同步监测相结合，现场测定和水质化验室测定相结合的方

① 水利部淮河水利委员会、《淮河志》编纂委员会编：《淮河志 第6卷 淮河水利管理志》，第442页。
② 王秀智主编：《世纪之交的安徽科技进步与学科发展》，合肥：安徽科学技术出版社，2000年，第611页。
③ 安徽省地方志编纂委员会办公室编：《安徽省志·环境志》，第432页。
④ 水利部淮河水利委员会、《淮河志》编纂委员会编：《淮河志 第6卷 淮河水利管理志》，第442页。

式，及时掌握河段水质水量变化情况，对可能造成水质恶化或突发性污染事故提出警报，为当地政府制定或采取防治应急措施提供相关依据。根据1989年4—5月对淮干、涒河、泉河、涡河等河流及其沿岸入河排污口水质水量同步动态监测资料和历史资料的分析，安徽确定在淮河干流及其主要支流颍河、泉河、涡河的重要河段的水文站上设立12个水质动态监测站点，拟定了水质动态监测实施意见和水质信息拍报办法。①

安徽淮河段开展水质动态监测，在预防、解决水污染纠纷方面取得了良好的效果。1989年5月，涡河亳州市段因水质严重污染而发生大量死鱼现象，颍河污染也趋于严重。由于开展了水质动态监测，掌握了污情，发布了"水质公报"，引起了省政府和各有关领导部门的重视，各有关部门加强了防范措施。同年10月下旬，颍河上游有大量污水泄入安徽境内，造成颍河水质严重恶化。从界首市至阜阳闸上段出现大面积死鱼，界首动态监测站及时做了监测调查，并及时通报各有关部门。10月26日，阜阳闸开闸放水，阜阳、颍上动态监测站及时加强了监测，并将信息报送安徽省水文总站。安徽省水文总站综合各站水质水量情况，于10月29日发布了关于颍河水质恶化的"水质公报"。10月30日，颍上闸开闸放水前后，鲁台子、淮南、蚌埠等动态监测站密切注意淮河干流水量水质变化动态，至11月2日，安徽省水文总站根据各站点报来的水量水质资料，认真分析了淮河干流上游来水量、颍河来水水质，以及蚌埠闸运行情况、淮河干流水质状况，认为颍河控制下泄2700万立方米受污染的水体入淮，对淮河干流水质不会造成大的危害，并于当日将此情况用"水质公报"通报给有关部门，稳定了沿淮群众的情绪。1990年1月，淮河干流水污染又趋严重，颍河颍上段1月4日起出现大面积死鱼，动态监测站当日上午即迅速将污染情况和监测数据上报安徽省水文总站。安徽省水文总站于当日及时发布了"水质公报"，引起了沿淮有关单位的高度重视，如淮南市自来水公司和蚌埠市自来水公司派专人到安徽省水文总站，要求今后将"水质公报"直接送给他们，以便及时做好自来水深度处理。14日夜起，沿淮普降雨雪，淮河干流水污染严重的状况有所缓解。16日，安徽省水文总站又将情况用"水质公报"及时地通报有关单位，解除了淮干水质污染严重的警报。1990年1月20日，由于颍河上游有大量受严重污染的水体入境，界首段出现大量死、漂鱼情况，颍河全河道水体呈褐色，色度达到90度以上，化学耗氧

---

① 安徽省水文总站：《开展水质动态监测防止突发性水污染事故》，《治淮汇刊》（1990），第16辑，第321页。

量（锰法）和氨氮含量都已严重超标，污染十分严重。1月22日下午，颍上闸蓄水位超过了枯水期限制的最高水位，上游继续来水，迫使开闸泄水，直接危及淮河沿线工农业生产和群众生活用水安全。安徽省电力部门提出报告，由于水质严重污染，淮南发电厂锅炉用水处理出现了困难，如果污染继续，势必影响电厂生产，这不仅会每天给电厂造成直接经济损失，而且会影响华东电网，损失更大，同时春节即将来临，也会造成沿淮各城镇居民心理上的恐慌，造成的社会影响比经济损失更大，情况十分紧急。因此，1月22日下午安徽省水文总站发出了关于颍河污染严重、令人担忧的"水质公报"，同时与颍上闸主管部门颍上县和阜阳地区水利局加强了联系，建议控制颍上闸和阜阳闸的泄水量，并通知有关部门加强防范。这次颍河和淮河干流的水污染趋势与1989年2月相当，但由于开展了水质动态监测，及时掌握了水质水量变化情况，对有关闸坝采取了适度的调控，颍河和淮河干流全线严重污染的情况没有再出现。[①]

（四）建立水污染联防联控机制

建立河流上下游水污染联防联控机制，是预防和应对跨省流域突发水污染事件，防范重大生态环境风险的有效保障。自20世纪八九十年代以来，淮河流域各地就开始探索建立水污染的联防联控机制。例如，沙颍河、涡河是淮河干流最大的两条支流，均发源于河南省，河流沿线城镇多，大量超标准排放的污水使沙颍河、涡河常年处于污染状态，并对淮河干流构成严重的污染威胁。自1990年起，安徽省环保局将淮河、沙颍河污染联防纳入年度例行工作，污染联防通过发挥水利、环保部门优势，监测并发布污染信息，调控水利工程，在联防期对重污染企业进行限产限排等措施，保证淮河流域枯水期的水质安全。

与此同时，水利部淮河水利委员会水资源保护局组织流域河南、安徽、江苏三省水利、环保部门开展了淮河、沙颍河污染联防，逐渐建立起了跨省、跨部门的淮河水污染联防联控制度。1990年6月15日，由国家环保局、水利部及河南、安徽、江苏、山东四省人民政府共同签发《关于淮河流域防止河道突发性污染事故的决定（试行）》，对防止河道污水积蓄和大污水团流放制定了应急措施方案，对监视、监测等都做了明确规定。[②]10月27—28日，"沙颍河污染联防会议"在安徽省阜阳市召开，豫、皖两省

---

① 安徽省水文总站：《开展水质动态监测防止突发性水污染事故》，《治淮汇刊》（1990），第16辑，第322—323页。

② 安徽省地方志编纂委员会办公室编：《安徽省志·环境志》，第182页。

水利厅、环保局，水利部淮河水利委员会的领导及平顶山、郑州、漯河、许昌、周口、阜阳六地市水利、环保部门的负责同志参加了会议，会议通过了《沙颍河污染联防工作意见》，确定每年 11 月至第二年 3 月为联防期。会后，淮河流域水资源保护领导小组办公室向河南、安徽两省人民政府报送了《关于开展沙颍河污染联防的工作报告》，经两省人民政府批复同意，要求水利、环保部门给予支持和配合，从此污染联防工作得以正式开展。[1]1992—1993 年，水污染联防范围从沙颍河扩大到淮河润河集至洪泽湖，形成了豫、皖、苏三省联合防污体系。联防措施主要是在枯水季节，水利厅负责水质动态监测和入河排污口水质监测；省环保局负责污染源限量排放。在沙颍河、淮河共设 26 个水质监测站，按规定提供监测数据。[2]自 1994 年起，水利部淮河水利委员会对沙颍河槐店、李坟、颍上和淮河干流的蚌埠闸实施统一防污调度。2003 年起，涡河水系被纳入污染联防的范围。[3]

为推动建立跨省流域上下游突发水污染事件联防联控机制，生态环境部会同水利部在深入调研、总结经验的基础上，针对联防联控机制建设普遍存在的问题，研究制定并于 2020 年初联合印发了《关于建立跨省流域上下游突发水污染事件联防联控机制的指导意见》，明确省级政府作为建立和落实跨省流域上下游突发水污染事件联防联控机制的主体，应当协商建立具有约束力的协作制度，明确上下游在事前、事中和事后全过程的责任和工作任务，加强沟通、协同联动，共同推动机制落到实处，实现有效预防和妥善应对跨省流域突发水污染事件的目标。[4]可以预见，在这一强有力政策意见的指导下，淮河流域水污染联防联控机制将越来越完善，对预防和应对跨省流域突发水污染事件、妥善处理纠纷、防范重大生态环境风险将发挥更重大的作用。

五、建立河长、湖长制度

所谓河长制，即由各级党政主要领导人担任河长（以及湖长、库长等），负责辖区内河流（湖泊、水库等）的管理与保护，是一项衍生于水污

---

① 水利部淮河水利委员会、《淮河志》编纂委员会编：《淮河志 第 6 卷 淮河水利管理志》，第 470 页。
② 水利部淮河水利委员会、《淮河志》编纂委员会编：《淮河志 第 1 卷 淮河大事记》，第 283 页。
③ 安徽省地方志编纂委员会办公室编：《安徽省志·环境志》，第 186 页。
④ 《权威解读：生态环境部 水利部建立跨省流域上下游突发水污染事件联防联控机制》，http://www.mwr.gov.cn/zw/zcjd/202001/t20200121_1387467.html，2020 年 1 月 21 日。

染防治首长负责制、生态问责制的河湖治理与管理新模式。这种地方创新的河湖管理制度，一般认为是由 2007 年江苏省无锡市处理太湖蓝藻污染事件开始起步的。2007 年 8 月 23 日，无锡市委办公室、无锡市人民政府办公室印发了《无锡市河（湖、库、荡、氿）断面水质控制目标及考核办法（试行）》，无锡市党政主要负责人分别担任了 64 条河流的"河长"，被认为是无锡市推行"河长制"的起源。2008 年，江苏省政府决定在太湖流域借鉴和推广无锡首创的"河长制"，江苏省全省 15 条主要入湖河流全面实行"双河长制"，即每条河由省、市两级领导共同担任"河长"，一些地方还设立了市、县、镇、村的四级"河长"管理体系。后来，云南、河南、河北等省在河湖治理过程中也纷纷效仿，出现了一批流水清澈、生态恢复的健康河流的雏形。

河长制的创新探索得到了党中央、国务院的肯定，并上升为国家法律法规层面得到指导推广。2016 年 10 月 11 日，习近平总书记主持召开中央全面深化改革领导小组第二十八次会议，审议通过《关于全面推行河长制的意见》。12 月，中共中央办公厅、国务院办公厅联合印发《关于全面推行河长制的意见》，对河长制的指导思想、基本原则、组织形式、工作职责等做了具体要求。12 月 10 日，水利部、环境保护部联合印发《贯彻落实〈关于全面推行河长制的意见〉实施方案》，对全面落实河长制做出了全面部署。[1]2017 年 6 月 27 日修正通过的《中华人民共和国水污染防治法》增加了对河长制规定的内容，河长制走上了法治的轨道。12 月，中共中央办公厅、国务院办公厅又印发了《关于在湖泊实施湖长制的指导意见》，提出到2018 年底前全面建立湖长制。2018 年 3 月，水利部发布《水利部贯彻落实〈关于在湖泊实施湖长制的指导意见〉的通知》[2]，要求全国各地水利部门确保在湖泊实施湖长制目标任务如期实现、取得实效。

在国家的推动下，淮河流域各省全面推行了河长制。河长制发源于江苏省，所以江苏淮河段的河长制起步早。2009 年 6 月 23 日，淮安市出台了《中共淮安市委、淮安市人民政府关于全面建立"河长制"加强水环境综合整治和管理的决定》。[3]2012 年 9 月，江苏省政府颁布《关于加强全省河道

① 《水利部 环境保护部印发〈贯彻落实《关于全面推行河长制的意见》实施方案〉》，http://www.mwr.gov.cn/ztpd/gzzt/hzz/zydt/201708/t20170811_974029.html，2016 年 12 月 13 日。
② 《水利部贯彻落实〈关于在湖泊实施湖长制的指导意见〉的通知》，http://www.mwr.gov.cn/ztpd/gzzt/hzz/zydt/201803/t20180315_1033262.html，2018 年 3 月 15 日。
③ 张嘉涛：《江苏"河长制"的实践与启示》，《中国水利》2010 年第 12 期。

管理"河长制"工作的意见》等政策文件，在全省推行"河长制"。2016年扬州颁布《扬州市河道管理条例》，在全省率先将全面落实河长制写入地方性法规。2017年9月24日，江苏省人民代表大会常务委员会审议通过《江苏省河道管理条例》，将全面推行河长制写入其中，为江苏省河长制工作提供了法律依据。在全面推行河长制实践中，江苏淮河段各市皆形成了自己的特色，如徐州在江苏省规定的97条骨干河道基础上，还在全市1233条大沟级以上河道、72座中小型水库设立了"河长"或"湖长"；扬州市则创新考核督查手段，引入信息员机制，实现中心城区河道全覆盖、网格化管理，建立起扬州市河道巡查（保洁）船只GPS定位系统，实现对河道巡查（保洁）船只的动态监控与调度管理。①

在河南淮河段，2017年5月19日，河南省委办公厅、省政府办公厅联合印发了《河南省全面推行河长制工作方案》，根据河南省的实际情况，2017年底前全面建立河长制，拟建成省、市、县、乡、村五级河长体系，各级党委或政府主要负责人任河长，河流所经村拟由村支部书记担任村河长。在全省流域面积30平方千米以上的1839条河流，以及流域面积30平方千米以下、对当地生产生活有重要影响的河流（沟）设立河长。从2018年开始，对各级河长制落实情况进行考核。②郑州市在编制"一河一策"过程中，融入了水资源、水生态、水环境、水灾害"四水同治"和安全河、生态河、景观河、文化河、幸福河"五河共建"理念，并且把水灾害和水文化贯穿其中，不断丰富和完善河长制工作。③河南新郑市于2019年8月13日成立市人民检察院驻河长制办公室联络室，建立起了"河湖长+检察长"工作机制。④

在安徽淮河段，2017年3月，中共安徽省委办公厅、安徽省人民政府办公厅印发《安徽省全面推行河长制工作方案》，并发出通知，要求各地各部门结合实际认真贯彻执行。⑤7月，安徽省人大常委会专门颁布《安徽省湖泊管理保护条例》，强化湖泊管理和保护，并在全国率先将"湖泊实行河

① 李先明、赵建平、陈锋，等：《"河长制"：江苏十年探索河湖治理的有效抓手》，《河北水利》2017年第8期。
② 李乐乐、彭可、李智喻：《河南：五级河长畅通治河"最后一公里"》，《河南水利与南水北调》2017年第6期。
③ 《河南郑州市："一河一策"内容形式推陈出新》，http://www.mwr.gov.cn/ztpd/gzzt/hzz/jcsj/201810/t20181019_1053063.html，2018年10月19日。
④ 《河南省：新郑市人民检察院驻河长制办公室 联络室正式揭牌成立》，http://www.mwr.gov.cn/ztpd/gzzt/hzz/jcsj/201908/t20190816_1353542.html，2019年8月16日。
⑤ 吴林红：《安徽省全面推行河长制工作方案印发》，《安徽日报》2017年3月15日，第4版。

长制管理"写入地方性法规。在蚌埠，针对公众反映的河岸垃圾、围垦侵占、违规设障、污水直排等问题，组织开展河长巡河督查，建立问题督办销号制度。①安徽淮北市全面建立市、县区、镇办、村居四级湖长体系，实行网格化管理。②2018 年，安徽省印发《安徽省 2018 年度河长制湖长制省级考核办法》，考核结果将纳入安徽省"实行最严格水资源管理制度"考核内容，作为"水污染防治行动计划""领导干部自然资源资产离任审计"及地方党政领导干部综合考核评价的参考依据，同时作为次年河湖管理、环境保护类项目资金安排的参考依据。③

在山东淮河段，2017 年 4 月 24 日，菏泽市委、市政府联合下达了《菏泽市全面实行河长制工作方案》，制订了菏泽市河长制工作的总体目标。截至 2017 年底，山东全面实行了河长制，2018 年 9 月底全面实行了湖长制。④2019 年，山东日照市委、市政府印发《县乡河湖长工作评估办法（试行）》《河湖管理员管理办法（试行）》《河长制湖长制重点工作通报制度》《河湖长述职制度》《河长制湖长制群众监督举报奖励办法（试行）》，推动河长、湖长制从"有名"向"有实"转变。⑤

淮河流域内跨省河道多，河湖管理涉及上下游、左右岸、干支流，涉及不同行业、不同领域、不同部门，各方利益难以平衡，治理工作难度大。河长、湖长制的优势在于地方主要负责人对本行政区内河湖进行多地、多部门协调统一管理，拆除了以往由部门负责、多头管理河湖管理保护体制的藩篱，实现了水治理由"部门制"向"首长制"转型升级。当然，地方河长制的推行，也给新时代淮河流域统一管理带来了机遇和挑战。自中共中央办公厅、国务院办公厅《关于全面推行河长制的意见》印发以后，水利部淮河水利委员会通过成立推进河长制工作领导小组和河长制工作办公室，编制印发《淮委全面推行河长制工作方案》《淮委沂沭泗全面推进河长制工作方案》，制定水利部淮河水利委员会全面推行河长制工作

---

① 《安徽省蚌埠市多措并举推进河湖长制见成效》，http://www.mwr.gov.cn/ztpd/gzzt/hzz/jcsj/201811/t20181130_1056336.html，2018 年 11 月 30 日。

② 李锋：《安徽淮北市建立四级湖长体系实行网格化管理》，http://www.mwr.gov.cn/ztpd/gzzt/hzz/jcsj/201807/t20180731_1044283.html，2018 年 7 月 31 日。

③ 孙振：《安徽出台河长制湖长制考核办法——包括 7 个方面 28 个指标》，《人民日报》2018 年 6 月 4 日，第 14 版。

④ 房殿京：《菏泽市河长制工作存在的问题及对策》，《山东水利》2018 年第 9 期。

⑤ 《日照市出台 5 项制度 推动河湖长制"有实"》，http://www.mwr.gov.cn/ztpd/gzzt/hzz/gzjb/202001/t20200109_1386070.html，2020 年 1 月 9 日。

督导检查制度①等，积极主动地融入了流域河长制组织体系。水利部淮河水利委员会作为淮河流域统一管理机构，本身就具有协调流域各省治淮统一行动、上中下游兼顾的功能，所以在流域各省全面推行河长制的过程中，水利部淮河水利委员会主动作为，全面融入，切实发挥了对流域河长制建立的协调、指导、监督、监测作用。

---

① 伍海平：《主动作为 认真履职 全力推进淮河流域全面推行河长制工作》，《治淮》2017 年第 10 期。

第五章
淮河流域水事纠纷的解决

淮河流域水事纠纷自古就有，南宋以来因黄河长期夺淮，排水争水纠纷频繁。中华人民共和国成立后，由于黄河长期夺淮造成的水资源环境脆弱化变迁、降水季节分配不均匀、治淮工程的影响、现代化和城市化的影响、行政区域的分割和流域整体之间的矛盾等因素，淮河流域个人与个人、个人与集体、集体与集体、跨行政区之间的水事纠纷经常发生。面对纷繁复杂的行政区之间的水事纠纷，依据法律法规，多以行政力量进行协商协调解决。而面对个人与个人、个人与集体、集体与集体之间的水事纠纷，一般可以协商解决，也可以用司法方式解决。对于水事案件，一般由水行政部门、环保部门进行查处，也可以提起行政诉讼和刑事诉讼。在水事纠纷调处的过程中一般采取依法治水、团结治水、统筹兼顾、尊重历史、维持现状等原则，以及调整行政区划、修建照顾各方的水利工程、科学调度水资源等措施，解决的效果总体上是不错的，大规模水利纠纷到 20 世纪 90 年代以后基本上消除了，大的水污染纠纷在近年也得到了很好的遏制。

第一节　水事纠纷解决的主体与方式

从中华人民共和国成立以来淮河流域水利纠纷、水污染纠纷、水环境纠纷案件处理的案例来看，淮河流域水事纠纷的主体是多种多样的，有个人、单位、集体、行政区等。而一旦发生水事纠纷，各级党委政府、流域统一管理机构，各级人民公安机关、检察院、法院，以及民间社会组织都可能承担起水事纠纷解决主体的作用。对于水事纠纷的解决，一般有行政和司法两种路径、多种解决方式。

一、水事纠纷解决的主体构成

中华人民共和国成立后，党中央和国务院领导同志非常关心淮河流域水事问题。中央和淮河流域各地各级党委政府及水利、环保部门，水利部淮河水利委员会，流域各地各级人民公安机关、检察院、法院，以及民间社会组织，为了建立正常的淮河流域水事秩序，以利于人民群众的生产生活及社会安定，保障社会经济建设顺利进行，投入了大量人力、物力和财力，研究商讨、调处水事纠纷。

（一）党中央和国务院

首先，党中央和国务院领导同志高度重视淮河流域水事纠纷问题的解决。1950 年 8 月 31 日，毛泽东在苏北区党委电报上做了"导淮必苏、皖、豫三省同时动手，三省党委的工作计划，均须以此为中心，并早日告诉他们"①的批语，这对消除苏、皖、豫三省之间因治淮工程引起的水事矛盾起着重要的指导作用。之后，毛泽东又批示了豫、皖两省临淮岗洪水控制工程和淠史杭大型灌溉工程纠纷问题。1963 年 12 月，国务院副秘书长周荣鑫到商丘地区视察，地委第一书记纪登奎向他汇报了灾情，并陪同到省界阻水大堤查看，临行送给他一张商丘地区阻水工程图。1964 年初，毛泽东在郑州询问了豫、皖两省边界水利矛盾，并把当时中共河南省委书记刘建勋、中共安徽省委书记李葆华叫到住地，听取汇报和研究。2 月 14 日，纪登奎到合肥与李葆华、王光宇等人商讨豫东地区和安徽省边界水利问题，签订了《关于豫东地区与安徽边界水利问题的处理意见》及"王引河复故、恢复原来水系、孟口至代桥闸改道段废除"等 9 项协议。②

周恩来总理也十分关心淮河流域水事纠纷的解决。1950 年，治淮会议期间，他针对三省在治淮上的分歧，反复召集各地负责干部讨论、协商，并分别谈话、做工作；多次听取水利部长傅作义和副部长李葆华、张含英，华东水利部副部长刘宠光，以及河南、皖北、苏北三省区负责人吴芝圃、曾希圣、肖望东等参加的关于淮河治理规划的汇报，把治淮工程的任务落实到三省区。周总理还反复告诫干部们要吸取国民党治淮时期只顾下

① 中共中央文献研究室编：《建国以来重要文献选编》第 1 册，第 308 页。
② 李日旭主编：《当代河南的水利事业（1949—1992 年）》，北京：当代中国出版社，1996 年，第 144—145 页。

游，不顾中、上游，闹地方主义的教训。[1]谭震林同志在 1956 年担任国务
院副总理兼农林办公室主任时，多次主持解决淮河流域边界水事纠纷会
议。[2]1974 年淮河水污染事件发生后，国务院环境保护领导小组办公室副主
任王宗杰带队到安徽省调查淮河污染情况。1975 年 2 月，国务院副总理李
先念做出批示："抓住不放做出成绩，一直到解决问题。"[3]这一重要批示对
解决淮河流域跨省水污染纠纷具有长远的意义。

其次，党中央和国务院针对淮河流域水事纠纷问题，专门下发文件指
导解决。例如，1960 年 3 月 30 日，水电部党组向中共中央报告苏、鲁两省
签署的关于微山湖地区有关水利问题的协议书，中共中央于 4 月 9 日印发
了《江苏、山东两省关于微山湖地区水利问题的协议书》。[4]1962 年 2 月 14
日，水利电力部给中央报告："关于冀、鲁、豫、皖、苏、京五省一市的边
界水利问题，经几次开会讨论，并由总理、谭（震林）副总理邀集省市委
第一书记商谈后，已基本得到解决。现送上关于五省一市平原地区边界水
利问题的处理原则请审阅批示。"3 月 1 日，中共中央下发《中共中央同意
水电部关于五省一市平原地区水利问题的处理原则的报告》，其中规定了关
于边界坝、边界堤及边界路、边界附近河沟、边界坡洼、边界渠道与灌溉
退水问题、边界闸及边界桥涵、边界水库、关于调整水系等水利问题的八
项处理原则。[5]这八项原则成了 20 世纪六七十年代处理淮河流域水利纠纷
的根本遵循，淮河流域很多跨行政区水事纠纷协商一致达成的协议书中都
提到了这八项原则。

针对河南商丘和安徽宿县两专区水利纠纷问题，1963 年 6 月 12 日，国
务院向河南、安徽省人民委员会下发《国务院关于认真执行边界水利问题
的协议规定的通知》，指出："五月中旬以来，商丘和宿县专区发生了历史
上少见的早期特大暴雨，造成了很大灾害，各地正在积极进行排水抢救。
在两省边界的夏邑、砀山、永城、肖县、濉溪地区虽然一般尚能贯彻协
议，但由于雨期早，有的地区规定应做的工程还没有做，或者还没有做

① 曹应旺：《周恩来与治水》，北京：中央文献出版社，1991 年，第 17 页。
② 《水利电力部给中央的报告》（1962 年 2 月 14 日），中央档案馆、中共中央文献研究室编：《中
  共中央文件选集（一九四九年十月——一九六六年五月）》第 39 册（1962 年 1 月—4 月），北京：
  人民出版社，2013 年，第 121 页。
③ 安徽省地方志编纂委员会办公室：《安徽省志·环境志》，第 423 页。
④ 水利部淮河水利委员会水政水资源处编：《淮河流域省际水事纠纷资料汇编》，第 288 页。
⑤ 中央档案馆、中共中央文献研究室编：《中共中央文件选集（一九四九年十月——一九六六年五
  月）》第 39 册（1962 年 1 月—4 月），第 121—126 页。

完，不能发挥应有作用，也有几个地方，在涝情严重的时候，不遵守协议规定，甚至破坏协议，这种做法是不对的。"并指出五月中旬以来，各地均将陆续进入汛期，为了吸取教训，防患于未然，国务院认为有必要重申关于解决边界水利纠纷的精神，要求各省人民委员会转知并督促各有关专区、县严格遵照有关协议规定，切实做到下列四点：一是凡已根据协议规定做了的工程，无论是否已经双方验收，都不得私自扒开或堵闭，暴雨期间，各级领导应该加以防范，被水冲毁的工程，应该立即修复或采取临时急救措施；二是协议规定应做的工程，如目前尚未动工或已动工而未做够标准的，应当积极抢做并做够标准；三是按协议规定做了的工程，应当立即报告上级并转告邻省进行共同验收，验收中如有不够标准之处，应当立即补做；四是所有在协议或有关文件中规定了运用办法的建筑物，均应按规定办事，非经双方同意不得改变。以上四点请各省贯彻到边界专区、县、公社干部和群众中去，督促他们积极认真抢做各项应做工程，并早日按标准做完。对于不顾大局，拒不执行协议或公然带头鼓动群众破坏协议规定的干部，应当分别情节轻重给予纪律处分。①

　　为了强化淮河流域水事纠纷协同解决的权威性，中共中央和国务院有时会联合下文指导解决淮河流域水事纠纷，如1984年4月30日，中共中央、国务院向中共山东、江苏省委，山东、江苏省人民政府并各省、自治区、直辖市党委、人民政府，中央和国家机关各部委，军委各总部、各军兵种党委，各人民团体等省军级单位印发《中共中央、国务院批转国务院赴微山湖工作组〈关于解决微山湖争议问题的报告〉的通知》，要求山东、江苏两省要根据国务院赴微山湖工作组《关于解决微山湖争议问题的报告》中所提出的要求，迅速制定落实方案，尽快实施，并且规定严格纪律，共同遵守。今后如再发生湖田、湖产或水利纠纷，由于当地人民政府不及时解决而影响群众的生产、生活，以及造成群众生命、财产的损失，要追究有关省、市、县人民政府主要领导人的责任。有时也有国务院和中央军委联合下文的情况，如1967年6月22日，中华人民共和国国务院、中国共产党中央委员会军事委员会向南京军区、济南军区、山东省革命委员会、江苏省军事管制委员会、济南军区等部门单位联合批转《关于处理微山湖地区纠纷会议纪要》，认为"南京军区政委杜平同志召集苏、鲁两省及有关专、县和军队代表解决微山湖地区纠纷问题的会议纪要很好。……

---

① 水利部淮河水利委员会水政水资源处编：《淮河流域省际水事纠纷资料汇编》，第19—20页。

希望其他省与省、专（区）与专（区）、县与县之间的纠纷，都应学习这次会议的精神和做法，使问题得到彻底解决"，"国务院同意会议中商定的关于解决湖田及渔民陆居，湖产和水利等方面问题的有关意见，希两省认真贯彻执行。为保证协议的执行，执行小组可即成立"。①

（二）水利部、生态环境部等相关部委

国务院相关部委中对淮河流域水事纠纷的解决起着重要作用的主要是水利部、生态环境部。水利部是主管水行政的国务院组成部门，成立于1949年10月，1958年和电力工业部合并成立水利电力部，1979年分设水利部、电力工业部，1982年又将水利部和电力工业部合并设水利电力部，1988年4月以后复设水利部。水利部有一项重要职能，即组织、指导水政监察和水行政执法，协调并仲裁部门之间和省际水事纠纷。例如，1962年7月24日—8月14日，根据水利电力部的指示，成立了豫东皖北边界地区水利工程联合检查组，对豫东皖北边界地区水利工程进行了联合检查。1963年12月27日，水利电力部下发《关于进一步处理冀鲁豫皖苏边界水利问题的意见》，要求河北、山东、河南、安徽、江苏4省人民委员会并有关专区、县贯彻执行。1972年10月13日，水利电力部给治淮规划小组办公室《复关于平原地区水利问题的处理原则精神是否包括省界上游建闸的函》，要求治淮规划小组办公室就安徽反映河南在边界河道具体建闸问题，组织豫、皖两省人员去现场查勘，协商处理。1973年1月31日，水利电力部下发的《关于郯城县白马河治理工程扩大初步设计的审查意见》指出：为避免白马河上下段治理发生矛盾，建议严庄排水沟口至江苏省境内干流下段于今冬明春统一安排施工。1978年7月24日，水利电力部对《淮河流域洪水调度意见（送审稿）》的批复，同意治淮委员会报送的《淮河流域洪水调度意见》，请即按此执行，并要求"今后可以随着规划工程的实现和实践经验，在适当时候再与4省共同进行必要的修改补充，逐步完善"②。1997年9月5日，水利部下发《关于进一步加强省际水事纠纷的预防和调处工作的通知》，要求各流域机构要认真履行职责，贯彻"预防为主，防治结合"的方针，及时协调，妥善处理省际边界水事纠纷。

———————

① 水利部淮河水利委员会水政水资源处编：《淮河流域省际水事纠纷资料汇编》，第371—372、312页。
② 水利部淮河水利委员会水政水资源处编：《淮河流域省际水事纠纷资料汇编》，第91—96、21—22、27、416、30页。

生态环境部最早源于 1974 年 10 月国务院环境保护领导小组，1982 年在城乡建设环境保护部内设环境保护局，1984 年改为国家环境保护局，1988 年独立设置国家环境保护局，1998 年升格为国家环境保护总局，2008 年升格为环境保护部，2018 年组建生态环境部，其职责中有一条是：牵头协调重特大环境污染事故和生态破坏事件的调查处理，指导协调地方政府对重特大突发生态环境事件的应急、预警工作，牵头指导实施生态环境损害赔偿制度，协调解决有关跨区域环境污染纠纷，统筹协调国家重点区域、流域、海域生态环境保护工作。例如，1983 年 4 月 16 日，国务院办公厅转发城乡建设环境保护部、水利电力部《关于解决奎河污染问题报告》，通知江苏、安徽两省人民政府要结合实际情况，认真执行。[1]1990 年 6 月，国家环保局联合水利部、淮河流域豫、皖、苏、鲁四省人民政府颁布《关于淮河流域防止河道突发性污染事故的决定（试行）》，提出了在易发生河道突发性污染的地区，要严格排污管理；不按规定排污，造成河道污水积蓄进而酿成突发污染事故并造成损失的，要追究排污单位的法律责任；省际突发性水污染事故纠纷，由淮河流域水资源保护领导小组与有关省人民政府协商提出处理意见，报国家环境保护局和水利部备案等要求。[2]1993 年 9 月 3 日，国家环保局在北京主持召开了"苏鲁边界地区水污染防治协调会"，会议听取了淮河流域水资源保护局关于"江苏、山东中运河、沂河、沭河跨省河段水污染调查情况"的汇报，以及江苏、山东两省环保部门对苏、鲁边界地区水环境状况及污染防治设想的介绍，会议最后达成了开展苏、鲁边界地区水污染防治规划工作，以及"两省环保部门在今后的工作中应进一步加强这一地区污染源的监督管理，特别是严格控制新上小造纸、小酿造、小化工、小电镀等污染量大，经济效益差的项目；对老的经济效益不好、污染严重而且治理技术有困难的企业严格实行关、停、并、转或季节性停产，对治理技术没有困难的企业要限期治理"等水污染防治的政策共识。[3]1994 年 8 月淮河发生特大水污染事故后，受国务院的委托，国家环保局解振华局长和水利部严克强副部长带领淮河流域水污染事故调查工作组，于 8 月 19—24 日对江苏、安徽、河南三省进行了实地调查，查看了淮河及洪泽湖的污染情况，慰问了灾民，听取了三省政府主管副省长

[1] 水利部淮河水利委员会、《淮河志》编纂委员会编：《淮河志 第 1 卷 淮河大事记》，第 248 页。
[2] 水利部淮河水利委员会水政水资源处编：《淮河流域省际水事纠纷资料汇编》，第 61—64 页。
[3]《苏鲁边界地区水污染防治协调会会议纪要》，国家环境保护局办公室编：《环境保护文件选编：1993—1995 年》；北京：中国环境科学出版社，1996 年，第 638、639 页。

和有关地方政府的汇报，对污染事故的处理和淮河流域的水污染防治工作做了部署和要求。①

除水利部、生态环境部是淮河流域水事纠纷解决的重要主体外，民政部、农业部、国家防汛抗旱总指挥部等部委也起着不可忽视的作用。民政部有拟订行政区划、行政区域界限管理，负责报国务院审批的行政区划设立、命名、变更和政府驻地迁移审核工作，组织、指导省县级行政区域界线的勘定和管理工作等方面的职责，这牵涉到淮河流域跨行政区水事纠纷解决的一个重要措施就是调整行政区划。农业部因承担着农业防灾减灾的责任，所以对于淮河流域灌溉、排水等方面的矛盾解决也有所涉及，如1980年5月7日，国家农业委员会向江苏、山东两省人民政府批转了水利部《关于处理苏鲁南四湖地区边界水利问题的报告》，希望两省本着团结治水、互谅互让的原则，分别做好有关地区干部群众的思想工作，顾全大局，促进安定团结，切实解决边界水利问题。国家防汛抗旱总指挥部源于1950年6月7日成立的中央防汛总指挥部，1971年改为中央防汛抗旱总指挥部，1985年恢复中央防汛总指挥部，1992年更名为国家防汛抗旱总指挥部，主要职责是在国务院领导下，负责领导组织全国的防汛抗旱工作，所以也涉及淮河流域水事矛盾的调处和解决。例如，1987年9月12日，中央防汛总指挥部向江苏、山东两省人民政府及治淮委员会下发《关于苏鲁两省邳苍边界西泇河与东宋家沟之间排水问题的处理意见》，同意中央纪检委驻水电部纪检组、中央防汛办公室、治淮委员会召集苏、鲁两省纪检委、水利厅及有关地、市、县负责同志在徐州市商谈后提出的《关于苏鲁两省邳苍边界西泇河与东宋家沟之间排水问题处理意见》，请督促有关地、市、县认真贯彻执行。②

（三）流域各地党委和政府

在中央领导同志的引导下，淮河流域各省党政领导多次研讨和制定了一些处理边界水事问题的政策、办法、意见，解决了很多问题。例如，1981年9月11日下午，杨静仁副总理召集山东、江苏和民政部、水利部的领导同志在徐州就南四湖湖区群众在芦苇收割季节加强安定团结，搞好生产和防止发生纠纷的问题进行了座谈。其中就有山东省委书记兼副省长李

① 《淮河流域水污染事故督察组工作报告》（1994年8月31日），《治淮汇刊（年鉴）》（1995），第20辑，第148页。
② 水利部淮河水利委员会水政水资源处编：《淮河流域省际水事纠纷资料汇编》，第323、464页。

振同志、江苏省委书记兼副省长周泽同志及副省长陈克天同志。中华人民共和国成立以后，很多跨省水事纠纷多由纠纷各省分管副省长参与解决。例如，河南商丘和安徽蚌埠两专区边界的水利纠纷问题，就是在河南彭笑千副省长、安徽王光宇副省长、治淮委员会张祚荫秘书长的主持下，由双方有关地、县代表参加，于 1958 年在砀山进行协商，最后达成了《关于河南商丘专区和安徽蚌埠专区边界的水利纠纷协议书》。根据国务院领导同志的指示和 1990 年 8 月 9 日李昌安同志主持召开会议的要求，国家计委、交通部、水利部和国务院办公厅共同组成的国务院韩庄运河航道工程调查组一行 9 人，于 8 月 19—22 日赴山东省枣庄市、江苏省徐州市及韩庄运河台儿庄至大王庙段现场进行了调查。山东、江苏省及水利部淮河水利委员会都非常重视国务院组织的这次调查，山东省副省长王乐泉同志、江苏省副省长凌启鸿同志分别带领省计（经）委、水利厅、交通厅等有关方面负责同志到枣庄市和徐州市，陪同调查组的同志查看韩庄运河现场，介绍情况，并与调查组交换意见。山东省副省长王乐泉同志在交换意见时说，希望通过这次调查能打破两省长期以来的僵持局面，尽快解决二十年来这一地区的水利矛盾问题，两省在过去交往中相互支持还是多于矛盾。两省在南水北调工程、东调南下工程、京杭运河规划建设方面认识基本是一致的，关键是实施的时间先后和标准高低问题。江苏省副省长凌启鸿同志在交换意见时说，江苏省政府认为韩庄运河航道工程涉及航运、排洪及水资源保持问题，比较复杂，对山东省的要求，江苏省要在可能情况下予以满足。江苏省同意航道先不挖，为顾全大局，泇口枢纽工程也停下来，泇口河段清障具体方案做进一步研究。这次调查正是得到了山东、江苏两省领导同志的重视和支持，调查组又充分征求了山东、江苏两省纠纷双方的意见，同时本着认真求实态度，才较为妥善地处理了两省在韩庄运河航道工程上的水事纠纷。[①]

　　流域四省、专区、县水利部门对跨省、专区、县、乡、村的水事纠纷调处和解决，都发挥着重要的纠纷解决主体作用。例如，在淮河流域河南段，1996 年河南省水利厅派人参加省政府调查组，到许昌、平顶山解决许昌南水源水事纠纷，两市针对有关问题达成了协议[②]；2005 年河南省水利厅

---

① 水利部淮河水利委员会水政水资源处编：《淮河流域省际水事纠纷资料汇编》，第 349、75、385、389 页。

② 《治淮汇刊（年鉴）》（1997），第 22 辑，第 167 页。

与有关市、县密切协作，调处了驻马店与周口小泥河等省内水事纠纷[①]；2006年，河南省水利厅制定了《水事纠纷工作平安建设目标、考核办法和奖惩措施》实施意见，下发了《关于加强水事纠纷调处有关工作的通知》，要求各地对水事纠纷情况进行大排查，对引发纠纷的主要原因进行分析研究，提出解决途径、办法和对策[②]；2007年，河南省水利厅积极筹措资金加快边界水事纠纷河道的规划和治理，安排边界纠纷工程项目20处，积极配合水利部淮河水利委员会做好2003—2006年省际边界水利工程建设管理及运行情况的检查工作[③]。

在淮河流域安徽段，2006年安徽省水利厅主要参与调解了宿州市埇桥区和灵璧县部分乡镇政府违法发包河滩地引发的纠纷，并依法纠正了当地基层政府的违法行为，使纠纷得以妥善解决。[④]2007年安徽省水利厅加强对边界工程的管理，组织对淮河流域6个省际边界工程项目初步设计进行了批复，并对2003—2006年淮河流域省际边界工程建设的检查进行了布置。[⑤]2009年安徽省水利厅配合水利部淮河水利委员会开展了一次针对淮河干流采砂管理的执法活动，重点是对豫皖和苏皖边界河段的采砂管理和堆砂场设置进行检查，在省内对淮南与怀远交界、毛集与寿县交界水域、五河县沫河口水域（两市三县区交界水域）偷采活动实施集中打击，取得了一定成效。[⑥]

除水利部门外，流域四省、专区、县的环保部门对水环境污染纠纷的调处和解决也发挥着重要的纠纷解决主体作用。1994年，明确安徽省环保局职能转变的重点是强化环境保护的宏观调控和执法监督，确定了省环境保护局承担12项主要职责，其中涉及水环境污染纠纷调处与解决的职责就有调查反映省际环境污染情况，受省政府委托处理省际环境污染纠纷，协调地市环境污染纠纷，对重大环境污染事故和生态破坏事件进行调查处理，等等。2009年7月，设立安徽省环境保护厅，为安徽省政府组成部门，并明确水污染防治与水资源保护的职责分工，省环境保护厅对水环境

① 杨江南、樊浩明：《河南省边界水事调处工作》，《治淮汇刊（年鉴）》（2006），第31辑，2006年，第140页。
② 河南省水利厅：《河南省水事纠纷调处》，《治淮汇刊（年鉴）》（2007），第32辑，2007年，第146页。
③ 杨江南、李轲：《河南省水事纠纷调处》，《治淮汇刊（年鉴）》（2008），第33辑，第79页。
④ 何继：《安徽省水事纠纷调处》，《治淮汇刊（年鉴）》（2007），第32辑，第146页。
⑤ 何继：《安徽省水事纠纷调处》，《治淮汇刊（年鉴）》（2008），第33辑，第79页。
⑥ 李小林：《安徽省水事纠纷调处》，《治淮汇刊（年鉴）》（2010），第35辑，2010年，第85页。

质量和水污染防治负责，省水利厅对水资源保护负责。①强调两部门要进一步加强协调与配合，建立协商机制，定期通报水污染防治与水资源保护有关情况，协商解决相关重大问题。省环境保护厅发布水环境信息，对信息的准确性、及时性负责；省水利厅发布水文水资源信息中涉及水环境质量的内容，应与省环境保护厅协商一致，这在一定程度上解决了长期困扰水资源环境保护和治理工作的职责交叉问题。

（四）水利部淮河水利委员会

水利部淮河水利委员会是淮河流域水资源综合规划、治理开发、统一调度和工程管理的专职机构。在水利部淮河水利委员会众多水资源环境管理的职责中，其中有一项是负责职权范围内水政监察和水行政执法工作，查处水事违法行为；负责省际水事纠纷的调处工作。中华人民共和国治淮历程充分证明，水利部淮河水利委员会在解决淮河流域省际水利纠纷、水污染纠纷过程中发挥着重要的解决主体作用。主要体现在以下几个方面：

一是根据中央精神和水利部统一要求及国民经济、社会发展需要，多次制定执行淮河流域综合发展规划和专项发展规划，最大预防乃至最终解决了一些跨界水事纠纷。例如，中华人民共和国成立之初，淮北地区的澥河因涡阳、濉溪、蒙城三县交界，水利纠纷时有发生。1954 年治淮委员会统一规划，统一治理澥河下游，跨界水利纠纷基本缓解。②

二是建立淮河流域省际边界水事协调工作机制，制定和督促流域各省执行《淮河流域省际边界水事协调工作规约》《淮河流域省际水事纠纷应急处置预案》。20 世纪 90 年代以来，水利部淮河水利委员会在调处豫、皖、苏、鲁四省边界水事纠纷的过程中，认真贯彻"预防为主，防治结合""统一规划，统一治理"等方针，1994 年成立由水利部淮河水利委员会和豫、皖、苏、鲁四省水利厅的负责同志组成的"淮河流域省际边界水事协调工作联络小组"，签署了《淮河流域省际边界水事协调工作规约》，使淮河流域省际边界水事协调工作逐步走上了规范化、制度化的轨道。③2005 年修订了《淮河流域省际边界水事协调工作规约》并发送淮河流域四省执行，12 月 31 日又制定颁布了《淮河流域省际水事纠纷应急处置预案》。可以说，

---

① 安徽省地方志编纂委员会办公室编：《安徽省志·环境志》，第 568—571 页。

② 蒙城县地方志编纂委员会编：《蒙城县志》，合肥：黄山书社，1994 年，第 123 页。

③ 郝天奎：《淮委省际水事纠纷调处工作》，《治淮汇刊（年鉴）》（2005），第 30 辑，2005 年，第 168 页。

近年来，水利部淮河水利委员会按照水利部的要求和《淮河流域省际边界水事协调工作规约》，化解了不少边界水事矛盾。

三是直接主持解决淮河流域省际水事纠纷。例如，1996 年鲁、豫边界曹县与商丘地区关于郑阁水库开发利用问题，经水利部淮河水利委员会协调，双方协商，郑阁水库分配给曹县 7 立方米每秒下泄流量；护坡及分水工程由河南商丘地区设计，山东菏泽地区校核，水利部淮河水利委员会审批。工程经费由河南省承担，工程施工由山东省承办，水利部淮河水利委员会监督，并主持共同验收后，由两省共同管理。[①]2004 年 5 月 18 日，山东省曹县水利局在没有征求河南省意见和水利部淮河水利委员会批准的情况下，擅自在豫、鲁两省边界商丘境内郑阁水库上游修建平原河道拦蓄工程，严重威胁到河南省三义寨引黄灌区的安全。为了解决该省际水事纠纷，在水利部淮河水利委员会主持下，河南省水利厅、山东省水利厅共同在商丘市召开了水事纠纷协调会，两省水事矛盾得到了缓和。[②]2005 年，菏泽市曹县在郑阁水库上游界牌集处修建节制闸并计划扩建界牌水库，因影响了河南商丘市引黄河向郑阁水库供水，引起纠纷。事情发生后，在水利部淮河水利委员会和山东省水利厅协调下，两省市、县水利部门进行现场查看，达成共识，原则同意曹县兴建界牌节制闸，但不得扩建界牌水库。[③]2011 年，水利部淮河水利委员会调处了皖、苏边界时湾水库圈圩纠纷，组织联合调查组开展现场调查，召开协调会议，提出了初步调处指导意见。[④]

上面所说的都是各层级行政力量参与淮河流域水事纠纷解决的情况，还有一种通过各级人民公安机关、人民检察院、人民法院参与而解决水事纠纷、水事违法案件的情况。此外，前文所提到的北淝河引水工程管理委员会和下文提到的中华环境保护基金会之类涉及水资源环境保护和治理的民间社会组织，有时也发挥着不可或缺的缓解水事矛盾、协调纠纷双方达成一致或发起民间公益诉讼以助纠纷案件最终解决的作用。

---

① 《治淮汇刊（年鉴）》（1997），第 22 辑，第 275 页。
② 杨江南：《河南省水事纠纷调处工作》，《治淮汇刊（年鉴）》（2005），第 30 辑，第 168 页。
③ 陈维建：《山东省水事纠纷调处工作》，《治淮汇刊（年鉴）》（2005），第 30 辑，第 168 页。
④ 张健、戴飞：《淮河流域省际边界水事》，《治淮汇刊（年鉴）》（2012），第 37 辑，2012 年，第 116 页。

二、跨行政区水事纠纷解决的非诉讼方式

关于跨行政区水事纠纷解决的方式，1957 年 8 月 3 日国务院批转水利部《关于用水和排水纠纷的处理意见》，提出了具体的处理原则，即"凡举办灌溉、排水工程，对上下游和相邻地区发生利害关系时，应先进行充分协商，取得同意，才能开工；上游兴修灌溉工程时，必须保证下游原有灌区用水，兴修防涝排水工程时，未经有关方面同意，不能单方面改变历史自然情况；达成协议后，双方必须坚决执行协议，如一方有不同意见，另定时间协商；纠纷范围在一县以内的，由县负责解决；在一个专区以内的由专区负责解决；在一省以内的，由省负责解决，省与省间的纠纷，先由两省进行协商，如不能达成协议时由中央有关部门协助解决。各级领导对已发生的纠纷，必须主动地及时地协商处理，不得稍有拖延。达成协议后，还应向群众进行说服解释工作；如纠纷经过多次协商仍不能达成协议时，得由上一级领导作出裁定，双方遵照执行"[①]。1962 年 2 月 14 日《水利电力部给中央的报告》中指出：关于苏皖之间洪泽湖蓄水的问题，已商定由华东局负责处理；关于京津边界、苏鲁边界及冀鲁之间大名与莘县边界的水利问题，已经有关省市达成协议，拟待它们写成文件后再报送国务院批办；关于冀豫之间及豫皖之间的水利问题，有关省委同意在会后直接协商解决。另外，关于冀鲁之间德州、临清、武城与吴桥、故城、清河等县市，豫鲁之间民权与曹县，苏皖之间徐州与宿县的边界水利问题，有关省准备进一步了解情况后自行协商解决。同年 2 月 24 日水利电力部《关于冀、鲁、豫、皖、苏、京五省一市平原地区边界水利问题的处理原则》中又指出：存在水利纠纷的各省、市，应根据 1961 年 6 月 19 日中央批转水利电力部党组文件及本补充规定和意见，立即主动组织力量逐项检查。应动工的立即动工，并按规定做够标准；应与邻省协商采取一致行动的，立即主动协商；应经上级批准的，立即提出设计或意见，报请批准后再行动工。[②]1962 年 11 月 16 日，中共中央、国务院发布《关于继续解决边界水利问题的通知》，规定：各省、市边界如发生水利纠纷，应由所在县立即主动找邻县研究共同处理，处理中如有分歧应逐级上报，由有关专区或省会同

---

① 李日旭主编：《当代河南的水利事业（1949—1992 年）》，第 143—144 页。

② 中央档案馆、中共中央文献研究室编：《中共中央文件选集（一九四九年十月——一九六六年五月）》第 39 册（1962 年 1 月—4 月），第 121、126 页。

解决。各省、专区、县如遇邻省、专区、县反映问题时，应该由负责同志立即检查处理，不得推托敷衍。①

改革开放以后，依据《中华人民共和国水法》《中华人民共和国水污染防治法》《中华人民共和国水土保持法》的规定，对跨行政区水事纠纷的解决主要采取非诉讼纠纷解决方式。《中华人民共和国水法》第五十六条规定：不同行政区之间发生水事纠纷的，应当协商处理；协商不成的，由上一级人民政府裁决，有关各方必须遵照执行。《中华人民共和国水污染防治法》第三十一条规定：跨行政区域的水污染纠纷，由有关地方人民政府协商解决，或者由其共同的上级人民政府协调解决。综上可见，跨行政区水事纠纷的解决一般有协商、调解、裁决三种基本的非诉讼形式。

（一）协商

水事纠纷古已有之，公元前 651 年齐桓公曾大会诸侯于葵丘，订立葵丘之盟，盟约中有一条内容就是各诸侯国不准"以邻为壑"，不准随意拦河筑坝。嗣后，历朝历代都有官民、民间争水排水纠纷，进而多进行协商达成协议，并撰文立碑信守。中华人民共和国成立后，作为对等的纠纷主体之间进行平等协商达成一致协议，仍然是解决跨行政区水事纠纷的一种主要方式。因为水事纠纷一般涉及法与情两方面问题，纠纷主体之间往往存在着不同的要求和需要，存在着相互作用、错综复杂的利害关系，如果直接依靠上一级政府裁决或法院判决来解决，法和情往往难以兼顾，即便水事矛盾得到了解决，双方其他方面的矛盾也可能会因此加剧。因此，解决水事纠纷的第一程序还是强调协商处理。1962 年 3 月 1 日《中共中央同意水电部关于五省一市平原地区水利问题的处理原则的报告》中就指出："关于各省间具体水利问题，应该尽量由两省省委或者省人委直接协商解决。"②

淮河流域湖泊众多，水产资源丰富，不同行政区围绕同一湖区水产资源开发产生权益争执的情况比较多，如在苏北地区的大纵湖流域，扬州市兴化县与盐城市郊区之间就有这方面的纠纷。1986 年 9 月，兴化县与盐城市郊区为共同开发大纵湖水面资源，经两县区水产局和有关乡镇代表友好协商，决定成立江苏省大纵湖渔业生产委员会，对大纵湖水面全面实行联

---

① 中央档案馆、中共中央文献研究室编：《中共中央文件选集（一九四九年十月—一九六六年五月）》第 41 册（1962 年 9 月—12 月），北京：人民出版社，2013 年，第 289 页。

② 中央档案馆、中共中央文献研究室编：《中共中央文件选集（一九四九年十月—一九六六年五月）》第 39 册（1962 年 1 月—4 月），第 120 页。

合管理。经兴化县和盐城市郊区人民政府联合行文批复，同意成立江苏省大纵湖渔业生产管理委员会（以下简称湖管会），并由盐城市郊区水产局副局长董国芳同志兼任湖管会主任，兴化县水产局副局长姚守华同志兼任湖管会副主任，大纵湖乡副乡长王学亮同志、中堡乡乡长陈翔同志、义丰乡副乡长耿德成同志兼任湖管会委员，并同意将大纵湖水面使用权划归湖管会。湖管会为兴化县人民政府和盐城市郊区人民政府联合派出的管理机构，行政上由两县区人民政府领导，业务上归省水产局领导。湖管会实行独立核算，自负盈亏。①

因南宋以来黄河夺淮的长期影响，淮河流域河道沟洫淤塞严重，跨界排水纠纷较为突出。流域的河南、安徽两省之间相互协商达成了班台分洪协议和有关边界县的排水协议。班台位于河南新蔡县东南汝河、洪河汇合处，与安徽省临泉县相邻，历史上洪河、汝河汇至班台流量超过班台以下洪河宣泄量时，由内水河自然分流。1954年10月，豫、皖两省分洪协商达成协议：当班台分洪后，内水河滞洪区水位达到34米时，黑龙潭流量达到1100立方米每秒。在小寨至黑龙潭安徽省临泉堤段内陶小庄处扒口向临泉分洪，以降低内水河滞洪区水位，保证群众生命财产安全。②

豫皖相邻，皖省地势低洼，河道排水能力低，加之1957—1959年永城平地开沟，河沟串流，水系紊乱，排水量加大，下游边界上筑堤打圩，上排下堵，纠纷加剧。1964年，河南、安徽两省协商对边界水利问题提出具体处理意见，并上报国务院。处理意见的主要内容是：两省边界的围堤、横河、拦河坝抬高路基等一切阻水工程，应彻底废除和平毁，尽量不留遗迹；上游开挖的秃尾巴沟或上下游不对口的沟河，由上游按下游要求予以废除；所有边界阻水拦河闸一律废除，其中沱河蒋堰闸、王引河固口闸、任圩子闸、李黑楼闸、碱河夏桥闸等均应按照上下游河道泄量相适应原则，在闸旁开挖分流道；所有边界阻水桥梁一律扩建或重建，不得阻水；王引河复故，恢复原来的水系；孟口至代桥间改道段应废除；老巴河、小王引河恢复原来的水系，地下涵洞废除，或在涵洞前开挖新河；巴青河东流入王引河，但虬龙沟水不得东流入巴青河；洪河恢复原来的水系，王湾以南改道段废除；周商永运河、永北河网（丘郭运河）、跃进河（永砀边

---

① 《兴化水利志》编纂委员会编著：《兴化水利志》，第225—226页。
② 河南省地方史志编纂委员会编纂：《河南省志·水利志》，郑州：河南人民出版社，1994年，第340页。

界）废除；白洋沟分沱入浍按原定分流 60 立方米每秒。①

近年来，随着社会主义协商民主的不断发展，淮河流域各地各级政府都非常重视预防和调处水事纠纷的协商交流、协商处理机制的建立和完善工作。例如，山东和江苏两省边界市县水利部门积极沟通联系，建立了相互协调、交流的平台，协商解决争议的问题。江苏省水利部门与日照市协调解决了在绣针河内建设及采砂等引发的矛盾，调处青口河上游和石梁河水库上游新沭河沿岸水污染引发的矛盾等问题，建立了连云港市与日照市、临沂市的相互协商机制，加强与省际边界地区市县水利局的交流、联系，定期互访，增进了解，落实防洪度汛措施。②

在调处跨界水污染纠纷过程中，跨界污染纠纷的界定与处置一直是环保工作的难点。2002 年 11 月，安徽省环保局就跨界污染纠纷处理工作发文，要求与邻省接壤的各市、县环保部门要积极主动与相邻的相关同级环保部门取得联系，加强协调与信息沟通，并建立良好的工作合作关系和省际环境异常情况及时通报、跨省界环境污染事故联合监测与应急处理、联合调查依法处理环境违法行为的工作运行机制，将预防、处理跨省界环境污染事故与纠纷作为维护社会稳定、为民服务的一项重要工作。同时要求各地建立流域重大水污染事故联防和污染防范报告制度等，制定污染事故应急预案。③可以说，2009 年以前安徽省淮河流域跨界水污染纠纷的处置，基本就是按照这个协商处理机制进行的。

（二）调解

从大量淮河流域跨行政区水事纠纷解决的实例来看，纠纷发生后直接由对等的纠纷主体之间进行平等协商的情况比较少，更多的是在共同的上级人民政府主持调解下最后双方协商达成一致协议。

其一，流域各省地市内跨县水事纠纷，往往都由共同的上级人民政府主持协调协商解决。如据《商水县志》记载，河南省内商水县与邻县的水利纠纷，则由商水县党、政领导和水利部门做好调查研究，将情况向上级机关如实汇报，本着互让互利的原则，友好协商，达成协议，求得解决。商水与郾城之间也曾出现过边界水利纠纷，1962 年 6 月 21 日，在许昌专署水利局的指导下，两县代表通过协商达成了协议，郾城县填平了新挖的排

① 河南省地方史志编纂委员会编纂：《河南省志·水利志》，第 340—341 页。
② 江苏省水利厅：《江苏省水事纠纷调处》，《治淮汇刊（年鉴）》（2010），第 35 辑，第 85 页。
③ 安徽省地方志编纂委员会办公室编：《安徽省志·环境志》，第 421 页。

水沟，并将自行加宽的老沟恢复到原来标准，商水县拆除了堵水堤坝，使问题得到了顺利解决。[①]在淮河安徽段，1950年汛期，蒙城县三义区姜刘乡赵庄村与凤台县清泉区谷堆李庄之间发生水事纠纷，蒙城县立即报请阜阳行署解决。阜阳行署批复："此案委派蒙城县长吕新扬同志代表行署前往调查，协商解决。"吕新扬遂派建设科陈洪昌、卢士则两同志前往调查，访问蒙、凤双方有关村庄的群众，并实地观察上下游受灾情况，综合群众意见写成了书面材料，并绘制了水灾示意图，交给吕新扬。1951年春末，吕新扬率领三义区区长张国民、区农会主任宋润身前往姜刘乡，与凤台县清泉区区长陈哲林、区农会主任单学友在赵庄会商。吕新扬代表行署不偏不倚地主持了协调协商会，在"下游服从上游，上游照顾下游，小利服从大利，眼前利益服从长远利益"原则指导下，经过磋商达成如下协议：挖通中小沟、东小沟、西小沟并适当加宽浚深，以不阻水为原则；拆除堵水拦水的坝埂，在交通要道建桥，建桥材料由蒙城负责筹备，建成后，交给凤台谷堆李庄验收；双方干部切实负责教育各自一方的群众，认真履行本协议，不得寻衅肇事再起纷争，否则应负一切后果的责任。协议签字后，派陈洪昌前往该地负责施工，建桥两座，双方纠纷事端得以平息。[②]

　　在淮河江苏段，淮泗河位于淮阴、泗阳两县边界，由于工程标准偏低，上下游经常发生涝灾。为了改善排水状况，使农田不受淹或少受淹，1965年4月8日，淮阴专署水利局会同淮阴、泗阳两县水利局共同研究，达成《关于淮泗河上游地区排水协议书》，规定：淮泗河东堤缺口全部堵复，确保西水不再向东排泄；淮泗公路以北在胡庄沿已开挖的小沟加深拓宽，对公路上现有桥涵予以堵闭，截以西积水入淮泗河并向东出土筑成小堤，防止向东漫溢；淮泗公路以南将第三道中沟由西向东延伸至吴大园庄，东折向北与现有南北沟成直线向北开挖至来安集，南沿现有洼泓向东出淮泗支河；穿淮泗支河地下涵洞，洞上护砌的块石在现有高程的基础上降低5分米；从第三道中沟至淮泗支河一段需建桥四座，具体地点，上两座由淮阴县决定，下两座由泗阳县决定。1966年5月28日，淮阴专署水利局召集泗阳、淮阴两县水利局和来安、韩圩两公社负责人再次协商淮泗河上游地区排水问题。6月1日签订了《关于淮泗河上游排水补充协议》，规定：为了彻底解决淮泗路以北、胡庄以西泗阳境内约3.0平方千米的排水，

---

① 商水县地方志编纂委员会编：《商水县志》，第123页。
② 陈洪昌：《建国初期蒙城边界的水利纠纷》，中国人民政治协商会议安徽省蒙城县委员会文史资料研究委员会编：《漆园古今·文史资料》第9辑，第105—107页。

除仍按原协议第二条规定执行外，同意在小沟入淮泗河的口门上建小闸一座，并架设 132 千瓦（180 马力）的临时抽水机，以防止倒灌和辅助排水。1971 年 12 月 10—12 日，淮阴地区水电处召集淮阴、泗阳两县负责人、水电科有关人员及来安、韩圩两公社负责人进行实地查勘，座谈协商解决淮、泗两县交界的水利协作工程问题，签订了《关于淮泗边界水利协作工程座谈纪要》，要求在排涝方面基本维持以前的协议，不打乱淮泗河、跃进河水系；在灌溉方面，新竹络坝渠首闸、节制闸管理，人员由地区水电处统一指挥，两县灌溉用水由地区统一计划安排。在泗阳闸翻水时，干渠下游节制闸关闭。在用水季节，两县互派代表共同研究解决。①

还有一种情况是边界水系复杂导致多个县级行政区之间发生水事纠纷，这样就有可能由上级地市和再上级省人民政府共同参与、由省人民政府主持协调并进行多方会商解决。如 1951 年 8 月 7 日，洪河水暴涨决口，水冲淹了上蔡县百尺乡 5 个村庄的庄稼，上蔡县百尺乡群众认为是商水县唐桥村人扒堤所致，因而闹起了纠纷。商水县政府立即向淮阳专署电告了唐桥村闹水利纠纷的实况，淮阳专署亦即转报了河南省人民政府。8 月中旬，河南省人民政府通知淮阳专署派员同以省政府秘书长杨宏猷为组长的省工作组一道前往协调解决唐桥村水利纠纷。8 月 17 日，省工作组一行六人顺汾河堤前往五沟营，省工作组组长杨宏猷主持协调会，到会的有信阳、许昌、淮阳三地区负责人，上蔡、郾城、商水三县负责人及有关区、乡共计 50 余人。与会人员经过认真的讨论，最后协商达成了一致通过的水利协议。协议规定：决口处填土复堤工程，由上蔡、郾城两县组织民夫施工，所需资金，采取以工代赈的办法解决。1952 年 8 月 13 日，商水县固墙区后刘乡肖庄村与上蔡县前桥乡苏庄村因八尺沟排水问题发生纠纷，河南省人民政府派出了以张旭东处长为组长的工作组前往八尺沟调查调解。8 月下旬，省工作组组长张旭东主持召开了上蔡、商水两县有关人员会议，听取了各自的汇报，最后双方达成了协议：为解决肖庄村排水出路，并为不毁坏苏庄村庄稼起见，八尺沟改在两村地边通过，宽度上口 2 米，下口 1 米，深 1.5 米，由商水县后刘乡组织劳力开挖，挖沟费用由后刘乡自筹；今后逢大水到来，保持水的自然流向，不准上排下堵，上挖下平，更不准持械打架，有矛盾经双方协商解决；为从速排出积水，商水后刘乡组织劳

① 淮阴市水利志编纂委员会编：《淮阴市水利志》，第 381—382 页。

力，清理后刘村西沟的蒲苇，限五日内清完，八尺沟水利纠纷顺利解决。①至 20 世纪 60 年代，商水与上蔡、项城边界的水利纠纷又起，其间虽订立两次协议，但未彻底执行，1962 年由省、地、县统一组织人员，进行实地勘查，通过反复讨论，达成了新的协议，规定各县均应按统一的设计标准治理，如有争议再报省批复后施工，最后由省派人统一验收。②此后，通过河道的统一规划和治理，水利纠纷已逐步得到解决。

其二，流域各省内跨地市水事纠纷，则通常由省水利厅、生态环境保护厅等上级主管部门主持协调协商解决。如 20 世纪 60 年代，江苏扬州专署宝应县和淮阴专署淮安县之间围绕绿草荡匡圩问题常发生纠纷。根据省水利厅 1966 年 2 月 18 日批复精神，为了防止上游来水影响双方农业生产，保证沿荡居民生产、生活安全，1967 年 3 月 25 日，由扬州军分区、扬州专署水利局、宝应县人民武装部、宝应县人民委员会、宝应县水利局、曹甸公社会同淮阴军分区、淮阴专署水利局、淮安县人民委员会、淮安县水利局、施河公社研究协商，订立了如下协议：同意淮安施河公社在绿草荡北岸进行匡圩。匡圩地点：从下游引河尾端起，对准郝刘庄的东南角小丛树，并以树为北堆中心，成一条直线。圩的标准，按省批准宝应县的建圩标准执行。关于双方建圩所挖废各自对方的土地，由双方本着平等协商的办法，根据有关政策，在做好群众政治思想工作的基础上，进行合理解决。③

安徽省内市界水污染纠纷通常由共同的上级主管部门安徽省环保局牵头，受害方和责任方协商解决。2009 年 3 月，在省环保局协调下，蚌埠、宿州两市政府签署《蚌埠、宿州两市跨市界河流水污染纠纷协调防控及处理协议》。同年 10 月，省环保厅会同省农委、水利厅、住房和城乡建设厅、交通运输厅联合发布《关于防控与处置跨市界水污染事故的指导意见》。该指导意见对水污染事故的源头防范、预防、应急处置，以及事故发生后的责任追究、协调处理做出了明确规定，为跨界污染纠纷处置提供了规范性的操作指导。④

其三，流域内跨省水事纠纷，一般由纠纷双方省政府的共同上级主管部门或流域统一管理机构进行协调协商解决。20 世纪 50 年代末至 60 年代

① 邱友功：《对处理两起水利纠纷的回忆》，中国人民政治协商会议河南省商水县委员会学习文史委员会编：《商水文史资料》第 4 辑，第 27—30、30—32 页。
② 商水县地方志编纂委员会编：《商水县志》，第 123—124 页。
③ 扬州市水利史志编纂委员会编著：《扬州水利志》，第 477—478 页。
④ 安徽省地方志编纂委员会办公室编：《安徽省志·环境志》，第 421—422 页。

初，安徽萧县和江苏铜山县之间的水事纠纷频繁。1959年7月23日，江苏省副省长管文蔚和安徽省副省长王光宇主持，召集双方专区、县代表，本着团结治水、上下游兼顾的精神，在合肥达成了协议。但是每到汛期大雨时，萧、铜双方仍发生不同程度的排水纠纷。于是，由华东局农办王健生局长出面于1963年8月20日在徐州主持召开了江苏、安徽两省省、专区、县有关部门同志参加的会议，最后讨论达成《苏皖两省边界水利问题补充协议》：一是双方同意所有废黄河南北堤过水缺口，均应按过去协议堵复，包括两省境内的口子，各自由所在县施工，堵复标准因各过水缺口地形不同，坝顶宽度定为3—5米或5米以上，由各县拟定报上级批准，为保证质量，尚未施工的坝子要增土夯实；已打好的坝子要加固，坝顶高度一般超过附近地面1.5米或与原地面平或与两坝顶同高，可根据实际情况而定。要保证废黄河滩地水不南越过堤外，向南流或北流。二是两省边界地区所有河口、沟口均不准拦河打坝，1963年新堵的坝应立即扒开，清除坝埂，恢复原有河道过水断面，保持流水畅通。三是两省边界地区应认真执行中央指示，在省界两侧各10千米以内，兴修新的水利工程，必须经过中央批准，如有违反，应受纪律处分。会议还讨论达成了灵璧县与睢宁县、宿县与铜山县、萧县与铜山县边界水利问题补充协议，以及沟洫问题、束水边界桥涵处理问题的协议。会议还要求今后边界地区如有纠纷发生，双方县、公社应主动检查，立即处理，并须认真贯彻国务院指示，教育干部和群众不得闹事，更不得打架、械斗等。[1]

流域各省之间发生的水事纠纷，一般情况下作为流域统一管理机构的水利部淮河水利委员会会积极主动出面主持协调处理。例如，蒙城县坛城区戴集乡与濉溪县五沟区在1950年汛期大水时，因界沟排水发生县际水事纠纷。板桥区因界沟、浦界沟与濉溪县双堆区也发生了排水纠纷。由于跨县跨专区，1952年11月28日，在治淮委员会召开的除涝会议上，听了曾希圣同志《关于治淮除涝的报告》以后，次日有关排水纠纷的县分组讨论，分别进行了协商，达成了如下协议：全部疏浚澥河，包括界沟在内，重申遵守原有协议，要求提早施工；共同加宽浦界沟，加宽桥孔；划清水系流域，该流入澥河的流入澥河，该流入北淝河的流入北淝河，不得混乱排水系统；浦界沟以北两座桥向澥河排水问题，要根据实情，如果由路西省工又能排出去，就从路西排泄，如果不能从路西排出，工程不大，就由

① 萧县地方志编纂委员会主编：《萧县志》，北京：中国人民大学出版社，1989年，第636—638页。

路东排泄；上游利用地形开塘、挖沟尽量蓄水，以照顾下游；未达成协议前公路不动，候报请上级勘查决定执行。1954 年，统一治理了濉河，后又将浦界沟疏浚入濉河，解决了排水问题。[①]

（三）裁决

跨行政区水事纠纷，如果纠纷双方协商或协调不成，则由共同上级人民政府或授权的水行政部门进行处理，经裁决处理后纠纷双方必须遵照执行。1962 年 3 月 1 日《中共中央同意水电部关于五省一市平原地区水利问题的处理原则的报告》中就指出：各省之间具体水利矛盾，如果协商协调解决不了的，"由水利电力部提出方案，报请国务院审批处理"[②]。1983 年 3 月 28 日，《国务院办公厅关于抓紧进行南水北调东线第一期工程有关工作的通知》（〔83〕国办函字 29 号）也指出："建设大的水利设施，不能因为部门、地区长期争论，影响决策，贻误时机。今后要实行责任制，凡是省与省之间有纠纷的水利工程，水电部要负责制定方案向国务院报告。经国务院批准后，有关部门和地区必须坚决照办。"[③]

1958 年，在安徽省兴建临淮岗洪水控制工程时，河南省淮滨县与安徽省沿淮各县产生了矛盾，两省相互协调不成，将情况反映到党中央、国务院。1959 年水利部按照毛泽东的指示，派副部长钱正英前去了解情况后，经过研究，表示同意安徽省可以"按原设计修建控制水闸，并留出扩建的地方。在蓄洪水位未达成协议前，土坝坝顶应不超过二十五公尺"[④]。但临淮岗洪水控制工程一直没有建起来，时至 20 世纪 80 年代中期，对于要不要续建临淮岗洪水控制工程问题，河南与安徽两省依然争论不断，河南省认为修建临淮岗洪水控制工程，将增加上游淹没损失，延长高水位时间，加重灾情，淹没区的处理很困难，特别是调度复杂，会进一步加深中上游的矛盾；而加高加固淮北大堤的方案，同样可提高防洪标准，这样更为经济合理，因此要求有关部门认真考虑各种不同意见，继续比较论证，暂缓做出决定。安徽省认为，续建临淮岗洪水控制工程，充分利用前期洪水已淹没的坝上洼地，多蓄洪水，以提高淮北大堤防洪标准达到百年一遇，具

---

① 陈洪昌：《建国初期蒙城边界的水利纠纷》，中国人民政治协商会议安徽省蒙城县委员会文史资料研究委员会编：《漆园古今・文史资料》第 9 辑，第 108—109 页。
② 中央档案馆、中共中央文献研究室编：《中共中央文件选集（一九四九年十月—一九六六年五月）》第 39 册（1962 年 1 月—4 月），第 121 页。
③ 水利部淮河水利委员会水政水资源处编：《淮河流域省际水事纠纷资料汇编》，第 48 页。
④ 苏广智编著：《淮河流域省际边界水事概况》，第 18—19 页。

有防洪调度灵活、不增加淮北大堤防汛困难、工程投资较少、经济效益较高的优点；加高淮北大堤方案，则工程大、投资多、维护费用大、防守困难、安全性差；扩大淮河行洪通道，必须与修建临淮岗洪水控制工程同步进行，这样才能保证淮北大堤的安全。治淮委员会多年反复论证认为，临淮岗洪水控制工程可以有效地控制洪水，使淮北大堤防洪标准由四五十年一遇提高到百年一遇，有利于保护重点工矿区和铁路干线，比加高加固淮北大堤方案节省资金，效果更好。但坝的上游要多淹些土地，洪水位持续时间长些。权衡结果，修建临淮岗洪水控制工程，利多弊少，技术、经济上是可行的，应该兴建。水利电力部认为，关于临淮岗洪水控制工程的兴建与否，影响干流上、中、下游整个防洪措施的全面安排，鉴于有以上分歧意见，建议由国务院尽快做出决策。[1]最后经国务院反复研究，"原则确定修建这项工程。由水电部组织有关单位提出正式设计方案，按建设程序报批"[2]。

在淮河干流的皖、苏之间，围绕洪泽湖蓄水位问题展开了多年的争议。洪泽湖是淮河中下游结合部的特大型水库，具有防洪和蓄水兴利的功能。1951年11月3—5日，为洪泽湖蓄水位问题，中央水利部召集治淮委员会工程部副部长钱正英、苏北人民行政公署副主任陈扬、苏北治淮总指挥部工程部副部长邢丕绪、皖北宿县专署治淮指挥部副政委吴云培，共同商讨，形成初步意见：根据1917年、1922年、1923年、1928年、1929年、1932年、1933年、1934年、1936年9个年份的情况，初步计算结果是其中有8年洪泽湖蓄水位均不超过12米，只有1929年蓄水位至12.64米。不过因为当时资料不足，又不够精确，所以还不能形成最终决定。[3]1954年1月12日，华东局给治淮委员会电报，请求对洪泽湖蓄水11.5米和12.5米两个方案提出意见，以便华东局做正式决定。1月24—28日，治淮委员会召开洪泽湖蓄水位问题研究会议，暂决定洪泽湖蓄水位为12.5米。[4]4月，水利部对治淮委员会提出的洪泽湖蓄水位的初步意见进一步做了计算分析，如蓄水位定为12.0米，其平均保证率为67%，未免略低，但

①《水利电力部关于"七五"期间治淮问题的报告》（1986年4月2日），水利部淮河水利委员会水政水资源处编：《淮河流域省际水事纠纷资料汇编》，第51—52页。
②《国务院批转水利电力部关于"七五"期间治淮问题报告的通知》（国发〔1986〕78号），水利部淮河水利委员会水政水资源处编：《淮河流域省际水事纠纷资料汇编》，第49页。
③ 中央人民政府水利部：《洪泽湖蓄水位问题的初步意见》，《治淮汇刊》（1952），第2辑，第233页。
④《治淮委员会关于召开洪泽湖蓄水位问题研究会议情况的报告》（1954年2月3日），《治淮汇刊》第4辑，第284页。

如果蓄水位定为 13.5 米，则其平均保证率为 100%。据此，水利部认为比较适宜的蓄水位应介于 12.5 米与 13.0 米之间，最后决定洪泽湖最高蓄水位暂定 12.5 米。[①] 1956 年 5 月，治淮委员会勘测设计院提出《淮河流域规划（初稿）》，洪泽湖兴利蓄水汛期限制水位为 13.5 米。1959 年 4 月 30 日，国务院第七办公室写了《关于洪泽湖蓄水问题的意见》向国务院报告，提出今后淮河上、中、下游的重大水利措施应经中央批准。如遇关系到邻省的问题，应和邻省在事先达成协议，意见不同时报中央解决。同年 10 月 12 日，水利电力部《关于洪泽湖蓄水位问题给安徽省水利电力厅的函》答复，提出从 1960 年汛期以后即开始由 12.5 米高程逐步提高蓄水位，至年底达到 13.5 米高程。1960 年 5 月 7 日，中共中央关于洪泽湖蓄水位问题给水利电力部及江苏、安徽、河南省委的电报指出，洪泽湖灌溉蓄水位从 12.5 米提高到 13.5 米，时间应当推迟到 1961 年 2 月 15 日开始执行。在 1961 年 2 月 15 日以前仍维持 12.5 米，以便于安徽赶修工程。如果江苏省必须超过 12.5 米，应及时与安徽省和蚌埠地委协商，并请求中央批准。如果淮河发生特大旱情，淮河中游、上游各项蓄水工程应当分一部分水给江苏，如何分法由水利电力部召集江苏、安徽、河南三省开会协商。1961 年 2 月 28 日，水利电力部副部长钱正英电话传达谭震林副总理关于洪泽湖蓄水位问题的指示：在当前安徽省沿湖工程未做完的情况下，既照顾到两省沿湖三麦生长，又保证江苏灌溉用水，决定临淮岗水库今春不合龙；如遇干旱年份，蚌埠闸不控制，淮河底水苏皖两省各半分用。洪泽湖汛期如蓄水位仍按 12.5 米拦蓄，汛后逐步蓄到 13.5 米。1981 年《治淮会议纪要》中确定洪泽湖蓄水位将由 12.5 米抬高到 13.5 米，增加蓄水量 20 多亿立方米。经水利部与安徽、江苏两省研究商定，近期首先抬高至 13.5 米。但安徽也因此提出了不同意见，表示同意蓄高至 13.0 米，不过要解决 110 万亩的处理工程，需经费 7000 余万元，每年还要降渍费 130 万元；对国务院批转《治淮会议纪要》中关于蓄水位提高到 13.5 米的规划感到很突然，无法考虑。1986 年 4 月 2 日，水电部又向国务院报送了《关于"七五"期间治淮问题的报告》，明确提出洪泽湖近期蓄水位为 13.0 米，防洪限制水位为 12.5 米，远景蓄水位将抬高到 13.5 米高程。国务院于同年 7 月 17 日批转了这个报告，这时洪泽湖蓄水 13.5 米已变成远景目标。[②]

---

① 《中央人民政府水利部对于治淮委员会提出关于洪泽湖蓄水位问题的初步意见》（1954 年 4 月），《治淮汇刊》（1954），第 4 辑，第 290 页。

② 淮阴市水利志编纂委员会编：《淮阴市水利志》，第 368—369 页。

在淮河流域山东段，临沂地区与昌潍地区在 20 世纪七八十年代发生了小仕阳水库莒县库区村与昌潍地区（1981 年改为潍坊地区）五莲县（1992 年由潍坊市划归日照市）库区村之间的纠纷。小仕阳水库建库时淹没五莲县 3 个村庄及部分耕地，当时从工程费中拿出 50 万元补助建房。其后库区建设由五莲县负责。1976 年，五莲县辛店公社东淳口大队以水库淹没其耕地为由，把该大队附近地域的水库退水地全部种上小麦。莒县招贤公社东方红大队认为东淳口大队种麦出界，侵占了本大队库底地，双方发生争执，相持不下，分别向山东省水利厅反映情况。山东省水利厅责成临沂、昌潍地区主管部门会同当事双方协商解决。经两地区主管部门努力调解，最后招贤公社与辛店公社达成如下协议：小仕阳水库库底退水地，原来归属哪个大队就由哪个大队耕种，相关各大队必须各守其界，不得任意扩种。至此，一桩由在水库退水地上种植小麦而引起的纠纷基本平息。但是到 1982 年，小仕阳水库建溢洪闸时，五莲县的几个库区移民村认为建闸后提高了水位，增加了他们的损失。由五莲县政府出面向莒县提出两条要求：一是莒县从建闸经费中拿出部分钱给五莲县库区村发展生产，弥补损失；二是建闸后不能提高兴利水位。对此，莒县不肯接受，双方发生纠纷，虽经临沂、潍坊两地区有关部门从中反复斡旋调处，但未能奏效。最后，由山东省水利厅做了仲裁：以基建工程带库区建设的原则，拨给库区100 万元，五莲县 60 万元、莒县 40 万元，用于库区建设。至此，小仕阳水库莒县库区村与五莲县库区村之间的水事纠纷基本得到解决。①

在淮河流域河南段的扶沟县，1984 年秋天，大雨成灾，由西部鄢陵而流经扶沟的双洎河河水漫溢，即将决口，严重威胁着扶沟县境西部秋季作物的生长。时任扶沟县副县长叶昭义及时查看水情，哪里有危险，就到哪里去，有时蹚水数里，组织群众不让决堤。为保证秋作物不被水淹，鄢陵县群众要扒河堤，让滚坡水流入扶沟，官司曾打到省里，叶昭义代表扶沟县据理力争，省里最终裁决让鄢陵人在河堤南岸开一南北走向的河渠以泄鄢陵漫溢之水。从此，鄢陵的滚坡水再也不流入扶沟，扶沟黄甫李一带亦再无水患之忧，彻底解决了扶沟、鄢陵两县历史上存在的水利纠纷问题。②

淮河流域省际水事纠纷在协商协调基础上，有时还须报共同的上级甚至党中央、国务院批准同意执行协议。如苏、皖边界水利问题，时间持续

① 马树林主编：《莒县水利志》，第 211—212 页。
② 郝万章编：《扶沟历代职官传略》，"叶昭仪"，第 163 页。

较长，范围涉及较广，在 20 世纪 60 年代中前期，两省 7 个专区、18 个县，有水利纠纷 19 处、59 项，主要集中在淮北的濉河、安河、废黄河和淮河等五条水系，都是上下游、左右岸的排水问题。这些问题大部分有过协议，由于过去未经统一规划，干支河排水能力很低，水利矛盾不断发生，这也影响了边界水利工程的正常进行。1964 年 1 月，江苏、安徽两省领导在合肥进行了商讨，并经两省省委研究同意，于 1 月 23 日形成了呈报中央请求批准的《关于苏皖边界水利问题处理意见的报告》，报告的具体意见是：一是对当前边界地区水利问题的处理，上下游应统一治理，统筹兼顾，下游必须给上游排水出路，上游也要照顾到下游。工程要从下游做起，上下游要相适应。局部应服从整体，局部地区也要确保三麦，争取秋熟多收。对边界地区水利问题，凡是已有协议的，应坚决贯彻执行；对已有协议但有异议的，经两省同意后重新订立协议；没有协议的补订协议。边界地区的排水，未经规划，不得随便改变自然水系。排水沟洫不得拦河建涵闸，废闸改土桥，已建阻水的桥梁，应增设桥孔。废黄河两岸不能开口，已开口的应予堵复。边界开挖的小沟小河由有关县社协商尽可能取得一致同意后，及早动工；不能取得一致意见时，报省决议。二是对全流域的长远治理，统一进行濉河、安河、复新河、废黄河规划，重点解决濉河、安河的排水出路。经过初步交换意见，濉河的治理，下游在泗洪县改道经溧河注入洪泽湖，泗洪县围圩单独排水。原有老汴河、老濉河作为该县内部排水河道，消除洪涝危害。泗县老濉河以西两三个区的洼地，在保证下游丰收情况下，可由汴河排水，是否合适，在规划时再行考虑，上中游疏浚扩大濉河干流及湘西河、龙岱河、奎河和拖尾河等支流，并引沱河入濉河，原有沱河下游河道排除内水，使濉河以南地区及濉河以北主要支流的水利均有改善，并减轻五河地区的排水压力。沿濉河排水困难的地区设电排站，同时积极进行安河治理，扩大安河排水出路，疏浚复新河，改善排水条件。三是江苏、安徽两省成立边界水利规划领导小组，均由各省副省长负责。立即组织力量进行规划工作，既解决当前水利问题，又抓长远治理。要在 1964 年上半年拿出规划，经两省省委研究决定后，再报中央审查。濉河、安河等工程及两省边界地区水利纠纷工程，请一并列入中央项目，争取 1964 年冬 1965 年春动工，对当前迫切举办的边界水利纠纷工程，请中央拨款支持。具体项目，由两省水利部门分别上报。①

---

① 泗县地方志编纂委员会编：《泗县志》，第 130—131 页。

三、水事纠纷解决的民事诉讼方式

依照《中华人民共和国水法》规定，单位之间、个人之间、单位与个人之间发生的水事纠纷，可以向人民法院提起民事诉讼。而《中华人民共和国水污染防治法》则规定因水污染引起的损害赔偿责任和赔偿金额的纠纷，当事人可以直接向人民法院提起民事诉讼。因水污染受到损害的当事人如果人数众多，可以依法由当事人推选代表人进行共同诉讼。环境保护主管部门和有关社会团体可以依法支持由于水污染受到损害的当事人向人民法院提起民事诉讼。

（一）民事诉讼

水资源环境纠纷通过民事诉讼予以解决，主要是因为在水资源环境保护、开发和利用过程中，违反了《中华人民共和国水法》《中华人民共和国水污染防治法》《中华人民共和国环境保护法》等法律法规，损害了正常的水事秩序，污染和破坏了环境，侵害了国家、集体或者个人的财产或人身的民事权益，依民事法律规定应承担排除危害、恢复原状和赔偿损失等民事责任。以下是几则具体案例。

其一，江苏沭阳县官墩乡张楼村委会与沭阳县水利局争夺沂北干渠北堤官墩乡张楼村段树木所有权益案。1995 年 3 月，沭阳县水利局更新砍伐沂北干渠北堤张楼村段树木时，与该村就此段树木权属问题发生争议。8 月 27 日，沭阳县水利局向沭阳县人民法院提起民事诉讼，状告张楼村村民委员会阻挠、侵犯该局正当更新伐树的权利，诉求保护其合法权益。12 月 23 日，沭阳县人民法院做出《民事裁定书》，驳回原告起诉，对于原、被告对干渠北堤树木产权的争议，应由行政机关先行明确产权。沭阳县水利局随即向沭阳县人民政府申请，要求做出明确干渠张楼村段树木产权的行政处理。1996 年 1 月 11 日，沭阳县人民政府经过调查后做出《沭阳县人民政府关于县水利局与官墩乡张楼村树木权属争议的处理决定》（沭政发〔1996〕06 号文），明确沂北干渠北堤属国家所有，堤上林木由沭阳县水利局经营并按国家规定支配林木收益。2 月 9 日，张楼村村民委员会因不服此行政处理决定而向沭阳县人民法院提起诉讼，请求依法判决撤销该处理决定。沭阳县人民法院经开庭审理，判决维持沭阳县人民政府的处理决定。张楼村村民委员会不服一审判决，又向淮阴市中级人民法院提起上诉。8 月 6 日，因张楼村村民委员会未缴诉讼费，淮阴市中级人民法院裁定按自动撤回上诉处理。①

其二，江苏白马湖大堤加固引发的水面种植赔偿纠纷案。2000年初，金湖县人民政府为确保白马湖防洪安全，决定加固前锋镇境内的白马湖张集圩大堤。根据《淮阴市水利工程管理实施办法》中对白马湖堤防管理范围的规定，前锋镇人民政府预先发出通知，要求凡是与张集圩相连的种植、养殖户让出张集圩迎水坡外50米，且要常年保持畅通。而利用白马湖水面种植荷藕的承包人宋长玉与发包人林后余在让出紧靠张集圩的50米水面后，因互相推诿，未及时采取补救措施，以致同年6月底天降大雨，白马湖水位上涨以后，将刚堵不久的缺口冲垮，宋长玉承包的荷藕受淹损失达16万多元。2000年下半年，承包人宋长玉向金湖县人民法院提起民事诉讼，要求负责实施张集圩加固工程的前锋水利站和林后余共同赔偿经济损失。金湖县人民法院审理后，做出水利站赔偿宋长玉5.7万元、林后余赔偿宋长玉3.2万元的一审判决。前锋水利站不服一审判决，依法向淮安市中级人民法院提起上诉。二审期间，前锋水利站就加固张集圩是依法履行防汛职责，堤防管理范围内任何人不得擅自侵占，任何种植、养殖户应当无条件服从防洪抢险的需要及因违章圈圩养殖、种植造成的一切经济损失应当由当事人自负等几个方面进行了充分的阐述和辩护。2001年10月26日，淮安市中级人民法院依法做出撤销一审判决，驳回宋长玉要求前锋水利站赔偿荷藕损失的诉讼请求的终审判决。②

其三，石梁河水库特大跨省水污染损害赔偿纠纷案。石梁河水库位于新沭河干流，地处连云港市东海县、赣榆县和山东省临沭县交界处。从1993年起，石梁河水库污染问题一直被全国人大代表作为一项议案，连续提了9年。1997年3月，在江苏省八届人大第五次会议期间，时任东海县县长的聂长兰代表提交了一份《石梁河水库污染日趋严重，加强治理刻不容缓》的议案，再次强烈要求江苏省政府通过各种途径让山东临沭县严格执行《国务院关于环境保护若干问题的决定》，立即关停重污染企业，做到达标排放，并强烈要求山东省有关单位赔偿因污染给东海县造成的严重经济损失。1999年9月11日和2000年6月28日，石梁河水库发生连续两次特大水污染事故，导致东海县境内97家养殖户的2830箱花鲢鱼、草鱼等

① 江苏省水政监察总队编：《江苏水事案例选编》，武汉：长江出版社，2005年，第280—281页。
② 江苏省水政监察总队编：《江苏水事案例选编》，第221—222页。

全部死亡。2000 年 7 月 2 日，养鱼大户谢恒宝从东海县公证处请来了公证员，对污染造成死鱼的事实和数量进行了法律公证。97 名受害农民筹款 4.8 万元委托农业部渔业环境监测中心黄渤海区监测站对两起事故损失进行了鉴定，鉴定结果为 1999 年 9 月 11 日给农户造成的直接经济损失达 290.8 万元，2000 年 6 月 28 日给农户造成的直接经济损失达 269.6 万元，两次合计造成的直接经济损失达 560.4 万元；天然渔业资源经济损失达 606.6 万元。对此次特大跨省水污染事故发生的原因，农业部渔业环境监测中心黄渤海区监测站的鉴定结论是山东省临沭县金沂蒙纸业有限公司、山东省临沭县化工总厂排放大量超标污水，经引水沟到大官庄泄洪闸内蓄积蒸发，污水浓缩，超标加剧。泄洪闸汇洪时，大量污水进入石梁河水库，造成石梁河水库中线以南水域的 COD、悬浮物严重超标，直接消耗水体内的大量溶解氧，造成养殖水域局部缺氧，同时由于严重缺氧造成鱼类鳃丝堵塞，从而短时间内使鱼类窒息死亡。鉴定结论出来后，农业部曾召集相关当事人就污染赔偿问题进行行政调解，但由于金沂蒙纸业有限公司和临沭县化工总厂坚持否认自身有超标排污现象，并且提交了山东省环保部门的检验结论，调解未成。2001 年 3 月，97 名受害农民上诉至江苏省连云港市中级人民法院，请求依法判两被告赔偿渔业污染事故造成的网箱养鱼损失 560.4 万元，承担事故调查费 4.8 万元及其他实际支出费用。12 月 14 日，连云港市中级人民法院对石梁河水库污染索赔案做出一审判决：被告山东省金沂蒙纸业有限公司、临沭县化工总厂因排污造成石梁河水库发生两次大面积死鱼事故，应赔偿 97 位原告经济损失 560.4 万元及农业部事故调查费 4.8 万元，并立即停止污染侵害。而两被告企业对此判决不服，向江苏省高级人民法院提起上诉。2002 年 4 月 16 日，江苏省高级人民法院做出了驳回上诉，维持原判的判决。2003 年底，97 位农民拿到了 560 万元赔偿款，一起跨省水污染民事诉讼纠纷终告解决。①

其四，河南平顶山市辛庄村聂胜等 149 户村民与平顶山天安煤业股份有限公司五矿（以下简称五矿）等水污染责任纠纷案。自 2003 年 6 月起，平顶山市辛庄村聂胜等 149 户村民因本村井水被污染而不得不到附近村庄取水。于是，聂胜等人以五矿、平顶山天安煤业股份有限公司六矿（以下简称六矿）、中平能化医疗集团总医院（以下简称总医院）排放的污水将地

---

① 《石梁河水库污染案今日判决：97 户养鱼人一审获赔 560 万元》，《扬子晚报》2001 年 12 月 14 日；《边界环境污染纠纷》，http://zfs.mwr.gov.cn/fzxc/201401/t20140123_671704.html，2002 年 10 月 18 日。

下水污染，造成井水不能饮用为由提起诉讼，请求判令三被告赔偿异地取水的误工损失等共计212.4万元。河南省平顶山市新华区人民法院一审认为，三被告排放生产、生活污水污染了辛庄村井水，导致聂胜等149户村民无法饮用而到别处取水，对此产生的误工损失，三被告应承担民事责任，判决三被告共同承担赔偿责任。三被告不服，上诉至平顶山市中级人民法院。二审庭审中，河南科技咨询司法鉴定中心的鉴定人员出庭接受质询，证明即便三被告排放的是达标污水，也肯定会含有一定的污染因子，五矿、六矿职工及家属排放的生活污水与五矿、六矿排放的生产污水只能按主次责任划分。二审法院依据鉴定报告及专家意见，结合二审查明的生产污水与生活污水对损害发生所起的主次作用，以及五矿、六矿职工及其家属所排生活污水约占致损生活污水总排量的60%等事实，认定三被告对因其排放生产污水造成的本案误工损失共同承担40%的赔偿责任；五矿、六矿就其职工及家属排放生活污水造成的其余60%误工损失共同承担六成的赔偿责任。2011年7月26日，平顶山市中级人民法院做出平民终字第118号民事判决，撤销平顶山市新华区人民法院（2008）新民初字第144号民事判决，判令五矿、六矿、总医院因排放生产污水共同赔偿聂胜等人误工费17.65万元，五矿、六矿因其职工及其家属排放生活污水共同赔偿聂胜等人误工费15.89万元。①

（二）民事公益诉讼

水事纠纷解决的民事公益诉讼，是指为了保护水事公共利益，对违反法律，侵害社会公共水事利益的行为，一定的组织和个人可以根据法律法规的授权，向人民法院提起诉讼，由法院按照民事诉讼程序依法审判并追究违法者法律责任。以下是几则案例。

其一，江苏省泰州市环保联合会诉泰兴锦汇化工有限公司等水污染责任纠纷案。2012年1月—2013年2月，泰兴锦汇化工有限公司等六家企业将总计2.5万余吨危险废物废盐酸、废硫酸，以每吨20—100元不等的价格，交给无危险废物处理资质的相关公司偷排进泰兴市如泰运河、泰州市高港区古马干河中，导致水体严重污染。为此，泰州市环保联合会向江苏省泰州市中级人民法院提起民事公益诉讼，请求法院判令六家被告企业赔

① 查国防、孙正宇：《聂胜等149户村民诉平顶山天安煤业股份有限公司五矿等单位环境污染侵权案》，http://www.hncourt.gov.cn/public/detail.php?id=157859，2015年8月12日。

偿环境修复费用 1.6 亿余元、鉴定评估费用 10 万元。一审法院认为六家被告企业将副产酸交给无处置资质和处置能力的公司，导致大量副产酸未经处理倾倒入河，造成严重环境污染，应当赔偿损失并恢复生态环境，判决六家被告企业赔偿环境修复费用共计 1.6 亿余元，并承担鉴定评估费用 10 万元及诉讼费用。六家被告企业对一审判决不服，遂向江苏省高级人民法院提起上诉。二审法院认为，泰州市环保联合会依法具备提起环境公益诉讼的原告资格，一审审判程序合法，一审判决对赔偿数额的认定正确，修复费用计算方法适当，六家被告企业依法应当就其造成的环境污染损害承担侵权责任，判决维持一审法院关于六家被告企业赔偿环境修复费用共计 1.6 亿余元的判项，并对义务的履行方式进行了调整。六家被告企业中的三家在二审判决后积极履行了判决的全部内容。而锦汇化工有限公司不服二审判决，向最高人民法院申请再审。最高人民法院认为，不能以部分水域的水质得到恢复为由而免除污染者应当承担的环境修复责任。最高人民法院最终裁定驳回了锦汇化工有限公司的再审申请。①

其二，江苏省徐州市人民检察院诉徐州市鸿顺造纸有限公司水污染民事责任纠纷案。2013 年 4 月 27 日，徐州市鸿顺造纸有限公司因偷排废水、污水处理设施不正常运转等违法行为被环保部门查处。2014 年 4 月 5—6 日，鸿顺造纸有限公司将未经处理的生产废水 600 吨排入苏北堤河。2015 年 2 月 24—25 日，该公司将未经处理的生产废水 2000 吨直接排入苏北堤河。8 月 26 日，徐州市铜山区人民检察院发现鸿顺造纸有限公司违法排放废水线索，随即进行立案调查。经最高人民检察院批准，12 月 22 日徐州市人民检察院以公益诉讼人身份向徐州市中级人民法院提起了环境民事公益诉讼，请求判令鸿顺造纸有限公司将被污染损害的苏北堤河环境恢复原状，并赔偿生态环境受到损害至恢复原状期间的服务功能损失；如鸿顺造纸有限公司无法恢复原状，请求判令其以 2600 吨废水的生态环境修复费用 26.91 万元为基准，以该基准的 3—5 倍承担赔偿责任。2016 年 4 月 11 日，一审法院审理认为，鸿顺造纸有限公司排放废水污染环境，应当承担环境污染责任。根据已查明的环境污染事实、鸿顺造纸有限公司的主观过错程度、防治污染设备的运行成本、生态环境恢复的难易程度、生态环境的服务功能等因素，判决鸿顺造纸有限公司赔偿生态环境修复费用及服务功能损失共计 105.82 万元。鸿顺造纸有限公司不服一审判决，遂向江苏省高级

---

① 《环境公益诉讼典型案例（上）》，《人民法院报》2017 年 3 月 8 日，第 3 版。

人民法院提起上诉。二审法院认为，一审判决以 2.035 倍作为以虚拟治理成本法计算生态环境修复费用的系数并无不当，以查明的鸿顺造纸有限公司排放废水量的 4 倍计算生态环境修复费用具有事实和法律依据，于是判决驳回上诉，维持原判。①

其三，安徽阜阳五家生猪养殖场造成水体污染被提起民事公益诉讼案。2017 年 2 月 9 日，阜阳市颍东区人民检察院在履行职责时发现，颍东区河东街道訾营社区屠安新、岳殿中、吴干身、吴其龙、屠帮远五家养猪场在未采取任何污染防治措施的情况下，将养殖废水、生猪粪便直接排入北侧的骆家沟内，造成水体严重污染。经检测，上述五家养猪场排放的养殖废水中 COD 均超《畜禽养殖业污染物排放标准》近 20 倍，其中四家养猪场排放的养殖废水中氨氮含量超标 2 倍以上。经安徽省人民检察院批准，阜阳市人民检察院就这五家生猪养殖场造成环境污染一案提起民事公益诉讼，请求法院判令五被告立即停止对周围环境的侵害，并对各自排污口附近的污染物进行清理，恢复环境原状。②

四、水事违法案件的查处与诉讼

水事违法案件是指水行政主管部门依照水法规对违法行为的责任人给予行政制裁或因水事违法情节严重由公安或司法机关查处的案件。水事违法案件实质上是行为人与国家或人民之间的水事权益争端，损害了国家和人民的利益，因此不适用调解。依据《中华人民共和国水法》《中华人民共和国水污染防治法》的规定，淮河流域各地县级以上水行政主管部门、环境保护部门和流域管理机构对水事违法行为进行立案调查并实施行政处罚，是为了维护公共水资源环境秩序和公共水事利益，做出的行政处罚决定是行政机关代表国家迫使违法行为人改正违法行为、消除违法行为所造成的危害而做出的具体行政行为，违法行为人必须履行。在水事违法行为人不自觉履行处罚决定时，行政机关可以依法采取强制措施或申请人民法院强制执行，迫使违法行为人履行，以确保公共水资源环境秩序和公共水事利益所要求的状态。

---

① 《徐州市人民检察院诉徐州市鸿顺造纸有限公司环境民事公益诉讼案》，http://haqjp.jsjc.gov.cn/zt/dxal/201712/t20171211_215407.shtml，2017 年 12 月 11 日。

② 宛婧：《阜阳五家生猪养殖户造成水体污染被提起公益诉讼》，http://www.ahwang.cn/p/1631796.html，2017 年 5 月 6 日。

(一)立案调查与行政处罚

1. 行政处罚后自觉执行

江苏今世缘酒业有限公司受行政处理缴清水资源费案。淮阴市的江苏今世缘酒业有限公司因生产、生活需要取用地下水，但自1999年1月以来却不按规定缴纳水资源费，淮阴市水利局多次派员到该公司催缴未果。5月28日，淮阴市水利局向该公司发出《水资源费征收通知书》，催缴当年1—4月的水资源费，但该公司仍以种种理由拒缴。淮阴市水利局经过调查取证，依据《江苏省水资源管理条例》《江苏省城镇供水资源管理条例》的有关规定，于9月5日对该公司做出《限期缴纳水资源费行政处理决定》，限定该公司一次性缴纳1999年1—8月欠缴的水资源费及1—4月水资源费滞纳金。行政处理决定送达后，该公司未申请行政复议和提起行政诉讼，9月13日先行支付了10万元，并在年底付清了余款。①

2. 行政处罚后被强制执行

当水行政、环保部门对水事违法行为做出行政处罚决定后，违法行为人或企业既不执行，也不申请行政复议和提起行政诉讼，最后行政处罚机关向人民法院申请强制执行后案件才告终结。譬如，江苏宿迁市井头中心自来水厂擅自取用地下水被行政处罚案。2002年4月1日，宿迁市宿城区水政监察大队在执法巡查中发现，井头中心自来水厂未按规定报批擅自取用地下水，当即口头指出其违法行为，责令该厂立即停止取水，到宿城区水务局补办有关手续并接受处理。至4月25日，该厂并未补办相关手续，也没有停止取水。4月30日，宿城区水务局向该厂发出《责令停止水行政违法行为通知书》，再次要求该厂立即停止违法行为，接受处理。6月3日，宿城区水务局对该厂做出处理决定：立即停止非法取水，于6月15日前到宿城区水务局补办有关手续；处以1万元罚款。该厂在法定期限内放弃诉权，既不申请复议和提起行政诉讼，又不履行处罚决定。8月2日，宿城区水务局依法向宿城区人民法院做出强制执行申请。11月1日，宿城区人民法院做出行政裁定准予强制执行，井头中心自来水厂按规定补办了相关手续，装置了计量设施，并缴纳了罚款1万元。②

---

① 江苏省水政监察总队编：《江苏水事案例选编》，第181页。
② 江苏省水政监察总队编：《江苏水事案例选编》，第171页。

江苏阜宁县恒茂纸业有限公司擅自在淮河入海水道埋设管道案。2005年 11 月 9 日，阜宁县恒茂纸业有限公司未经批准擅自在淮河入海水道淮阜控制工程管理所管辖范围内埋设管道。江苏省水政监察总队淮河入海水道支队通过调查证实恒茂纸业有限公司为将废旧纸张再生利用，出于汲取清水、排放污水的需要，擅自在淮阜控制工程管理所管辖范围内埋设管道，其行为违反了《江苏省水利工程管理条例》第八条第（六）项的规定。2006 年 4 月 18 日，江苏省淮河入海水道工程管理处对恒茂纸业有限公司做出限期自行拆除所埋设管道的行政处罚，但恒茂纸业有限公司在 4 个多月的时间内拒不履行行政处罚的义务。8 月 21 日，江苏省淮河入海水道工程管理处向阜宁县人民法院提交强制执行申请。9 月 5 日，阜宁县人民法院做出"准予强制执行"的《行政裁定书》。10 月 20—22 日，该行政处罚案强制执行完毕。①

（二）行政复议与行政诉讼

根据《中华人民共和国行政复议法》第一章总则第二条、第五条规定，公民、法人或者其他组织认为具体行政行为侵犯其合法权益，可以向行政机关提出行政复议申请，对行政复议决定不服的，可以依照《中华人民共和国行政诉讼法》的规定向人民法院提起行政诉讼，但是法律规定行政复议决定为最终裁决的除外。

1. 行政处罚引发行政复议

淮河流域各地水行政、环保部门在对水事违法行为人或企业组织做出具体的水行政、环境保护处罚决定后，被处罚者如果不服，一种情况是引发行政复议。例如，江苏泗洪县大柳巷船闸管理所拒缴河道堤防工程占用补偿费案。因生产和经营需要，泗洪县交通局大柳巷船闸管理所需占用泗洪县水务局管理范围内老淮河左堤淮丰段堤防和滩地，面积为 3500 平方米，用于搭建生产、生活设施。2000 年 8 月 17 日，大柳巷船闸管理所和泗洪县淮河怀洪新河管理所签订水土资源占用合同书，占用期为 5 年，并按规定缴纳河道堤防工程占用补偿费。但大柳巷船闸管理所却对 2004 年—2005 年 6 月的占用补偿费拖欠不缴。2005 年 7 月 21 日，怀洪新河管理所向大柳巷船闸管理所发出《限期缴纳河道堤防工程占用补偿费的通知》。8 月 15 日，因大柳巷船闸管理所仍拒缴河道堤防工程占用补偿费，泗洪县水

---

① 江苏省水政监察总队编：《江苏水事案例选编》第 2 辑，武汉：长江出版社，2009 年，第 364 页。

务局向大柳巷船闸管理所发出《水行政征收决定书》。8月22日，大柳巷船闸管理所向泗洪县人民政府做出要求撤销该征收决定的复议申请。9月3日，泗洪县人民政府受理了大柳巷船闸管理所的复议申请，在复议期间的12月2日，大柳巷船闸管理所申请撤回行政复议。2006年2月9日，大柳巷船闸管理所缴纳了拖欠的河道堤防工程占用补偿费。①

2. 行政处罚引发行政诉讼

水事违法行为人或企业组织对水行政、环保部门做出的行政处罚决定如果不服，还有一种情况是直接引发行政诉讼，如江苏洪泽县宋炳金等7户居民违法建房行政诉讼案。1989—1990年，原先居住在洪泽湖大堤和苏北灌溉总渠大堤的部分居民，在没有任何审批手续的情况下，将旧屋拆除并翻建、扩建新房。洪泽县堤防管理所和县水利局的管理人员多次前去劝阻、制止，但仍有少数居民强行将房屋建成。1990年9月中旬，洪泽县水利局依据《中华人民共和国水法》《中华人民共和国河道管理条例》《江苏省水利工程管理条例》的有关规定，分别对在洪泽湖大堤和苏北灌溉总渠堤防管理范围内违章翻建、扩建房屋的83户居民和单位做出限期拆除违章建筑的行政处罚决定。其中，宋炳金、吴新航、宋士美、宋申柱、杨勇胜、赵如标、袁有礼7户居民不服，各自向洪泽县人民法院提起行政诉讼，要求撤销洪泽县水利局的行政处罚。12月12日，洪泽县人民法院开庭公开合并审理此案，12月13日分别做出一审判决：被告洪泽县水利局对宋炳金、吴新航、宋士美、宋申柱、杨勇胜、袁有礼6名原告做出的拆除违章建筑处罚决定，事实清楚，证据确凿，适用法律正确，予以维持；洪泽县水利局对原告赵如标所做出的处罚决定，因对其违章建筑面积及房屋间数的认定与事实不符，判决撤销。一审判决后，原、被告双方均未提出上诉。②

3. 行政处罚引发行政复议到行政诉讼

淮河流域各地水事违法行为人或企业组织如对行政处罚决定不服，先是申请行政复议，经行政复议，如果还不服，可以向人民法院提出行政诉讼，如江苏扬州市江府啤酒有限公司擅自取水应当履行法定义务案。1982

---

① 江苏省水政监察总队编：《江苏水事案例选编》第2辑，第188页。
② 江苏省水政监察总队编：《江苏水事案例选编》，第32—33页。

年9月—1985年12月，扬州市江府啤酒有限公司先后在该厂内凿井3口，深度均在136米左右，2号井因跑砂于1992年停止使用，1号、3号井正常取水。1990年2月，江府啤酒有限公司通过地矿部地质环境管理司评审，取得了矿泉水鉴定书，并于同年9月领取了采矿许可证。1994年以来，高邮市水利局多次通知江府啤酒有限公司办理取水许可证，均未有结果。1997年5月，高邮市水利局依据《中华人民共和国水法》《取水许可制度实施办法》的规定，做出了行政处罚决定，责令江府啤酒有限公司停止取水。江府啤酒有限公司不服，向高邮市人民政府申请复议。7月21日，高邮市人民政府做出维持高邮市水利局的处罚决定的行政复议决定。8月2日，江府啤酒有限公司向高邮市人民法院提起行政诉讼，要求撤销处罚决定。1998年3月15日，高邮市人民法院做出维持处罚决定的判决。江府啤酒有限公司仍不服，又向扬州市中级人民法院提起上诉。9月1日，扬州市中级人民法院做出终审判决，驳回上诉，维持原判。12月31日，高邮市水利局向高邮市人民法院递交《水事违法案件强制执行申请书》，申请高邮市人民法院强制执行。[①]

江苏淮安市宏杨建材有限公司擅自在废黄河南堤建码头案。2003年5月14日，淮安市经济开发区管理委员会向开发区新港办事处做出同意淮安市宏杨建材有限公司在废黄河兴建码头工程申请的批复。6月，该码头开始兴建。10月，码头工程及附属设施建成并投入运营。该码头被淮安市水利局发现后，宏杨建材有限公司遂于当年12月初向淮安市行政审批中心递交有关报批材料。淮安市水利局即向江苏省水利厅请示。2004年2月12日，江苏省水利厅办公室认为"该码头工程已经实际占用岸线300多米，伸入河道20多米，严重影响流域性河道废黄河的行洪与防汛安全"，做出"不同意兴建该码头工程"的批复。3月2日，淮安市水利局对宏杨建材有限公司做出《行政处罚决定书》。3月15日，宏杨建材有限公司不服处罚决定，向淮安市人民政府申请复议。3月20日，淮安市人民政府做出维持原处罚决定第一项限期拆除违法兴建的码头、吊车及房屋，恢复堤身原状的决定；撤销原处罚决定第二项罚款5万元的决定。4月30日，宏杨建材有限公司向淮安市中级人民法院提起诉讼，状告淮安市人民政府并将淮安市水利局和淮安市经济开发区管理委员会作为第三人一并告上法庭。2005年5

---

① 江苏省水政监察总队编：《江苏水事案例选编》，第326、367—368页。

月 20 日，淮安市中级人民法院判决维持复议决定，该案终结。①

（三）刑事诉讼和刑事附带民事公益诉讼

根据《中华人民共和国刑法》中"破坏环境资源保护罪"入刑方面的规定，涉及水资源环境破坏方面的刑事犯罪包括违反国家规定向水体排放、倾倒或者处置有害废物、废水，造成重大水环境污染事故；违反保护水产资源法规，非法捕捞水产品，情节严重的；违反矿产资源法的规定，未取得采矿许可证擅自非法采砂的；等等。《中华人民共和国刑法》还规定以暴力、威胁方法阻碍国家机关工作人员依法执行职务的，构成妨碍公务罪，"处三年以下有期徒刑、拘役、管制或者罚金"。为依法惩治相关环境污染犯罪，根据《中华人民共和国刑法》《中华人民共和国刑事诉讼法》的有关规定，2013 年 6 月，最高人民法院、最高人民检察院联合下发《关于办理环境污染刑事案件适用法律若干问题的解释》，2016 年 12 月 8 日又颁布了《最高人民法院 最高人民检察院关于办理环境污染刑事案件适用法律若干问题的解释》，其中规定"在饮用水水源一级保护区、自然保护区核心区排放、倾倒、处置有放射性的废物、含传染病病原体的废物、有毒物质的""造成生态环境严重损害的""致使乡镇以上集中式饮用水水源取水中断十二小时以上的"等，就应当被认定为"严重污染环境"。

1. 刑事诉讼

当水行政、环保部门依法查处水事违法行为时，如果违法行为人以暴力、威胁方法妨碍行政执法工作人员依法执行职务的，构成妨碍公务罪。例如，德司达（南京）染料有限公司、王占荣等犯污染环境罪而被追究刑事责任案。2010 年 9 月，德司达（南京）染料有限公司行政经理兼总经理助理王军受公司指派联系处置废酸事宜，与仅具有经销危险化学品资质的顺久公司法定代表人王占荣达成了以每吨 580 元处置废酸的口头协议。此后，德司达（南京）染料有限公司产生的废酸液体均交由王占荣进行处置。然而，顺久公司只是一家化工品运输企业，并无废酸处理资质。经审查，王军在明知其没有处置废酸资质、只能开具运输发票的情况下，仍与王占荣达成按每吨 580 元处置废酸的口头协议。此后，负责拉运对接的是时任德司达（南京）染料有限公司罐区主管黄进军。经审查，黄进军明知

---

① 江苏省水政监察总队编：《江苏水事案例选编》第 2 辑，第 278—279 页。

顺久公司没有处置废酸资质，仍与拉运废酸的王占荣对接。王占荣自 2010 年 9 月开始替德司达（南京）染料有限公司处置废酸，共收处置费 600 多万元。为获取更大利益，王占荣找到同样没有处置废酸资质的丁卫东，约定每吨废酸处置费用 150 元，由丁卫东处置 2000 多吨的废酸，并指使徐某开槽罐车从德司达（南京）染料有限公司拉运废酸，直接送到丁卫东停放在江都宜陵码头、姜堰马庄码头、姜堰清源净水剂厂码头、姜堰振昌钢厂码头的船上。德司达（南京）染料有限公司 2698.1 吨废酸就是丁卫东指使孙某、钱某等人夜间驾船排放至泰东河和新通扬运河水域河道中的。江苏省高邮市检察院提起公诉，将德司达（南京）染料有限公司列为污染环境罪的单位犯罪主体。高邮市人民法院一审认为，在污染环境共同犯罪中，德司达（南京）染料有限公司和王占荣起主要作用，是主犯，应当按照其所参与的全部犯罪处罚，并判处德司达（南京）染料有限公司罚金 2000 万元，相关人员相应判处从缓刑到 4 年不等的刑罚。后德司达（南京）染料有限公司上诉，认为犯罪行为是公司员工个人所为，公司不应承担相应责任。2016 年 10 月 8 日，江苏省扬州市中级人民法院终审维持原判。①该案办理时，受公益诉讼试点范围所限，无法提起公益诉讼。在刑事判决生效后的 2017 年 1 月，江苏省环保联合会、江苏省人民政府提起环境污染民事公益诉讼。同年 7 月 26 日，南京市中级人民法院依据刑事案件查明的事实判决德司达（南京）染料有限公司赔偿环境修复费用 2428.29 万元。②

　　江苏德某化工有限公司犯污染环境罪被追究刑事责任案。2015 年 2 月—2016 年 2 月，江苏德某化工有限公司的法定代表人阿友（化名）、安环科负责人阿正（化名）故意违反危险废物处理要求，先后五次将江苏德某化工有限公司生产过程中产生的 70 余吨危险废物精馏残渣（危险废物类别为 HW11），交由无处理资质的阿庆（化名）处置。阿庆（化名）以每桶 80 元的处理费用将 32.5 吨危险废物交由阿海（化名）处置，后阿庆（化名）以每桶 50—60 元的价格出售给他人用于加工防水涂料。阿庆（化名）雇佣孙某某、陈某某、王某某将 38 桶化工废料在江苏灌南县硕项湖进行非法倾倒，严重污染了硕项湖周边环境，对周边饮用水安全造成严重威胁。2016 年 9 月 19 日，灌南县公安局将该案移送连云港市海州区人民检察院。9 月 29 日，海州区人民检察院向连云

---

① 王伟健、李纵、沈亦伶，等：《德司达公司非法倾倒废酸 2600 多吨，导致多处水厂停产停水》，《人民日报》2017 年 1 月 9 日，第 16 版。
② 《德司达（南京）染料有限公司污染环境案》，http://yz.jsjc.gov.cn/tslm/dxal/201812/t20181226_713071.shtml，2018 年 12 月 26 日。

港市海州区人民法院提起公诉。2017 年 1 月 12 日，连云港市海州区人民法院以江苏德某化工有限公司犯污染环境罪，判处罚金人民币 40 万元；阿庆（化名）犯污染环境罪，判处有期徒刑 2 年，并处罚金人民币 15 万元；阿友（化名）、阿正（化名）、孙某某、陈某某、王某某等分别被判处 6 个月到 2 年不等的有期徒刑，缓刑执行，并处罚金。9 名被告人均服判，未上诉。①

2. 刑事附带民事公益诉讼

关于非法采砂刑事附带民事公益诉讼案件，在沿淮采砂猖獗的市县如霍邱、淮南等地较多，如汪传高等人非法采矿刑事附带民事公益诉讼案。2017 年以来，汪传高等人在淮河流域淮南段一定区域内多次实施滥采河砂的犯罪行为。潘集区人民检察院根据汪传高等人非法采矿的事实和证据，向潘集区人民法院提起诉讼请求。2019 年 4 月 28 日，该案在淮南市中级人民法院公开开庭审理。10 月 15 日上午，潘集区人民法院对汪传高等人非法采矿刑事附带民事公益诉讼案进行了公开宣判，判令各刑事附带民事公益诉讼被告承担生态修复费用 444 万元，其中被告汪传高在 94%的比例范围内承担总连带责任，被告陈明、汪琳分别在 3%的范围内对 444 万元修复费用承担责任，其余被告在各自所参与的范围内承担连带责任，并就非法采砂破坏淮河生态等行为在省级媒体向社会公众公开赔礼道歉。②

2019 年 12 月 12 日，霍邱县人民检察院就胡某某等人在淮河水域非法采砂行为向当地人民法院提起刑事附带民事公益诉讼。12 月 27 日，霍邱县人民法院判决胡某某等人均承担相应的刑事责任。经调解，胡某某等人共同承担公益性生态修复费用 57 750 元，用于修复受损的生态环境；共同承担鉴定费用 5197.5 元，并通过市级媒体向社会公开道歉。③

2019 年 12 月 31 日，淮南市潘集区人民法院对备受全国人大关注的王克理等人非法采矿刑事附带民事公益诉讼案做出了一审判决，判令刑事附带民事公益诉讼被告王克理、王克新、陈明、丁士超、王新成对淮河生态修复费用共同承担连带责任，并通过省级媒体就非法采砂破坏淮河生态的

① 《德某化工污染环境典型案例》，http://haqjp.jsjc.gov.cn/zt/dxal/201812/t20181218_704306.shtml，2018 年 12 月 18 日。
② 《淮河流域安徽段非法采砂第一案判决》，http://www.huainanpj.jcy.gov.cn/jcyw1/gyss/201911/t20191115_2723731.shtml，2019 年 11 月 15 日。
③ 《非法采砂 检方提起刑附民公益诉讼获支持》，http://www.ahhuoqiu.jcy.gov.cn/jcyw/202001/t20200109_2755810.shtml，2020 年 1 月 9 日。

行为向社会公众公开赔礼道歉。①

第二节 水事纠纷解决的原则和措施

水资源环境具有自然性、公共性的特点，所以一旦爆发水事利益冲突，首先破坏的是自然和历史形成的既有水事关系，这就需要运用各种行政、法律、经济手段及非诉讼、诉讼等多种方式去解决水事利益争端，去修复和改善被损害了的水事关系。在运用多种手段、方式解决水事纠纷、水事违法案件的过程中，根据水资源环境的自然属性和公共利益属性，必须坚持互谅互让、团结治水，尊重历史、恢复原状，统筹兼顾、公平合理，依法行政、联合执法的原则，同时为了更好地解决水事纠纷，还需要采取调整边界行政区划、修建兼顾各方的边界水利工程、加强应急防污调度、督办水资源环境信访案件等有助于水事纠纷、水事违法案件最终解决的保障措施。

一、水事纠纷解决的原则

水是人们生产生活必不可少的公共资源，水事冲突本质上是利益冲突，多发的行政区水事纠纷实质上更是一种区域水事利益之争，所以预防和调处水事纠纷必须从大局出发，尊重水的自然流向和历史状况，统筹上下游，兼顾各方利益，切实依法治水。

（一）互谅互让、团结治水

淮河治理本就是一项复杂的系统工程，牵涉的问题较为复杂，历来矛盾较多，所以中华人民共和国成立以来各级党委和政府都强调治淮中互谅互让、团结治水的原则。为了彻底解决冀、鲁、豫、皖、苏、京五省一市平原地区边界水利问题，1962年2月24日，水利电力部提出了关于边界水利问题的处理原则，其中就"要求各级党委加强对边界地区的领导，教育边界县、社、队的干部树立全局观点，发扬共产主义风格，在照顾本区群

---

① 《全国人大代表关注的非法采矿案宣判了》，http://www.huainanpj.jcy.gov.cn/jcyw1/gyss/202001/t20200106_2753423.shtml，2020年1月6日。

众的水利要求时，一定要同时照顾邻区群众的利益，不仅要听本区干部、群众的水利汇报，也要听邻区干部、群众的水利汇报。要使干部懂得，只有密切协作，团结治水，才能真正解决水利问题，才能对双方群众有利"。同年3月1日，《中共中央同意水电部关于五省一市平原地区边界水利问题的处理原则的报告》就团结治水问题再次强调，"各地党委必须使干部与群众懂得，水旱灾害是我国农业生产中长期以来的敌人"，"要战胜这个敌人，还必须组织广大群众，团结治水。那种只顾本区、不顾邻区，只顾局部、不顾整体，只顾眼前、不顾长远利益的做法，也是不能解决问题的。至于那种损人利己，以邻为壑的做法，更是错误的"。①

改革开放新时期，党中央和国务院在高度重视淮河治理的同时，依然强调了治淮过程中的顾全大局、团结治水原则。1982年2月15日，《国务院批转治淮会议纪要的通知》中指出：淮河流域水系复杂，上下游关系密切，历来矛盾很多，各有关地区要本着小局服从大局、大局照顾小局、以大局为重的原则，互谅互让，互相支持，团结治水，共同把治淮事业搞得更好。1986年7月17日，《国务院批转水利电力部关于"七五"期间治淮问题报告的通知》提出："望各有关地区和部门顾全大局，互相配合，进一步推进淮河的治理工作。"1991年11月19日，《国务院关于进一步治理淮河和太湖的决定》发出号召："要上、中、下游统一治理，顾大局，讲整体，局部服从整体，团结治水。""淮河流域和太湖流域各级政府和全体人民要进一步发扬自力更生、艰苦奋斗、顾全大局、团结协作的精神，不失时机地掀起一个既有声势、又扎扎实实的水利建设高潮，认真完成进一步治理淮河和太湖的各项建设任务。"②

在淮河流域一些省、市、县际边界水利工程建设中，边界水事矛盾尖锐，协调工作中的互谅互让、团结治水原则就显得更加重要，如黑茨河治理工程，豫、皖两省矛盾较多，由治淮委员会组织两省参加的边界协调领导小组先后召开了六次协调工作会议，不仅处理了矛盾，而且化解了多年的误解，使黑茨河治理工程成为治淮边界团结治水的典范，并在省界张胖店建立了团结治水纪念碑，水利部部长杨振怀、农业开发办公室副主任周清泉、河南省省长李长春、安徽省副省长汪涉云均为黑茨河团结治水纪念

---

① 中央档案馆、中共中央文献研究室编：《中共中央文件选集（一九四九年十月——一九六六年五月）》第39册（1962年1月—4月），第126、120页。

② 水利部淮河水利委员会水政水资源处编：《淮河流域省际水事纠纷资料汇编》，第35—36、51、49、67、69页。

碑题了词。①1960 年 4 月 9 日，中央在给江苏、山东省委并水电部党组、交通部党组、计委党组下发的《江苏、山东两省关于微山湖地区水利问题的协议书》中表示，"希望两省委督促有关地区的党委和部门，本着互助互让的精神，发扬抢困难让便利的共产主义风格，解决这个水利纠纷"。1984 年 4 月 30 日，《中共中央、国务院批转国务院赴微山湖工作组〈关于解决微山湖争议问题的报告〉的通知》指出，"对微山湖的争议，必须按照整党精神，坚持党性原则，以对人民高度负责的态度妥善解决"，"凡有边界纠纷之类问题的地区，也都必须按照整党精神，各自多作自我批评，互谅互让，加强团结，及时认真地把问题解决好，使全国各族人民在安定团结的大好局面下，努力发展生产，为四化建设和振兴中华更好地做出贡献"。②

1973 年 7 月，江苏射阳县新洋公社需要在江苏省生产建设兵团三师十五团境内开挖新洋排水支河，与十五团党委协商，7 月 22 日双方达成协议，双方议定：射阳县新洋公社为了解决新洋港以南、西潮河以北腹部排水出水问题，必须开挖新洋排水支河，将积水直接排入西潮河。河线下游需经过江苏省生产建设兵团三师十五团，双方本着团结治水的原则和下游服从上游、上游照顾下游的精神，根据新洋公社的要求，十五团党委同意新洋公社的河线布置、河道标准、开挖方法及开挖后土地权属；新洋公社同意承担全部土方任务，并为十五团建造部分配套桥梁，所需经费器材由射阳县水利局编造设计预算报批。③

江苏射阳湖涉及淮安、宝应、阜宁、建湖县及盐城市郊区，水利矛盾多。江苏省防汛防旱指挥部对该地区水利矛盾的处理意见是"要树立团结治水、科学治水、以法治水的思想。上下游左右岸要互相配合，顾大局，讲团结"，"在工程的实施上，对扩大排水出路，也要本着先下后上、上下适应的原则，互让互谅"，"解决这块地区的水利问题，根本的一条是要有一个全面整治规划和分期实施的意见。按照'下排、中滞、上控'的原则，对下排干河、支河提出整治规划；对中滞湖荡重申原定滞涝面积，并在工程上要通过平毁圩埂、开口、建滚水坝等措施使之确有保证；对上游高地排水，要实行高低分开，高水高排"。④

① 水利部淮河水利委员会、《淮河志》编纂委员会编：《淮河志 第 6 卷 淮河水利管理志》，第 123 页。
② 水利部淮河水利委员会水政水资源处编：《淮河流域省际水事纠纷资料汇编》，第 288、371—372 页。
③ 射阳县水利志编纂委员会编：《射阳县水利志》，第 273—274 页。
④ 江苏省防汛防旱指挥部：《关于里下河射阳湖地区水利问题处理意见的请示》（1987 年 5 月 15 日），扬州市水利史志编纂委员会编著：《扬州水利志》，第 481 页。

（二）尊重历史、恢复原状

淮河流域各地水事纠纷的产生多是既有的水事秩序因一方修建损人利己的水利工程而遭到破坏，所以水事纠纷的最终解决必须坚持尊重历史、恢复原状的原则。1962年2月24日，《水利电力部关于冀、鲁、豫、皖、苏、京五省一市平原地区边界水利问题的处理原则》中规定，"在边界附近的河沟，未经统一规划均不得拦河堵坝；已经堵的坝应一律拆除，原则上应恢复原有过水断面"，"在边界附近未经统一规划，不得平地筑堤；已经筑的堤应予废除，并按筑堤前排水情况分段平毁到原有地面，平毁长度应以不阻水为原则，具体平毁地段由双方协商确定"，"凡未经协商片面进行调整水系的，如影响不大，利多害少，在对受影响地区妥善处理后，可以维持现状；如影响严重、害大利小或工程在短期内不能完成的，应暂时恢复原有水系，以后再做统一规划"。①

为了解决好微山湖长期以来不断发生纠纷的问题，1984年4月9日，国务院赴微山湖工作组提交的《关于解决微山湖争议问题的报告》认为，"必须从全局出发，既要尊重历史，又要从现实情况出发，合理划分群众利益，做到有利于群众的生产和生活"。据此，国务院赴微山湖工作组提出：湖西大堤两侧的湖田，无论现在由哪一方群众耕种，均承认其使用权，并按照《中共中央关于一九八四年农村工作的通知》的精神，确定承包责任制，保护群众的切身利益，并以1983年的耕种情况为准，确定边界。其中位于湖西大堤西侧的湖田，由沛县群众耕种的归沛县管辖；由微山县群众耕种的归微山县管辖。位于湖西大堤东侧的湖田，由沛县群众耕种的，可继续耕种，其管辖权划归微山县。湖田的所有权仍执行1953年《山东省、江苏省关于微山、昭阳两湖辖领及其具体界线之划分的协议书》中关于湖田"未曾确权发证者，均属国有，只能允许其有使用权，不得典卖赠送"的规定。关于湖产问题，国务院赴微山湖工作组认为，"凡近三年来，由沛县群众收获芦苇、苦江草，没有发生争议的地段，仍由沛县群众继续收获，但在行政区划上仍属微山县管辖，微山县须保障这部分群众的经营利益，不得侵犯；沛县也不得再扩大收获范围。凡近三年来，发生争议和械斗的地段的群众，以起居住的自然村为单位，连同以湖产为生或以湖产为主要生活来源的群众和土地一并划归微山县管辖，其中有的自然村的群众

① 中央档案馆、中共中央文献研究室编：《中共中央文件选集（一九四九年十月——一九六六年五月）》第39册（1962年1月—4月），第122、125页。

不是以湖产为主要生活来源的，又不愿划归微山县管辖的也可以不划，但这部分群众不准再进入湖区经营湖产"。①

江苏盐城地区东台县与南通地区海安县之间排水纠纷时有发生。东台县新港闸和海安县北凌闸，负担两县近10万公顷农田排水，原来两闸下游港道排水较好，由于滩面不断淤涨，创造了围垦条件，但围垦和保港缺乏统一规划，造成港口淤积，影响排水。为此，江苏省水利局于1978年2月27—28日在海安邀请南通地区、盐城地区及海安县、如东县、东台县负责同志和有关业务部门负责同志对新港、北凌两闸保港排水和有关滩地利用的问题进行讨论会办，形成了《关于新港、北凌两闸保港排水和有关滩地利用的讨论纪要》，其中规定："为了加强滩面管理，今后海涂进一步围垦时，考虑到海安现有滩面较少的情况，经协商划分界址如下：海安北边从老坝港到渔舍围垦区的东南角（桩号3+873）的堤线，与东台县分界，为了解决复堤取土，现有堤脚外各保留200米，归所属两县（新港闸向北的南北向海堤一段改为堤内取土），今年港口淤塞，这一部分滩面在围垦时仍全部划归海安县所有。关于滩面港叉（汊）的渔业生产，堤防管理范围和原已调换的土地，仍维持现状不变。"1984年10月8日《关于海安县在老北凌闸和新港闸下滩涂围垦有关问题的协议》规定："沿海滩涂资源属国家所有，围外滩涂如何使用，由省统一规划安排，海安围垦后，堤外滩面港汉的水产品采捕、治安等管理，仍维持围前惯例和现状。"②

水事违法案件的发生也主要是因为违法行为人侵害了水事公共秩序和水事公共利益，所以对水事案件的查处首要的是停止侵害行为，恢复既有的水事秩序。例如，2000年2月24日，淮阴市水政监察支队在淮河执法巡查时，发现一撮毛滩有两条挖泥机船在挖泥筑堤。经查实，乃盱眙县林柴场正在该滩圈圩拟搞养殖。淮阴市水政监察支队执法人员当即责令作业船只停止施工等候处理。次日，盱眙县水利局派员到现场处理，责令县林柴场在15日内平毁已筑圩堤，恢复原状。但违法当事人未在规定的期限内自行平毁。3月27日，淮阴市防汛防旱指挥部向盱眙县防汛防旱指挥部发出《关于迅速清除淮河一撮毛滩违章圈圩的通知》。4月2日，盱眙县防汛防旱指挥部向盱城镇人民政府发出《关于迅速落实平毁淮河一撮毛滩违章圩堤的通知》。4月4日，淮阴市防汛防旱指挥部会同盱眙县防汛防旱指挥部在

---

① 水利部淮河水利委员会水政水资源处编：《淮河流域省际水事纠纷资料汇编》，第373—374页。
② 东台市水利志编纂委员会编：《东台市水利志》，第232、233—234、235页。

盱城镇人民政府的积极配合下，在淮河一撮毛滩实施了爆破清障行动，平毁圩堤150米，剩余较矮圩堤由盱眙县林柴场组织进行人工平毁，等等。[①]

（三）统筹兼顾、公平合理

早在1958年兴建淠史杭大型灌溉工程时，河南省、安徽省就因梅山水库分水问题产生了分歧。同年，毛泽东到河南信阳视察，得知这一情况后，接见信阳地委领导同志，教育他们要本着上下游兼顾的原则，双方协商合理解决，不要闹纠纷。一个月后，毛泽东在安徽视察时，特地到省博物馆水利馆观看了梅山水库模型，并听取了水库拦洪、发电的汇报。毛泽东也就如何正确解决与河南省的分歧问题，教育了安徽的领导同志。[②]1960年5月9日，国务院批转水利电力部《关于史灌河梅山水库及沙颍河分水问题的意见》。水利电力部就梅山水库分水问题，于4月中旬与安徽、河南两省进一步协商，提出两条意见：梅山水库分水应与沙颍河分水问题同时解决，梅山水库供给河南多少灌溉水量，河南亦由沙颍河供给安徽等同水量，水利电力部考虑供水量可定为1.5亿立方米；水利电力部同意河南在固始竹塔寺兴建水库的勘测研究工作。[③]为了进一步治好淮河，解决豫、皖省际边界纠纷，实现上下游团结治水、共同受益的目标，1971年国务院治淮规划小组提出除计划再在淮干上游增建出山店水库，在支流上游增建顺河店、张湾、宴河、袁湾、百雀园、盛家山、石壁、白莲崖、燕山、前坪、黄岗镇、人和水库这13座水库以外，还要求安徽省进一步扩大中游干支流河道的排泄能力，改善上游河南省中小水的出路，为上游干支流进一步治理创造必要的条件；要求河南省同意修建淮河中游临淮岗洪水控制工程，确保安徽省正阳关以下淮河中游地区的安全。[④]

1962年2月24日，《水利电力部关于冀、鲁、豫、皖、苏、京五省一市平原地区边界水利问题的处理原则》特别强调了上下游统筹兼顾，各方利益都应该照顾，确保纠纷各方获得的水事利益公平合理的水事纠纷调处原则，指出"凡下游没有排水河沟，上游不得挖沟或扩大路沟排水，增加下游灾害。已挖的沟应尽量取得排水协议，如不能达成协议，应该分段填

① 江苏省水政监察总队编：《江苏水事案例选编》，第74页。
② 苏广智编著：《淮河流域省际边界水事概况》，第19页。
③ 李日旭主编：《河南水利大事记（1949—1995年）》，郑州：河南科学技术出版社，1998年，第98页。
④ 苏广智编著：《淮河流域省际边界水事概况》，第19—20页。

平"；"跨越边界的河沟，在下游排涝能力提高以前，上游不得片面加大河道泄量，更不应增加排水面积，增加下游负担。凡因此引起纠纷的，应根据上下游统一标准，采取措施控制上游来量"；"平原排水矛盾在坡洼地最为突出。在未经统一治理、蓄水能力未增加、排涝能力未提高以前，上下游均应充分利用洼地滞涝，削减洪峰。上游不得串洼挖沟，下游不得在边界附近筑堤阻水"；"上游在边界附近修建引水灌溉渠道时，应同时照顾到下游的用水，并且应与下游协商安排退水出路；在灌溉退水未安排好以前，不得开灌。边界附近现有灌溉渠道，下游应积极协助解决退水问题；但在退水未解决以前，应该暂时停灌"；"平原地区修建蓄水库必须慎重考虑。在边界附近兴建水库，应经过上下游充分协商，对水库的淹没浸没范围、移民安置、径流变化与地下水位变化等问题应做深入研究，制订统一规划，并商定管理运用办法。过去未经上下游协商而建成的水库，应根据统一规划，确定废除、保留、改建或重新制订管理运用办法"；"调整水系必须上下统筹，同时解决上下游的问题。调水河道的断面，应按设计开够标准，并经上级组织双方共同验收。关系到上下游的控制建筑物应共同管理或由上级负责管理"。在贯彻执行上述规定时，各方对自然流势应如何处理有着不同看法。水利电力部认为，水利工作的任务是研究和认识自然流势的规律，对自然流势加以利用和适当改造，以统筹解决上下游的水旱灾害。为了统筹解决水灾，有些地方必须挖河开沟，有些地方需要适当调整水系。为了统筹解决旱灾和发展灌溉，在开辟灌区时，需要适当调整排水系统。为了根本治理滚坡水，更必须建设排水系统，从降低地下水位入手，减少与约束地面径流。过去有不少地方，只从片面利益出发，违反自然流势和群众的传统治水经验，只堵不泄，这样不仅不能改造自然流势，反而会加重其危害，这是很不对的。另外，有些地方只强调自然流势，而完全否定其改造的必要性，这种想法也是不能解决问题的。[①]

　　关于江苏、山东两省微山湖地区水利问题，1960 年 3 月 19 日，江苏、山东两省水利厅及江苏徐州专区、山东济宁专区之间达成协议，"考虑南四湖水量有限，在南水北调前，上级湖曲房枢纽建成后，湖西江苏境内在蓄水影响范围以内之二十万亩农田，灌溉水源应由上级湖供水解决。两省在下级湖范围以内之灌区，当下级湖水位降至三十二米时，为保证韩庄电厂

---

① 中央档案馆、中共中央文献研究室编：《中共中央文件选集（一九四九年十月—一九六六年五月）》第 39 册（1962 年 1 月—4 月），第 123—125 页。

用水及湖产需要，即不再引用微山湖水灌溉，以便使水位最枯时不低于三十一点五米"，"为便于微山湖的统一管理，江苏省同意蔺家坝闸交由山东管理，但该闸在泄洪方面应服从湖西及不牢河排涝，征得江苏同意后泄洪。徐州城市用水在水位不足时可由蔺家坝闸供给，根据微山湖蓄水情况，放流量一秒立方左右"，"由于南四湖水量有限，无法保证京杭运河航运用水，运河航运用水，仍按原规划规定由黄河供给。蔺家坝闸根据黄河来水供给运河航运用水"。①

（四）依法行政、联合执法

《中华人民共和国水法》颁布后，安徽省依据该法先后制定出台了一系列配套的法规、规章，使各项水事活动初步做到了有法可依。为使国家的水法规切实得到贯彻实施，维护水法规的严肃性，依法管水、治水，1992年12月，安徽省高级人民法院和省水利厅联合下文，决定在全省各地（市）、县水行政主管部门设立人民法院水利巡回法庭。人民法院在水行政主管部门设立巡回法庭，是适应改革开放和经济建设的新形势，拓宽法律服务领域的一种有效的执法形式。一些水事案件，由于水利巡回法庭在发生诉讼前就积极参与处理，往往未到强制执行阶段，当事人便自行服法，减少了许多不必要的诉讼，也减少了执法的障碍和阻力，促进和推动了水法规的贯彻实施。例如，流域安徽段天长市高邮湖大堤护堤地的权属争议问题，天长市堤防所虽多次与有关部门交涉，但因涉及面广，一直未能妥善解决。水利巡回法庭的同志经现场勘测，掌握了第一手资料，召集4个行政村和11个村民小组负责人共同学习《中华人民共和国水法》，耐心进行宣传教育，使村民们认识到占用护堤地属于违法行为，主动将占地退还给水管部门，使水行业的合法权益得到了维护。②水利巡回法庭的建立，在宣传法制，及时、准确地查处水事案件，调解水事纠纷，维护正常的社会水事活动秩序，监督和保障水行政主管部门依法行政，保护水利基础产业的合法权益等方面，都发挥了重要的、不可替代的作用。

近年来，淮河流域各地各级水行政执法队伍更是认真履行职责，依法行政，严格执法，不断加大执法力度，创新执法手段，以查处大案要案为

---

① 《关于江苏、山东两省微山湖地区水利问题的协议书》（1960年3月19日），水利部淮河水利委员会水政水资源处编：《淮河流域省际水事纠纷资料汇编》，第290页。
② 安徽省水利厅：《安徽省水利巡回法庭工作总结》，《治淮汇刊》（1993），第19辑，第353—354页。

突破口，严厉打击各类水事违法行为，维护了良好的水事秩序。例如，2007 年通过对淮河干流泗洪段非法圈圩案、盐城科菲特生化技术有限公司非法取水案、阜宁化工开发区非法排污案等一大批典型案件的查处，起到了很好的示范作用。①2009 年，江苏省水利厅在加大水利工程维护管理的同时，加大执法巡查力度，打击省际边界河道内水事违法行为。例如，对在绣针河内的非法采砂行为、擅自开挖的鱼塘进行了处理，没收了部分采砂器具，制止了部分村民在河道滩面内进行非法采砂的行为，要求违法者立即停止擅自占用河道滩面活动，限期恢复河道滩面原状。②当年江苏省淮河流域共立案查处各类水事违法案件 485 起，其中查处重大水事案件 193 起，已查结 178 起，没有一起败诉，有效地维护了江苏省正常的水事秩序。③

　　淮河流域各地水行政机关在水行政执法过程中除了依法行政、严格执法，还大胆探索执法新路子，那就是坚持一支队伍对外，统一行政处罚权，相对集中规费征收权，在水资源保护、水土保持等新的执法领域取得了一定进展。淮安市支队继续实行行政处罚与行政征收有机统一的制度，取得了良好成效。同时，结合社会主义新农村建设，各地及时将执法网络向基层延伸、向农村覆盖，强化基层水行政执法网络建设。随着城乡一体化改革的深入，水利进城、城市水务一体化后的水行政执法工作也逐步得到加强。流域各地还开展了水事联合执法、综合执法行动，取得了积极的效果。水利部印发了《关于开展水利综合执法联系点工作的通知》，山东滕州、广饶、莱西 3 市（县）水利（务）局被列为全国水利综合执法联系点。截至 2006 年底，山东省已有 50 多个县级水利部门成立了综合性、专职化的水行政执法队伍。④2008 年，为解决水行政执法难的问题，继续大力推进水行政与公安联合执法，山东全省已有 40 多个县级水利局成立了水利治安办公室或水务警务区，实行水行政、公安联合执法，共同打击水事违法行为，维护社会水事秩序，成效明显。截至 2008 年底，基本形成了一支队伍执法、一个窗口对外、集中执法、统一处罚的格局，减少了执法过程中的交叉和矛盾，执法的整体效能有了显著提高。⑤2009 年，江苏水利厅属管理处共牵头召开流域联席会 4 次，组织流域联合执法巡查 12 次，有效地

① 《治淮汇刊（年鉴）》（2007），第 32 辑，第 145 页。
② 江苏省水利厅：《江苏省水事纠纷调处》，《治淮汇刊（年鉴）》（2010），第 35 辑，第 85 页。
③ 董万华：《江苏省水行政执法与监察》，《治淮汇刊（年鉴）》（2010），第 35 辑，第 84 页。
④ 山东省水利厅：《山东省水行政执法与监察》，《治淮汇刊（年鉴）》（2007），第 32 辑，第 145 页。
⑤ 侯成波：《山东省水行政执法与监察》，《治淮汇刊（年鉴）》（2009），第 34 辑，2009 年，第 119 页。

解决了一些疑难问题。洪泽湖管理处组织沿湖各市、县开展了水行政联合执法巡查活动；总渠管理处和引江河管理处先后联合淮安市水利局督查了楚州区（今淮安区）境内白马湖违法圈圩案；骆运管理处牵头宿迁市水务局、宿豫区政府、苏北航道处等单位，联合查处了皂河船闸堤防违章建房案。[①]

二、水事纠纷解决的措施

淮河流域水系复杂，行政边界与水系边界矛盾繁多，有些水事矛盾甚至是由来已久，积累的历史恩怨难以短时间消解。因此，除了坚持上述调处原则，还必须采取调整边界行政区划、修建兼顾各方的边界水利工程、加强应急防污调度、督办水资源环境信访案件和加强媒体曝光的涉水纠纷问题查处等强有力的水事纠纷解决措施。

（一）调整边界行政区划

对有些边界水事纠纷采取调整行政区划的办法予以解决，在淮河流域历史上是一条重要经验。中华人民共和国成立以后，不少边界水事纠纷的解决依然有赖于行政区划的调整这一行之有效的重要手段。据林一山《周总理带病主持最后一次葛洲坝工程会议》记录，周恩来总理曾"语重心长地说，解放后他主要抓两个重点，一个是上天，一个是水利，并说水利比上天还要复杂。他认为水利工作的复杂性还在于复杂的人事关系和难于处理的群众纠纷。为了解决这些复杂问题，周总理不知费了多少心血。有些水利纠纷到了实在无法解决时，总理就采取调整行政区划的办法，把争议不下的两个地区合并在一个行政管辖区内，使一个行政区的领导人便于自己解决自己的问题，这个办法实际上把矛盾简化了"[②]。

涉及淮河流域跨省水事纠纷解决的行政区划调整，一般要由中央人民政府批准。在安徽、江苏之间，为了解决洪泽湖蓄水位水利争议，1954 年12 月11 日，国务院关于《解决洪泽湖蓄水位问题对江苏、安徽两省有关行政区划的批复》批准了原属江苏省的萧县、砀山两县划归安徽省，原属安徽省的泗洪、盱眙两县划归江苏省（1955 年 2 月正式划归）。从此，地跨

① 董万华：《江苏省水行政执法与监察》，《治淮汇刊（年鉴）》（2010），第 35 辑，第 84 页。
② 林一山：《周总理带病主持最后一次葛洲坝工程会议》，中国人民政治协商会议湖北省委员会文史资料委员会编：《湖北文史资料》第 1 辑《葛洲坝枢纽工程史料专辑》，1993 年，第 41 页。

苏、皖两省的洪泽湖归属江苏省一省所管，湖面分属淮阴地区的淮阴、泗阳、泗洪和盱眙等县所辖。[①]在河南、山东之间，1957 年以前，原属河南的东明县边界地区虽然也有水利纠纷，但还是比较少的。1957 年以后，山东菏泽曹县以兴修水利为由，修筑了一些堵水堤坝，主要的有三条：在北部，从黄河大堤开始到陆圈公社姚寨村东，曹县在两县边界开挖了一条长达 15 千米的黄万运河，河未挖成，却筑起一条宽 30—50 米，高 1.5—2 米的边界堤；在中部，北起梅庄，南到王茂寨，曹县筑了一条 18.5 千米的边界堤，底宽 20 米，高 1.5 米；在南部，曹县筑了一条高 1—3 米，顶宽 2—5 米，长 7.5 千米的边界堤。这三条边界堤，加上一些小的堵水堤坝，在 50 余千米的边界线上，就筑起了 44.5 千米的堵水堤坝，将出境的 23 条大小河道，除东明集河外全部堵死，使东明县的涝水无法下泄。而在河南东明县，某些社队也挖了一些不合理的排水沟，一到汛期，就会出现排水纠纷，以邻为壑，互不相让。1960 年由于边界堵水，内地蓄水工程及灌溉渠道阻水，东明县淹没村庄 164 个，倒塌房屋 674 141 间，积水 962 658 亩，有的地方水深至可以行船，有的地方积水难排不能种麦，受灾土地达 66 万亩。经过双方省、专区、县在山东济南协商，才解决了种麦问题。1961 年 5 月，双方省、专区、县代表又在北京协商，在北方防汛会议上取得了初步一致意见。同年 6 月 29 日，水电部党组下达了《关于解决东明与菏泽、曹县水利纠纷的意见》，要求菏泽曹县将主要堵水堤坝扒开口门，要求东明县将某些排水沟分段堵闭或改道流入附近河道。为了具体执行好水电部的指示，水电部派专人到菏泽继续协商，双方都制定出实施方案，但是菏泽曹县执行不力，只扒开少数口门，大部分又不够标准，并且在协商期间，从通固集到徐庄又打了新的堵水堤一道，增加了新的矛盾，双方再次协商无果。因此，1962 年春季，国务院副总理谭震林、水电部副部长钱正英会同省、专区、县主要负责同志，到边界视察，在 3 月 20 日签订了《关于河南省开封专区、商丘专区与山东省菏泽专区边界水利问题的协议》，经双方执行，大部分口门扒开，但是仍有 70%不够标准。1962 年汛期，菏泽曹县将陆圈、马头两公社的 10 处口门重新堵死，又增加了矛盾，这一年东明县仍然有 42.8 万亩土地受灾。因此，1963 年初，中央采取了调整行政区划的措施，将河南东明县划到山东省菏泽专区，矛盾才有所缓和。[②]在河南、安徽

---

① 淮阴市水利志编纂委员会编：《淮阴市水利志》，第 368 页。
② 东明县水利局编：《东明县水利志》，内部资料，1986 年，第 137—138 页。

之间，1964 年 4 月 11 日，安徽宿县、河南商丘两地委为便于解决边界水利问题，商定调整边界区划。河南省人民委员会于 1965 年 9 月 13 日向国务院报送了《关于河南省永城、夏邑县与安徽省肖县、砀山县行政区划调整及交接情况报告》，内称："将河南省商丘专区永城县西洪河以东 55 个村庄，118 个生产队，3693 户，14 240 人，30 754 亩土地划归安徽省肖县。将肖县王引河西岸 5 个村庄，8 个生产队，209 户，849 人，2249 亩土地，划归河南省永城县。"这一报告于当年 10 月 18 日获国务院批准。①

淮河流域各省内部县际水事纠纷解决的行政区划调整，往往由纠纷双方的共同上级人民政府批准。在淮河河南段，上蔡县朱里乡同商水县境交界的地方，有一大董村（也称坡董村）。清朝末年，这里因为水利纠纷，曾经发生过一起严重的事件。大董村，在清朝属商水县管辖，地势低洼，一遇大雨，数千亩良田便会被淹没，故有"董家湖"之称。为此，大董村在西平县任把总（清朝正七品武官）的陈明山首倡挖沟排水，解救良田，因此与上蔡县朱里乡发生了水利纠纷。后人为了纪念把总的治水之功，便把大董村南这条沟称为"把总沟"。中华人民共和国成立后，大董村从商水县划归上蔡县管辖，上蔡县政府多次组织群众对把总沟进行综合治理，延续多年的边界水利纠纷得到了解决。②再如，禹县白庄乡与长葛县水磨河村之间的争水矛盾，因禹县白庄乡 7 个自然村划归了长葛县后河区管辖而得以平息。其他如为彻底解决交通沟南北两岸的永城与夏邑两县排水纠纷，1964 年经中共商丘地委决定，将交通沟北岸夏邑县的吕楼、王楼、彭厂、乔庄、王庄、刘庄、张庄、张厂等村庄划归永城县；为彻底解决长期不得平息的沱河与虬龙沟夹河地带的排水矛盾，1966 年经中共商丘地委裁定，将永城县的朱沟、王庄、张厂、朱厂、西丁楼、后常湾、丁荒庄 7 个村庄划归夏邑县。③

在淮河安徽段，金寨与六安两县发生的修建响洪甸水库纠纷、嘉山县与滁县之间发生的独山水库纠纷，也是通过调整行政区划才得以解决的。中华人民共和国成立初期，治淮委员会决定在金寨县东北部的西淠河上修建响洪甸水库，坝址位于金寨、六安两县边界。修水库涉及移民、征地等

---

① 河南省地方史志编纂委员会编纂：《河南省志·水利志》，第 341 页。
② 张建华：《一场由水利纠纷引起的械斗》，中国人民政治协商会议河南省上蔡县委员会文史资料研究委员会编：《上蔡文史资料》第 2 辑，1989 年，第 66—67 页。
③ 周一慈：《永城县边界的排水纠纷是怎样解决的》，政协河南省永城县委员会文史资料委员会编：《永城文史资料》第 4 辑，第 48 页。

问题，而事关两县，更为复杂。为便于处理和解决问题，安徽省人民委员会于 1956 年 1 月 9 日决定将六安县独山区之驻驾湾乡划归金寨县管辖。响洪甸水库于 1956 年 4 月 10 日动工，5 月成立金寨县响洪甸水库移民委员会。1957 年 11 月 6 日，安徽省人民委员会以皖民潘字第 01303 号文件通知金寨、六安两县及有关单位：经中华人民共和国内务部批准，将六安县的驻驾湾乡划归金寨县，驻驾湾乡在响洪甸水库下游，其面积有十几平方千米。[1]独山水库始建于 1956 年，1957 年建成，坝顶高程 57.1 米，正常蓄水位 53.3 米，兴利库容 890 万立方米。灌溉下游的黄泥、沙河、三官 3 个公社 11 个大队的 3.7 万亩农田，有力地促进了农业增产。为充分利用自然条件，提高灌溉标准，当时的滁县革委会曾多次向地委提出抬高蓄水位的请求，拟建浮动闸门，汛末蓄水。在原有溢洪道 53.3 米的基础上，加高至 54.3 米，增加兴利库容 240 万立方米，如选用灌溉保证率 80%，则灌区内的农田基本达到旱涝保收。嘉山县、滁县两县革委会为妥善处理受益与淹没的矛盾，曾几次派员同有关社队负责同志进行协商，并深入现场听取群众意见。经实地查勘，增加蓄水后，会淹没 7 个生产队农田 392.8 亩（其中水田 209.2 亩、旱田 183.6 亩），需拆迁房屋 66 间（其中民房 15 户 48 间、粮站与加工厂 18 间）。在调查摸底的同时和淹没区的社、队进行反复讨论，张铺营等 3 个大队广大干部群众提出他们地少人多，每人平均仅有 1 亩地，淹没土地会影响生产和社员生活。加之滁县在水库上游靠近嘉山附近没有合适土地赔偿，淹没区社员恋土难移，不愿外迁，因此协议没有妥善达成。1973 年 8 月 17—18 日，在受地委委托的地区水利局曹吾民、周国义的主持下，召集两县及有关社、队的负责同志再次进行充分讨论、协商，最后达成一致意见，认为变更行政区为最妥善方案，即把原属嘉山县嘉山公社的张铺营、团结、胜利 3 个大队划归滁县，3 个大队范围内的国有、集体、企事业所有固定资产随所在大队办理移交，企事业内的职工可根据本人要求去留自顾，适当调整安排。具体事宜和移交细节，在地委批准后，两县有关单位再具体协商，并派代表到实地办理交接手续。[2]

---

① 文辉：《金寨县在建国后的两次边界变动》，中国人民政治协商会议安徽省金寨县委员会编：《金寨文史》第 7 辑，1992 年，内部资料，第 25 页。
② 《嘉山县、滁县关于滁县独山水库抬高蓄水位增加蓄水淹没嘉山县嘉山公社土地房屋处理的协议书》，滁州市水利局编：《滁州水利志（1912—1987）》，内部资料，1992 年，第 150—151 页。

（二）修建兼顾各方的边界水利工程

淮河流域一些跨行政区水事纠纷系因一方修建了损人利己、以邻为壑的边界水利工程而爆发，因此在治淮委员会或水利部等上一级机构主持下统筹规划边界水利，兴修兼顾各方利益的水利工程，不失为解决跨行政区水事纠纷的一个有效办法。例如，班台位于新蔡县城东南 9 千米处，驻马店境内的洪河和汝河在这里汇流成大洪河流入安徽省的临泉县。中华人民共和国成立后，在洪汝河交汇口往东开挖了长 15 里的分洪道，因而加大了安徽省的防洪压力。为调解豫、皖两省的水利纠纷，1958 年又在班台分洪道上修建了一座大闸，每年汛期两省水利部门各派工作人员进驻班台共同监督，不到一定水位不准开闸分洪。1975 年 8 月 8 日晚，驻马店地区遭遇数百年来罕见的特大暴雨，尤其是上游的泌阳、确山、舞阳、西平、遂平等县的雨量特别大，平地积水 1 米多深。泌阳的板桥水库、舞阳的石漫滩水库相继溃坝。8 月 10 日上午，洪峰到达新蔡县境，所到之处良田被淹，村庄房倒屋塌。8 月 14 日下午 6 时，班台大闸被炸毁，洪水回落。当年冬天，新蔡县革委会、县政府组织民工对分洪道进行了加宽加深治理。由于分洪道上无闸节制，洪水直泻而下，又加大了淮河下游的防洪压力，因此水利部淮河水利委员会决定重建班台闸。班台闸重建工程始于 2002 年，历时三年建成。新闸位于洪河分洪道入口下游 300 米处，与老闸相距 50 米，包括分洪闸、左岸排涝闸改建和鱼嘴防护三项工程。[①]

河南省驻马店市平舆县杨河、信阳市淮滨县淮河干流孙岗孜险工、商丘市睢阳区白河一支、南阳市桐柏县淮干月河镇、故县镇河段分别属豫皖边界和豫鄂边界河道。这些地方经常因排水、阻水、河岸崩岸、行洪能力差等问题而发生水事纠纷。为了解决这些水事纠纷，2006 年，水利部淮河水利委员会同意杨河新建生产桥 35 座；对淮河干流孙岗孜险工段进行护砌100 米；疏浚白河支沟上游段 3 千米，修建桥梁 5 座；对淮干豫鄂边界河岸护砌 2.8 千米，河堤整治 4 千米。水利部淮河水利委员会对上述工程一次性补助 85 万元。[②]

在淮河流域省际边界河道上修建生产桥也是解决边界水事纠纷的重要工程措施。由于山东单县境内西支河上以坝代桥的现象多，河道几乎失去

[①] 杨公谦：《班台闸的炸毁及重建》，中国人民政治协商会议新蔡县委员会学习文史委员会编：《新蔡县文史资料汇编（1—10 辑）》，2011 年，第 1087—1088 页。

[②] 河南省水利厅：《河南省水事纠纷调处》，《治淮汇刊（年鉴）》（2007），第 32 辑，第 146 页。

了排洪作用。为此，1994 年 7 月 20 日，水利部淮河水利委员会以水政资〔1994〕第 13 号文批复山东省水利厅，一次性补助经费，批准在西支河上建德海、小权庄、习庙、阁押口、万楼这 5 座生产桥；同意按五年一遇除涝、二十年一遇防洪标准，严格按照工程标准质量治理西支河。[①]1994 年 8 月 3 日，水利部淮河水利委员会以淮委水政资〔1994〕20 号文下达给江苏省水利厅，一次性补助沛县 60 万元修建顺堤河上丁官屯和丰乐两座交通桥，从而解决了江苏沛县和山东微山县在南四湖地区边界因交通问题而产生的水事纠纷。[②]在流域的河南、安徽两省交界，沱河、新汴河治理开挖之后，该地区省际边界水事矛盾大都得以缓解，但在一些小河道上仍有分歧。河南省水利厅于 1995 年以豫水政字〔1995〕032 号文，报告了边界洪河上因缺少生产桥，群众在洪河中打坝代桥，造成边界水利纠纷，请求建桥。水利部淮河水利委员会于 1995 年 11 月 21 日以淮委水政资〔1995〕15 号文批复河南省水利厅，认为洪河是跨豫皖两省的边界河道，是虞城、砀山两县的排水骨干河道。由于边界地区河段内无桥梁，两省群众隔河耕种十分困难，常在河段内筑坝代桥，给该地区的防洪除涝造成困难，并时常因此而引发边界水事纠纷。为彻底解决这一矛盾，同意兴建郑楼生产桥。郑楼生产桥按五年一遇除涝标准留足过水断面以满足排水及行洪需要。水利部淮河水利委员会一次性补助经费，不足部分由地方自筹解决。[③]

　　淮河流域同一省内市县边界水事纠纷，很多也是通过修建兼顾各方的防洪排水工程而得到最终解决的。如在淮河河南段，民国以来，西华县址坊乡陈村大堰与上游郾城县黑龙潭乡之坡杨、神张等村之间一直存在水利纠纷。陈村大堰据说是明朝时修建的，因该堰阻塞上游泄水，致使上游群众不满，一遇大水，上游群众即暗中扒堰，而以陈村为主的下游群众则保护大堰，因此上游黑龙潭乡坡杨、神张等村派人告到国民党中央政府。国民党中央水利部常务次长马兆骧系下游西华县址坊乡南陀村人，虽数次派人检查，堰不仅未动，又令西平、郾城、临颍、许昌等县派民工加宽加高，上游群众敢怒不敢言。中华人民共和国成立后，兴利除害，将西大堰挖成一条南北沟，引水浇地，长期的水利纠纷始得解决。[④]又如扶沟县皇甫岗在芦义沟上游挡住鄢陵坡水，上游常欲开岗排水，扶沟不让，因此常引

① 丰县水利局编：《丰县水利志》，第 381 页。
② 徐州市水利局编：《徐州市水利志》，第 666 页。
③ 苏广智编著：《淮河流域省际边界水事概况》，第 117 页。
④ 西华县史志编纂委员会编：《西华县志》，郑州：中州古籍出版社，1993 年，第 310—311 页。

起争端。大狼沟两岸都是积水洼地，上游鄢陵境周营乡与扶沟李集乡之水利纠纷由来已久，中华人民共和国成立之初，协作治理了淮河，开挖清水沟下游，上排下泄，畅通无阻。1956年，两县对大狼沟进行裁弯取直，挖深开宽，固修堤岸，以利上游客水排泄，两县水利纠纷消除。尉扶河和半截河上游均在尉氏县境，扶沟与尉氏接壤的王村、李田等村，常受尉氏、通许排水之灾。黄泛前半截河入贾鲁河，因排水不畅，王村附近常积水成灾，两县纠纷时有发生。黄泛后因地形变化，20世纪60年代扶沟又治理了尉扶河、老涡河及其支流，水利纠纷亦在协作治水后基本解决。扶沟县境东与太康接连处，过去水利纠纷频繁，1962年经两县协商，在扶太边界挖一条界河，截住上游排水沟自然流向，使滚坡水顺利入界河下游，扶沟、太康团结治水，疏通了扶沟积水，太康亦不受其害。①

为了解决河南正阳县、息县界沟历史遗留下来的水利问题，驻马店、信阳两地区水利局和正阳、息县两县负责同志于1974年3月20—21日经实地调查研究后，于3月21日达成了一致意见：一是在正阳、息县界沟东50—300米处的息县境内，1974年春开挖了一条新排水沟，以此沟代界沟排水，但太浅需要调整。新沟在孙老庄北200米开始折向西北与界沟在柳沟北岸的沟口相接，孙老庄以南至老间河一段，沿新沟线开挖，再利用老间河200米左右折向东南在圣庄西300米处入间河。二是为了解决好两县边界排水问题，界沟按五年一遇标准除涝、二十年一遇标准防洪。界沟东西两岸均修筑堤防，使界沟堤与柳沟堤连接，两岸堤顶高程为44.8米，堤顶宽2米，边坡1∶3，界沟在柳沟以北不修堤，挖沟废土应留缺口，以利坡水排泄。三是界沟东西两岸各建一座排涝涵闸，以利坡水排泄入沟，涵闸孔径尺寸按五年一遇标准设计。四是根据交通和生产的需要，界沟上需建几座桥梁，柳沟以南桥梁工程由息县负责；柳沟以北的桥梁，谁用谁建。五是界沟西岸排涝涵闸由正阳负责施工，东岸涵闸由息县负责施工。六是界沟在柳沟以南的开挖土方工程由息县负责，柳沟以北的土方工程，由司桥北300米开始向南推，正阳负责完成土方3万方，其余由息县负责完成，当界沟开挖工程完成后，柳沟头堵死。七是挖沟土方工程应在1974年5月底以前完成，桥涵工程在1975年汛前完成。在涵闸建成以前，界沟两岸应留有缺口，以利坡水排泄。当涵闸建成后，所留缺口应堵死。八是正阳、息县两县表示各自做好当地干部群众的思想工作，以免再发生水利

① 河南省扶沟县志编纂委员会编：《扶沟县志》，第241—242页。

纠纷问题，挖界沟所占耕地，由所在县负责做工作，不准阻挡开挖。①

吴家岭现名周堤，位于南柳堰河以南，遂平、上蔡交界处，主要阻挡遂平三道河（今奎旺河）洪水漫溢，防淹上蔡杨桥坡、张桥坡及黄埠北部。因该堤主要是上蔡堵遂平来水，所以遂平人竭力反对。1933 年春，上蔡县加固了吴家岭后，双方矛盾加深。中华人民共和国成立后，曾三次大规模地治理南柳堰河（又叫奎旺河），特别是 1965 年和 1987 年进行了两次流域性治理。目前上游新河已扩建，吴家堰已改建。奎旺河老潭咀建闸节制，奎旺河洪水大部分向南汝河分洪，保证了下游安全。下游河道拓宽顺直，洪水畅通，流量较中华人民共和国成立前增大 3 倍以上，防洪达到二十年一遇标准，以往的吴家堰、吴家岭及左右岸的水利纠纷已不复存在。②

河南扶沟与西华之间的水利纠纷，在 20 世纪 80 年代中期因兴修了水利工程而得到解决。1984 年 2 月—1985 年 12 月，叶昭义出任河南扶沟县人民政府副县长，率领水利干部和各乡镇领导，从县城东关大桥至西华县界步行 20 多千米，查看地势，提出对贾鲁河堤加高加宽，并制定修堤规划。施工中，他到工地指挥始终，对不符合规定的地段，要求必须按规定修好。此工程历时 30 天而告竣，整个堤高 3—4 米，顶宽 7 米，全长 21.4千米。当年冬在堤顶两边各植桐树 2 行，堤两边各植杨树 4 行，以保持水土，增强抗洪能力。③这一工程不仅彻底解决了扶沟历史上贾鲁河的水患灾害，而且彻底解决了历史上与西华县的水患之争。

在淮河安徽段，1983 年 7 月 11 日，淮北市防汛抗旱指挥部邀请省水利厅、宿县地区水利局、萧县县委、萧县水利局、濉溪县政府、濉溪县水利局、淮北矿务局等部门的负责同志召开会议，本着团结治水精神，对龙河、岱河汛期运用有关问题进行了充分的协商讨论。与会者根据 1958 年治理设想存在的具体问题，认为按省〔73〕水电水字第 906 号及〔73〕淮工字第 74 号文件关于龙河及岱河治理工程修正扩大初步设计批复的要求执行，是符合实际情况的。具体的水利治理工程包括：一是运河以北 40 平方千米的来水，按萧濉新河规划，经刘尧闸流入岱河。对岱河断面，由淮北市进行核算，报设计文件经省批复后实施。在设计文件未获批准前，淮北

① 《正阳、息县界沟治理协商意见纪要》，息县志编纂委员会编：《息县志》，郑州：河南人民出版社，1989 年，第 544—545 页。
② 李清晶、赵继昌：《南柳堰河水利纠纷三则·大闹吴家岭》，中国人民政治协商会议河南省上蔡县委员会文史资料研究委员会编：《上蔡文史资料》第 4 辑，1991 年，第 100、102—103 页。
③ 郝万章编：《扶沟历代职官传略》，第 164 页。

市提出刘尧闸以下岱河因多年失修、堤防上险工险段甚多，除塌陷区的堤防由淮北矿务局负责修复加固外，其余险工险段的修复经费，请省帮助解决，确保当年度汛安全。二是龙河已经治理，按省批复的规划要求，仍负担排减龙河上游来水，王老家闸可关闭，防止龙河倒灌；但当萧濉新河瓦子口闸下水位不超过 32.95 米，运河在王老家下闸水位不超过 33.1 米时，龙河可相机分洪入萧濉新河，以减轻洪水对矿区的威胁。三是汛期刘尧闸不控制，三孔闸门应提到可能提的高度。四是汛期当萧濉新河洪水位高于岱河刘尧闸上水位，应防止瓦子口倒灌，外水浸入矿区。会议对以下问题做了决定：萧濉新河南堤，瓦子口闸西南角有一段堤防没有封闭，瓦子口闸、刘尧闸有二处水毁决口，共三处应在最近按原有设计标准堵复，闸东排水涵按原标准恢复。瓦子口闸水毁应立即维修加固以策安全度汛。土方由萧县负责施工，经费由萧县编制计划报地区转报水利厅解决。①

1984 年 4 月 6 日，蚌埠市水利局召集五河县、固镇县两县水利局负责人及有关人员于固镇县开会，协商五河县沿沱河片与固镇接壤的边界排水问题。经实地勘查和充分商榷，两县水利局同意签订协议。一是五河县沿沱片除涝配套工程规划报告即重点农水工程规划设计书，该片与固镇县接壤边界工程有：南北向大沟；东西向的石（施）家沟；东西向的珠龙沟；西北、东南向的马拉沟。二是荀程、团结沟按五年一遇除涝标准规划设计、施工。三是南北向荀程、团结沟按五年一遇除涝标准实施后，东西向石（施）家沟、珠龙沟、马拉沟三条跨县排水沟在边界处，由五河县封截。四是边界工程完成后应加强管理，严禁在沟洫内堵坝设障。②浍河北岸蔡家沟、董庙沟及淝浍之间坡西沟，都属于五河、固镇两县的边界大沟，由于多年来未经统一规划治理，现有排涝能力较低。1985 年 6 月 3—4 日，蚌埠市水利局组织五河县水利局、固镇县水利局实地查勘了蔡家沟、董庙沟等边界大沟，并在固镇县水利局召开会议进行充分协商，最后签订协议如下：一是沈塘沟、董庙沟和蔡家沟三条排涝大沟位于浍河北岸。其上中游属固镇县，下游位于五河县。五河县代表同意按原水系治理，承担上中游来水排泄任务。二是关于沈塘沟、董庙沟和蔡家沟三条大沟的施工问题，固镇县代表同意按谁受益谁承担的原则承担土方工程的施工任务，但五河县须主动做好拆迁等工作，便于放样开工，在施工期间，请五河县派

① 《龙河、岱河汛期运用有关问题纪要》，萧县水利志编辑组编：《萧县水利志》，第 99 页。
② 《附录 4-5：沱河南五河、固镇县边界除涝工程协议》，五河县水利局史志编撰委员会编：《五河县水利志》，第 154 页。

员到工地处理好可能发生的民事问题。三是坡西沟位于浍河南岸，五河、固镇两县都同意按原水系及排水范围进行治理。四是以上四条排涝大沟的治理标准按淮北地区排涝配套工程管理试行办法有关规定五年一遇排涝标准，排涝水位为出口与浍河同频率水位相接，中上游排涝水面线按一般地面以下约 0.5 米设计。①

（三）加强应急防污调度

淮河流域主要跨省河流有 100 多条，实行按流域管理是客观需要，势在必行。为了防止水资源环境纠纷的发生，流域的水质、水量必须由流域机构与水利部门实行统一管理和调度，不仅在枯水期是必要的，在汛期也是必要的。1994 年 8 月 30 日，国务院办公厅向江苏、安徽、山东、河南四省人民政府并财政部、水利部、国家环保局、国务院环境保护委员会发出《国务院办公厅关于防止淮河流域再次发生重大水污染事故的紧急通知》，强调："要加强对淮河流域有关主要闸坝的统一调度，及时通报有关情况，使上下游协调一致，共同抗污防灾。水利部淮河水利委员会对蚌埠闸、颍上闸、槐店闸、李坟闸实施统一调度，制订排污调度预案，报经淮河流域水资源保护领导小组批准后执行。其他有关闸坝也要制订排污调度预案，加强调度和通报工作。"②

1995 年 7 月 24—25 日，颍河上游普降暴雨，造成颍河水系储存的大量污水向淮河倾泻，污水团所到之处伴有死鱼现象。这次淮河发生水质污染前，淮河防治水污染领导小组办公室及时发出了污水预报，并向水利部、国家环保局做出紧急报告，提出科学的调度措施。淮河水保局对污水团跟踪监视，及时掌握污水团动态，为防污调度提供决策依据。根据水利部和国家环保局领导的指示，在豫、皖两省水利、环保部门的配合下，对污水下泄进行科学调度，淮南、蚌埠两市政府狠抓自来水的深度处理，保证了城镇居民生活用水，工农业生产秩序正常，未造成大的经济损失。③

2008 年 8 月上旬，淮河水保局在日常的省界断面水质监测工作中发现大沙河省界断面包公庙闸上水质砷浓度严重超标。按照《中华人民共和国水法》的相关规定，淮河水保局立即向河南省环保局通报有关情况，同时

---

① 《关于蔡家沟、董庙沟、坡西沟除涝配套工程协议书的函（〔86〕水设字第 35 号）》，五河县水利局史志编撰委员会编：《五河县水利志》，第 155 页。
② 《国务院办公厅关于防止淮河流域再次发生重大水污染事故的紧急通知》（1994 年 8 月 30 日），《治淮汇刊（年鉴）》（1995），第 20 辑，第 145 页。
③ 水利部淮河水利委员会、《淮河志》编纂委员会编：《淮河志 第 1 卷 淮河大事记》，第 319 页。

在 9—10 月连续 4 期《淮河流域省界水体及主要河流水资源质量状况通报》中特别强调了大沙河砷严重超标情况。根据通报情况，河南省及商丘市环保部门对成城化工有限公司违法排污行为进行了调查核实，并依法对成城化工有限公司进行了关停以至取缔。10 月底，河南省政府接到大沙河污染情况的报告后，省委书记和省长分别做出批示，要求将受污染水体控制在河南境内，并尽力消除污染隐患。11 月 3 日，河南省副省长张大卫等带领相关部门负责人在民权县现场办公，严肃查处污染事件，指挥处置工作。此后河南省和商丘市及时采取果断措施，在大沙河河南境内建了多级土坝拦蓄污水，使大部分污染水体停留在河南境内，并在大沙河包公庙闸上建成了砷处理装置，对污染水体进行处理，以确保砷浓度达到Ⅲ类水标准后再排放。安徽省和河南省对受到砷污染的另外两条河流洮河和亳宋河也进行了临时封堵。为防止大沙河污染对沿岸群众财产和健康造成损害，河南省商丘市人民政府和安徽省亳州市人民政府分别向当地民众提出用水警告，要求近期禁止使用大沙河河水人畜饮用、农田灌溉、水禽养殖、网箱养鱼等。①由于省界水质监测工作的严格和及时通报，在国家和河南、安徽省的高度重视下，措施得力，有效控制了污染扩散，没有造成人员伤害和严重的财产损失，同时也为下一阶段的处置工作创造了有利条件。

大沙河砷污染问题发生后，水利部淮河水利委员会一直高度关注，增加了大沙河、涡河和淮河水质监测断面和频次，并根据淮河水污染联防工作机制，要求河南省水利厅严格控制大沙河包公庙闸开启，以防止污染扩散，同时派管理人员加强现场巡查。2008 年 12 月 2 日，水利部淮河水利委员会启动Ⅳ级应急响应，并成立大沙河水质砷污染应急处置水质组和调度组，加强水质水量动态监测、预报和信息报告，协商河南、安徽省水利厅制定水闸防污调度方案和具体实施办法。12 月 3 日派出移动实验室和监测人员进驻现场进行连续水质现场监测，及时掌握水质变化情况。12 月 4 日，水利部淮河水利委员会向水利部报告了大沙河水质砷污染情况，水利部胡四一副部长立即做出批示，要求继续密切关注处置进展，加大水质变化监测力度，及时通报相关部门，配合地方政府和环保部门做好协调调度应急处置工作，确保下游地区水质安全。按照水利部领导批示要求，为尽快解决大沙河安徽段砷污染问题，为上游河南省的处置工作创造有利条

① 程绪水、贾利、郁丹英：《2008 年大沙河砷污染及应急防污调度》，《治淮汇刊（年鉴）》（2009），第 34 辑，第 186—187 页。

件，水利部淮河水利委员会组织、协商河南、安徽两省水利、环保部门和河南省商丘市人民政府、安徽省亳州市人民政府，开展了大沙河、涡河砷污染应急防污调度工作。12 月 5 日，水利部淮河水利委员会组织河南省、安徽省水利部门紧急制定了《大沙河涡河应急防污调度方案》，成立了大沙河涡河防污调度协调领导小组。12 月 7 日 14 时，首先开启涡河上游的付桥闸和涡河支流惠济河东孙营闸，分别按照 40 立方米每秒和 10 立方米每秒的流量控制下泄，大沙河包公庙闸下围堰处理达标水体同时按 3 立方米每秒的流量控制下泄，标志着防污调度工作开始。涡河上游开闸放水之后，淮河水保局和安徽省环保局对大寺闸上等有关断面水质开始实施连续监测，确保涡河大寺闸上水质砷浓度符合Ⅲ类水标准的情况下调度下泄。12 月 14 日 20 时，涡河付桥闸、大寺闸及惠济河东孙营闸全部关闭。根据监测，12 月 8 日涡河大寺闸开闸泄流后，大沙河砷污染水体开始进入涡河。12 月 12 日，大沙河入涡河口砷浓度出现最大值 0.140 毫克每升，之后逐步下降，标志着大沙河砷污染水体主体部分已完全进入涡河。12 月 14 日，水闸调度结束时，大沙河污染水体的尾部还没有完全进入涡河，但是根据涡河水量情况分析，这部分污染水体进入涡河后不会造成涡河水质砷超标。12 月 22 日，大沙河安徽境内主要控制断面水质砷浓度全部达Ⅲ类水标准，水质明显好转，实现了大沙河、涡河防污调度的目标。在大沙河污染水体下泄入涡河期间，涡河大寺闸闸上断面及闸下断面水质砷浓度都符合Ⅲ类水标准，没有对涡河下游造成污染影响。12 月 24 日，领导小组印发了《关于结束大沙河涡河应急防污调度的通知》，从 12 月 25 日 0 时结束大沙河涡河应急防污调度工作。水利部淮河水利委员会也于 12 月 29 日结束大沙河砷污染Ⅳ级应急响应。本次应急调度从 12 月 7 日开始，历时 18 天，其间共向河南省、安徽省水利厅下达付桥闸、东孙营闸和大寺闸调度意见 10 次，大沙河排入涡河砷污染超标水量超过 200 万立方米；涡河上游付桥闸和惠济河东孙营闸共放水 1025 万立方米用于稀释污染水体；涡河大寺闸安全下泄水量共 2100 万立方米。①

2013 年 1 月上旬，跨河南、安徽两省的惠济河发生突发性水污染事件。调查确认发生水污染事件后，水利部淮河水利委员会立即向水利部报告，启动应急预案，并向河南省人民政府通报，提出查明污染原因、采取限排措

---

① 程绪水、贾利、郁丹英：《2008 年大沙河砷污染及应急防污调度》，《治淮汇刊（年鉴）》（2009），第 34 辑，第 186—188 页。

施、督促开封市暂停引黄生态补水这三条意见。河南省开封市当天下午停止引黄补水，减轻了污染水体下泄对安徽的压力。1月23日，安徽、河南两省在合肥组织召开了应急处置协调会，就污染处置达成共识。明确河南、安徽两省分别处置各自境内的污染水体。会后河南省立即关闭了惠济河东孙营闸，确保超标污染水体不再下排。其间水利部淮河水利委员会密切关注两省处置进展，监控滞留在河南、安徽境内的污染水体。2月14日，环保部和水利部组织在北京召开安徽、河南两省涡河流域跨界污染联合处置会议，协调两省签署《涡河流域跨界污染联合处置协议》，确定河南省惠济河污水通过引黄河水稀释后分阶段下泄，进入安徽省境内的污水由安徽省负责处理，明确水利部淮河水利委员会负责惠济河豫皖省界断面水质、水量监测。经多方共同努力，4月30日，惠济河、涡河水质全面好转，应急处置工作结束，历时近4个月。①

（四）督办水资源环境信访案件

1950年，河南上蔡、汝南两县之间发生排水纠纷，河南省上蔡县洙湖区老田乡新田村等8个村的群众给中央人民政府写信反映情况。中央人民政府委员会办公厅将此信转给河南省人民政府，要求查明情况后，酌予适当的处理，并将处理情形回复。11月6日，河南省人民政府农业厅复函中央人民政府委员会办公厅："奉交钧厅转来上蔡县洙湖区新田等八村群众报告汝南胡岭村干部修堤堵水被灾一案，已函治淮委员会上游工程局测量疏治。"②同年，因凤台县尚塘区红疃寺附近群众堵界沟，加重了安徽蒙城县三义区刘庙乡大胡庄的涝灾，双方发生排水纠纷。蒙城县大胡庄四年级小学生胡允德写信给毛主席叙述受灾情况、原因和要求。后来，蒙城县人民政府接到中共中央办公厅的批复连同胡允德的原信。批复中说："责成阜阳地委派人前往调查处理，并将处理情况报告我们。"最后，阜阳专区治淮指挥部领导专门来蒙城调查，派测量队测量了港河、界沟和红疃寺的行水沟，疏浚了港河，挖通了界沟、行水沟，从此界沟向西不受港水顶托，向南能泄入凤台境的行水沟，蒙城、凤台边境排水纠纷终得解决。③

---

① 程绪水、郁丹英：《2013年惠济河涡河跨省水污染事件及处置》，《治淮汇刊（年鉴）》（2014），第39辑，第172页。
② 上蔡县水利渔业局水利志编纂办公室编：《上蔡县水利志》，第289—290页。
③ 陈洪昌：《建国初期蒙城边界的水利纠纷》，中国人民政治协商会议安徽省蒙城县委员会文史资料研究委员会编：《漆园古今·文史资料》第9辑，第107页。

1986 年 9 月 2 日《人民日报》编印的《情况汇编》第 417 期，摘转河南省汝南县委宣传部王太广、汝南县水利渔业局甘大舜来信反映"宿鸭湖水库污染严重"。水利电力部钱正英部长指示："请告治淮委员会查处。"治淮委员会于 9 月 23 日派人会同当地有关部门进行了调查，发现污染是驻马店及遂平县持续不断地向水库排放工业和生活污水所致。治淮委员会将调查和处理情况向水利电力部写出报告。[①]

1990 年 12 月，国家环保局颁布《环境保护信访管理办法》，1991 年 2 月 1 日起施行。1995 年安徽省环保局独立设置后，局办公室负责环境信访工作，局机关各处室及事业单位按职责分工负责办理相关信访事项。1997 年 4 月，国家环保局发布《环境信访办法》，标志着环境保护信访工作规范化的开始。2001 年，国家环保总局转来凤阳县江山乡马山村群众反映该村一金矿污染环境的信访件。经查，1997 年凤阳县江山乡马山村发现金矿后，南京宁江矿业公司、个体业主许彪、马山村大队宫茂昌叔侄分别挖矿井选金，4 口矿井只有宁江矿业公司办理了采矿许可证，其余 3 家为非法开采。4 口矿井均采用剧毒化学药品氰化钠选金，无污染防治设施，含氰化钠废水四处流淌，严重污染周围环境。1998 年，宁江矿业公司因效益不好将矿井转让给许彪，现场检查时只有该矿井尚在采矿选金，其余 3 家停工。调查组提出由凤阳县政府限期关停，地矿部门注销其采矿资格；3 家无采矿资格矿井由凤阳县地矿局予以取缔。[②]

2008 年 10—12 月，安徽省环保厅对当年梳理的临泉县邢塘大蒜脱水等 7 件环境信访重点案件实地督察督办，妥善解决久拖不决问题。2009 年，全省开展"信访积案化解年"活动和矛盾纠纷排查化解工作，全省环保系统共计排查出矛盾纠纷 1364 件、重信重访 101 件，当年化解率 92%。2009 年 9 月，环保部信访办转来国务院总理温家宝批示的反映宿州市萧县虹光造纸厂污染环境问题的信访件。经安徽省环保厅、监察厅联合调查，该企业 1—9 月未生产，新建的一家玉米淀粉厂已履行环评审批手续，尚未投入生产。萧县境内企业排污造成岱河污染严重的问题，始于 20 世纪 80 年代，大批小造纸、小化工、小制革等企业生产废水直排，系污染物累积所致。对此，萧县人民政府制定综合治理规划，2009 年投入 200 多万元清淤治理岱河 7 千米河道。2010 年安徽全省共排查出矛盾纠纷 2663 件，化解 2539 件，化解率约为

① 李日旭主编：《河南水利大事记（1949—1995 年）》，第 296 页。
② 安徽省地方志编纂委员会办公室编：《安徽省志·环境志》，第 426 页。

95.3%；其中重信重访数量433件，化解421件，化解率约为97.2%。全省共受理各类投诉（电话、电子邮件、人民来信）20 853件，来访921件1653人次，其中"12369"环保热线受理投诉12 173件，查处办结11 256件。①

（五）加强媒体曝光的涉水纠纷问题查处

1994年为配合《安徽省淮河流域水污染防治条例》颁布实施，省环保局组织新闻单位对淮河水污染情况进行多层面、多角度的深入报道。5月凤台县焦岗湖发生重大水污染事件，231人因饮用受污染的水而中毒住院，直接经济损失达4000多万元。中国环境报社通过《环境情况》内参将此事反映到国务院，经国务院领导批示，得到妥善解决。1998年9月，《安徽日报》刊登有关宿州水污染的图文报道——"谁来解决这里的水污染问题"。省环境监理所立刻派员赴宿州调查核实，发现污染涉及企业为宿州市化纤总厂，照片摄于该厂污染治理设施试运行期间。1998年6月，宿州市环保局检查该厂，发现二期工程不能稳定达标排放，即令停产整改，但该厂9月7日和11日未经批准擅自投料生产，且生产废水未经处理便直接排放。事发后，该厂停产整改，完善污水治理设施，并被罚款。2006年8月3日，《人民日报》报道界首市一家农药厂违法排污给养殖户张四民造成渔业损失，安徽省省长、副省长皆分别就此批示。经安徽省环保局调查组查实，发生死鱼事件的鱼塘为死水塘，居民张四民承包进行渔业养殖。紧邻鱼塘西北侧为界首市化工农药厂，造成死鱼事件的主要原因是车间冲刷污水。省环保局对界首市政府提出处理意见：协助养殖户通过法律途径解决问题，做好受污染鱼塘的善后处理工作，环保和农业部门未做出认定结论前，禁止在该水域进行渔业养殖活动。②

第三节　水事纠纷解决的成效与局限

中华人民共和国成立以来，淮河流域各地坚持"预防为主、预防和调处相结合"的工作方针，一方面加大对水事矛盾重点地区水事活动的监督

---

① 安徽省地方志编纂委员会办公室编：《安徽省志·环境志》，第424、426—427页。
② 安徽省地方志编纂委员会办公室编：《安徽省志·环境志》，第525、425—426页。

检查力度，及时化解矛盾纠纷；另一方面采取多种解决方式和措施促成绝大多数水事纠纷最终得以解决。不过，从淮河流域各地水事纠纷预防和解决机制的运行实践来看，还存有地方保护主义、协商解决纠纷方式重视不够、涉水法治建设有待加强的局限。

一、水事纠纷解决的成效

南宋以来淮河流域一直水事纠纷频发，在土地私有制时代不少纠纷长期无法解决，有时甚至酿成严重后果。这种局面到中华人民共和国成立之初，就得到了很大改观。例如，安徽蒙城与怀远、凤台县之间的排水纠纷在中华人民共和国成立以前一直都未解决，但中华人民共和国成立后就在各级领导的重视与支持下得到了合理解决，受益群众无不感激，蒙城三义区姜刘乡赵庄村的赵大爷说："俺这庄和凤台县谷堆李为了放水、堵水，以前不知道打过多少架，也打过官司。清朝同治元年，打到凤阳府的官司，花了很多的钱都没能解决，如今在共产党的领导下，双方干部开了一场会，就把人老数辈子没能解决的历史问题都解决了。共产党真伟大！真正是为人民办事的啊！"①这道出了广大人民群众的心声。又据《泗洪县水利志》记载，江苏泗洪县先后与外地发生水事矛盾并协商处理好的有：1958年9月2日泗洪县归仁乡与泗县赤山乡发生水利纠纷，经协商后双方代表达成协议；1964年6月8日与安徽省五河县关于濉潼河南部地区排水问题的处理达成了协议；1965年9月1日与安徽省嘉山县磋商淮河下游左岸下草湾以下一段的水利问题并达成协议；1966年1月17日与安徽省宿县专署关于濉汴河地区水利问题进行协商而达成协议；1966年10月与安徽省有关部门协商关于新汴河影响工程的处理达成了协议；1970年11月19日与濉宁县就疏浚安河引用洪泽湖灌溉问题进行协商而达成了协议。②

改革开放新时期，随着水事纠纷预防和调处机制的逐渐完善，淮河流域各地发生的水事纠纷也快速得到了解决。例如，2006年安徽省共调处水事纠纷253件，其中协商调解处理185件，市、县人民政府处理68件，纠纷共造成直接经济损失120万元，挽回直接经济损失302.5万元。③2008年安徽省共发生省内水事纠纷167起，全部得到解决，其中协商解决128

---

① 陈洪昌：《建国初期蒙城边界的水利纠纷》，中国人民政治协商会议安徽省蒙城县委员会文史资料研究委员会编：《漆园古今·文史资料》第9辑，第109页。
② 《泗洪县水利志》编写组编：《泗洪县水利志》，第500—501页。
③ 何继：《安徽省水事纠纷调处》，《治淮汇刊（年鉴）》（2007），第32辑，第146页。

起，当地人民政府处理 39 起，纠纷造成直接经济损失 36.7 万元，挽回经济损失 95 万元。①2012 年安徽省水事纠纷解决情况，详见表 5-1。

表 5-1　2012 年安徽省水事纠纷解决情况统计表

项目	上年遗留水事纠纷（件）	当年发生水事纠纷（件）	已解决水事纠纷				直接经济损失（万元）	挽回经济损失（万元）
			小计（件）	协商（件）	地方人民政府处理（件）	流域机构处理（件）		
省内	3	90	88	74	14		204.1	328.0
省际	1							

资料来源：苏启满、李小林：《安徽省水事纠纷调处·2012 年安徽省水事纠纷统计表》，《治淮汇刊（年鉴）》（2013），第 38 辑，2013 年，第 149 页

在淮河山东段，2014 年山东省共发生水事纠纷 69 起，其中省内 68 起，省际 1 起，全部得到妥善处理。山东省水利厅配合水利部淮河水利委员会就苏鲁边界龙王河水利工程建设问题进行调处，有效地化解矛盾，保障了苏鲁边界水事秩序的和谐稳定。②2015 年山东全省共发生省内水事纠纷 124 起，其中 102 起通过协商解决，22 起通过上级人民政府或水行政主管部门调处解决。③2016 年山东省发生水事纠纷 53 件，2015 年遗留水事纠纷 2 件，协商解决纠纷 47 件，上级人民政府或水行政主管部门调处 2 件，未解决纠纷 6 件。④

20 世纪 90 年代以来，淮河流域各地的水事纠纷调处率一直都很高。例如，1996 年山东淮河流域共发生水事纠纷 186 起，解决 182 起。这些水事纠纷通过协商解决 50 起，水行政主管部门调解解决的 38 起，由地方人民政府处理的 42 起，由地方水行政主管部门处理的 49 起，由人民法院裁决的 3 起，水事纠纷涉及标的总额为 713.2 万元，水事纠纷当年调处率约为 97.8%。⑤1997 年以来河南省水事纠纷调处率，除 2009 年为 38.9%比较低外，其他年份都比较高，绝大部分皆在 90%以上，详见表 5-2。

表 5-2　1997—2015 年河南省水事纠纷调处情况表

年份	水事纠纷总数（件）	已解决总数（件）	调处率（%）	挽回直接经济损失（万元）
1997 年	210	203	96.7	—
1998 年	328	323	98.5	—

---

① 何继：《安徽省水事纠纷调处》，《治淮汇刊（年鉴）》（2009），第 34 辑，第 119 页。
② 彭学军：《山东省水事纠纷调处》，《治淮汇刊（年鉴）》（2015），第 40 辑，2015 年，第 116 页。
③ 窦俊伟：《山东省水事纠纷调处》，《治淮汇刊（年鉴）》（2016），第 41 辑，2016 年，第 127 页。
④ 彭学军：《山东省水事纠纷调处》，《治淮汇刊（年鉴）》（2017），第 42 辑，2017 年，第 104 页。
⑤《治淮汇刊（年鉴）》（1997），第 22 辑，第 275 页。

续表

年份	水事纠纷总数（件）	已解决总数（件）	调处率（%）	挽回直接经济损失（万元）
2002 年	228（省际 8、省内 220）	208（省际 4、省内 204）	91.2	517.80
2003 年	301（省际 9、省内 292）	264（省际 6、省内 258）	87.7	950.30
2004 年	384（省际 13、省内 371）	380（省际 12、省内 368）	99.0	1384.28
2005 年	301（省际 8、省内 293）	296（省际 8、省内 288）	98.3	965.45
2006 年	224（省际 15、省内 209）	194（省际 15、省内 179）	86.6	1086.00
2007 年	254（省际 3、省内 251）	232（省际 2、省内 230）	91.3	527.60
2008 年	259（省际 9、省内 250）	229（省际 4、省内 225）	88.4	1171.00
2009 年	193（省际 8、省内 185）	75（省际 4、省内 71）	38.9	950.00
2011 年	205（省际 5、省内 200）	195（省际 5、省内 190）	95.1	3095.00
2012 年	147（省际 11、省内 136）	138（省际 6、省内 132）	93.9	825.00
2014 年	80（省际 4、省内 76）	79（省际 4、省内 75）	98.8	—
2015 年	142（省际 8、省内 134）	139（省际 7、省内 132）	97.9	—

资料来源：《治淮汇刊（年鉴）》（1998），第 23 辑，第 197 页；《治淮汇刊（年鉴）》（1999），第 24 辑，第 154 页；河南省水利厅编著：《河南水利年鉴（2003）》，北京：中国文联出版社，2003 年，第 60 页；河南省水利厅编著：《河南水利年鉴（2004）》，北京：京华出版社，2004 年，第 91—92 页；河南省水利厅编著：《河南水利年鉴（2005）》，北京：当代文学出版社，2005 年，第 114 页；杨江南：《河南省水事纠纷调处工作》，《治淮汇刊（年鉴）》（2005），第 30 辑，第 168 页；杨江南、樊浩明：《河南省边界水事调处工作》，《治淮汇刊（年鉴）》（2006），第 31 辑，第 140 页；河南省水利厅：《河南省水事纠纷调处》，《治淮汇刊（年鉴）》（2007），第 32 辑，第 146 页；杨江南、李轲：《河南省水事纠纷调处》，《治淮汇刊（年鉴）》（2008），第 33 辑，第 79 页；杨江南、李轲：《河南省水事纠纷调处》，《治淮汇刊（年鉴）》（2009），第 34 辑，第 119 页；李轲：《河南省水事纠纷调处》，《治淮汇刊（年鉴）》（2010），第 35 辑，第 85 页；窦娟：《河南省水事纠纷调处》，《治淮汇刊（年鉴）》（2012），第 37 辑，第 116 页；耿守彦、李森：《河南省水事纠纷调处》，《治淮汇刊（年鉴）》（2013），第 38 辑，第 149 页；李森：《河南省水事纠纷调处》，《治淮汇刊（年鉴）》（2015），第 40 辑，第 116 页；李森、宋大森：《河南省水事纠纷调处》，《治淮汇刊（年鉴）》（2016），第 41 辑，第 126 页

　　近年来，淮河流域各地的水事纠纷调处力度和水事违法案件的查处力度逐步加大，结案率一直处于较高水平。例如，1996 年山东淮河流域共发生水事违法案件 1557 起，已经查处案件 1540 起，结案率约为 98.9%，其中由公安司法部门处理 55 起，水行政主管部门立案处理 939 起，现场即时处理 546 起。在水行政主管部门处理的案件当中，受理行政复议案件 2 起，撤销原处理决定 1 起，相对人提起行政诉讼 14 起，水行政主管部门全部胜诉。在水行政主管部门处理的案件中，申请法院强制执行的 14 起，采取行政强制措施的 88 起。对案件当事人处理处罚情况是：刑事处罚 1 人，拘留 17 人，警告 181 人，罚款 94.78 万元，没收非法所得 8.3 万元，责令赔偿损失 80.05 万元，采取补救措施 77.27 万元，吊销许可证 31 起，追回款物 143.16 万元。[1]1997 年河南全省共发生水事违法案件 3616 件，已处理 3409

---

[1]《治淮汇刊（年鉴）》（1997），第 22 辑，第 275 页。

件，结案率约为 94%，其中，河南淮河流域发生案件 2479 件，已处理 2353 件，结案率约为 95%。在已处理的这些案件中，通过司法部门强制执行 303 件，行政强制措施 203 件；申请复议案件 68 件，其中维持原处理决定 15 件，改变原处理决定 45 件，撤销原处理决定 8 件；在发生的 61 起水行政诉讼案件中，水行政主管部门胜诉 59 件。[1]2004 年江苏省、市、县水行政主管部门共受理行政复议案件 5 件，其中申请人自行撤回复议申请 1 件，撤销 2 件，变更 1 件，维持 1 件；参加行政应诉案件 17 件，全部胜诉。[2]2006 年山东省共查处水事违法案件 3347 件，处理水事纠纷 428 起，一大批案件特别是一些老大难案件得到处理和解决，非法取水和河道内乱建、乱采现象得到遏制。[3]2008 年山东省查处水事违法案件 3400 余件，处理水事纠纷 330 余起。[4]2009 年山东省查处水事违法案件 2906 件，处理水事纠纷 323 起，水事秩序进一步好转。[5]2010 年，江苏淮河流域有关市收到行政复议申请 4 件，其中维持 2 件，撤销 1 件，当事人撤回 1 件；淮河流域水行政诉讼 8 件，胜诉 8 件。[6]

二、水事纠纷解决的局限

尽管中华人民共和国成立以来淮河流域水事纠纷的预防和解决取得了很大的成效，尤其是 20 世纪 90 年代末以来，淮河流域基本上再未出现大规模的水事纠纷，但当代淮河流域水事纠纷的预防和解决机制有一个逐渐完善、逐步成熟的过程，尤其是在 20 世纪 90 年代之前淮河流域水事纠纷的预防和解决也存有一些局限。

（一）地方保护主义

淮河水系的流域性、整体性同流域各层级行政区划的区域性、分割性矛盾，导致部分地方政府在边界水事关系处理上存有地方保护主义的倾向。地方保护主义是一种地方主义、本位主义、分散主义，是地方政府追求水事利益最大化的产物。中华人民共和国成立后的治淮，长期存有地方

---

[1] 《治淮汇刊（年鉴）》（1998），第 23 辑，第 197 页。
[2] 洪国增、游益华：《江苏省水行政复议情况》，《治淮汇刊（年鉴）》（2005），第 30 辑，第 169 页。
[3] 山东省水利厅：《山东省水行政执法与监察》，《治淮汇刊（年鉴）》（2007），第 32 辑，第 145 页。
[4] 《山东省水事纠纷调处》，《治淮汇刊（年鉴）》（2009），第 34 辑，第 120 页。
[5] 山东省水利厅：《山东省水事纠纷调处》，《治淮汇刊（年鉴）》（2010），第 35 辑，第 85 页。
[6] 仲大楼：《江苏省水行政复议工作》，《治淮汇刊（年鉴）》（2011），第 36 辑，第 87 页。

本位主义的倾向。尤其是 1958 年治淮委员会撤销后，治淮中的地方主义、没有统一规划失序现象比较严重，这引起了中央的高度重视。1962 年 2 月 9 日，周恩来总理主持召开解决水利纠纷问题会议，他重申了蓄泄兼筹的治淮原则，说："我问过医生，一个人几天不吃饭可以，但如果一天不排尿，就会中毒。土地也是这样，怎能只蓄不排呢？" 1964 年 6 月 10 日，他总结了中华人民共和国成立以来水利工作方面的四条经验教训，其中有一条是治淮工作中犯了地方主义、分散主义的错误。他一方面主动承担责任，检讨自己对不要统一的治淮委员会、不要统一规划、取消治淮委员会让了步，没有坚持正确的做法；另一方面严肃批评了既不顾上游也不顾下游的地方主义，重申了上、中、下游统一规划，照顾全局的治水原则。①

治淮中的地方主义不但严重影响了治淮的成效，还引发乃至扩大了行政区之间的水事纠纷。1957 年 8 月 20 日，邓子恢在《论农村人民内部矛盾和正确处理矛盾的方针办法》一文中的第四部分"合作社与合作社之间的矛盾及解决矛盾的方针办法"中论述了水利纠纷问题，他认为："农业社与农业社之间的矛盾，这主要表现在争山林、争垦荒、争苇地和水利纠纷等问题。特别是水利纠纷，这是一个历史性的问题，天旱时互相争夺水源，洪水期间，上游盲目挖沟排水，下游则筑堤堵水，河道两岸则各自加固加高自己方面的堤岸，甚至不惜互破堤防，以邻为壑，以致造成对立，形成械斗。这种只顾自己不顾人家的自私自利行为，本是过去封建时代地主阶级所遗留下来的，现在部分群众和个别干部也受了这种自私自利思想的侵袭而造成一种本位主义，这就是水利纠纷今天之所以仍然存在的根本原因。"②就淮河流域平原地区来说，大水之年，上下游、左右岸排水和阻水始终是一对容易激化的矛盾，地方政府的本位主义、以邻为壑的做法，不但不利于抗洪抢险，反而会引起水事纠纷。例如，1984 年 8 月 11 日夜里，"天降暴雨，扶沟县韭园乡西孟亭村西双洎河右岸引黄灌溉闸处决口，断面达 25.4 米。洪水向南倾泄，韭园乡西部 12 个行政村 25 000 亩良田，平地水深没膝，17 个自然村被水围困，倒塌房屋 300 余间"。决堤后，周口地委、行署，县委、县政府领导高度重视，并在省政府命省防汛抗旱指挥部、省水利厅、省水利厅直属豫东局坐镇督导、协调，工程技术人员参与指导下进行决口堵复和大堤加固工作，但 20 多米宽的河堤决口竟然耗费了

① 水利部淮河水利委员会、《淮河志》编纂委员会编：《淮河志 第 1 卷 淮河大事记》，第 188 页。
② 邓子恢：《邓子恢自述》，北京：人民出版社，2007 年，第 326 页。

六个昼夜才堵上，原因在于此次"事发地点正是扶鄢双洎河交界处，鄢陵段北岸按当时堤坝现状，没有南岸堤高、堤宽。汛期来临，鄢陵北岸险段较多，南岸扶沟段决口，减轻了双洎河洪水上涨给鄢陵县带来的压力，河道南岸鄢陵县几个村庄地势相对比扶沟县地势高，所以客观现实和利益驱动，鄢陵县在堵复决口，加宽加固南大堤的态度比较消极，采取拖的态度，抢险配合也不主动，不密切"。①可见，个别地方政府及民众的本位主义既是跨行政区水事纠纷的根源，也是最终解决行政区之间水事纠纷的障碍。为此，中央和地方政府一直强调在解决与防止水事纠纷时一定要克服本位主义倾向，1957 年《中共中央、国务院关于今冬明春大规模地开展兴修农田水利和积肥运动的决定》中指出："各地应该认真贯彻执行中央的有关指示和国务院批转的《水利部关于用水排水纠纷处理意见的报告》。要强调自觉地遵守纪律，凡是本位主义严重、不按协议和上级裁决执行，因而造成了严重损失的单位和人员，应该受到相当处分。……县与县，专区与专区，省与省交界及其他可能发生水利纠纷的地区，应该于事先做好干部与群众的思想教育工作，发挥互助互让精神，提倡照顾整体，克服本位思想，彼此协商，力求避免纠纷的发生并且保证及时处理。"②

（二）协商解决纠纷方式重视不够

协商是一种最基础、最主要的水事纠纷解决的非诉讼方式。但从淮河流域跨行政区水事纠纷解决的实践来看，协商解决纠纷方式还有进一步运用和提升的空间。

其一，一些纠纷解决主体对协商解决纠纷方式没有足够的重视。一般来说，跨行政区水事纠纷解决有协商、调解、裁决三种基本方式，按照《中华人民共和国水法》等法律规定，其中协商是基础，调解不是法定必备环节，裁决之前必须先有协商，不能未经协商而直接提请上级人民政府裁决，否则不利于水事纠纷的最后解决。但是有一些地方政府在解决跨行政区水事纠纷时，没有经过充分协商，就直接提请上级人民政府裁决。譬如，1979 年以来，滕县马河水库为保护渔业资源，先后 7 次扣留过邹县库区移民村的渔船，后经双方协商大部分退还。1981 年 3 月 16 日，马河水库

---

① 杨国昌：《解决扶沟鄢陵水利纠纷亲历记》，政协扶沟县文史资料委员会编：《扶沟文史资料》第 9 辑，2007 年，第 216、217 页。

② 《中共中央、国务院关于今冬明春大规模地开展兴修农田水利和积肥运动的决定》，《人民日报》1957 年 9 月 25 日，第 1 版。

管理人员制止邹县王村公社前相庄、东顾岭两大队的群众在水库捕鱼并扣留了渔船及网具。3 月 17 日晚 8 点，前相庄、东顾岭两大队的人到马河水库管理局要求归还渔船及网具，双方发生纠纷。5 月 25 日，滕县县政府以滕政发〔1981〕5 号文向省政府和水利厅提出四点处理意见：要求济宁、枣庄两地市共同调查处理；赔偿带走和损坏的物资；邹县有关社队可参加联营捕鱼，收益协商确定；建议将接近水库兴利水位的邹县前相庄、大辛庄、东顾岭 3 个大队划归滕县。但最终没形成裁决意见。①显然，山东省政府和水利厅未对马河水库形成裁决意见，主要是因为滕县未有和纠纷另一方进行充分协商，裁决缺乏可以接受的水事共同利益基础。1986 年 6 月 23日前后，邹县王村区前相村村民因在马河水库本村水域内捕鱼，与滕县马河水库邻近村发生了水事纠纷。后来还是邹县抽调四人进行现场调查，双方经过协商，纠纷才最终得到解决。②

　　其二，协商达成的协议执行起来比较困难，甚至会出现反复。例如，安徽萧县与河南永城县之间水事纠纷共有三处：马沟、萧永沟、何寨北永城所筑的拦水坝。1952 年，萧县石林区与永城县雨亭、薛湖两区关于马沟交界处之水利纠纷达成协议，该协议规定自当年 9 月 6 日起生效，以前的协议宣布作废。但是到 1955 年又因纠纷签署新的协议。1956 年 4 月复经商丘、蚌埠两专区关于永、砀、濉、萧四县水利纠纷达成协议。同年 7 月 4日再订补充协议。1957 年 7 月下旬，由河南、安徽两省的省、专区、县及治淮委员会代表，萧、永县人大代表，在濉溪县达成第六次协议。1958 年2 月 12 日，在河南省彭笑千副省长、安徽省王光宇副省长、治淮委员会张祚荫秘书长的主持下，由双方有关地、县代表参加，在砀山进行协商，达成协议。同年 6 月 28 日，本着团结治水的精神，在永城房子瑞副县长、萧县朱长岭副县长主持下，由双方有关区社代表参加，在萧县石林区政府（张庄寨）订立协议。1959 年 6 月 26 日，由双方省、专区、县代表协商解决永砀、永萧水利纠纷问题。1962 年，萧县县委向中央豫东、皖北边界工程联合检查组和安徽、河南省委及商丘、宿县地委提交"边界水利问题的协议执行情况的报告"，陈述大、小洪河问题，毛河、碱河和永城新挖的朱大场向马沟送水的东西沟、花场南沟、汪田沟等问题。1964 年 3 月 14 日，宿县地委副书记张有奇、副专员钱亦山，商丘地委副书记张学清，会同砀山县委副书记薛兆本、濉溪县委副书记李友法、萧县县委副书记刘从汉、

① 滕州市水利志编委会编：《滕州市水利志》，第 301 页。
② 济宁市水利志编纂委员会编：《济宁市水利志》，第 333 页。

永城县委第一书记陈永孝、夏邑县委第二书记丁名俊、虞城县委副书记孙文熙，根据安徽、河南省委《关于豫东地区与安徽省边界水利问题处理意见》的原则，具体商订了边界水利工程。同年 4 月 11 日，"对前次未彻底解决的问题和新发现的问题"，经宿县地委孟亦奇、钱亦山和商丘地委纪登奎、张学清、李希鹏等同志商定补充协议如下：萧永边界袁庄北围堤全部平除；马沟按新三年一遇标准统一治理，疏浚土方工程，均由永城负责施工，汛前完成，马沟不再分流；固口闸废除，或者扩孔，将闸东西两头原有各一孔扒开，李黑楼闸废除，任圩子闸废除；为便于解决水利问题，以西洪河河心为界，将永城县境内洪河以东地区划归宿县专区。西洪河以段治理，由宿县专区施工。为使洪河水不串流入碱河，均应两岸均匀出土，西岸由永城防守，根据两岸交通和群众生产需要修建桥梁。此次所定工程与 1964 年 3 月 14 日商定的记录有变化的，以此次商定协议为准，其他各项工程仍按 1964 年 3 月 14 日商定记录执行。①

（三）涉水法治建设有待加强

在淮河流域各地水行政机关和环保部门查处水事违法案件时，首先面临的一个问题便是少数水事领域法规制度建设滞后。比如淮河流域河道非法采砂案件的调查和处理，主要依据的是《中华人民共和国水法》《中华人民共和国防洪法》《中华人民共和国河道管理条例》，这些法律法规对河道采砂只是做了一些原则性的规定，水行政机关能够采取和运用的强制措施还很有限。2016 年，最高人民法院、最高人民检察院对"非法采砂入刑"问题进行了司法解释。为此，江苏省专门制定了《江苏省河道非法采砂砂产品价值认定和危害防洪安全鉴定办法》，但在司法实践中"非法采砂入刑"司法解释的运用还需要对适用标准做进一步细化、量化。对河湖非法采砂问题，淮河流域有的地方尚未出台地方性法规和规定，有的地方虽然出台了针对性的地方性法规和规定，但可操作性却不是很强，很难完全落实到位。②

其次，有些地方的执法队伍素质和执法水平还有待提高。这主要体现在个别水事纠纷案件的查处过程中出现了执法环节有违程序及诉讼过程中人民法院适用法律错误的情况。还有个别地方在早年法制建设不太健全的时候，在水资源环境纠纷案件的处理过程中出现了地方保护主义等现象。

---

① 《萧县永城县边界水利纠纷协议》，萧县地方志编纂委员会主编：《萧县志》，第 638—639 页。
② 周学文：《促进淮河河道采砂管理科学依法有序可控——在淮河河道采砂专项整治工作会议上的讲话》，《治淮》2018 年第 8 期。

第六章
霍邱城西湖的围垦纠纷及其解决

城西湖又名沣湖，位于安徽霍邱城关西侧，故又名霍邱西湖。其位于淮河右岸，沣河尾部，约在第四纪晚更新世，因河流的侧蚀和地壳下陷而形成；海拔 19 米以下高程，为常年蓄水区，面积达 140 平方千米，为淮河中游最大的湖泊洼地，对调节淮河洪水及保证下游城市、矿区、铁路等的安全起着重要作用。城西湖湖底平坦，湖面广但积水不深，历史上曾多次被围垦。20 世纪 60 年代中期，由于淮河的治理，城西湖蓄洪概率降低，且出现了几个干涸年份，于是进行了大规模的军垦。城西湖围垦取得了诸如减少洪涝灾害损失、提高粮食产量增加农民收入、解决部队粮食供应等积极效益，但也带来了湖区周围地区洪涝灾害加剧、湖区生物多样性丧失、流行性出血热暴发、军地矛盾、军民纠纷等问题。为此，地方政府和民间社会有了要求退垦还湖的呼声，中央高层最后做出了城西湖围垦部队应尽速撤出的决定，1986 年城西湖放水还湖。

第一节　城西湖的初步开发

城西湖为河成湖，系淮河南岸支流沣河下游河槽扩大而成。1919 年，淮河西湖长堤筑成，接着筑成上格堤，1939 年下格堤建成。城西湖的范围一般指上格堤以东、下格堤以西，不再包括临王洼地和姜家湖。中华人民共和国成立之初，以海拔高程 20 米等高线为城西湖与四周岗（湾）的分界线。城西湖面积历来以水面（或水位）为据施测确定，因所取角度或施测方式不同，数据也不尽相同。1934 年修成的《安徽通志稿·水工稿》记载，城西湖面积，历年枯水期纵横直径 20 千米，水深 1 米；丰水期纵横直径 30 千米，水深 3 米。1937 年 5 月《霍邱县添建两湖石涵闸报告》载，城西湖流域面积 2000 平方千米，湖面积 430 平方千米，湖内最高水位约 19.3 米。从中华人民共和国成立到 1966 年围垦前，城西湖水位 22 米高程时，面积 380 平方千米，相应蓄水 9.4 亿立方米；25 米高程时，面积 455 平方千米，相应蓄水 22 亿立方米。[①]

一、城西湖的成因与演变

大约在第四纪晚更新世，淮河形成以后，河道偏于现河道以南，城西湖系淮河支流，大致由西南向东北径流注入淮河。当时淮河一带呈沉降状态，河流侧蚀作用强烈，使城西湖河道逐渐加宽。晚更新世晚期，当地新构造运动具有自南而北翘起的特点，淮河河道逐渐北移并起着迂回侧蚀作用，便在地形低洼处形成了城西湖现今的"胃状"形态。

城西湖形成后，湖底低于周围岗丘区 13.6 米，低于淮河河底 0.9—1.4 米，呈自西向东起伏不平的不规则丘状。之后由于城西湖流域及淮河上游的豫东和淮北平原在洪水泛滥时水土流失严重，泥砂沉淀于西湖洼地。据气象、土层资料分析，经过 1000 多年的冲淤，湖底高程逐渐上升到现在的 18.1—20.5 米，比润河集至深孔闸段淮河河底高 2.9 米，形成了来水成湖、水去成滩的沼泽地。霍邱县境的西部和南部，1750 平方千米地面径流分别流入沣河和高塘河，两河于沣河桥头相汇，分道注入淮河。"查霍邱西湖，原由城西沣河经久失修水流四溢蔓延而成。沣河水源，本分西南两道，西为王截溜（流）小河，南为河口集小河，两河之水，又复来自四周岗地雨水，故其水源，本不甚大，加以年久失修，河身益浅，现在王截溜（流）小河与河口集小河，河身虽存，而深浅不一，有时尚且断流；再西自高塘集以东，南自刘嘴孜以北，河身早已无存，河水四散，广约四百方里，悉成湖区，因其位于城西，故俗以西湖名之。"[②]沣河即穷水，系淮河支流，古称安丰水。《水经注》载："穷水出六安国安丰县穷谷，谓之安丰水，亦曰穷水。北流注于淮。"明代万历《霍邱县志》所载县境示意图标明，两河汇合后再分成两道，一道北流从关洲口入淮，一道东北流绕城而过，从任家沟口入淮。另有北湖沟、王截流沟口、龙窝口、新河口泄湖内之水。据传说，当时湖内无耕地，芦苇、荻柴和野草丛生。[③]

---

① 霍邱县地方志编纂委员会编：《霍邱县志》，北京：中国广播电视出版社，1992 年，第 234—235 页。
② 冯紫岗：《建设中之霍邱西湖农垦区》，《经济建设半月刊》1937 年第 7 期，第 6 页。
③ 霍邱县地方志编纂委员会编：《霍邱县志》，第 235 页。

南宋以来黄河夺淮，明代筑高家堰，致使淮水宣泄不畅，水位上升，城西湖内开始有积水。城西湖水患，主要是淮水倒灌和淮河高水位时内水不能及时外泄，形成内涝，而城西湖内水与外水几乎涨落同期。明万历末期，关洲水涨横流，倒灌入湖，西南沿岸十数保受灾。清雍正七年（1729年），知县张鸑筑关洲口土埝，拦截淮水。乾隆二十二年（1757年），筑淮堤西自三河尖，东至任家沟，堵塞入淮诸口，内水聚于湖内，再由沣河东北流二十余里，从新河口入淮。嘉庆二十年（1815年）以后，沣河淤浅，水遂积而为湖。清霍邱人汪移孝所著《沣河当浚议》曰："嘉庆二十年后，河道日淤，其由沣而西者，则自陈家铺以至关家嘴。由沣而东者，则至沣河桥以至临淮岗。五十余里，咸与地平。湖之水无以达于沣，沣之水无以达淮，而城西遂为巨浸。"①道光十八年（1838年），知县李澄清疏浚自沣河桥起至新店埠义成台止五十余里的河道，于道光二十四年（1844年）完工，内水可由任家沟口和新河口分流入淮河。②

1915年，经邑人蒋紫攀之请求，安徽省政务厅长黄家杰来县会勘，修建上自三河尖起，下至溜子口止，全长160余里的淮堤，顶宽1丈，底4丈，高1丈，始于1915年11月，1917年完工。并堵龙窝口、新河口及其他支口，防止淮水倒灌，先后支用省颁工赈银7万元有奇。③1942年11月《兴修霍邱县东西湖计划书》引《勘淮笔记》云：1917年，霍邱修筑河堤，并堵塞龙窝口、新河口及其他支口，从此，县西南诸水至于霍邱城西，聚为西湖与淮隔绝，仅有任家沟口，不足以宣泄，湖则终年积水，面积纵横20千米。④1936年，霍邱县政府向财政厅贷款2.5万元，在霍邱城西湖四百丈修建万户闸一座，在任家沟口修建万民闸一座，用于排泄内涝，闸顶高程23.0米。万户闸被1937年大水冲毁。⑤1938年，黄河堤决南侵，由沫河口入淮，淮水暴涨，城西湖淮堤数处决口。1939年，霍邱县成立工赈工程总队，担负复堤工赈任务。此后黄河流经淮河13年，城西湖淮堤经常溃决，水灾连绵不已。⑥

1949年冬至1950年春，虽经县委、县人民政府组织城关、新店、周集

---

① 民国《安徽通志稿》第6册《淮系水工三》，1934年铅印本；参见张崇旺：《明清时期江淮地区的自然灾害与社会经济》，福州：福建人民出版社，2006年，第67页。
② 霍邱县地方志编纂委员会编：《霍邱县志》，第239页。
③ 霍邱县水利电力局编：《霍邱县水利志》，内部资料，1990年，第31页。
④ 霍邱县地方志编纂委员会编：《霍邱县志》，第236页。
⑤ 霍邱县水利电力局编：《霍邱县水利志》，第31页。
⑥ 霍邱县地方志编纂委员会编：《霍邱县志》，第239页。

等沿淮民工 5000 人对淮堤、下格堤进行堵口复堤，但因断面过小，被 1950 年大水冲毁。1950 年，城西湖被列为淮河中游湖泊蓄洪区，蓄洪年份为淮河下游减轻压力、安全度汛；非蓄洪年份，湖区 20 多万亩农田获得麦秋双收。①1951 年 2 月，城西湖蓄洪区堤防工程开工。为了贯彻"蓄泄兼筹"的治淮方针，结合当时条件，在淮河干流开始兴建行、蓄洪区。该蓄洪区堤防由沿淮蓄洪大堤、上格堤、下格堤组成。蓄洪大堤西起王截流，东至任家沟，全长 37.2 千米；上格堤北起王截流，南至逸桥，以分隔临王洼地与城西湖；下格堤北起任家沟，南至陈湖嘴②，以分隔城西湖与姜家湖。这次施工，多在原有老堤基础上加高培厚，堤顶高程为 27.5—28.0 米，最高蓄洪水位为 26.5 米，5 月 21 日竣工。城西湖蓄洪区原进湖闸为润河集分水闸的组成部分，退水闸由万民闸改建，1951 年下半年完工。③城西湖蓄洪水位高程 26.5 米以下面积 527.5 平方千米，蓄洪量 29.5 亿立方米，为淮河中游最大的湖泊蓄洪区。④

　　1958 年，在临淮岗兴建临淮水库，整个城西湖纳入库区，以支持淮北稻改。1962 年停工，只完成深孔闸、浅孔闸、引河。后来为保证城西湖能蓄能排，平整引河堆土代替下格堤，并在引河与任家沟交叉处兴建排水涵闸，排泄湖内积水。⑤1963 年 7—9 月，淮河流域连续降水，城西湖 9 月 30 日湖内水位 22.13 米，相应水量 9.4 亿立方米，新建新河涵规模小，并受淮水顶托，不能及时外排，影响秋种，为抢种冬麦，只得在陈湖嘴一带破堤排水。同年冬天，霍邱县委、人民委员会向六安地委、专员公署及安徽省委、省人民委员会请求利用临淮岗深孔闸改建为城西湖排涝闸。经省水利厅研究，不同意改建深孔闸，批准拨款 50 万元在临淮岗东侧新建一座七孔泄水闸（其中六孔排涝一孔船闸）及相应的引河，并由淠史杭工程霍邱县指挥部组织动员城关、周集、石店三区受益民工 2 万人于 1963 年冬进行闸基及引河开挖，1964 年 5 月停工。1965 年春，六安地委涂竹西副书记陪同省委李丰平副书记来县实地勘查，决定"同意借用"深孔闸作为城西湖排涝闸，堵闭新河，并从深孔闸引河开挖陈湖嘴至七里锥一段排水道，宣泄内水及航运，该工程由淠史杭工程霍邱县指挥部设计，组织城关、石店、周集

① 霍邱县水利电力局编：《霍邱县水利志》，第 31 页。
② 咀和嘴，在文献中经常混用，为保持统一性，全书统一用嘴，以下类似处同。
③ 水利部淮河水利委员会、《淮河志》编纂委员会编：《淮河志 第 1 卷 淮河大事记》，第 131—132 页。
④ 霍邱县水利电力局编：《霍邱县水利志》，第 31 页。
⑤ 霍邱县地方志编纂委员会编：《霍邱县志》，第 240 页。

三区民工 5 万人进行新河堵闭，开挖引河结合修筑两岸圩堤；省水利厅建筑安装工程队负责改建深孔闸闸门。1965 年 10 月开工，1966 年春完工。①

经过中华人民共和国成立初期对城西湖的治理，1951—1966 年，沿湖周围耕地有 12 年午秋双收，1956 年、1963 年、1964 年三年午季保收。②同时，湖区水草丰茂，盛产多种鱼类，且有水上交通运输之利，人民群众生产安定，生活富庶，"收了西湖湾，肥了半拉天"③，就是当时人民群众对城西湖的赞誉。

二、城西湖的民垦与官垦

城西湖湖区土地肥沃，南有沣河可以引水灌溉，北有淮河可以宣泄内水，历代民众赖以垦殖生活。城西湖来水面积 1750 平方千米，海拔 19 米高程以下原为常年蓄水区，面积 140 平方千米；19 米高程以上有耕地 35.6 万亩。城西湖湖底平坦，植被繁茂，水产资源相当丰富，历史上是"来水成湖，水去成滩"的自然淡水湖，素有"烟波万顷渔歌荡漾，银鱼沣虾满湖生辉"④之称，曾是名副其实的"鱼米之乡"。

城西湖西部、南部和西北部原有许多湖汊湾地，早年有群众垦殖，后来湖内蓄水增多，民垦没有多大扩展。1919 年，西湖堤建成后，湖内水位下降，沿湖退出部分荒地，大都由地主、豪强招佃开垦，占为己有。1941 年，霍邱县东西湖荒地整理局《为呈明东西湖荒地与普通土地有利（别），请知照省田粮处令饬县处，暂缓办理陈（呈）报》的代电内记载："西湖原多蓄水，仅沿边少数耕地。兴建西湖长堤 160 里后，地始增加。"这一时期民垦荒地约 20 万亩，多在周围地势较高处。1936 年，官垦失败后，当地群众仍向地势较低处延伸开垦。到中华人民共和国成立初期，耕地已达 19.5—20.0 米高程线。虽有淹涝，但淹没后耕地挂淤复壮，一年可收二年或二年可收三年的粮食。⑤

城西湖官垦始于 20 世纪 30 年代中期。1935 年，鄂豫皖社会事业考察

① 霍邱县水利电力局编：《霍邱县水利志》，第 35 页。
② 霍邱县地方志编纂委员会编：《霍邱县志》，第 240 页。
③ 王国信：《国务院批准城西湖军垦部分退垦还湖》，中国人民政治协商会议安徽省霍邱县委员会编：《霍邱文史资料》第 3 辑，1987 年，第 14 页。
④ 《关于城西湖还湖后综合治理的情况汇报》（1990 年 10 月 14 日），霍邱县档案馆：西湖办，1990 年，案卷号：13—16（作者注：指该文件在该案卷的顺序号），该文件第 1 页。
⑤ 安徽省地方志编纂委员会编：《安徽省志·农垦志》，北京：方志出版社，1997 年，第 254 页。

专员、著名翻译家韦立人任垦务专员兼霍邱县县长，围垦城西湖。"西湖水深，平时不过数寸至三四尺，而淹没良田，合计在四千顷地以上。农民虽常于水位低落时播种各项作物于湖边之地，然而水流既未加整理，每年收获，殊无把握，而且湖心一千余顷，从来毫未作若何利用，任其荒废"，韦立人"深觉西湖不开发利用，实国民经济大损失，曾呈请安徽省政府建闸浚河，计划垦植"。①韦立人晋省面陈建设厅，要求在城西湖添建涵闸，"常经请饬水利工程处派员查勘，乃经该处派测量员李世松前往，兹据该测量员呈称，该湖面积约八千顷，业已垦出五千顷，该县士绅拟全部开垦，预备建筑涵闸三处，如何设计，须加测量，该处据呈后，业经转呈建厅请予鉴核示遵，以便转饬"②。安徽省政府"亦以振兴水利及垦植荒地，为皖省目前复兴农村之主要政策，故数次委派农业专家、水利专家等前往实地查勘，精密计划"③。根据各专家之详细报告，安徽省政府第五二〇次委员常会议决："由安徽省财政厅向银行息借 8 万元，交安徽省建设厅负责浚河筑堤，同时又以安徽大学农学院开办伊始，缺乏基础，拨付事业扩充费 20 万元，用以充作代价，由安徽大学农学院承领城西湖湖地 10 万亩垦殖，作为发展农学院的基金。"安徽大学农学院承领湖地 10 万亩后，其中 2 万亩作为自营农场、8 万亩与当地农户以每个保组织合作农场在农学院指导下从事合作经营。④

安徽大学农学院"承领之十万亩湖地，可以分为两种：一为湖边地，一为湖心地。湖边地较高，农民于水位低落时已能种植大小麦、绿豆等杂粮，俗名为塌岗地；湖心地全在水中，向未有任何用途，故俗以污水缸名之"。1936 年"四五月间湖心水深尚自六七寸至一尺以上。在农学院领地范围中，塌岗地约占十分之一，湖心地则占十分之九"。因此，安徽大学农学院决定采取两种办法经营：一是整理湖边土地。湖边土地与民产岗地毗连，故先须清理地界，确定产权。一般岗地所有者，误认岗地下之湖边土地，与某人岗地地头相连，即应为某人所私有，此种观念牢不可破。农学院曾会同县政府邀集环湖附近各联保主任、各保长开会，议决彼等转告占有湖边土地之地主呈验契串，一面由霍邱县政府厉行验契，一面由农学院接受地界，仍令原垦者耕种。此项垦户，一律编为农学院之特约表证农

---

① 冯紫岗：《建设中之霍邱西湖农垦区》，《经济建设半月刊》1937 年第 7 期，第 6 页。
② 《附载·本省政闻·霍邱城西湖开垦建闸在设计中》，《安徽政务月刊》1935 年第 6 期，第 361 页。
③ 冯紫岗：《建设中之霍邱西湖农垦区》，《经济建设半月刊》1937 年第 7 期，第 6 页。
④ 安徽省六安地区水利电力局编：《六安地区水利志》，内部资料，1993 年，第 103 页。

家，其耕作方法，悉受农学院指导，并减轻其课租。二是垦殖湖心土地。湖心土地虽无产权纠纷，然以一片汪洋，应须筑堤防浪。"学院领导民众作成全长二万余丈小圩埂，划分湖心为二十余个圩田"，再者"农学院自芜湖巢县等处购买两千余担稻谷，撒播四万五千亩，继又于稠密处拔苗，复插秧三万五千亩。此种工作，一方由农学院自行雇工经营，所谓自营农场，占地二万余亩；其余土地，皆由合作农场在农学院指导之下，从事合作经营。合作农场面积，自千亩至三四千亩不等，每一合作农场，包括二三十个农户至六七十个农户，其区域范围，限于保界，每保只能组织一个合作农场，保份不同，可分组合作农场"；"农学院现备有柴油引擎五部，抽水机五部，砻谷机二部，扎米机三部，打稻机一百部，除在自营农场应用外，各合作农场，皆可借用"；"除湖心满布稻苗外，尚有靠近城西北角之另一圩田，圩埂比较高厚，中有许多分区，各区中有各种不同样之稻，此乃安大农学院之试验圩。该圩面积二百亩，专供品种试验及良种繁殖之用，中贯十字灌溉排水沟渠，外筑大圩，可保水旱无虞。农学院曾由国内各产稻区域及各农业改良研究实施机关，征集早中晚稻优良品种共百余种，即于此圩作品种比较试验，期望能于最近期间，选出适于霍邱等县气候土质之优良稻种，从事推广"。经过一年垦殖，"稻之收获，若就其原来生育状况而言，至少应收二十万市担，只以七八两月中数次大雨，万户闸破，淮水曾倒灌六日六夜，收获时期，又因水深而工少，尚有损失，所以总共收稻仅有十一万余市担，就中安大农学院收稻二万六千余市担，合作农场农户收稻约三万市担，民众自行收割约六万市担，虽为数不多，但已足够一万余人全年之食粮"。[1]安徽大学农学院开发城西湖已获初步成效，引起广泛关注。1937 年 6 月 2 日，中英庚款委员会英方董事戴乐仁（J. B. Taylor）参观大渡口农场，指出霍邱农场面积 10 万亩，场址之大，不独为中国境内所无，即在国外各大学亦为稀有。[2]

1937 年抗日战争全面爆发，官垦停止，业务交县接管，历年省与霍邱县会勘收租、垦耕搁置。1941 年 10 月，复设霍邱县东西湖荒地整理局，进行清理，办理水利，规划垦殖。霍邱县东西湖荒地整理局成立后，对荒地进行清理登记，共查出 4.04 万亩，比战前少 2.28 万亩，招佃承耕。1942年，设霍邱县农垦局，重新提出对城西湖进行开垦。由工程技术员洪仲周

---

① 冯紫岗：《建设中之霍邱西湖农垦区》，《经济建设半月刊》1937 年第 7 期，第 6—8 页。
② 《安徽大学简史》编写组：《安徽大学简史》，合肥：安徽大学出版社，2008 年，第 36 页。

草拟《霍邱县东西湖农田垦殖水利计划书》，全书分为绪言、湖水源流、浚河筑堤、建筑工程等部分。其主要内容（城西湖部分）为：首先，开挖城西湖西岸、东岸两大干河。西干河由薛家嘴经高塘集至沣河桥，全长60里，河底宽60丈，高度随地势。东干河由河口集经张集、王家嘴、夹洲子至沣河桥汇入西干河后，再经县城西门外，北至七里锥、莫家店，由姜家湖新河口入淮，全长130里，河底宽100丈，高度随地势。沿岗与两干河之间，依地势开挖支河、沟渠、围壕，各沟口建涵闸，使岗阜之水纳入干河。城西门外最洼处，留出较大地方，积蓄内水。其次，把湖内荒地划成100—1000亩块段，再以若干块段为一大区，开沟筑堤，以便防洪抽排。①并指出湖区垦殖有赖于疏导淮河，才能保证不受淮水泛滥的危害。

中华人民共和国成立后，1955年春，安徽省劳改支队在城西湖双台子一带围垦，次年大涝后撤走。1962年秋，中国人民解放军济南军区部队在城西湖围垦3.9万亩，1963年适逢淮河发生洪水，当年8月鹦歌窝最高水位26.5米，湖区内涝严重，1964年又遭受内涝，被迫于1965年冬撤出②，这也为1966年开始并持续20年之久的城西湖大规模军垦埋下了伏笔。

第二节　城西湖的军垦

在完成战备、训练和其他各项中心任务的前提下，积极开展农、林、牧、副、渔业利农副产品加工等生产活动，是中国人民解放军的光荣传统。中华人民共和国成立初期，人民解放军除执行作战和执勤任务的部队外，大部分投入生产。1965年5月2日，总后勤部总结过去几年部队从事农副业生产的经验，向中央军委做出《关于进一步搞好部队农副业生产的报告》，报告指出：假如军队在备战时期多搞一些生产，在3—5年内为国家提供20—25亿公斤粮食，就等于准备好了700—800万人的军粮，这是战备的物资条件之一。③1966年4月，中国人民解放军南京军区经与中共安

---

① 安徽省地方志编纂委员会编：《安徽省志·农垦志》，第255页。
② 霍邱县地方志编纂委员会编：《霍邱县志》，第241页；安徽省六安地区水利电力局编：《六安地区水利志》，第103页。
③ 李可、郝生章：《"文化大革命"中的人民解放军》，北京：中共党史资料出版社，1989年，第386页。

徽省委协议决定垦殖城西湖，中央军委批准了南京军区围垦城西湖的计划。8 月 13 日，总后勤部提出调整全军生产建设发展规划，计划在第三个五年计划期间再开荒 100 万亩左右，使全军耕地 1970 年达到 400 万亩左右。经中央军委批准，人民解放军组建了 6 个生产师兴办军垦农场，专门执行生产任务。其中包括北京军区的柏各庄农场、南京军区的城西湖农场、武汉军区的沉湖农场、广州军区的牛田洋农场，这些农场都是大型的农业生产基地。

一、军垦农场的兴办

历史上城西湖就有过多次民垦和官垦，但大多规模较小，失败的多。而 20 世纪 60 年代中期，在城西湖大规模兴办军垦农场，历时之长，规模之大，则是过去所未有过的。城西湖之所以在当时被大规模地围垦，除军队既要行军打仗又要从事生产的优良传统的传承以外，还与中华人民共和国成立初期农业生产及大规模治淮取得的初步成效有很大关系。淮河原本年久失修，泛滥成灾，自 1951 年毛泽东发出"一定要把淮河修好"的伟大号召后，国家成立了治淮委员会，有计划地进行了蓄、泄、疏、筑综合治理，逐步提高了淮河的排洪抗洪能力，也降低了城西湖的滞洪概率，从而为垦殖提供了重要条件。据水文资料记载，1950—1966 年的 16 年中，除 1954 年、1956 年两次大水年份蓄洪外，其余 14 年的湖区水位均为 18.51—20.98 米不等，甚至出现淮河干涸断流、湖内干裂的情况。因而，湖内陈嘴、陈郢、临王三个公社和一部分大队，共约 8 万群众，在高程 19 米以上湖地陆续垦种约 25 万亩，但因没有水利设施，不能保收，产量很低。城西湖湖底海拔为 18.1—18.7 米，坡度在万分之一左右，地势比较平坦，土地集中连片，适宜于机械作业。[①]这是城西湖被大规模围垦的自然基础。

城西湖位于淮河中游的霍邱县城关西，距离南京不远，围水造田，既不占现有耕地，又不用动迁原有居民，更重要的是靠近南京军区后方基地，可谓一举三得。但城西湖原是一个滞洪区，围垦造田困难较大。为了充分利用土地资源，多生产粮食，中国人民解放军南京军区从 1963 年起，多次派人进行实地勘查。1966 年 4 月，南京军区与安徽省、六安专区、霍

---

① 中国科学院南京土壤研究所、中国人民解放军南京部队城西湖农场：《机械耕作条件下的土壤改良——城西湖农场土壤改良试验总结》，北京：农业出版社，1980 年，第 2 页。

邱县商定"根治西湖、统一规划、军民两利、平战结合、勤俭办场"的方案，上报中央军委。5月，南京军区党委决定围垦城西湖建农场。①

1966年6月，城西湖围垦指挥部成立。南京军区奉中共中央军委指示，组建陆军第一七八师，承担城西湖农场建设任务。全师辖4个步兵团、5个独立营、91个连，干部1414人，战士10 603人，共12 017人。②霍邱县动员民工10万人，与围垦部队展开军民合作。城西湖围垦从1966年9月开始，到1967年11月全部完成。围垦总面积286平方千米，总耕地面积32.2万亩，其中军垦湖地高程19米以下的洼地13.2万亩，民圩19万亩。③因农场是围垦城西湖而建，故名城西湖农场。该农场位于霍邱县城西，隔沿岗河南与邵岗、五塔两乡毗邻，西面和北面以军民圩格堤与高塘、陈郢、陈嘴等民圩相接，东面有反修大桥、工农兵大桥跨沿岗河与陈埠乡、牌坊乡和城关镇相通。

围垦区系城西湖常年蓄水区，也是1936年官垦和安徽大学价领区。农场东西长15千米，南北宽12千米，可耕土地12.5万亩，拥有农业机械501台，建有农机修配厂、榨油厂、面粉厂、饲料加工厂、木材厂等配套工厂。榨油厂每年加工豆类2400万斤、油菜籽2800万斤，面粉厂年加工小麦2000万斤，饲料厂年加工饲料1000万斤，木材加工厂年加工木材600立方米左右。1979年，1/3土地种水稻，2/3土地种旱粮。1979年以后，全部种小麦与豆类。每年净收入300万—400万元不等，1981年达469万元。水稻亩产达800斤，小麦亩产达450斤，豆类亩产达186斤。农场始设5个分场，后整编为3个分场、20个生产连队，以及为农场服务的运输、修配、卫生等分队，1981年再次整编为15个生产连队。④

针对城西湖湖区的特点，本着排灌结合，以排为主，并有利于机械化作业，逐步达到稳产高产的原则进行规划建设。田块规划以主干公路为中心，向两侧延伸，按宽1200米，长延伸到道为止。城西湖农场共划为57个作业区，各区耕地面积不等，最大的4003亩，最小的959亩，一般在1500—3000亩。作业区内按宽50米、70米、100米分成若干条田，从农场实践来看，条田宽度种水稻以50米、种旱粮以100米为宜。在设计时采取渠路结合，挖渠筑路，经济实用。农场建成8—9米宽的主干和田间两股道路

① 安徽省地方志编纂委员会编：《安徽省志·农垦志》，第255页。
② 安徽省地方志编纂委员会编：《安徽省志·农垦志》，第252页。
③ 安徽省六安地区水利电力局编：《六安地区水利志》，第103页。
④ 安徽省地方志编纂委员会编：《安徽省志·农垦志》，第252页。

67 千米，使机车畅通各区。开挖了宽 50 米、深 5 米的排水总干渠三条，总长 28 千米；口宽 5 米、底宽 3 米、深 1.8 米的区间排水支渠 59 条，总长 85.5 千米；口宽 2—3 米、底宽 0.3—0.5 米、深 0.9—1.5 米的条田沟 1300 条，总长 1560 千米，并兴建了小电灌站、涵闸、涵管、灌渠等配套工程。①

二、军垦的成效与问题

城西湖军垦农场从 1966 年开始兴办，至 1986 年退垦还湖为止，历经 20 年的建设，对增加部队粮食供应、城西湖区防洪、湖区航运等方面都有一定成效。

第一，军垦农场采取机械化耕作，大幅度提高了粮食产量。城西湖农场农业机械化水平不断提高，拥有履带式拖拉机 114 台、收割机 77 台、大型农机具 400 多台件、农用汽车和轮式拖拉机 128 台和五百吨位的船队一个，农场基本上实现了耕耙、平地、播种、开沟、打暗洞、收割、运输和场上作业机械化、半机械化。从 1970 年开始试用和逐步扩大航空作业，并运用飞机进行麦田、稻田化学除草、施肥、防病治虫和水稻播种。在防治麦类黏虫时，还采用了超低量喷雾技术和电子导航试验。②机械化耕作又大幅度提高了粮食产量，1966 年城西湖农场 12.5 万亩耕地围垦后，1967 年即收获小麦、豆类 1350 余万公斤。1968 年秋季蓄洪，午季仍收小麦 1830 余万公斤。历年粮食平均每亩单产：水稻 200 公斤、小麦（含大麦）112.5 公斤、豆类 46.5 公斤、高粱 110 公斤。年均总产共 1750 万公斤，年均总产值（含工副业）1500 万元，纯收入 400 万元左右，1981 年最高纯收入达 469 万元。除 1969 年和 1971 年分别亏损 140 万元和 137 万元外，其余年份均有盈余。城西湖农场自建场至 1981 年，共收获粮食 3.185 亿公斤，其中上缴国家（实际也是安徽省地方）2.435 亿公斤，约占总收获量的 76.45%；卖给地方 0.245 亿公斤，约占总收获量的 7.69%；军内上调 0.23 亿公斤，约占总收获量的 7.22%；部队本身补助 0.14 亿公斤，约占总收获量的 4.40%；其他（饲料、灾区救济等）0.135 亿公斤，约占总收获量的 4.24%。③城西湖

---

① 中国科学院南京土壤研究所、中国人民解放军南京部队城西湖农场：《机械耕作条件下的土壤改良——城西湖农场土壤改良试验总结》，第 3 页。

② 中国科学院南京土壤研究所、中国人民解放军南京部队城西湖农场：《机械耕作条件下的土壤改良——城西湖农场土壤改良试验总结》，第 3 页。

③ 安徽省地方志编纂委员会编：《安徽省志·农垦志》，第 255—256 页。

农场现代化水平的提高和粮食增产，一方面为军区部队和总部院校等单位提供了大批的粮、油和其他农副产品，为部队的建设做出了贡献；另一方面也增加了国家和地方的粮食供应，进一步促进了社会的稳定。

第二，城西湖湖区得到了较为系统的治理，取得了良好的社会效益。一是因垦区兴建了大量水利工程，保护了垦区北部民圩不受淹浸，使民圩的农业增产显著。以北部王截流、陈郢、陈嘴三乡为例，1963年、1964年两年，在年降水1200毫米情况下，三乡粮食平均年产量分别为165万公斤、90万公斤、72.5万公斤；围垦后，1980年、1982年两年，在年平均降水1200毫米情况下，三乡粮食年产量分别为414万公斤、635万公斤、1038万公斤。军垦区年产小麦2500万公斤。二是城西湖围垦改善了航运。围垦前，霍邱港航运终点只能达临淮岗和老坝头；围垦后，筑堤浚深泄水道，经临淮岗船闸，常年船只可直达城关、高塘，航程延长了40千米，年吞吐量达30万吨。[①]湖下修了公路，城关通往石店、周集等10多个乡，不需要绕道长集、河口，缩短路程30—40千米。三是城西湖围垦，有利于淮河蓄洪。城西湖围垦前，水面广阔，水位低、存水量大，洪峰前抢排机会极少，峰间抢排机会更少，湖区底水量随水位增高而增加，降低了蓄洪量；围垦后，蓄水区缩小，水位高，峰前抢排机会多，排水量大。峰间抢排机会更多，特别是垦区327平方千米保持基本干涸，湖区底水少，相对在蓄洪时可以增加蓄洪量。[②]四是根治了蝗患。围垦20年来没有再发生蝗灾，每年节省灭蝗经费10万元。五是农场在军民之间开展协作医疗，多年来派出医疗队693人次，为群众治病91 460人次，并为地方培养医务人员262人。另外，部队向周围41 432户群众支援6357个劳动日；提供汽车1940台次，运送物资112 226吨，机械350台次，机修12 963台件，化肥64 535吨。部队还训练民兵11 085人，培训学生4435人，培养农技人员128人。部队出动飞机灭蝗25架次，123 680亩次；抢险71次，抢救出遇险群众650人次；免减电费、排涝排洪费及借贷等款项共达654 890元。[③]

城西湖的围垦尽管成效显著，但也给湖区水资源环境带来了一些问题。

第一，城西湖围垦后，沣河以南部分作为蓄水区，因此沿湖南岸湖汊洼地，如兰桥湾、桥岗涧湾、范桥湾、菱角湾、刘集（大桥）湾和官塘

① 霍邱县水利电力局编：《霍邱县水利志》，第38页。
② 霍邱县水利电力局编：《霍邱县水利志》，第38页。
③ 安徽省地方志编纂委员会编：《安徽省志·农垦志》，第256—257页。

圩、四清圩、临沣圩、朱塔圩、井庄圩、青年圩等处 19.5—22.5 米高程 65 平方千米内约 6 万亩耕地的淹没概率增大。围垦前仅 1954 年蓄洪，1956 年和 1963 年受涝灾。湖区水位一般年份在 19.5—20 米。城西湖流域 1750 平方千米的径流，据多年治淮资料推算，年均总量约 2.31 亿立方米（枯水年 1 亿立方米，平水年 1.75 亿立方米，丰水年 3.5 亿立方米），城西湖原 19.5 米水位蓄水区为 140 平方千米，可留水 1.8 亿立方米，除丰水年外都可以保收。围垦后，蓄水区面积在 19 米水位时仅有 33 平方千米，蓄水 0.45 亿立方米，因之水位抬高，年平均水位高程 21.86 米，丰水年份 22—23 米，最高 24.57 米，平均抬高 1.69 米。南部湖汊洼地及生产圩平均每年有 10.4 万亩耕地被淹，1982 年最多，达 15.2 万亩，造成了正如当地民谣所说的"锅帮水茫茫，锅底稻花香。好了军垦圩，苦了十八乡"的情况。另外，城西湖流域每年夏季常出现集中暴雨，蓄水面积小，水位上涨快，因之沿岗圩区经常破堤。农民秋冬要复堤、筑堤，夏季要防洪抢险，每年要多做土方 200 万立方米。较低洼地区，淹了排，排了种，种了淹，一年间往往三淹四种而无收获。由于水位抬高，抽排时间增多，临王段内耕地约 10 万亩，地面高程大部分在 22 米以上，围垦前一般可以自排入湖；围垦后蓄水区水位经常高出 22 米，内水需要电力抽排，每年排水都要花费大量经费，降低了生产效益。①

城西湖农场的兴办尤其对蓄洪工程建成前的老圩影响较大，蓄洪工程建成后未经治理，当时城西湖水位高程一般在 19—20 米，可以达到保麦争秋。围垦后，经常受淹，产量不稳不高，各圩基本情况见表 6-1。

表 6-1 霍邱城西湖围垦后常受淹没的老圩情况表

圩区名称	坐落地段	面积		圩堤	圩堤高程（米）
		总面积（平方千米）	耕地（万亩）	长度（千米）	
官塘圩	沣河右岸	0.70	0.07	4.0	23.5
四清圩	沣河右岸	2.50	0.25	5.5	23.5
临丰圩	沣河右岸	1.50	0.15	3.5	24.0
朱塔圩	沣河左岸	2.00	0.20	3.0	24.0
井庄圩	沣河左岸	3.75	0.35	4.0	24.0
青年圩	沣河左岸	3.00	0.30	3.0	24.0

资料来源：霍邱县水利电力局编：《霍邱县水利志》，第 41 页

1986 年 3 月初，新华社记者宣奉华再次去霍邱县调查发现，自 1980 年

---

① 安徽省地方志编纂委员会：《安徽省志·农垦志》，第 257—258 页。

第一次调查后 5 年多来，其他地方群众的生活变化很大，城西湖畔的乡亲们却生活依旧，"春种夏忙秋茫茫，冬吃救济八大两。人为水灾何时了，围了锅底淹锅帮"。沿湖的 21 个乡中，有 15 个乡、17 万人每年人均收入不到 120 元，口粮不足 400 斤。宣奉华来到曾经是鱼米之乡的泮河村，围垦以后，这里 90% 的田年年被水淹，人均年收入仅 25 元，人们靠吃救济粮讨饭度日。宣奉华来到宋店乡台岗村第一村民小组，这里 18—35 岁的男青年 25 人，都是光棍。一些小伙子说："不离开大水窝，一生别想讨老婆。"她沿湖走访了不少人家，发现大部分农民家里连一张像样的床、一条完整的被褥也没有。[①] 她来到石店区，负责人反映这个区沿城西湖的 7 个乡、54 个村、8.8 万人，有耕地 14.5 万亩，城西湖围垦前，年年夏秋双丰收；围垦后，淹涝面积扩大 8 倍以上，每年淹涝面积增加到 8—14 万亩，全区 20 年减收粮食 1.5 亿多公斤，油料 500 万公斤，共折款 1 亿元。白莲乡井庄村 1446 人，有耕地 4900 亩，围垦前三年平均每年提供商品粮 45 万斤，人均年收入 168.9 元，口粮 618 斤；围垦后，1980—1985 年，人均年收入 36.9 元，口粮 316 斤，每年吃回销粮 44 万斤，用救济款 1.85 万元。[②]

第二，城西湖围垦导致大水年份围绕是否蓄洪问题产生军地、省际水事纠纷。城西湖必须蓄洪是河南、安徽、江苏三省协商的重大防洪措施，在中共中央、国务院皆有案可查。1967 年 3 月，南京军区已围垦的城西湖是否蓄洪的问题，传到北京。水电部与安徽省水利厅电话联系，要求将情况与意见专案报部。4 月上旬，水管司副司长刘德润率领 3 人组成的工作组来安徽调查，南京军区也派后勤生产部副部长刘达林参加。原来南京军区与中共安徽省委多次会谈，才确定在城西湖军垦。后来省水利厅为南京军区代拟围垦工程设计任务书，此任务书并未报水电部。南京军区就据此任务书进行垦区的规划设计。1967 年，刘德润率领 3 人工作组到军垦现场调查后回到合肥，参加了省军管会生产委员会召开的座谈会。会上刘德润坚持城西湖蓄洪是淮河防洪规划的重大措施，军垦以后必须依据三省协议规定分蓄洪水。如不蓄洪，损失更大，还可能引起省与省的纠纷及军民矛盾等问题。刘德润一行回到北京后，向水电部领导做了汇报。考虑到安徽省的实际情况，1967 年 5 月中旬，由钱正英带领调查组成员向军委总后勤部

① 李春林：《石破天惊的一声呐喊——女记者宣奉华采写城西湖问题调查报告始末记》，《中国女记者》编辑委员会编：《中国女记者 3》，北京：新华出版社，1993 年，第 241—242 页。
② 宣奉华：《围垦霍邱城西湖给 20 多万农民带来灾难 安徽省有关干部群众强烈要求退垦还湖》，新华通讯社：《国内动态清样》1986 年 4 月 14 日（第 812 期）。

副部长张令彬汇报，刘德润说明历史与现实情况，强调淮河大水时，城西湖不蓄洪是不可能的。军委总后勤部将水电部的意见电告南京军区后勤生产部负责人，要求他们与许世友司令员商定。7月5日，南京军区后勤生产部电复军委总后勤生产部，认为"该场除遇有超过1954年型特大洪水再视情况蓄洪外，平时不存在蓄洪问题"。这个答复与国务院批准的淮河三省协议不符。当时淮河汛期已来临，7月4日水电部报告国务院与中央军委，说明淮河城西湖围垦后仍需蓄洪的必要性，要求批转南京军区。7月中旬，国务院与中央军委以加急电报通知南京军区，同意水电部意见，要求立即研究执行。[①]水电部一方面以机密急件转给安徽省军管会生产委员会与省防汛指挥部，再次明确城西湖围垦后必须蓄洪运用；另一方面向国家计委提出申请专款800万元复建分洪闸。[②]

　　第三，城西湖围垦增加了军民纠纷发生的概率。驻地军民关系既是一种社会邻里关系，又是一种较为稳定的人际关系，这种军民关系对社会心理气氛具有较大的影响。军民之间的相互理解、信任、关心和支持，会产生良好的社会心理气氛，使社会群体保持一种稳定的、融洽的秩序，从而促进社会的安定团结，增强社会的凝聚力。城西湖机械化耕作及水利建设的发展，使粮食和农副产品经常丰收。相反，湖区周边农民却经常遭受水旱灾害而生活困难，于是产生了一些地方民众溜进垦区偷拿东西的纠纷。通常是"收获季节，架车上装上塑料棚，一家人携妻带女开进湖里，在湖心的水渠边安营扎寨，东边赶，搬西边。西边赶，搬东边，不怕吃苦受罪，几个月下来除了吃的，还能拾几百斤粮食。但这些人都是淮河北边过来的。滨湖的人们……多是早出晚归，到湖里去拾把草，扫一点糠秕"[③]。

　　第四，城西湖围垦导致垦区流行性出血热疫情的暴发和流行。据记载，城西湖的围垦部队连续暴发流行性出血热疫情，1967年发病率高达26%，至1971年发病率仍在13.2%，因该病累计死亡达35人。[④]另有资料记载，安徽城西湖和丹阳湖两军垦农场，面积分别为60 704.17公顷和

---

① 王维新：《淮河大水，城西湖不能不蓄洪——纪念刘德润同志逝世三周年》，白济民主编：《纪念刘德润博士文集》，郑州：黄河水利出版社，1998年，第32—33页。
② 刘德润：《水事纠纷处理追述》，《中国水利》1994年第7期。
③ 王余九：《西湖沧桑》，中国人民政治协商会议安徽省霍邱县委员会编：《霍邱文史资料》第3辑，第10页。
④ 《当代中国军队的后勤工作》编辑委员会编：《当代中国军队的后勤工作》，北京：当代中国出版社；香港：香港祖国出版社，2009年，第285页。

9712.67 公顷，部队自 1966 年进入湖区执行生产任务后，即遭到流行性出血热的严重威胁，1966—1971 年两农场共发病 1229 人、死亡 42 人，1970 年大流行时，仅城西湖农场即发病 462 人、死亡 29 人。[①]

城西湖流行性出血热的贮存宿主是黑线姬鼠。城西湖农场位于淮河之滨，遇到水灾，粮食颗粒无收，流行性出血热病例极少，但到了风调雨顺之时，农业大丰收，粮多鼠多，直接导致该地流行性出血热暴发。流行性出血热疫区鼠病毒感染率高低与鼠密度紧密相关：鼠密度在 2% 以下，一般不会发生流行性出血热或仅个别发生；鼠密度超过 5% 有可能散在发生；鼠密度超过 10% 可出现不同程度的流行。[②]也就是说，鼠密度愈大，病毒感染率愈高，传播能力愈强，疫区人员患病危险性愈大。因此，防治流行性出血热的主要措施就是灭鼠、防鼠。

在灭鼠运动中，城西湖农场广大指战员发明了竹筒钻、卡子夹、吊坏压及驯狗灭鼠等好办法。实践证明，这些方法是行之有效的。截至 1971 年，城西湖成立 5 年来共灭鼠 100 多万只，仅 1970 年全湖部队就灭鼠 56 万多只，使野外、室内的老鼠平均密度分别由 50%、20% 下降到 15%、2% 左右。[③]1971—1985 年，城西湖农场野外黑线姬鼠密度由灭鼠前的 15%—30% 迅速下降到 2% 乃至 1% 以下[④]，流行性出血热发病率随之明显降低，有的年份甚至不发病，有效地控制了流行性出血热的流行。

第五，城西湖围垦导致湖区水生态恶化。一是破坏了城西湖的水产资源。城西湖围垦前，水面广阔，水温适宜，年平均水深 1—2 米，水草、水藻繁茂，浮蝣众多，适宜各种鱼虾生长，且系自然繁殖，无须投入。围垦前，城西湖年产鱼虾 600 万斤，湖区渔民 4000 余人赖以生活。围垦后，湖区缩小，鱼虾产量急剧下降，沣虾、银鱼几乎绝迹。特别是城西湖渔民失去了赖以生存的基地，被迫流浪他乡，寻水捕捞。[⑤]据当地人王余九记述："幸而这儿还有一个没有围垦的东湖，不然水产品将会绝迹。但是其价格较围垦以前提高五至十倍以上。禽鸟们没有了，不要说是仙鹤、大鸭、天鹅，连队队行空的大雁也没有了。秋天，枯灰的天空，只有麻雀和蝙蝠。"[⑥]二是

---

① 郑智民、姜志宽、陈安国主编：《啮齿动物学》，上海：上海交通大学出版社，2008 年，第 511 页。
② 方美玉、林立辉、刘建伟主编：《虫媒传染病》，北京：军事医学科学出版社，2004 年，第 181 页。
③ 南京军区后勤部卫生部编：《流行性出血热防治工作资料汇编》，1971 年，内部资料，第 3 页。
④ 郑智民、姜志宽、陈安国主编：《啮齿动物学》，第 511 页。
⑤ 安徽省地方志编纂委员会：《安徽省志·农垦志》，第 258 页。
⑥ 王余九：《西湖沧桑》，中国人民政治协商会议安徽省霍邱县委员会编：《霍邱文史资料》第 3 辑，第 11 页。

围垦城西湖造成了霍邱县城镇生活饮用水源地的污染。城西湖是霍邱县城关人民饮用水主要水源，围垦后城关近 4 万人的饮用水仅靠从沿岗河（泄水道）汲取，水面小，失去了自然净化能力，水质污染严重。沿岗河是紧靠县城西部的一条人工河，全长 22 500 米，宽约 40 米，平均水深 1.5 米。上游自沣河桥头与城西湖蓄水区相融，下游经临淮岗水闸与淮河相通。枯水季节，河水容量约 135 万立方米。水厂建在沿岗河近上游处，供应城关 3 万多居民的生活用水和工业用水。经实地观察，沿岗河有 20 多千米长的水体出现了不同程度的污染。其严重污染带为四里涧至反修桥，四里涧以南和反修桥以北为一般污染带。污染的来源主要是造纸黑水、其他工业废水、城镇生活污水和雨水冲刷、城西湖围垦区退水排入等。[1]1982 年，霍邱县卫生防疫、保健等部门在沿岗河分段设点取样检验，河水无论是在丰水期还是枯水期，其可见色度、浑浊度、耗氧量及各种化学物质、细菌总量、大肠杆菌群等，均不合卫生标准，各种有害细菌含量超过国家允许标准数十倍甚至上千倍。据医疗部门统计，霍邱县的贲门癌、幽门癌、食管癌、直肠癌等疾病的发病率极高，与生活饮用水源被污染有一定关系。[2]

第三节　城西湖的退垦还湖

围垦城西湖，建好军垦圩后，沿湖不少原先旱涝保收的民圩则经常受淹没，军民矛盾、军地矛盾日趋尖锐，当地百姓、科技人文工作者，以及涉及城西湖围垦的各级政府都有强烈的退垦还湖愿望和要求。1986 年，在邓小平的批示下，南京军区撤出城西湖部队，城西湖垦区最终放水还湖。

一、退垦还湖的决策

围垦城西湖虽然取得了增加部队粮食和农副产品的供应、军民合作支援地方等方面的积极成果，但带来的诸如造成南部沿湖地区水灾严重、影响淮河系统治理、军民纠纷增多、流行性出血热地方疫病流行、水生态恶

---

[1] 尚汝清：《沿岗河水质情况的调查》，中国人民政治协商会议安徽省霍邱县委员会编：《霍邱文史资料》第 3 辑，第 19 页。
[2] 安徽省地方志编纂委员会编：《安徽省志·农垦志》，第 258 页。

化等一系列问题，也是非常严重的。于是，当地民众、科技人文工作者和新闻媒体、各级政府都纷纷要求退垦还湖。

首先，城西湖围垦使湖区渔民和湖区南部群众首当其冲地受到损失，湖区渔民和湖区南部群众、基层干部强烈要求退垦还湖。城西湖原有 4000 多个渔民，城西湖围垦后，蓄水区水面缩小 3/4，渔民失去了捕捞基地。城西湖围垦使湖周围原来旱涝保收的农田区变成了淹没区。1967—1985 年，每年淹没的耕地扩大 12 万亩以上。1980—1985 年，共淹没耕地 100 多万亩，粮食减产 2.5 亿公斤，造成沿湖农民群众生活贫困，农民强烈不满，纷纷要求破除百里围堤，恢复城西湖的自然形态。

其次，科技人文工作者和新闻媒体从自己的专业出发反映城西湖湖区民众要求退垦还湖的呼声。科技人文工作者和新闻媒体纷纷到湖区实地考察，根据考察写出专题论述，以生态学观点，从经济效益、社会效益、治淮水利设施等方面指出退垦还湖利多弊少，肯定退垦还湖，为城西湖退垦还湖提供科学依据和民意基础。1980 年 12 月 16 日，《安徽日报》发表了生态学者侯学煜、孙世洲、韩也良、周翰儒、吴诚和撰写的《从生态学观点看发展安徽大农业问题我们的几点意见》的第三部分；1981 年第 3 期（总 11 期）《环境之声》发表了侯学煜《退垦还湖保持湖泊生态平衡》一文；同年 3 月 20 日《人民日报》发表了《围湖造田，得不偿失》一文，这都是从生态学角度论证城西湖应该退垦还湖。1984 年 11 月 20 日，《中国环境报》头版头条刊登报道指出："城西湖围垦得不偿失，破坏生态环境，后患无穷。"1985 年，在城西湖围垦效益和综合治理学术讨论会上，经过有关专家的论证，提出了"圩区续垦，水利配套"、"洼地退垦还湖"和"枯（冬）垦丰（夏）蓄"三个方案，会议一致认为"洼地退垦还湖"方案比较切实可行，投资少、生效快。[1]1985 年秋，《中国环境报》一版头条发表了霍邱县《城西湖围垦破坏生态环境后患无穷》一文，指出城西湖被围垦殆尽，生态环境遭到毁灭性破坏，而且在经济上也得不偿失。该文章经中央广播电台播出，引起了有关部门的高度重视。[2]1986 年 4 月 14 日，新华社记者宣奉华《围垦霍邱城西湖给 20 多万农民带来灾难 安徽省有关干部群众强烈要求退垦还湖》的稿件，更是受到中央领导重视。

最后，各级政府顺应城西湖区民众呼声，积极推动退垦还湖。1979 年

---

① 安徽省地方志编纂委员会编：《安徽省志·农垦志》，第 258 页。
② 安徽省地方志编纂委员会办公室编：《安徽省志·环境志》，第 527 页。

春，霍邱县邵岗公社（城西湖南岸）革命委员会副主任王星球给中共中央、国务院、中央军委、三总部（总参谋部、总后勤部、总政治部）及《解放军报》报社和南京军区写信说："安徽省霍邱县城西湖军垦农场，自建成后，给沿湖社队带来了重重灾难……使人民群众的生活由富裕走向贫困。"[1]要求退垦还湖。1980年以来，霍邱县委、县政府根据沿湖周围群众、干部的要求，把退垦还湖作为一个重大问题，屡次向上级领导部门反映，该县人大代表、政协委员还多次写成议案、提案，提交到本级和上级人民代表大会、政协会议上讨论。安徽省和六安地区的领导也多次深入湖区现场调查。1980年8月30日—9月10日，在第五届全国人民代表大会第三次会议上，安徽省代表王劲草、王泽农、李敦弟、许有光4人联名提出《要求城西湖军垦农场退垦还湖以根治水旱灾害重建生态平衡》的1249号议案。[2]1982年，国家水利部门以"水管字1号"文件提出"为了有利于落实治淮规划，有利于解决湖区1750平方公里涝水的调蓄，有利于合理利用湖面，搞好农业和水产等多种经营，有利于改善军民关系，建议退垦还湖"。但南京军区以"南公字10号"文件进行了辩驳，表示拒绝。1978年以后，万里同志在安徽担任省委书记期间，也几次提出城西湖只有退垦还湖，才能彻底解决问题。1983年3月，王郁昭到省先后任省委副书记、省长后，也曾向军垦部队提出，农村改革后，农业连年丰收，部队退垦还湖后，原来由城西湖农场生产的粮油，由安徽省平价供应，买粮油的钱，比部队围垦生产的粮油，成本能降低一半，对部队也是有利的。[3]

　　1986年4月，城西湖退垦还湖问题的解决迎来了一个重要契机，一是4月召开的全国人大六届四次会议和全国政协六届四次会议期间，安徽省人大代表提出议案，政协委员提出提案，要求城西湖军垦退垦还湖；二是新华通讯社4月14日（第812期）《国内动态清样》发表了新华社安徽分社记者宣奉华写的一篇内参稿子。宣奉华在内参中写道，"安徽省霍邱县的城西湖，从1966年被军队围垦以来，把1700多平方公里面积的来水逼往高处淹没沿湖良田，破坏了自然生态，造成严重的恶果。昔日富庶的鱼米之乡，如今变成了常受水害的重灾区，20万人受苦受难"，"多年来，城西湖岸人民强烈要求破除造田的百里围堤，恢复城西湖的自然状态，把产权归还霍邱

---

① 《解放军报·来信摘编》第48期，1979年5月12日。
② 安徽省地方志编纂委员会编：《安徽省志·农垦志》，第258页。
③ 王郁昭：《往事回眸与思考》，北京：中国文史出版社，2012年，第339、334、335页。

县"。①时任国务院副总理万里看到这篇稿子后,立即做了批示:"此地军队应当全部撤出,由地方处理。"但他认为退垦还湖之事"时已几年,看来此事只有邓小平同志批示才行。特为民请命"。1986 年 4 月 18 日,邓小平做了重要批示:"请尚昆同志处理。围垦部队应尽速限期撤出。这些部队如无其他方法安置,都可以做复员处理。"②

二、退垦还湖的实施

1986 年 4 月,遵照中央领导同志关于城西湖退垦还湖的重要批示,南京军区和安徽省主要领导同志分别到城西湖进行实地考察,并进行了商谈,共同表示坚决拥护中央领导同志的重要批示,坚决贯彻落实批示精神。6 月 21 日,南京军区和安徽省人民政府草签关于城西湖退垦还湖的协议,并共同起草了给中央军委和国务院的《关于贯彻落实中央领导同志对城西湖退垦还湖问题重要批示的情况报告》。报告指出:为了服从治淮大局,照顾群众利益,部队表示,军垦部队从湖下全部撤出,城西湖彻底退垦还湖。双方协商同意军垦部队于 1986 年底以前从湖下全部撤出,1987 年元月开始放水还湖。部队在湖上的一切军产包括已建的面粉厂、榨油厂、饲料厂及为之服务的必要设施,仍由部队继续经营管理、使用。部队用于农场基本建设的投资共达 4200 万元,为了减少损失,湖下的房屋、树木、线路等由部队在放水前拆除、砍伐和处理。工农兵、城南、高台子三个排灌站交地方管理,临淮岗变电所待淮南至霍邱 11 万伏高压线路接通后再交地方。城西湖军垦农场是南京军区部队所需补助粮、油、豆和饲料粮的主要生产、加工基地。退垦还湖后,部队要求地方每年平价供应 2 万吨小麦、2500 吨黄豆、100 吨食油,请国务院批准增加安徽省平价销售的指标,以保证部队补助粮、油、豆和饲料的需要。在保证蓄洪排涝需要和安排好 4000 个渔民生产、生活的前提下,部队与地方联合发展水产养殖业。退垦还湖的实施方案和有关问题的处理,可由南京军区和安徽省人民政府商定后,由军垦农场和霍邱县人民政府具体贯彻实施。③

---

① 宣奉华:《围垦霍邱城西湖给 20 多万农民带来灾难 安徽省有关干部群众强烈要求退垦还湖》,新华通讯社:《国内动态清样》1986 年 4 月 14 日(第 812 期)。
② 王郁昭:《往事回眸与思考》,第 335 页。
③《南京军区、安徽省人民政府关于贯彻落实中央领导同志对城西湖退垦还湖问题重要批示的情况报告》(〔1986〕南后字第 007 号、皖政〔1986〕46 号),《治淮汇刊》(1986),第 12 辑,第 48—49 页。

遵照中央领导同志关于城西湖退垦还湖的重要批示和南京军区、安徽省人民政府《关于贯彻落实中央领导同志对城西湖退垦还湖问题重要批示的情况报告》所确定的原则和精神，9 月 25 日，在城西湖农场提前举行了交接仪式。南京军区代表为军区后勤部副部长夏玉成，安徽省的代表为安徽省人民政府副省长孟富林。交方经办单位为城西湖农场，代表为场长郎东方；接方经办单位为霍邱县人民政府，代表为洪文虎。交接的项目，据《关于贯彻落实中央领导同志对城西湖退垦还湖问题重要批示的情况报告》中明确"湖下的房屋、树木、线路等由部队在放水前拆除、砍伐和处理"。南京军区从关心人民群众的利益、支援老区建设出发，决定把湖下土地及不动产全部无偿地移交安徽省人民政府。交接双方签字后，再由城西湖农场和霍邱县人民政府具体实施，在 1986 年 9 月底交接完毕，部队撤出。交接的主要项目有：土地 14 万亩，可耕地 12 万多亩；房屋 4 万平方米，以及部分生活附属设施；水泥混凝土公路 20.48 千米，砂石路 4.4 千米；水泥混凝土飞机场 1 个、晒场 28 块；桥梁 14 座、涵洞 68 座、闸 1340 座，干支渠 73 条、250 千米；临淮岗变电所，容量 11 200 千伏安，高低压线路 54 千米，变压器 13 台；架空明线路 25 千米，地下电缆 22 千米，50 门电话总机 3 部，单机 25 部；树木 23 万余株；工农兵、城南、高台三座排灌站及现有修理配件，装机 22 台，总流量 102.3 立方米每秒。军垦农场原一区的 230 亩鱼塘和该区的 1863 亩耕地及房屋设施，在还湖前暂由部队经管，还湖后可按《关于贯彻落实中央领导同志对城西湖退垦还湖问题重要批示的情况报告》第五条精神，在安排好几千渔民生产、生活的前提下，实行"部队与地方联合发展水产养殖业"[1]。9 月 28 日，围垦部队按照规定将城西湖农场及其湖下不动财产移交给地方，并陆续从城西湖撤走。[2]安徽省顺利接管了城西湖军垦农场湖下土地，并随机组织省直有关部门协助霍邱县人民政府研究制定还湖实施方案。

在军垦部队撤出后，霍邱县人民政府鉴于 1986 年冬季少雨，遂将军圩的土地分给农民种一季小麦，1987 年夏收产量达 1500 万公斤。于是霍邱县人民政府又请求暂缓放水入湖。为此，安徽省人民政府于 1987 年 6 月 2 日向国务院递交了《关于城西湖放水还湖准备情况的报告》，申请将放水还湖的时间延迟至 1988 年。报告中提出延迟放水还湖的理由是：一是与军垦区

---

① 《南京军区城西湖农场下土地财产交接纪要》，霍邱县档案馆：西湖办，1986 年，案卷号：二（2），该文件第 1—3 页。
② 安徽省地方志编纂委员会编：《安徽省志·农垦志》，第 259 页。

毗邻的民圩防洪问题尚未解决。在城西湖西北部，有 2.8 万农户、19 万多亩耕地，围垦前筑有小圩防洪，围垦后并入大圩。还湖前需修筑一条 26 千米长、24 米高程的防洪堤，土方工程量为 270 万多立方米，迄今只完成 20 万立方米，堤顶高程不到 22 米，且新堤土未夯实，难以抵御洪水。二是军垦圩内尚有 1.4 万多群众的生产、生活未安排落实。围垦城西湖时，为修建场部营房、开挖沿岗河、修筑围垦大堤，挖压占用了群众岗上的耕地。部队以沿岗河一带 1.3 万亩湖地补偿。这些岗地还湖后将全部淹没，群众要求返还原地耕作，但现有部分岗地仍由部队管理，另一部分已被军垦大堤、沿岗河占去，还湖前，这些群众的生产、生活出路需要妥善解决。三是开发城西湖的前期工作尚未完成。霍邱县计划还湖后，充分利用水面资源，发展水产养殖、水生种植业，恢复舟楫、灌溉等事业，正在进行综合经济技术分析和规划设计，积极兴建一些基础工程。如在这些工作尚未完成的情况下还湖，不仅难以取得较好的效益，还会给今后的开发利用带来困难。四是湖内现有水利、供电、通信、交通设施的迁改工作尚未进行。城西湖西北部民圩需在还湖前修建独立的排涝设施，霍邱县西部 5 个骨干工业企业和 5 个区镇 67 万人民的供电、通信、交通线路均从湖下通过，需在放水还湖前进行加固处理或改建。① 水利电力部对这个报告进行研究后，于 1987 年 6 月 22 日向国务院提出了反对延迟放水还湖的意见，认为 1986 年 6 月 21 日南京军区与安徽省人民政府向国务院、中央军委《关于贯彻落实中央领导同志对城西湖退垦还湖问题重要批示的情况报告》中提出了 1986 年底以前军垦部队从湖下全部撤出，1987 年元月开始放水还湖，但据了解，军垦部队已提前全部撤出，但安徽省并未按协议于 1987 年元月放水还湖，而是当部队撤出后，由霍邱县群众在湖下垦区种植了小麦。现在，安徽省人民政府报告又请求将放水还湖的日期推迟到 1988 年，恐怕影响不好。水电部还认为城西湖是一个良好的湖泊，应该大力开发，充分利用水面资源，同时城西湖又是淮河干流调蓄洪水的重要场所。为治淮大局计，必须坚持退垦还湖，坚持大水蓄洪滞洪，否则必将贻误大局。为此，水电部建议城西湖仍应按协议在 1987 年放水还湖。②

　　1987 年 7 月 13 日，国务院批复了《安徽省人民政府关于城西湖放水还

---

① 《安徽省人民政府关于城西湖放水还湖准备情况的报告》（政函〔1987〕48 号），《治淮汇刊》（1987），第 13 辑，第 41—42 页。

② 《水利电力部对城西湖退垦还湖问题意见的报告》（〔87〕水电水管字第 18 号），《治淮汇刊》（1987），第 13 辑，第 43—44 页。

湖准备情况的报告》，对安徽省未严格按原协议执行放水还湖提出了严肃批评，强调关于城西湖退垦还湖问题，要严格按原协议办，必须抓紧履行协议，在1987年内做好放水还湖工作；为确保汛期安全，必须退垦还湖，并切实抓好清障工作，在大水来时蓄洪滞洪，不得贻误防洪大局；军垦部队已提前撤出，地方应抓紧放水还湖，军垦退出的耕地也不宜再围圩耕种。[①]国务院的批复下达后，安徽省委、省政府立即研究了贯彻落实意见，副省长汪涉云于国务院批复次日即率工作组赴六安地区传达贯彻、帮助研究落实措施；省委书记李贵鲜、副书记孟富林亦分别赴现场检查、督促，省、地、县各级负责同志一致表示接受国务院领导同志的严肃批评，坚决贯彻执行批复中的三点意见，全面履行南京军区和安徽省的协议，保证在1987年内做好放水还湖工作，服从淮河防洪的需要，随时准备开闸蓄洪。[②]7月20—21日，安徽省人民政府向霍邱县做了传达。7月22日，霍邱县委、县政府主要负责人向该县"六大班子"、县直属各单位及沿湖各区负责人进行传达，统一认识。7月21日，霍邱县委、县人大、县政府负责人带领工程技术人员勘查选定放水口位置，在沣河桥西2千米沿岗河堤上，动员城关镇牌坊乡、水上乡的民工670人，于7月27日挖成宽116米、底高程20米的放水口门放水还湖。同时组织动员陈嘴、陈郢、高塘、范桥、五塔寺5乡的民工3.19万人，加高加固26.5千米民圩格堤。[③]8月初，湖区250多平方千米区域的暴雨径流已流入军垦区，蓄水面积达63 000多亩。8月底，沿岗河水位上涨，洪水已通过口门流入湖内。[④]至此，城西湖已安全放水还湖。

城西湖退垦还湖后，结合解决淮河干流扩大排洪通道工程的移民安置考虑，1988年8月，霍邱县人民政府决定将工农兵电力排灌站至城北公路桥以北和军台子以西至高塘圩边界两处共约36平方千米的范围作为移民安置区域；其余约74平方千米放水还湖作为滞洪养殖区。同年，安徽省人民政府拨款在放水口位置兴建滚水坝一座，坝长200米，坝顶高程20米，设

① 《国务院关于城西湖放水还湖问题的批复》（国函〔1987〕118号），《治淮汇刊》（1987），第13辑，第40页。
② 《安徽省人民政府关于城西湖放水还湖情况的报告》（政函〔1987〕72号），《治淮汇刊》（1987），第13辑，第45页。
③ 安徽省地方志编纂委员会编：《安徽省志·农垦志》，第259页。
④ 《安徽省人民政府关于城西湖放水还湖情况的报告》（政函〔1987〕72号），《治淮汇刊》（1987），第13辑，第45页。

计流量 500—800 立方米每秒，作为滞洪养殖区放水入湖的枢纽工程。[1]

三、退垦还湖的意义

城西湖退垦还湖的决策与实施，体现了尊重自然、顺应自然、保护自然的生态文明理念，对淮河的综合施治、减轻城西湖区的水旱灾害、城西湖的合理开发、改善霍邱县城关居民生活饮用水条件，都产生了重要的积极作用。

第一，退垦还湖后的城西湖作为淮河中游最大蓄洪区，成了淮河防汛中的一张"王牌"，更好地发挥着重要的调蓄洪水作用。淮河从河南进入皖西之后，弯曲特多，水流缓慢。一年一度夏秋之交的暴雨季节，这里就成了卡脖子的咽喉地带。为了确保淮北大地、两淮煤矿、电厂及津浦铁路免遭汛期水害，1951 年治理淮河时，国家就把城西湖列为淮河中游重点湖泊蓄洪区之一。城西湖蓄洪库容量为 29.5 亿立方米，相当于 4 个濛洼蓄洪区，区内有 4 万公顷耕地，居住着近 15 万人口，因此一般不轻易启用。在淮河遭遇 1954 年型洪水时分洪，即当润河集水位超过 27.10 米时，或润河集水位达 27.10 米、正阳关水位 26.50 米时分洪，可以削减洪峰，降低淮河干流水位，保障安徽淮北大堤安全，可以保护约 1000 万亩耕地；减轻淮河上游河南省沿淮地区的灾情，减少对淮河下游江苏省洪泽湖大堤的洪水威胁。[2]城西湖在 1966 年被围垦后，1968 年被迫分洪，给军垦农场及霍邱人民生命财产造成了巨大损失。当年 6 月下旬—7 月，淮河上游及干流沿岸出现两次较大范围的暴雨，暴雨洪峰原本可以分流进入城西湖百亿方水量，却被高高的湖堤阻挡。7 月 16 日，淮滨县城漫决进水，17 日，王家坝出现历史最大流量 17 600 立方米每秒，城西湖蓄洪区上格堤决口进洪。1987 年放水还湖 5 年后的城西湖蓄洪区，又因淮河流域大水而被启用。1991 年淮河发生全流域大水，城西湖再次被启用蓄洪，"自 7 月 11 日 16 时开闸以来，城西湖最大进洪流量曾达 3000 秒立方米，已蓄水约 5 亿立方米，使淮河干流水位明显下降，从而有效地减轻了洪水对淮北大堤和淮南、蚌埠工矿城市圈堤以及津浦铁路的威胁"[3]。

---

① 安徽省六安地区水利电力局编：《六安地区水利志》，第 105 页。
② 王维新：《淮河大水，城西湖不能不蓄洪——纪念刘德润同志逝世三周年》，白济民主编：《纪念刘德润博士文集》，第 31 页。
③ 蒋志敏：《安徽城西湖蓄洪后昨天关闸》，《人民日报》1991 年 7 月 15 日，第 2 版。

第二，城西湖退垦还湖后，减轻了沿湖地区的洪涝灾害，加快了湖区群众脱贫致富的步伐。过去，围垦城西湖致使沿湖 5 个区、2 个镇、18 个乡、112 个村、1231 个队、35.6 万亩耕地年年遭受洪涝灾害。据资料记载，围垦前沿湖地区年平均遭受洪涝灾害 5.78 万亩土地，围垦后的 18 年年平均受灾 11.68 万亩土地，比围垦前年平均多淹 5.9 万亩土地。还湖以后，1988—1990 年年平均淹涝只有 1.68 万亩土地。1990 年 7 月 17—20 日湖区 24 小时降水 244 毫米，沿湖范桥圩、兰桥湾圩、桥岗圩、朱塔圩等生产圩均未遭受涝灾。据有关部门调查统计，还湖 3 年来沿湖地区每年增收粮食 0.75 万吨，湖区群众每年人均增收 75 元。1988 年以来，更是投资 87.57 万元对沿湖 12 个生产圩堤进行了治理，共建排灌站 9 座，从而使万亩耕地实现了旱涝保收。例如，朱塔、坎山等 4 个圩堤近 9000 亩耕地还湖前午季不能保收，秋季收获甚微，在新建的排灌站发挥效益后，年年增产增收。总之，还湖以后，减轻了洪涝灾害，使大批湖区群众开始摆脱贫困。白莲乡井庄村围垦时是典型的受灾村，当时的村支部书记春节时写了一副对联："良田千顷一片黄水，债台高筑两袖清风。"横批是："年年受灾。"还湖后该村发动群众加固生产圩堤，使该村的 4900 亩耕地年年旱涝保收，1990 年估计全村人均收入达 300 元，比还湖前的人均 90 元增加了 210 元。①

第三，退垦还湖后，恢复了城西湖的自然资源，为综合开发利用城西湖奠定了基础。还湖后，城西湖自然资源逐步得到恢复。湖内 45 种鱼类生长繁衍，"西湖青虾"产量逐年增加，芡实、菱角、莲藕、茭瓜等水生植物覆盖面不断扩大，据 1989 年调查覆盖率达到 87%，底栖生物已发现的就有 31 种。每年还有大量的鸟类栖息湖区。这一丰富的自然资源给沿湖人民群众开发利用提供了有利条件。为了把城西湖治理、开发、利用好，霍邱县委常委会决定，将城西湖综合开发指挥部变成一个常设机构，沿湖区镇乡亦相应建立湖区开发领导组。1987 年下半年，霍邱县制定了《城西湖综合开发利用规划》，规划按照"减灾富民，安定团结，生态平衡"的原则，在"确保沿岗河以上区域解除或减轻洪涝灾害，确保沿淮 19 万亩良田不增加新的淹涝面积"的基础上，对湖内自然资源"全面规划，积极开发，宜种则种，宜养则养，分层治理，综合利用，规模经营，建成基地，逐步实施，发挥效益"。1987 年还湖后 3 年来，鱼、蟹、虾、贝类等水产品总产量

① 《关于城西湖还湖后综合治理的情况汇报》（1990 年 10 月 14 日），霍邱县档案馆：西湖办，1990 年，案卷号：十三（16），该文件第 2—3 页。

达 2500 吨,产值 750 万元以上;1989 年渔业总产量达 16.7 万公斤,产值 50.4 万元,养殖户户均收入 2623 元,人均收入 256.2 元。[①]在发展水产品的同时,逐步发展饲料加工、水产品加工工业,发展商贸服务业,形成了农渔工商、产供销一条龙的湖区经济格局。

第四,改善了霍邱县城关居民的饮用水条件。还湖前,城区 8 万多居民饮用水主要靠沿岗河提供。由于沿岗河水面较小,自净能力差,城区工业废水和生活污水多半排入河内造成不同程度的污染,许多指标达不到国家规定的饮用水卫生标准,严重地威胁着城区人民的身体健康。还湖后可以直接从湖内取水,湖内的水质较沿岗河有很大的好转。据 1990 年采样检验,19 项指标中,达标的有 14 项,基本达标的有 3 项。[②]退垦还湖,从根本上解决了城关居民饮用水问题。与此同时,退垦还湖还极大地净化了城关地区的环境,也在一定程度上改善了气候条件。

---

① 《关于城西湖还湖后综合治理的情况汇报》(1990 年 10 月 14 日),霍邱县档案馆:西湖办,1990 年,案卷号:十三(16),该文件第 3—7 页。
② 《关于城西湖还湖后综合治理的情况汇报》(1990 年 10 月 14 日),霍邱县档案馆:西湖办,1990 年,案卷号:十三(16),该文件第 3—4 页。

中华人民共和国成立以前，淮河流域水资源环境以黄河夺淮和黄河北徙为标志，呈现出南宋以前淮河独立入海、黄河长期夺淮入海、黄河北徙与导淮入海三个重大阶段性变化。中华人民共和国成立后，淮河流域水资源环境变迁则以政府治淮、现代化建设为主线，经历了中华人民共和国成立之初大规模治淮、20 世纪 50 年代末至 70 年代治淮及河网化改造、20 世纪 80 年代以来治水与治污并重、新时代淮河水生态文明建设四个重要阶段。1950 年政务院颁布《关于治理淮河的决定》，掀起了中华人民共和国第一个治淮高潮。山东导沭整沂、苏北导沂整沭工程相继开工，淮河上中游的行蓄洪工程及支流疏浚工程纷纷动工，淮河中游的复堤工程、中下游的洪水控制工程及引河、入海水道工程接连兴建。1958 年治淮委员会撤销，治淮工作由各省分别负责，因缺乏统一协调管理，治淮工作出现了此后一段时间内盲目地以蓄为主、旱作改稻作、河网化改造的不利局面，其间虽然治淮工程做了不少，但水旱灾害依然频繁且严重，防洪排涝问题仍相当突出。1977 年国务院批复成立水利电力部治淮委员会，后又成立治淮领导小组，治淮工程被列入国家专项，全流域统一管理再次得到了强化，防洪除涝的大型治淮骨干工程得到了全面安排和落实。但改革开放以来，随着流域现代化和城市化的推进，大量未经有效处理的农药残留物、工业废水、城镇生活污水污染了淮河水域，治淮工作进入了需要同时兼顾防洪除涝、发展节水灌溉、治理水污染等多重任务的新时期。譬如，1991 年夏季，淮河流域大水，安徽人做出了巨大牺牲，但是当中央拨巨款治理淮河时，豫皖交界的安徽人虽深受洪水之苦，却拒绝疏通河道，理由是上游经常排污水！①1994 年淮河突发性污染是在淮河进入主汛期，在旱涝急转的情况下发生的，这是新形势下防汛工作中面临的一个新问题。淮河流域水旱灾情与污情的复调，促使"各地水利部门应密切注视水情、污情，既要防

---

① 陈桂棣：《淮河的警告》，第 23 页。

旱、又要防汛，还要防污，在淮河水变清之前，水利工程运用既要考虑水量，又要考虑水质及其影响，将污染危害降到最低限度"[①]。2012 年党的十八大以来，治淮工作进入了水生态文明建设的新时代，全面系统地对淮河展开综合治理成了贯彻落实国家淮河生态经济带建设战略的重要一环。

历史上淮河流域水资源环境的变迁，既有自然因素的作用，也受人类活动的影响，特别是随着科学技术和现代化的发展，人类影响水资源环境变化的能力会越来越强。古、近代时期，淮河水资源环境变迁虽有政府治黄治淮治运及农业垦殖、战乱等人为因素的推动，但主要的驱动力还是黄河南泛入淮和长期夺淮，黄河夺淮对淮河流域水资源环境进行了超越人类不合理活动的形塑，淮河中下游平原地形地貌易变，淮河下游河道为黄河侵占、淤垫而不得已改道入江，沂沭泗水系也不再流入淮河，而是独流入海，苏北沿海因黄河造陆而使海岸线不断东延，全流域进入了水旱灾害多发时期。黄河夺淮所引起的淮河流域水资源环境的脆弱化变迁，带来了很大的影响，可以说中华人民共和国成立之初的几次大水灾多与黄河长期夺淮导致淮河水系破碎、排水不畅等有着密切关系。不过，中华人民共和国成立 70 多年来相对于古、近代时期来说是一个短时段，虽然气候的变迁、黄河夺淮的余响对流域水资源环境变迁有着一定的作用，但已经不再是主要的驱动因素，政府领导和组织大规模治淮，强有力地领导和推动现代化、城市化，成为导致淮河流域水资源环境发生阶段性变迁的重要推动力。

南宋至民国时期，淮河流域水资源环境变迁的主要表现是河流淤塞改道、湖沼变动无居、水灾频发叠加、旱魃肆虐不断、地形地貌易变，呈现出的总趋势和总特点是人类活动与水资源环境之间关系从相对协调到日趋紧张、流域水资源环境日趋恶化和脆弱化，整体呈现的是一种负向变迁。中华人民共和国成立以来，除水旱灾害多发且灾情依然没有得到根本缓解、水土流失还有反复以外，流域河流湖泊及地形地貌受黄河直接祸害的局面已经不复存在，流域水资源环境受政府大规模治淮、现代化建设等人为因素影响而整体呈现向人工化、正向化方向变迁，淮河成了我国最大的人工化河流，完善的水利系统有效地发挥了防洪、排涝、灌溉等减灾效益。不过，随着水利工程的修建和现代化建设的发展，流域水资源环境也出现了一些负向变化，如水旱灾肆虐、水资源短缺、水环境恶化、水生态

---

① 水利部淮河水利委员会：《关于淮河干流发生突发性污染的情况报告》（淮委水保〔1994〕13号），《治淮汇刊（年鉴）》（1995），第 20 辑，第 144 页。

退化的"四水"问题，既是流域水资源环境变迁的新表现和新内容，也是近年来流域水资源环境变迁的一种新特点。

水资源环境是人类从事水事活动进而形成复杂水事关系的重要场所和宏观基础，一旦水资源环境发生变动，既有的水事关系就会失衡，甚至被破坏，水事纠纷便随之产生。从淮河流域的历史发展来看，水资源环境的变迁与水事纠纷发生的频率、激烈程度密切相关。南宋以前淮河独流入海，水资源环境问题并不突出，所以水事关系相对和谐，很少有水事纠纷发生。南宋至民国时期因黄河长期夺淮和黄河北徙造成流域水资源环境的负向巨变，流域水事关系日趋紧张，行政区之间、农业和航运业之间、农业和盐业之间的水事纠纷频发。中华人民共和国成立之初，受黄河夺淮的长期影响，淮河水系排水不畅，洪涝灾害严重，水事矛盾激化，所以流域各地产生了不少阻水排水纠纷。20世纪50年代末至70年代，因治淮缺乏统一领导、统一规划，豫、皖、苏、鲁四省在治淮问题上多有分歧，很多治淮工程甚至因互不团结、互不让步而无法开工建设，相当长的时间都处在争议中。而1958年开始的淮北河网化改造运动，盲目强调蓄水和旱作改稻作，淮北平原的阻水问题变得相当严重，进而激化了既有的水事关系，省与省、市（县）与市（县）等行政区之间经常发生水利冲突。从20世纪70年代中期开始，淮河流域水污染日趋严重，流域水资源环境又生一变，在水资源纠纷还未得到彻底解决之时，流域上下游、省际、市（县）际的水环境污染纠纷又成为一个突出问题。近年来，随着流域水生态文明建设的推进，人水矛盾得到了缓解，虽然还无法完全避免局部、小规模的水事纠纷发生，但随着流域水资源环境的日渐改善，像历史上那种大规模的、激烈的水事冲突已经很难再见到。

除上述淮河流域水资源环境局部负向变迁是造成中华人民共和国成立以来流域一些地方尤其是行政边界、河流上下游之间多发水事纠纷的重要原因之外，流域各省、市（县）、乡（镇）、村多级行政区划管理的区域性、分割性与流域水资源环境的流域性、整体性之间难以调和的矛盾，也是淮河流域频发行政边界水事纠纷的制度因素。

淮河流域地跨湖北、河南、安徽、江苏、山东五省，行政区划和行政层级多，流域干支流水系发达，边界河道多，上、下游及各层级行政边界水事关系复杂，因而水事纠纷类型也多种多样。中华人民共和国成立以来淮河流域的水事纠纷，依照不同的分类标准可以有多种不同的类型划分。从水资源、水环境的不同属性，可以将淮河流域水事纠纷分为水资源纠纷和水环境纠纷两大类。水资源纠纷实质上就是通常人们所说的水利纠纷；水环境纠纷有因水土流失而产生的纠纷和因水污染而产生的纠纷，其中水污染纠纷是水环境纠纷中最具代表性的一种纠纷。流域水事纠纷的类型，还可从纠纷性质、原因、内容、主体等方面做进一步细致的划分，如根据纠纷的性质，淮河流域水事纠纷可分为水行政纠纷和水民事纠纷。从纠纷产生的原因看，流域各地有因扒堤排水、筑堤堵水而产生的排水纠纷；有因抢占湖田湖产、非法圈圩而产生的垦殖纠纷；有因争夺灌溉水资源、偷采地下水资源、非法开采河道湖泊黄砂资源等而产生的资源纠纷；还有因湖面综合开发问题而产生的权属纠纷。与古、近代时期淮河流域水事纠纷多样化类型相比，中华人民共和国成立后的水资源纠纷类型和内容变化不大，不同的只是纠纷主体发生了变化。但在水环境纠纷方面，古、近代及中华人民共和国成立初期的一二十年，淮河流域还未出现所谓的水污染问题，所以并没有水污染纠纷一说，但至 20 世纪七八十年代，淮河流域行政区之间的水污染纠纷已相当多。

由于淮河流域水资源环境变迁的影响和政府治淮、现代化发展、多层级行政区划管理等社会治理因素的作用，中华人民共和国成立以来淮河流域水事纠纷的形成与发展有着以下鲜明的特点。

其一，水事纠纷由多到少、由大到小。南宋至民国时期，淮河流域水旱频仍，水事纠纷此起彼伏。中华人民共和国成立初期，受历史的影响，淮河流域仍然频发较大规模的水事纠纷。当时"地区间的排水纠纷仍是值得严重注意的一个问题。特别是河北、河南、山东、安徽、江苏等省，省与省间有纠纷，省境专区与专区、县与县、乡与乡、社与社之间也有很多的水利纠纷"，就省与省之间反映到中央的就有 20 多起。据 1956 年山东省 6 个专区统计，共发生水利纠纷 854 起，其中菏泽专区就有 634 起。河北、河南等省内的水利纠纷也有很多。①20 世纪七八十年代以来，流域规模较大的水事纠纷开始减少，即使有些地方发生了水事纠纷，规模也较小，影响面十分有限。如据《周口地区志》统计，1935—1947 年，周口地区"与邻省、邻地区以及县与县之间发生水利纠纷 62 起"，中华人民共和国成立后至 1990 年底，"水利纠纷的发生率比建国前下降 62%，水利纠纷协议达成率 89%"。②又据《东台市水利志》记载，随着水利事业的发展和水利规划

① 本报评论员：《克服本位主义，消除水利纠纷》，《人民日报》1957 年 9 月 14 日，第 5 版。
② 周口地区地方史志编纂办公室编：《周口地区志》，第 367 页。

工作的完善，20世纪80年代以来，东台市内"基本没有发生大的水事纠纷"。[①]另据《柘城县志（1986—2000）》记述，1986—2000年河南柘城县"无水事纠纷案"。[②]就拿比较严重的淮河水污染纠纷来说，由于近年来开展有效的联防联控、科学调度水资源，因而其也得到了很大的缓解。

其二，水事纠纷空间分布的差异性。淮河流域省际、市（县）际边界线长，干支流上下游的整体性与行政区划的分割性矛盾，造成流域行政边界水利纠纷和水污染纠纷发生的概率要高于非行政边界地区。淮河上游山区性边界河道上下游、左右岸多发挑水和阻水纠纷，淮河干流中下游多发洪水控制工程建设的省际争议，如河南与安徽之间的临淮岗洪水控制工程问题之争、安徽与江苏之间的洪泽湖蓄水位问题之争等。淮北平原沟汩纵横，受黄河夺淮的影响，河沟易遭淤塞，所以多发排水纠纷。从水系分布看，豫皖边界水事纠纷集中在史灌河、谷河、汾泉河、沙颍河、涡河、浍河、沱河等水系，苏皖边界水事纠纷则集中在濉河、废黄河、包浍河等水系，苏鲁边界水事纠纷大多集中在沂沭泗河及其支流的中下游地区。南四湖地区的水事纠纷最为突出，不仅江苏、山东之间多发省际纠纷，同一省内地区之间、县与县之间也多发纠纷，同时南四湖地区水多、水少、水脏问题及湖田湖产历史遗留问题并存，所以既有排水阻水纠纷，也有争水分水纠纷，20世纪七八十年代以来更有水污染纠纷，还有从清代以来就一直存在的争夺湖田湖产纠纷。

其三，水事纠纷发生和演变的复杂性。中华人民共和国成立以后相当长一段时间，淮河流域水事纠纷多以排水纠纷为主，到20世纪七八十年代演变为以用水纠纷、水污染纠纷为主，不少水事纠纷兼具水资源纠纷和水环境纠纷的双重属性。例如，河南、安徽边界的沙颍河上游早在20世纪50年代曾经治理过，干支流防洪标准很低，不能发挥其应有的效益，影响到30多个县（市）的工农业生产和人民生活水平的提高。灌溉时因水源紧张，上下游争水，发生矛盾；汛期则因为河道标准低，排泄困难，下游压力大而发生水事矛盾。改革开放以后，沙颍河污染问题严重，不但危害两岸人民的身体健康，更重要的是引发了淮河上下游水污染纠纷。又如山东洸河上游堤防残缺，一遇大水就会淹没兖州土地，所以济宁与兖州之间边界排水矛盾一直未解决，后因宁阳造纸厂废水入洸河成为该河主要污染

---

① 东台市水利志编纂委员会编：《东台市水利志》，第232页。
② 柘城县地方志编纂委员会编：《柘城县志（1986—2000）》，第231页。

源,又交织了新的水污染纠纷。①再如,山东滕县城郊乡孙楼村与滕县棉厂等单位的排水纠纷就交织着水污染纠纷。1987 年 7 月,城郊乡孙楼村村民以侵占粮田、污水影响农作物生长为由,将县棉厂西排水沟堵截,与县棉厂、烟厂、蔬菜公司、县社贸易中心、物资局、被服厂、四中、辛庄居委会 8 家单位发生排水、水污染纠纷。7 月 21 日,经县政府主持进行多方协商,达成如下处理意见:一是棉厂西排水沟系自然故沟,理应承接上游坡水,汛期应由孙楼村及时破坝排涝,如因破坝不及时造成灾害,追究设障者的责任;二是要求棉厂西至鲁寨河 700 米排水沟,两岸护砌防污墙及建生产桥 3 座,防污墙高 1 米,基础深 0.5 米,墙底宽 0.6 米、上宽 0.4 米,砌成后沟底净宽 3 米,每 50 米设防冲梁一道,入河口处设消能设施,沟底高程按自然比降统一规划,以上任务由棉厂、烟厂、蔬菜公司、县社贸易中心、物资局、被服厂 6 家单位分担,工程的施工委托城郊乡水利站统一管理;三是该沟砌成后,由孙楼村统一管理,任何单位不得以任何理由损坏工程设施或堵塞该沟的正常排水、排污,今后如出现因施工质量差而倒塌的情况,由所属施工单位负责及时维修。②

　　水事纠纷是历史上早已有之的社会矛盾现象,淮河流域水事纠纷的频发引发了以下三个方面的消极后果。

　　一是干扰了当地的社会秩序,阻碍了社会经济的发展。由于卷入水事纠纷的当事人具有群体性,且一些水事纠纷具有跨行政区域性,水事纠纷的社会影响远远大于一般的民事纠纷。1957 年 7 月 1 日《中共中央转发河南省委批转赵定远关于目前在除涝工作中几个问题报告的指示》中就注意到了这个问题及其危害,指出:"最近在某些省际之间,专、县之间,区、乡、社之间的水利纠纷,日益增多……这种现象如不及早注意,势将增加那些地区人民内部的矛盾,招致生产损失,在政治上也将会造成不良后果。"③1958 年,淮河流域各地盲目地以蓄为主,在河南睢县,"筑廖黄边界阻水堤,东西长 20 公里,堵死了通惠渠,吴堂河流域的大大小小排水沟河和坡洼,造成了两县严重的边界水利纠纷……特别是 1963 年 5 月 18 日午夜,一次降雨 258 毫米后,由于涝水不能下排,以致加剧了民权县涝灾,积水面积 20 余万亩,边界堤北积水深 0.4 至 1 米,水泡和被水包围村庄

① 济宁市水利志编纂委员会编:《济宁市水利志》,第 334 页。
② 滕州市水利志编委会编:《滕州市水利志》,第 303 页。
③ 中央档案馆、中共中央文献研究室编:《中共中央文件选集(一九四九年十月——一九六六年五月)》第 26 册(1957 年 7 月—12 月),北京:人民出版社,2013 年,第 1 页。

206 个，塌房 11 134 间，砸死砸伤 88 人，牲口 27 头，麦子被淹死，群众爱（受）到很大的损失，沿堤两边的群众，你扒我堵……民权县曾多次向地、省反映要求解决此问题"①，这说明河南睢县、民权县之间跨行政区的水利纠纷已经对当地社会稳定产生了很大影响。

二是人为扩大了纠纷当地既有的水旱灾害范围，加深了人民群众的受灾程度，加重了水旱灾害给人民群众带来的损失。水事纠纷多属于人民内部矛盾，但是"由于人与人之间的矛盾处理得不妥当，而加深了人与自然之间的矛盾"②。例如，1956 年 7 月 1 日，河南商丘地区永城县与夏邑县之间发生了交通沟纠纷，"位于交通沟北岸的夏邑县吕楼等村集中 200 余人……将地处永城丁庙乡的交通沟南堤扒开，向永境放水，造成巨灾"③。1961 年 2 月 16 日—6 月 28 日，山东单县张集公社和金乡县鱼城公社之间产生水利纠纷，给双方造成很大损失，共淹耕地 20 万亩，有 120 个村庄被水包围，倒塌房屋 900 余间。1965 年 5 月，山东成武县田集、白浮图、苟村 3 公社与金乡马庙公社发生水利纠纷，给双方造成一定损失，共淹没土地 4 万亩，有 15 个村庄被水包围。④又据《濉溪县志》记载，安徽濉溪、河南永城水利纠纷的发生，给国家和两县人民带来一定损失，纠纷打乱了水系，影响了排灌，同时做了一些无效工程，仅濉溪县就浪费资金 743.4 万元。⑤

三是水事矛盾、纠纷长期得不到很好的解决，往往"会倍增规划的难度，延缓规划的实施，以至（于）贻误时机，加重灾害"，如"沂沭泗水系的'东调南下'工程，这是苏鲁双方都公认的优秀水利规划，由于涉及谁先开工的问题，一拖 20 年，豫皖交界的黑茨河治理工程，本是近年治淮中团结治水的典范，因上游污染问题未能有效解决，剩下一二十公里河段，就是挖不通"。⑥

不过，淮河流域频发的水事纠纷也具有一定的积极功能，即可以推动淮河流域水事纠纷预防和调处机制的建构和完善。第一，淮河流域水事纠

---

① 民权县水利志领导编辑小组编纂：《民权县水利志》，第 130 页。
② 《雨季到来后的一场紧张斗争》，《人民日报》1957 年 6 月 17 日，第 1 版。
③ 周一慈：《永城县边界的排水纠纷是怎样解决的》，政协河南省永城县委员会文史资料委员会编：《永城文史资料》第 4 辑，第 48 页。
④ 济宁市水利志编纂委员会编：《济宁市水利志》，第 334—335 页。
⑤ 濉溪县地方志编纂委员会编：《濉溪县志》，第 168 页。
⑥ 蒋亚平：《淮河：一条特殊的河流——1991 淮河流域洪涝灾害反思之二》，《人民日报》1992 年 1 月 16 日，第 2 版。

纷的爆发实际上是纠纷地带既有的水事关系失衡的结果，所以反过来会推动中央和流域地方政府及民间社会积极地对纠纷当地建构起公正、和谐的水事秩序。可以说，在淮河治理中，有纠纷、矛盾应属正常，如果解决得好，通过讨论、争辩，有利于纠正错误，发展真理，进而促进科学治水。第二，淮河流域频发水事纠纷说明既有的涉水法律法规暴露出了一些缺陷和漏洞，这就促使立法机关、政策制定部门有针对性地修订或新制定一些涉水法律法规和政策。正如罗尔斯在《正义论》中所指出的，"某些法律和制度，不管它们如何有效率和有条理，只要它们不正义，就必须加以改造或废除"①。例如，1994 年淮河水污染纠纷发生后，安徽省在 1993 年省人大常委会发布《安徽省淮河流域水污染防治条例》的基础上，1994 年 9 月又制定颁发了《关于加快我省淮河、巢湖流域水污染防治工作的决定》，沿淮七地市"专门就水污染防治共发布了 15 项环保行政规章"②。第三，淮河流域一些地方频发水事纠纷往往是缺乏统一的水利规划和水污染防治规划或者既有规划不完善的结果，这就促使中央和流域地方水利规划部门、环境保护部门尽早制定和完善流域水利规划、水污染防治规划。第四，淮河流域有些水事纠纷的发生是水资源环境管理不完善造成的，这就推动了中央政府和流域各地党委、政府加大流域河道与水利工程管理力度，强力推进淮河清障，依法整治非法采砂和非法圈圩，做好流域水土保持，治理淮河水污染源，严格流域水环境管理与监察，实施科学的淮河水污染联防联控，全面建立淮河流域河长、湖长制。中华人民共和国成立后，淮河流域各地虽然出现了很多水事纠纷，但是在中央各级组织和各级政府领导下，实行了淮河流域的水资源环境统一规划、分期治理，水事纠纷得到了很好的抑制。

淮河流域水事纠纷往往发生在个人、单位、集体、行政区这些主体之间，而解决水事纠纷的主体主要有各级党委和政府、流域统一管理机构、流域各级人民公安机关、检察院、法院及民间社会组织。至于中华人民共和国成立以来淮河流域水事纠纷的解决，通常有行政和司法两种基本路径，以及行政协商、调解、裁决等非诉讼方式和行政、民事、刑事等诉讼方式。受历史、制度与体制等因素的影响，国家行政权力参与水事纠纷的解决一直是淮河流域历史上一种最为主要的解决路径。自南宋以来黄河夺

① ［美］约翰·罗尔斯：《正义论》，何怀宏、何包钢、廖申白译，北京：中国社会科学出版社，1988 年，第 3 页。
② 安徽省水利厅：《安徽省 1994 年淮河污染防治工作》，《治淮汇刊（年鉴）》（1995），第 20 辑，第 161 页。

淮数百年里，淮河流域一直是黄河、淮河、运河、长江交汇区，同时也是我国重要的食盐产区，河工、漕运、治淮、治运皆事关历朝历代的国脉，故淮河流域尤其是淮河下游的水事活动、水事关系及水事纠纷的解决都有国家行政权力的参与。明清时期先国家后地方、先漕运后灌溉、先保运泄洪后民间防洪、先盐运后农业防洪灌溉的运河两岸地带的用水秩序，就是国家行政权力参与淮河水资源环境治理及水事纠纷解决的表现。中华人民共和国成立后，从 1950 年淮河大水灾引发的中华人民共和国第一次大规模治淮运动开始，从中央到地方各级党委和政府都非常重视淮河治理和流域各地水事纠纷的调处。前文第五章第一节论及淮河流域水事纠纷解决的主体构成时，已经以大量的事实对此做了充分的说明。

改革开放以后，随着农村经济体制改革的深化和社会主义市场经济的发展，以及社会主义民主法治建设的加强，淮河流域依法治水得到了强化，淮河水资源环境纠纷的解决在继续重视行政权力解决的基础上，司法解决纠纷的方式逐渐得到了重视。淮河流域各地发生在单位之间、个人之间、单位与个人之间的水事纠纷不少都是通过民事诉讼方式最后得到了解决。对于发生在淮河流域各地的水事违法活动，流域各地县级以上水行政主管部门、环境保护部门和流域管理机构都进行了立案查处，行政复议和行政诉讼得到了充分运用和保障。对于破坏淮河流域水资源环境的行为，流域各地人民检察院和人民法院根据《中华人民共和国刑法》《中华人民共和国刑事诉讼法》的有关规定，对违法行为人提起刑事诉讼和刑事附带民事公益诉讼，并进行公正的审判，切实地维护了淮河流域公共水资源环境秩序和公共水事利益。此外，随着淮河流域各地民间组织诸如中华环境保护基金会、江苏省泰州市环保联合会等对水事纠纷民事公益诉讼的重视，民间力量参与流域各地水事纠纷解决的范围和途径不断得到扩展。

中华人民共和国成立以后淮河流域水事纠纷从多变少、从大变小，除逐渐建立起完善的水事纠纷预防和解决机制外，更为重要的是坚持了正确的互谅互让、团结治水、尊重历史、恢复原状、统筹兼顾、公平合理、依法行政、联合执法的纠纷解决原则。这些水事纠纷解决原则和经验具有普遍性，为其他地区水事纠纷解决提供了重要参考。基于包括淮河流域各地在内的全国水事纠纷调处的经验，1957 年 8 月 20 日，邓子恢在《论农村人民内部矛盾和正确处理矛盾的方针办法》一文中对水利纠纷调处的原则做了全面的总结，认为水利纠纷的调处应该遵守以下几个原则：一是"对于一切水利措施，要有关方面从全面出发，先行制订合理规划，使各地区之间、上下游之间、河两岸之间，防洪排涝，蓄水排水等方面得到统筹兼顾，比较利弊，权衡轻重，合理安排"；二是"凡是举办有关邻近地区的水利工程，必须事先取得有关地区的同意，然后才能按协议动工"；三是"对于现有的水利纠纷，有关方面必须从照顾全面、相互关怀的精神出发，并参照历史情况，兼顾双方利益，实事求是，团结合作，协商处理"；四是"如果只是片面地照顾一方，以邻为壑，本位主义，主观主义，违反治水规律，否认合理的历史情况，甚至造成对立，则势难真正战胜水害"。①这几条原则说明，只要双方能够本着"照顾全面、相互关怀"的精神，又能参照历史情况，比较利弊、权衡轻重、实事求是、合理安排，在举办工程时能事先取得有关方面同意，达成协议，任何水利纠纷都可以大事化小，小事化无，否则就要起相反作用。

　　淮河流域水事纠纷的解决多是在多元纠纷主体、纠纷解决主体、相关利益主体之间进行水事利益博弈的结果。各级党委和政府等纠纷解决主体，站在人民的立场上，坚持了团结治水、尊重历史、统筹兼顾、依法调处的正确原则，以及采取了兼顾纠纷各方的调整行政区划、修建边界水利工程、启动应急防污调度、重视环境信访和媒体监督等有力的政策措施，才使中华人民共和国成立以来淮河流域水事纠纷不断地得到有效的调处和解决。譬如，中华人民共和国成立前河南郏县与宝丰县、襄城县、禹县、临汝县（今河南汝州市）在边界水利上屡有纠纷，中华人民共和国成立后也时有纠纷。为了兴利除害，团结治水，在省、地区领导和水利部门的帮助下，双方县、社、队领导本着"上下游兼顾"的原则，通过协商，除有争议者外，大部分纠纷得到了妥善解决。②历史上河南西平县与邻县因排水问题发生纠纷，中华人民共和国成立后，治理河道按"尊重自然流势，小局服从大局，局部服从整体"的原则，上下游兼顾，协商一致，多数水事纠纷已得到妥善解决。③为解决河南平舆县、上蔡县、项城县、汝南县与安徽省的临泉县交界处水利纠纷问题，1953—1963 年政府派代表与交界县代表共同勘察地形，多次协商解决办法，双方本着"小利服从大利，上下游兼顾，统一规划治理"的精神达成了协议。按照协议，动员群众治理沟港，疏通水道，双方得利，历史纠纷彻底解决。④另据《定陶县水利志》记

① 邓子恢：《邓子恢自述》，第 326 页。
② 河南省郏县水利局编：《郏县水利志（1949—1985）》，第 170 页。
③ 西平县史志编纂委员会编：《西平县志》，第 163 页。
④ 平舆县史志编纂委员会编：《平舆县志》，郑州：中州古籍出版社，1995 年，第 292 页。

载，20 世纪 50 年代中期及 60 年代初期，由于汛期降雨量大且集中，定陶县内主要排水河道疏于治理，标准较低，且水利设施不配套，一遇大汛，全县积水成灾，边界水利矛盾不断发生。根据中央和山东省地委关于解决边界水利问题的指示精神，定陶县委、县政府在地委、行署的帮助下，通过与邻县共同做工作，23 起县际边界水利纠纷已于 1964 年全部达成协议，逐步得到妥善解决。县内各社之间 141 起边界水利纠纷通过耐心细致的工作，都已达成协议，1964 年得到圆满解决。[①]

不过，许多行政边界水事纠纷的纠纷双方及相关利益主体之间很难达到均衡，导致边界水事纠纷的解决遭遇许多困难，其中最主要的困难就是地方本位主义、协商形式单一和协商渠道不够通畅、一些涉水法律法规还不够完善，从而导致一些水事纠纷长期得不到根本解决。

通过对中华人民共和国成立以来淮河流域水资源环境变迁与水事纠纷问题的研究，我们可以得出以下几点启示。

第一，中华人民共和国成立以来的 70 多年，在历史长河中只是一个短时段，在这个较短时段里，相对于气候的变迁、黄河夺淮的余响等自然因素来说，政府治淮、现代化的发展等人类活动才是导致淮河流域水资源环境发生阶段性变迁的最主要因素。因人类活动的作用，中华人民共和国成立 70 多年来淮河流域水资源环境变迁既有人水和谐的正向变迁的主导方面，又有水旱灾害频发、水资源短缺、水环境恶化、水生态退化等负向变迁的次要方面。淮河流域水资源环境变迁中出现的这些负向问题，既然是人类活动的结果，人类就有可能改善这种状况。因此，从自然生态演化及规范人类不合理活动的角度来看，以习近平生态文明思想为指导，在淮河流域大力推行水生态文明建设，全面落实"淮河生态经济带发展规划"相关方案，推进流域人与自然和谐共生的现代化发展，可谓正当其时、恰逢其会、势所必趋。

第二，淮河流域跨行政区水事纠纷较多，最根本的原因是缺乏统一领导、统一规划、统一治理。中华人民共和国成立后，经过对淮河的统一治理及治淮委员会等有关部门的积极协调，淮河流域行政区之间、上下游及左右岸之间的水事纠纷得到了很大的缓解。例如，江苏涟水县与邻县的边界水利，有的地方排灌关系比较复杂，涉及上下游、左右岸、高低地群众的切身利益。在历史上，南、北六塘河之间的扁担沟"挡水埝"、硕项河下

---

① 《定陶县水利志》编纂委员会编：《定陶县水利志》，第 210 页。

游的"铁门闩"、一帆河下游的"肠梗阻",是水事矛盾的焦点,争持数十年甚至百年不休。但中华人民共和国成立后,这些水事矛盾在统一规划、统一治理中相继消失。然而到 1958 年,平原地区执行以蓄为主的方针,主张"打好圩田路抬高,客水不来祸自消"[1],结果加剧了水事纠纷。为了根本解决边界的水利问题,中共中央同意的《水利电力部关于冀、鲁、豫、皖、苏、京五省一市平原地区边界水利问题的处理原则》指出:"凡边界附近所有水利工程都必须按水系、按流域统一规划,并经上下游协商,不得各自为政,以邻为壑。所有未经规划、协议或过去虽经规划、协议,但兴建后发现问题、存在纠纷的边界水利工程,均应按下列原则重加审定,该废除的废除,该改建的改建,该保留的保留,该统一管理的统一管理。"[2]自此,淮河流域水事纠纷有所减少。20 世纪 70 年代,治淮规划小组办公室成立及水利电力部治淮委员会建立以后,加强了对省际边界水事纠纷的协调处理,使水事纠纷再次得到了有效的抑制。实践证明,淮河流域的边界水事纠纷只能通过双方协商、互谅互让、统一规划、统一治理的办法来解决。因为在地域发展不均衡的情境下,处理行政区之间水事纠纷可通过统一领导、统一规划把治理理念与利益相关者统合在一起,形成一体协同的整体政府并顺应法治国家的发展诉求。为此,新形势下,面对淮河这样的大流域,地跨行政区域多、治理对象分布广、服务目标复杂多样且矛盾交织、治理过程复杂多变且实时性要求高的巨复杂系统,水利部淮河水利委员会作为全流域统一管理机构的地位和作用只能加强,而不能削弱。

第三,淮河流域历史上最突出的水事纠纷主要是行政区之间的水利纠纷和水污染纠纷,这种纠纷因涉及面广、影响大,又分属不同的行政区域,治理难度很大。除了中央和流域各地政府采取调整行政区划,以适应水生态系统流动性、完整性,最后消解边界水事矛盾,开展以小流域、湖区为中心的区域生态合作,也不失为一种好方法。譬如,鲁苏边界郯城、苍山(今兰陵)、新沂、东海、沭阳、邳州 6 县市以沂沭河水系为纽带,共处于一个生态环境系统之中,任何一个环节出了问题都有明显的联动影响,并且过去在河水污染、抗旱防汛等方面边界群众经常有矛盾发生。因

---

① 周一慈:《永城县边界的排水纠纷是怎样解决的》,政协河南省永城县委员会文史资料委员会编:《永城文史资料》第 4 辑,第 35 页。
② 《水利电力部关于冀、鲁、豫、皖、苏、京五省一市平原地区边界水利问题的处理原则》,中央档案馆、中共中央文献研究室编:《中共中央文件选集(一九四九年十月——一九六六年五月)》第 39 册(1962 年 1 月—4 月),第 122 页。

此，2006 年 9 月，在山东郯城县环保局倡导下成立了全国首创的区域污染
环境联席会议组织，建立了鲁苏边界六县市环境保护联席会议制度，形成
了一套行之有效的边界生态环境保护合作机制，成功解决了沭河污染导致
的死鱼事故等边界水污染纠纷，有效打击了边界地区的水资源环境违法行
为，保护了边界地区的水资源环境安全。①

　　第四，中华人民共和国成立 70 多年以来淮河流域水事纠纷的治理过程
体现了"标本兼治"的治理理念。历史经验表明，应对淮河流域频发的水
事纠纷，不可局限于协商、调处等治标措施，应当贯彻预防为主、预防与
处理相结合的方针，既要依法治水，实行最严格的水资源管理制度，又要
加强淮河流域水资源环境的统筹规划和综合治理，着力打造安澜之河、清
澈之河、生态之河、共享之河、富庶之河、智慧之河，促进治淮科技水
平、淮河治理体系、淮河水生态环境等中、长时段因素向着有利的方向
变化。

---

① 邹小钢主编：《环境保护工作创新与发展》（下），武汉：中国地质大学出版社，2009 年，第
　1080—1081 页。

主要参考文献

一、地方志

安徽省地方志编纂委员会办公室编：《安徽省志·淮河志（1986—2005）》，北京：方志出版社，2016年。

安徽省地方志编纂委员会办公室编：《安徽省志·环境志》，北京：方志出版社，2016年。

安徽省地方志编纂委员会编：《安徽省志·农垦志》，北京：方志出版社，1997年。

安徽省金寨县地方志编纂委员会编：《金寨县志》，上海：上海人民出版社，1992年。

安徽省六安地区水利电力局编：《六安地区水利志》，内部资料，1993年。

安徽省内河航运史编写委员会编：《安徽省淮河航道志》，合肥：安徽人民出版社，1991年。

曹莲舫主编：《菏泽地区水利志》，南京：河海大学出版社，1994年。

成武县水利局编：《成武县水利志》，济南：济南出版社，1990年。

滁州市水利局编：《滁州水利志（1912—1987）》，内部资料，1992年。

《定陶县水利志》编纂委员会编：《定陶县水利志》，济南：山东科学技术出版社，1992年。

东明县水利局编：《东明县水利志》，内部资料，1986年。

东台市水利志编纂委员会编：《东台市水利志》，南京：河海大学出版社，1998年。

费县水利局编：《费县水利志（1840—1987）》，内部资料，1990年。

丰县水利局编：《丰县水利志》，南京：江苏人民出版社，2009年。

《合肥市水利志》编纂委员会编：《合肥市水利志》，合肥：黄山书社，1999年。

河南省地方史志编纂委员会编：《河南省志·水利志》，郑州：河南人民出版社，1994年。

河南省扶沟县志编纂委员会编：《扶沟县志》，郑州：河南人民出版社，1986年。

河南省郏县水利局编：《郏县水利志（1949—1985）》，内部资料，1987年。

河南省尉氏县水利局编：《尉氏县水利志》，内部资料，1986年。

《洪泽湖志》编纂委员会编：《洪泽湖志》，北京：方志出版社，2003年。

淮南市水利局水利志编写办公室编：《淮南市水利志》，内部资料，1997年。

淮阴市地方志编纂委员会编：《淮阴市志》（上册），上海：上海社会科学院出版社，1995年。

淮阴市水利志编纂委员会编：《淮阴市水利志》，北京：方志出版社，2004年。

霍邱县地方志编纂委员会编：《霍邱县志》，北京：中国广播电视出版社，1992年。

霍邱县水利电力局编：《霍邱县水利志》，内部资料，1990年。

济宁市水利志编纂委员会编：《济宁市水利志》，内部资料，1997年。

莒南县水利志办公室编：《莒南县水利志》，内部资料，1994 年。

《涟水县水利志》编委会编：《涟水县水利志》，长春：吉林文史出版社，2003 年。

临沂市水利史志编纂办公室编：《临沂市水利志》，临沂地区出版办公室，1994 年。

马树林主编：《莒县水利志》，内部资料，1991 年。

蒙城县地方志编纂委员会编：《蒙城县志》，合肥：黄山书社，1994 年。

曲阜水利志编写组编：《曲阜水利志》，内部资料，1989 年。

山东省水利史志编辑室编：《山东水利志稿》，南京：河海大学出版社，1993 年。

商水县地方志编纂委员会编：《商水县志》，郑州：河南人民出版社，1990 年。

上蔡县地方史志编纂委员会编：《上蔡县志》，北京：生活·读书·新知三联书店，
    1995 年。

上蔡县水利渔业局水利志编纂办公室编：《上蔡县水利志》，内部资料，1989 年。

射阳县水利志编纂委员会编：《射阳县水利志》，南京：河海大学出版社，1999 年。

水利部淮河水利委员会、《淮河志》编纂委员会编：《淮河志 第 1 卷 淮河大事记》，北
    京：科学出版社，1997 年。

水利部淮河水利委员会、《淮河志》编纂委员会编：《淮河志 第 2 卷 淮河综述志》，北
    京：科学出版社，2000 年。

水利部淮河水利委员会、《淮河志》编纂委员会编：《淮河志 第 4 卷 淮河规划志》，北
    京：科学出版社，2005 年。

水利部淮河水利委员会、《淮河志》编纂委员会编：《淮河志 第 6 卷 淮河水利管理
    志》，北京：科学出版社，2007 年。

水利部淮河水利委员会编：《淮河志（1991—2010 年）》上、下册，北京：科学出版社，
    2015 年。

《泗洪县水利志》编写组编：《泗洪县水利志》，南京：江苏人民出版社，1993 年。

泗县地方志编纂委员会编：《泗县志》，杭州：浙江人民出版社，1990 年。

濉溪县地方志编纂委员会编：《濉溪县志》，上海：上海社会科学院出版社，1989 年。

太康县水利志编纂办公室编：《太康县水利志》，郑州：中州古籍出版社，1994 年。

太康县志编纂委员会编：《太康县志》，郑州：中州古籍出版社，1991 年。

泰安市水利志编纂委员会编：《泰安市水利志》，内部资料，1990 年。

陶景云主编：《民权县志》，郑州：中州古籍出版社，1995 年。

滕州市水利志编委会编：《滕州市水利志》，北京：中国文史出版社，1999 年。

通许县地方志编纂委员会编：《通许县志》，郑州：中州古籍出版社，1995 年。

王保乾主编，睢宁县水利局编：《睢宁县水利志》，徐州：中国矿业大学出版社，2000 年。

尉氏县志编纂委员会编：《尉氏县志》，郑州：中州古籍出版社，1993 年。

汶上县水利志编纂办公室编：《汶上县水利志》，内部资料，1991 年。

五河县水利局史志编撰委员会编：《五河县水利志》，内部资料，1999 年。

西华县史志编纂委员会编：《西华县志》，郑州：中州古籍出版社，1993 年。

西平县史志编纂委员会编：《西平县志》，北京：中国财政经济出版社，1990 年。

息县志编纂委员会编：《息县志》，郑州：河南人民出版社，1989 年。

萧县地方志编纂委员会主编：《萧县志》，北京：中国人民大学出版社，1989 年。

萧县水利志编辑组编：《萧县水利志》，内部资料，1985 年。

新蔡县地方史志编纂委员会编：《新蔡县志》，郑州：中州古籍出版社，1994 年。

《兴化水利志》编纂委员会编：《兴化水利志》，南京：江苏古籍出版社，2001 年。

徐州市水利局编：《徐州市水利志》，徐州：中国矿业大学出版社，2004 年。

许昌市水利志编纂委员会编：《许昌市水利志》，内部资料，2000 年。

扬州市水利史志编纂委员会编著：《扬州水利志》，北京：中华书局，1999 年。

姚念礼主编：《沛县水利志》，徐州：中国矿业大学出版社，1990 年。

沂水县水利志办公室编：《沂水县水利志》，临沂地区出版办公室，内部资料，1991 年。

峄城区水利志编纂领导小组编：《峄城区水利志》，内部资料，1991 年。

颍上县地方志编纂委员会编：《颍上县志》，合肥：黄山书社，1995 年。

永城县地方史志编纂委员会主编：《永城县志》，北京：新华出版社，1991 年。

柘城县地方志编纂委员会编：《柘城县志（1986—2000）》，郑州：中州古籍出版社，2012 年。

周口地区地方史志编纂办公室编：《周口地区志》，郑州：中州古籍出版社，1993 年。

周口地区水利志编纂办公室编：《周口地区水利志》，郑州：中州古籍出版社，1996 年。

二、档案与年鉴

1. 档案

《关于城西湖还湖后综合治理的情况汇报》（1990 年 10 月 14 日），霍邱县档案馆：西湖办，1990 年，案卷号：十三—16。

《关于城西湖退垦还湖方案的报告》（1987 年 4 月 2 日），霍邱县城西湖综合治理指挥部文件（霍指〔1987〕5 号），霍邱县档案馆：西湖办，1986—1987 年，案卷号：一（15）。

《南京军区城西湖农场下土地财产交接纪要》，霍邱县档案馆：西湖办，1986 年，案卷号：二（2）。

2. 年鉴

《治淮汇刊》第 1—3 辑，治淮委员会，1951—1953 年。

《治淮汇刊》第 4—5 辑，水利部治淮委员会，1954—1955 年。

《治淮汇刊》第 7—13 辑，水利电力部治淮委员会，1981—1989 年。

《治淮汇刊》第 14—15 辑，水利部治淮委员会，1988—1991 年。

《治淮汇刊》第 16—19 辑，水利部淮河水利委员会，1992—1993 年。

《治淮汇刊（年鉴）》第 20—44 辑，水利部淮河水利委员会，1996—2019 年。

河南省水利厅编著：《河南水利年鉴 2003》，北京：中国文联出版社，2003 年。

河南省水利厅编著：《河南水利年鉴 2004》，北京：京华出版社，2004 年。

河南省水利厅编著：《河南水利年鉴 2005》，北京：当代文学出版社，2005 年。

连云港市地方志编纂委员会编：《连云港年鉴（2003）》，北京：方志出版社，2003 年。

三、文献汇编与文史资料

1. 文献汇编

安徽省地方志办公室编著：《安徽水灾备忘录》，合肥：黄山书社，1991 年。

国家环境保护局办公室编：《环境保护文件选编：1993—1995 年》，北京：中国环境科学出版社，1996 年。

江苏省水政监察总队编：《江苏水事案例选编》，武汉：长江出版社，2005年。

江苏省水政监察总队编：《江苏水事案例选编》第2辑，武汉：长江出版社，2009年。

骆承政主编：《中国历史大洪水调查资料汇编》，北京：中国书店，2006年。

南京军区后勤部卫生部编：《流行性出血热防治工作资料汇编》，内部资料，1971年。

山东省民政厅编：《山东省省际边界纠纷资料汇编》，内部资料，1991年。

水利部淮河水利委员会水政水资源处编：《淮河流域省际水事纠纷资料汇编》，内部资料，1992年。

水利部政策法规司编：《水事案例选编》第2辑，北京：中国民主法制出版社，2000年。

武慧明主编：《全国水事案例选编》，南京：江苏人民出版社，2016年。

中共中央文献研究室、中央档案馆编：《建国以来周恩来文稿》第3册（1950年7月—1950年12月），北京：中央文献出版社，2008年。

中共中央文献研究室编：《建国以来重要文献选编》第1册，北京：中央文献出版社，2011年。

中央档案馆、中共中央文献研究室编：《中共中央文件选集（一九四九年十月—一九六六年五月）》第13册（1953年7月—9月）、第20册（1955年8月—10月）、第26册（1957年7月—12月）、第39册（1962年1月—4月）、第41册（1962年9月—12月），北京：人民出版社，2013年。

2. 文史资料

济宁市政协文史资料委员会、微山县政协文史资料委员会编：《微山湖（微山湖资料专辑）》，1990年。

扬州市政协文史和学习委员会编：《扬州文史资料》第23辑，内部资料，2003年。

政协扶沟县文史资料委员会编：《扶沟文史资料》第9辑，2007年。

政协河南省永城县委员会文史资料委员会编：《永城文史资料》第4辑，1984年。

政协河南省禹州市委员会文史资料委员会编：《禹州文史资料》第11辑，2000年。

中国人民政治协商会议安徽省霍邱县委员会编：《霍邱文史资料》第3辑，1987年。

中国人民政治协商会议安徽省金寨县委员会编：《金寨文史》第7辑，1992年。

中国人民政治协商会议安徽省蒙城县委员会文史资料研究委员会编：《漆园古今·文史资料》第9辑，1991年。

中国人民政治协商会议河南省民权县委员会文史资料研究委员会编：《民权文史资料》第2辑，1990年。

中国人民政治协商会议河南省汝南县委员会文史委员会编：《汝南文史资料选编》第1卷，内部资料，2002年。

中国人民政治协商会议河南省商水县委员会学习文史委员会编：《商水文史资料》第4辑，1992年。

中国人民政治协商会议河南省上蔡县委员会文史资料研究委员会编：《上蔡文史资料》第2辑，1988年。

中国人民政治协商会议河南省上蔡县委员会文史资料研究委员会编：《上蔡文史资料》第3辑，1990年。

中国人民政治协商会议河南省上蔡县委员会文史资料研究委员会编：《上蔡文史资料》第4辑，1991年。

中国人民政治协商会议湖北省委员会文史资料委员会编：《湖北文史资料》第 1 辑《葛洲坝枢纽工程史料专辑》，1993 年。

中国人民政治协商会议周口市委员会文史资料委员会编：《周口文史资料》第 13 辑，1996 年。

中国人民政治协商会议新蔡县委员会学习文史委员会编：《新蔡县文史资料汇编（1—10辑）》，2011 年。

四、今人著作

安徽省水利厅、安徽省环境保护局编：《安徽省水功能区划》，北京：中国水利水电出版社，2004 年。

安徽省水利厅、水利部发展研究中心：《"水利安徽"战略研究》，合肥：安徽大学出版社，2014 年。

安徽省水利厅编著：《安徽水利 50 年》，北京：中国水利水电出版社，1999 年。

白济民主编：《纪念刘德润博士文集》，郑州：黄河水利出版社，1998 年。

钞晓鸿主编：《海外中国水利史研究：日本学者论集》，北京：人民出版社，2014 年。

陈桂棣：《淮河的警告》，北京：人民文学出版社，1999 年。

陈静、华娟、常卫民主编：《环境应急管理理论与实践》，南京：东南大学出版社，2011 年。

陈桥驿：《淮河流域》，上海：春明出版社，1952 年。

陈远生、何希吾、赵承普，等主编：《淮河流域洪涝灾害与对策》，北京：中国科学技术出版社，1995 年。

程生平、赵云章、张良，等编著：《河南淮河平原地下水污染研究》，武汉：中国地质大学出版社，2011 年。

《当代中国军队的后勤工作》编辑委员会编：《当代中国军队的后勤工作》，北京：当代中国出版社；香港：香港祖国出版社，2009 年。

邓子恢：《邓子恢自述》，北京：人民出版社，2007 年。

董传仪、葛艳华：《危机管理经典案例评析》，北京：中国传媒大学出版社，2009 年。

范燕强：《微山湖边界纠纷调处长效机制研究》，徐州：中国矿业大学出版社，2009 年。

高超：《淮河流域气候水文要素变化及成因分析研究》，芜湖：安徽师范大学出版社，2012 年。

高峻：《新中国治水事业的起步 1949—1957》，福州：福建教育出版社，2003 年。

顾洪主编：《淮河流域规划与治理》，北京：中国水利水电出版社，2019 年。

郝万章编：《扶沟历代职官传略》，内部资料，1999 年。

河南省地质矿产厅编：《河南省境内淮河流域旱涝灾害成因与治理》，北京：地质出版社，1991 年。

河南省水利厅编：《河南水利辉煌五十年》，郑州：黄河水利出版社，2000 年。

胡焕庸：《淮河》，北京：开明书店，1952 年。

胡焕庸：《淮河的改造》，上海：新知识出版社，1954 年。

胡焕庸：《一定要把淮河修好》，上海：新知识出版社，1956 年。

胡明思、骆承政主编：《中国历史大洪水》（下），北京：中国书店，1989 年。

胡其伟：《环境变迁与水利纠纷：以民国以来沂沭泗流域为例》，上海：上海交通大学出版社，2018 年。

胡巍巍：《淮河流域中游湿地景观格局演变及优化调控研究》，芜湖：安徽师范大学出版社，2013 年。

淮河流域水资源与水利工程问题研究课题组编著：《淮河流域水资源与水利工程问题研究》，北京：中国水利水电出版社，2016 年。

蒋海兵：《江苏淮河流域水环境与工业化的空间关系研究》，南京：南京大学出版社，2018 年。

蒋艳、栾震宇、赵长森编著：《淮河流域闸坝运行对河流生态与环境影响研究》，北京：中国水利水电出版社，2014 年。

鞠继武编写：《洪泽湖》，北京：中国青年出版社，1963 年。

李日旭主编：《当代河南的水利事业（1949—1992 年）》，北京：当代中国出版社，1996 年。

李日旭主编：《河南水利大事记（1949—1995 年）》，郑州：河南科学技术出版社，1998 年。

李叙勇等：《淮河流域生态系统评估》，北京：科学出版社，2017 年。

李云生、王东、张晶主编：《淮河流域"十一五"水污染防治规划研究报告》，北京：中国环境科学出版社，2007 年。

李宗新、吴宗越编：《淮河的治理与开发》，上海：上海翻译出版公司，1990 年。

马俊亚：《被牺牲的"局部"：淮北社会生态变迁研究（1680—1949）》，台北：台湾大学出版中心，2010 年。

《马克思恩格斯全集》第 1 卷，北京：人民出版社，1956 年。

毛信康：《淮河流域水资源可持续利用》，北京：科学出版社，2006 年。

偶正涛：《暗访淮河》，北京：新华出版社，2005 年。

潘轶敏等：《淮河流域防洪排涝工程环境影响研究》，郑州：黄河水利出版社，2011 年。

钱敏主编：《淮河中游洪涝问题与对策》，北京：中国水利水电出版社，2019 年。

区界名：《中国行政区划》，北京：北京出版社，1994 年。

山东省抗旱防汛指挥部办公室编著：《山东淮河流域防洪》，济南：山东科学技术出版社，1993 年。

山东省水利史志编辑室：《山东水利大事记》，济南：山东科学技术出版社，1989 年。

水电部治淮委员会编：《淮河流域重点县水土保持调查报告》，内部资料，1984 年。

水利部淮河水利委员会、《淮河水利简史》编写组：《淮河水利简史》，北京：水利电力出版社，1990 年。

水利部淮河水利委员会编：《淮河流域综合规划（1991 年修订）》，内部资料，1992 年。

水利部淮河水利委员会编：《新中国治淮事业的开拓者——纪念曾山治淮文集》，北京：中国水利水电出版社，2005 年。

宋国君、谭炳卿等编著：《中国淮河流域水环境保护政策评估》，北京：中国人民大学出版社，2007 年。

苏广智编著：《淮河流域省际边界水事概况》，合肥：安徽科学技术出版社，1998 年。

孙贻让编著：《山东水利》，济南：山东科学技术出版社，1997年。

陶长生主编：《2007年江苏淮河抗洪》，南京：河海大学出版社，2012年。

王瑞芳：《当代中国水利史：1949—2011》，北京：中国社会科学出版社，2014年。

王文举等：《淮河流域水污染治理与水资源可持续利用研究》，合肥：合肥工业大学出版社，2009年。

王拥军：《中国当代水利事业发展概况》，北京：学苑音像出版社，2004年。

王友贞等：《淮河流域涝渍灾害及其治理》，北京：科学出版社，2015年。

王郁昭：《往事回眸与思考》，北京：中国文史出版社，2012年。

王育民：《中国历史地理概论》上册，北京：人民教育出版社，1987年。

王泽坤编：《变害为利：新中国开国之初的水利建设与淮河大战》，长春：吉林出版集团有限责任公司，2010年。

王祖烈编著：《淮河流域治理综述》，水利电力部治淮委员会《淮河志》编纂办公室，内部资料，1987年。

吴必虎：《历史时期苏北平原地理系统研究》，上海：华东师范大学出版社，1996年。

吴海涛：《淮河流域环境变迁史》，合肥：黄山书社，2017年。

吴开贵：《水事案件查处》，沈阳：东北大学出版社，1994年。

夏军等：《淮河流域水环境综合承载能力及调控对策》，北京：科学出版社，2009年。

夏军等：《淮河流域闸坝调度改善水质理论与实践》，南京：河海大学出版社，2014年。

夏明方：《民国时期自然灾害与乡村社会》，北京：中华书局，2000年。

杨勇：《淮河流域徐州城市洪水治理研究》，徐州：中国矿业大学出版社，2005年。

姚孝友等：《淮河流域水土保持生态修复机理与技术》，北京：中国水利水电出版社，2011年。

叶正伟：《淮河沿海地区水循环与洪涝灾害》，南京：东南大学出版社，2015年。

张学俭、肖幼主编：《淮河流域土石山区水土保持研究》，北京：中国水利水电出版社，2009年。

张义丰、李良义、钮仲勋主编：《淮河地理研究》，北京：测绘出版社，1993年。

张义丰等编著：《淮河环境与治理》，北京：测绘出版社，1996年。

张志松、姚鹏、吕忠烈编著：《河南省淮河流域洼地治理工程与环境影响》，西安：西安地图出版社，2018年。

张梓太主编：《环境纠纷处理前沿问题研究——中日韩学者谈》，北京：清华大学出版社，2007年。

赵来军：《我国流域跨界水污染纠纷协调机制研究——以淮河流域为例》，上海：复旦大学出版社，2007年。

赵筱侠：《苏北地区重大水利建设研究：1949—1966》，合肥：合肥工业大学出版社，2016年。

中国科学院南京土壤研究所、中国人民解放军南京部队城西湖农场：《机械耕作条件下的土壤改良——城西湖农场土壤改良试验总结》，北京：农业出版社，1980年。

《中国女记者》编辑委员会编：《中国女记者3》，北京：新华出版社，1993年。

[美]约翰·罗尔斯：《正义论》，何怀宏、何包钢、廖申白译，北京：中国社会科学出版社，1988年。

五、期刊、报纸文章

1. 期刊文章

陈智跃：《浅谈违章圈圩现象的危害及对策》，《治淮》1997 年第 2 期。

杜国臣、李可平、李东涛：《关于淮河阜南段河道采砂管理专项整治的思考》，《治淮》2012 年第 2 期。

房殿京：《菏泽市河长制工作存在的问题及对策》，《山东水利》2018 年第 9 期。

冯紫岗：《建设中之霍邱西湖农垦区》，《经济建设半月刊》1937 年第 7 期。

《附载·本省政闻·霍邱城西湖开垦建闸在设计中》，《安徽政务月刊》1935 年第 6 期。

高鑫：《淮河安徽段采砂状况和管理机制探讨》，《治淮》2010 年第 1 期。

郭鹏、邹春辉、王旭：《淮河流域水资源与水环境问题及对策研究》，《气象与环境科学》2011 年第 1 期。

韩昭庆：《洪泽湖演变的历史过程及其背景分析》，《中国历史地理论丛》1998 年第 2 辑。

韩昭庆：《南四湖演变过程及其背景分析》，《地理科学》2000 年第 2 期。

冀丰：《深入了解人民之间的矛盾，正确解决了水利纠纷》，《河南公安》1957 年第 19 期。

李乐乐、彭可、李智喻：《河南：五级河长畅通治河"最后一公里"》，《河南水利与南水北调》2017 年第 6 期。

李莉：《安徽省淮河河道采砂存在的问题及对策》，《治淮》2002 年第 10 期。

李先明、赵建平、陈锋，等：《"河长制"：江苏十年探索河湖治理的有效抓手》，《河北水利》2017 年第 8 期。

李秀雯、洪怡静、李志鹏：《淮河流域省际水事纠纷变化及对策研究》，《治淮》2011 年第 2 期。

凌申：《射阳湖历史变迁研究》，《湖泊科学》1993 年第 3 期。

刘德润：《水事纠纷处理追述》，《中国水利》1994 年第 7 期。

马小友、赵跃伦、赵建，等：《南四湖非法采砂治理对策》，《山东国土资源》2014 年第 6 期。

祁德超、邹跃、邱凤翔：《浅析赣榆水资源的综合利用与水污染防治》，《治淮》2018 年第 1 期。

泗洪县水利局：《狠刹盲目圈圩 巩固清障成果》，《治淮》1998 年第 4 期。

宋浩静、宋贤萍：《基于河长制视角的河南农村水生态文明建设思考》，《陕西水利》2019 年第 11 期。

宋志平、王斌：《加强河道采砂管理 确保淮河防洪安全》，《农村·农业·农民》2004 年第 6 期。

唐涌源：《建国后淮河流域行政区沿革（1949—1983）》，《淮河志通讯》1985 年第 2 期。

王官勇、戴仕宝：《近 50 年来淮河流域水资源与水环境变化》，《安徽师范大学学报（自然科学版）》2008 年第 1 期。

王均：《论淮河下游的水系变迁》，《地域研究与开发》1990 年第 2 期。

王润海：《骆马湖南四湖违章圈圩急需处理》，《治淮》1995 年第 6 期。

王先达：《1956 年淮河流域规划和 1957 年沂沭泗流域规划及治理成效》，《治淮》2018 年第 1 期。

王先达：《1971 年淮河流域规划成果及治理成效》，《治淮》2018 年第 3 期。

王永新：《邳苍郯新地区水利矛盾产生的原因及对策》，《中国水利》1993 年第 8 期。

吴金芳：《离土熟人社会：村落水利失序问题的一个解释框架——以水利纠纷为视角》，《盐城工学院学报（社会科学版）》2018 年第 2 期。

伍海平：《主动作为 认真履职 全力推进淮河流域全面推行河长制工作》，《治淮》2017 年第 10 期。

熊志斌、熊志刚：《浅议淮河河道采砂与管理》，《治淮》2014 年第 5 期。

许炯心：《淮河洪涝灾害的地貌学分析》，《灾害学》1992 年第 1 期。

宣奉华：《围垦霍邱城西湖给 20 多万农民带来灾难 安徽省有关干部群众强烈要求退垦还湖》，新华通讯社：《国内动态清样》1986 年 4 月 14 日（第 812 期）。

严登余：《洪泽湖采砂管理分析》，《江苏科技信息》2015 年第 31 期。

燕乃玲、虞孝感：《淮河流域生态系统退化问题与综合治理》，《资源与人居环境》2007 年第 10 期。

张崇旺：《论淮河流域水生态环境的历史变迁》，《安徽大学学报（哲学社会科学版）》2012 年第 3 期。

张家颖、胡传胜：《浅谈淮河河道采砂管理的现状和对策》，《治淮》2004 年第 6 期。

张嘉涛：《江苏"河长制"的实践与启示》，《中国水利》2010 年第 12 期。

张思红：《濉溪县全面推行河长制工作实践与初探》，《治淮》2018 年第 7 期。

张义丰：《淮河流域两大湖群的兴衰与黄河夺淮的关系》，《河南大学学报（自然科学版）》1985 年第 1 期。

张祯、徐佳培、李帆：《洪泽湖圈圩的现状与对策思考》，《治淮》2016 年第 12 期。

赵以国：《安徽省淮河干流"一河一策"实践与探索》，《中国水利》2018 年第 2 期。

朱卫彬、赵伟：《清除洪泽湖非法圈圩的实践及启示》，《中国水利》2015 年第 4 期。

鉏振宝：《淮河怀远段河道采砂管理现状及建议》，《江淮水利科技》2011 年第 2 期。

左顺荣、朱建伟：《洪泽湖采砂管理的现状分析及对策探讨》，《江苏水利》2011 年第 8 期。

左顺荣、朱建伟、薛松：《洪泽湖采砂管理现状、问题与对策的法律思考》，《水利发展研究》2010 年第 6 期。

2. 报纸文章

本报评论员：《克服本位主义，消除水利纠纷》，《人民日报》1957 年 9 月 14 日，第 5 版。

陈景收：《洪泽湖水污染调查：上游泄洪夹带污水——入湖口水质恶化致近 4 万亩鱼蟹死亡，苏皖环保部门正在对沿河污染源进行排查》，《新京报》2018 年 9 月 4 日，第 A14 版。

《淮南市的污染为什么制止不住？》，《人民日报》1980 年 1 月 18 日，第 4 版。

蒋亚平：《淮河：一条特殊的河流——1991 淮河流域洪涝灾害反思之二》，《人民日报》1992 年 1 月 16 日，第 2 版。

蒋志敏：《安徽城西湖蓄洪后昨天关闸》，《人民日报》1991 年 7 月 15 日，第 2 版。

李丽辉：《淮河水清应有时》，《人民日报》1995 年 5 月 24 日，第 10 版。

钱伟：《淮河流域省界断面水质持续下降——进入主汛期后污染防控压力大增》，《人民日报》2010 年 5 月 25 日，第 9 版。

申琳、孙秀艳、韩瑜庆：《40 小时水危机的背后（热点解读）》，《人民日报》2007 年 7
月 5 日，第 5 版。

沈祖润、田学祥、郭君正：《重视淮河流域水土流失问题》，《人民日报》1985 年 10 月 5
日，第 2 版。

《石梁河水库污染案今日判决：97 户养鱼人一审获赔 560 万元》，《扬子晚报》2001 年 12
月 14 日。

《沭阳水污染源与山东无关》，《上海商报》2007 年 7 月 6 日，第 1 版。

孙晓村：《为彻底克服水患而奋斗》，《人民日报》1950 年 8 月 25 日，第 5 版。

孙振：《安徽出台河长制湖长制考核办法——包括 7 个方面 28 个指标》，《人民日报》
2018 年 6 月 4 日，第 14 版。

王慧敏：《矿泉水做饭几时休》，《人民日报》1996 年 5 月 27 日，第 2 版。

王恺：《打好治理"组合拳"》，《安徽日报》2015 年 6 月 2 日，第 9 版。

王伟健等：《德司达公司非法倾倒废酸 2600 多吨，导致多处水厂停产停水》，《人民日
报》2017 年 1 月 9 日，第 16 版。

吴林红：《安徽省全面推行河长制工作方案印发》，《安徽日报》2017 年 3 月 15 日，第
4 版。

叶琦、常国水、胡磊：《泄洪毒死鱼 损失谁埋单》，《人民日报》2015 年 7 月 22 日，第
14 版。

《沂沭泗流域防洪工程成功防御"利奇马"》，《中国水利报》2019 年 8 月 21 日。

《雨季到来后的一场紧张斗争》，《人民日报》1957 年 6 月 17 日，第 1 版。

岳月伟：《哭泣的沙颍河》，《人民日报》2005 年 5 月 9 日，第 13 版。

《中共中央、国务院关于今冬明春大规模地开展兴修农田水利和积肥运动的决定》，《人
民日报》1957 年 9 月 25 日，第 1 版。

中央水利部治淮通讯组：《一定要把淮河修好！把淮河千年的水患变成永远的水利》，
《人民日报》1951 年 9 月 22 日，第 2 版。

六、网络资源

《安徽：出重拳 打击非法采砂不手软》，http://zfs.mwr.gov.cn/dfsz/201601/t20160118_
731634.html，2016 年 1 月 15 日。

《安徽：颍上县开展打击非法采砂"清河行动"》，http://zfs.mwr.gov.cn/szjc/201802/
t20180223_1031375.html，2018 年 2 月 15 日。

《安徽打击非法采砂 确保淮河汛期安全》，http://www.mwr.gov.cn/xw/dfss/201702/
t20170212_802747.html，2007 年 6 月 26 日。

《安徽省蚌埠市多措并举推进河湖长制见成效》，http://www.mwr.gov.cn/ztpd/gzzt/hzz/jcsj/
201811/t20181130_1056336.html，2018 年 11 月 30 日。

《安徽省集中整治非法采砂确保淮河防洪安全》，http://shzhfy.mwr.gov.cn/dfxx/201901/
t20190107_1083352.html，2008 年 7 月 1 日。

《安徽省两县联手打击淮河非法采砂》，http://www.mwr.gov.cn/xw/dfss/201702/t20170212_
799990.html，2006 年 10 月 25 日。

安业闯、满刚、吴俣：《江苏省淮安市淮阴区依法强制拆除分淮入沂行洪障碍物》，
   http://www.hrc.gov.cn/main/lysl/108398.jhtml，2019 年 6 月 11 日。

《边界环境污染纠纷》，http://zfs.mwr.gov.cn/fzxc/201401/t20140123_671704.html，2002 年
   10 月 18 日。

查国防、孙正宇：《聂胜等 149 户村民诉平顶山天安煤业股份有限公司五矿等单位环境
   污染侵权案》，http://www.hncourt.gov.cn/public/detail.php?id=157859，2015 年 8 月 12 日。

《德某化工污染环境典型案例》，http://haqjp.jsjc.gov.cn/zt/dxal/201812/t20181218_704306.
   shtml，2018 年 12 月 18 日。

《非法采砂　检方提起刑附民公益诉讼获支持》，http://www.ahhuoqiu.jcy.gov.cn/jcyw/
   202001/t20200109_2755810.shtml，2020 年 1 月 9 日。

《河南省：新郑市人民检察院驻河长制办公室　联络室正式揭牌成立》，http://www.mwr.
   gov.cn/ztpd/gzzt/hzz/jcsj/201908/t20190816_1353542.html，2019 年 8 月 16 日。

《河南郑州市："一河一策"内容形式推陈出新》，http://www.mwr.gov.cn/ztpd/gzzt/hzz/
   jcsj/201810/t20181019_1053063.html，2018 年 10 月 19 日。

《淮河流域安徽段非法采砂第一案判决》，http://www.huainanpj.jcy.gov.cn/jcyw1/gyss/
   201911/t20191115_2723731.shtml，2019 年 11 月 15 日。

《淮南重拳打击淮河非法采砂查扣采砂船 10 余只》，http://zfs.mwr.gov.cn/szjc/201401/
   t20140123_670513.html，2006 年 4 月 19 日。

《淮委组织豫皖两省对淮河省界河段开展联合集中整治非法采砂行动》，http://www.mwr.
   gov.cn/xw/sjzs/201702/t20170212_798076.html，2008 年 9 月 22 日。

李锋：《安徽淮北市建立四级湖长体系实行网格化管理》，http://www.mwr.gov.cn/ztpd/
   gzzt/hzz/jcsj/201807/t20180731_1044283.html，2018 年 7 月 31 日。

彭永丽：《蚌埠水政监管工作取得实效》，http://zfs.mwr.gov.cn/dfsz/201401/t20140123_
   677442.html，2006 年 1 月 11 日。

《权威解读：生态环境部　水利部建立跨省流域上下游突发水污染事件联防联控机制》，
   http://www.mwr.gov.cn/zw/zcjd/202001/t20200121_1387467.html，2020 年 1 月 21 日。

《全国人大代表关注的非法采矿案宣判了》，http://www.huainanpj.jcy.gov.cn/jcyw1/gyss/
   202001/t20200106_2753423.shtml，2020 年 1 月 6 日。

《日照市出台 5 项制度　推动河湖长制"有实"》，http://www.mwr.gov.cn/ztpd/gzzt/hzz/
   gzjb/202001/t20200109_1386070.html，2020 年 1 月 9 日。

《上半年安徽省淮河干流共拆除采砂船舶 1050 条》，http://zfs.mwr.gov.cn/szjc/201907/
   t20190704_1344666.html，2019 年 7 月 4 日。

《水利部贯彻落实〈关于在湖泊实施湖长制的指导意见〉的通知》，http://www.mwr.gov.
   cn/ztpd/gzzt/hzz/zydt/201803/t20180315_1033262.html，2018 年 3 月 15 日。

唐伟、林道和：《打击淮河非法采砂"雷霆行动"展开》，http://www.mwr.gov.cn/xw/sjzs/
   201702/t20170212_795634.html，2007 年 7 月 3 日。

《透视豫南百年水事纠纷：中原如何走出水困局》，http://news.sina.com.cn/c/2004-07-18/
   12053119654s.shtml，2004 年 7 月 18 日。

宛婧：《阜阳五家生猪养殖户造成水体污染被提起公益诉讼》，http://www.ahwang.
   cn/p/1631796.html，2017 年 5 月 6 日。

汪武波：《江苏盱眙：苏皖两省四县联合执法打击淮河非法采砂》，http://www.hrc.gov.cn/main/lysl/96387.jhtml，2019 年 5 月 7 日。

《颍上县重拳出击整治淮河非法采砂》，http://zfs.mwr.gov.cn/dfsz/201401/t20140123_677757.html，2006 年 10 月 9 日。

俞晖：《淮委直管河湖采砂专项整治行动取得阶段性成果》，http://www.hrc.gov.cn/main/zhxxml/16935.jhtml，2018 年 8 月 16 日。

周益、孙磊：《我国水污染现状调查：3.6 亿人难寻安全饮用水》，http://www.h2o-china.com/news/36095.html，2005 年 4 月 6 日。

　　本书是在国家社会科学基金项目"建国以来淮河流域水资源环境变迁与水事纠纷问题研究"（项目批准号：14BZS071）的结项成果基础上，几经删改，数易其稿而成。

　　淮河流域的豫东南、皖北、苏北、鲁南分别是豫、皖、苏、鲁四省各自欠发达的地区，与周边的长三角、环渤海地区相比，更显经济发展的滞后，这一双层"经济洼地"的现象引起了笔者浓厚的探究兴趣。20世纪90年代初，笔者有幸进入安徽大学王鑫义教授主持的"淮河流域经济开发史"国家社会科学基金课题组，重点研究宋金时期淮河流域经济开发史，开始有意识地关注黄河夺淮与淮河流域水生态环境变迁问题。2001年师从厦门大学陈支平教授做明清时期江淮地区的自然灾害与社会经济互动研究的博士学位论文，搜集到一些明清时期淮河流域的水事纠纷资料。2007年成功申报国家社会科学基金项目"南宋以来淮河流域水生态环境变迁与水事纠纷及其解决机制研究"（项目批准号：07BZS036），最终成果于2015年由天津古籍出版社出版。本书接续了南宋至民国时期淮河流域水生态环境变迁与水事纠纷课题的研究，可谓同一主题文章的上、下篇。上篇的研究时段是1127—1949年，下篇研究跨度为中华人民共和国成立70年，即1949—2019年。

　　本书的最终出版，有很多专家同行及有关部门单位给予了大力支持和热情帮助。水利部淮河水利委员会教授级工程师夏成宁、上海交通大学教授陈业新、南京农业大学教授卢勇、安徽大学教授贾艳敏、南京农业大学讲师陈蕊，作为课题组成员在项目申报和研究过程中给予了很大支持；课题最终成果提交结项以后，各位评审专家进行了认真细致的审读，提出了很多非常中肯的修改完善意见；全国哲学社会科学规划办公室、安徽省哲学社会科学规划办公室、安徽大学人文社会科学处等部门在课题申报、立项和结项管理方面做了很多工作；水利部淮河水利委员会、中共安徽省委党史研究院（安徽省地方志研究院）、中共霍邱县委党史和地方志研究室

（霍邱县档案馆）、霍邱县水利局、安徽大学图书馆等单位为课题资料的调研和查阅提供了诸多便利和帮助；科学出版社编辑认真编校书稿，为本书的出版付出了不少心血，谨此一并致以最诚挚的敬意和最衷心的感谢！

　　本书的研究时段跨度大，涉及的地域范围广，跨学科的综合研究要求高，加之个人水平有限，疏漏之处，在所难免，敬请方家批评指正！

张崇旺

2021 年 12 月 20 日于安徽大学